U0332636

清政府对苗疆生态环境的保护

Protection of the Ecological Environment in Miaojiang Region by the Qing Government

袁翔珠 著

社会科学文献出版社
SOCIAL SCIENCES ACADEMIC PRESS (CHINA)

图书在版编目（CIP）数据

清政府对苗疆生态环境的保护/袁翔珠著．—北京：社会科学文献出版社，2013.7
（中国社会科学博士后文库）
ISBN 978-7-5097-4830-5

Ⅰ.①清…　Ⅱ.①袁…　Ⅲ.①生态环境-环境保护-研究-西南地区-清代　Ⅳ.①X372.7

中国版本图书馆CIP数据核字（2013）第148961号

·中国社会科学博士后文库·
清政府对苗疆生态环境的保护

著　　者／袁翔珠

出 版 人／谢寿光
出 版 者／社会科学文献出版社
地　　址／北京市西城区北三环中路甲29号院3号楼华龙大厦
邮政编码／100029

责任部门／社会政法分社（010）59367156　　责任编辑／芮素平
电子信箱／shekebu@ssap.cn　　责任校对／王拥军
项目统筹／刘骁军　　责任印制／岳　阳
经　　销／社会科学文献出版社市场营销中心（010）59367081　59367089
读者服务／读者服务中心（010）59367028

印　　装／北京季蜂印刷有限公司
开　　本／787mm×1092mm　1/16　　印　　张／27.75
版　　次／2013年7月第1版　　字　　数／466千字
印　　次／2013年7月第1次印刷
书　　号／ISBN 978-7-5097-4830-5
定　　价／98.00元

编委会及编辑部成员名单

获第48批中国博士后科学基金面上资助
获中国博士后科学基金第五批特别资助

序　一

博士后制度是19世纪下半叶首先在若干发达国家逐渐形成的一种培养高级优秀专业人才的制度，至今已有一百多年历史。

20世纪80年代初，由著名物理学家李政道先生积极倡导，在邓小平同志大力支持下，中国开始酝酿实施博士后制度。1985年，首批博士后研究人员进站。

中国的博士后制度最初仅覆盖了自然科学诸领域。经过若干年实践，为了适应国家加快改革开放和建设社会主义市场经济制度的需要，全国博士后管理委员会决定，将设站领域拓展至社会科学。1992年，首批社会科学博士后人员进站，至今已整整20年。

20世纪90年代初期，正是中国经济社会发展和改革开放突飞猛进之时。理论突破和实践跨越的双重需求，使中国的社会科学工作者们获得了前所未有的发展空间。毋庸讳言，与发达国家相比，中国的社会科学在理论体系、研究方法乃至研究手段上均存在较大的差距。正是这种差距，激励中国的社会科学界正视国外，大量引进，兼收并蓄，同时，不忘植根本土，深究国情，开拓创新，从而开创了中国社会科学发展历史上最为繁荣的时期。在短短20余年内，随着学术交流渠道的拓宽、交流方式的创新和交流频率的提高，中国的社会科学不仅基本完成了理论上从传统体制向社会主义市场经济体制的转换，而且在中国丰富实践的基础上展开了自己的伟大创造。中国的社会科学和社会科学工作者们在改革开放和现代化建设事业中发挥了不可替代的重要作用。在这个波澜壮阔的历史进程中，中国社会科学博士后制度功不可没。

值此中国实施社会科学博士后制度20周年之际，为了充分展示中国社会科学博士后的研究成果，推动中国社会科学博士后制度进一步发展，全国博士后管理委员会和中国社会科学院经反复磋商，并征求了多家设站单位的意见，决定推出《中国社会科学博士后文库》（以下简称《文库》）。作为一个集中、系统、全面展示社会科学领域博士后优秀成果的学术平台，《文库》将成为展示中国社会科学博士后学术风采、扩大博士后群体的学术影响力和社会影响力的园地，成为调动广大博士后科研人员的积极性和创造力的加速器，成为培养中国社会科学领域各学科领军人才的孵化器。

创新、影响和规范，是《文库》的基本追求。

我们提倡创新，首先就是要求，入选的著作应能提供经过严密论证的新结论，或者提供有助于对所述论题进一步深入研究的新材料、新方法和新思路。与当前社会上一些机构对学术成果的要求不同，我们不提倡在一部著作中提出多少观点，一般地，我们甚至也不追求观点之“新”。我们需要的是有翔实的资料支撑，经过科学论证，而且能够被证实或证伪的论点。对于那些缺少严格的前提设定，没有充分的资料支撑，缺乏合乎逻辑的推理过程，仅仅凭借少数来路模糊的资料和数据，便一下子导出几个很“强”的结论的论著，我们概不收录。因为，在我们看来，提出一种观点和论证一种观点相比较，后者可能更为重要：观点未经论证，至多只是天才的猜测；经过论证的观点，才能成为科学。

我们提倡创新，还表现在研究方法之新上。这里所说的方法，显然不是指那种在时下的课题论证书中常见的老调重弹，诸如“历史与逻辑并重”、“演绎与归纳统一”之类；也不是我们在很多论文中见到的那种敷衍塞责的表述，诸如“理论研究与实证分析的统一”等等。我们所说的方法，就理论研究而论，指的是在某一研究领域中确定或建立基本事实以及这些事实之间关系的假设、模型、推论及其检验；就应用研究而言，则指的是根据某一理论假设，为了完成一个既定目标，所使用的具体模型、技术、工具或程序。众所周知，在方法上求新如同在理论上创新一样，殊非易事。因此，我们亦不强求提出全新的理论方法，我们的最低要求，是要按照现代社会科学的研究规范来展开研究并构造论著。

我们支持那些有影响力的著述入选。这里说的影响力，既包括学术影响力，也包括社会影响力和国际影响力。就学术影响力而言，入选的成果应达到公认的学科高水平，要在本学科领域得到学术界的普遍认可，还要经得起历史和时间的检验，若干年后仍然能够为学者引用或参考。就社会影响力而言，入选的成果应能向正在进行着的社会经济进程转化。哲学社会科学与自然科学一样，也有一个转化问题。其研究成果要向现实生产力转化，要向现实政策转化，要向和谐社会建设转化，要向文化产业转化，要向人才培养转化。就国际影响力而言，中国哲学社会科学要想发挥巨大影响，就要瞄准国际一流水平，站在学术高峰，为世界文明的发展作出贡献。

我们尊奉严谨治学、实事求是的学风。我们强调恪守学术规范，尊重知识产权，坚决抵制各种学术不端之风，自觉维护哲学社会科学工作者的良好形象。当此学术界世风日下之时，我们希望本《文库》能通过自己良好的学术形象，为整肃不良学风贡献力量。

李扬

中国社会科学院副院长

中国社会科学院博士后管理委员会主任

2012 年 9 月

序　二

在21世纪的全球化时代，人才已成为国家的核心竞争力之一。从人才培养和学科发展的历史来看，哲学社会科学的发展水平体现着一个国家或民族的思维能力、精神状况和文明素质。

培养优秀的哲学社会科学人才，是我国可持续发展战略的重要内容之一。哲学社会科学的人才队伍、科研能力和研究成果作为国家的“软实力”，在综合国力体系中占据越来越重要的地位。在全面建设小康社会、加快推进社会主义现代化、实现中华民族伟大复兴的历史进程中，哲学社会科学具有不可替代的重大作用。胡锦涛同志强调，一定要从党和国家事业发展全局的战略高度，把繁荣发展哲学社会科学作为一项重大而紧迫的战略任务切实抓紧抓好，推动我国哲学社会科学新的更大的发展，为中国特色社会主义事业提供强有力的思想保证、精神动力和智力支持。因此，国家与社会要实现可持续健康发展，必须切实重视哲学社会科学，“努力建设具有中国特色、中国风格、中国气派的哲学社会科学”，充分展示当代中国哲学社会科学的本土情怀与世界眼光，力争在当代世界思想与学术的舞台上赢得应有的尊严与地位。

在培养和造就哲学社会科学人才的战略与实践上，博士后制度发挥了重要作用。我国的博士后制度是在世界著名物理学家、诺贝尔奖获得者李政道先生的建议下，由邓小平同志亲自决策，经国务院批准于1985年开始实施的。这也是我国有计划、有目的地培养高层次青年人才的一项重要制度。二十多年来，在党中央、国务院的领导下，经过各方共同努力，我国已建立了科学、完备的博士后制度体系，同时，形成了培养和使用相结合，产学研相结合，政府调控和社会参与相结合，服务物质文明与精神文明建设的鲜明特色。通过实施博士后制度，我国培养了一支优秀的高素质哲学社会科学人才队伍。他们在科研机构或高等院校依托自身优势和兴趣，自主从事开拓性、创新性研究工作，从而具有宽广的学术视野、突出的研究能力和强烈的探索精神。其中，一些出站博士后已成为哲学社会科学领域的科研骨干和学术带头人，在"长江学者"、"新世纪百千万人才工程"等国家重大科研人才梯队中占据越来越大的比重。可以说，博士后制度已成为国家培养哲学社会科学拔尖人才的重要途径，而且为哲学社会科学的发展造就了一支新的生力军。

哲学社会科学领域部分博士后的优秀研究成果不仅具有重要的学术价值，而且具有解决当前社会问题的现实意义，但往往因为一些客观因素，这些成果不能尽快问世，不能发挥其应有的现实作用，着实令人痛惜。

可喜的是，今天我们在支持哲学社会科学领域博士后研究成果出版方面迈出了坚实的一步。全国博士后管理委员会与中国社会科学院共同设立了《中国社会科学博士后文库》，每年在全国范围内择优出版哲学社会科学博士后的科研成果，并为其提供出版资助。这一举措不仅在建立以质量为导向的人才培养机制上具有积极的示范作用，而且有益于提升博士后青年科研人才的学术地位，扩大其学术影响力和社会影响力，更有益于人才强国战略的实施。

今天，借《中国社会科学博士后文库》出版之际，我衷心地希望更多的人、更多的部门与机构能够了解和关心哲学社会科学领域博士后及其研究成果，积极支持博士后工作。可以预见，我国的博士后事业也将取得新的更大的发展。让我们携起手来，共同努力，推动实现社会主义现代化事业的可持续发展与中华民族的伟大复兴。

王晓初

人力资源和社会保障部副部长

全国博士后管理委员会主任

2012 年 9 月

序

清代的“苗疆”大致包括我国西南自广西、湖南西部，经贵州和川渝南部到云南的广大区域，在地理上处于中国地形的第二级阶梯向第三级阶梯过渡地带。这里具有大体相同的自然生态环境和人文传统。就自然生态环境而言，苗疆以山地为主的地形地貌和多样性的气候等条件，造就了丰富的森林、矿产、水利和野生动植物等自然资源。就人文传统而言，苗疆自古以来即是众多少数民族聚居的地方。历代王朝从推行怀柔抚和、羁縻笼络政策，到实行土司制度，以至改土归流，始终将其列为特殊的民族区域，适用不同于周边华夏地区的特殊政策。这就为本书以苗疆为时空范围，将南方山地少数民族地区作为一个整体，对清政府实施苗疆生态环境的保护政策进行研究，提供了前提条件和可能性。

本书作者袁翔珠系法学科班出身，在北京本科毕业后到广西工作，受民族文化的熏染，确立了自己的学术定位。从再次北上中国社科院攻读博士学位，到重返桂林任教，又西游山城重庆进入西南政法大学西南民族法文化研究基地，与我合作做博士后研究，她都锲而不舍，坚持在民族法文化领域不懈地探索。民族法文化研究是一件很辛苦的事，需要经常深入民族山寨做田野调查，广泛搜罗民间碑刻资料、官方遗存档案和地方史志文献的资料。她不仅做到了而且做得很出色。在我看来，她做学问的悟性和韧劲，在“七〇后”青年学人中并不多见。她勤于钻研，成果丰硕，完成多项课题攻关，发表系列论文，出版《石缝中的生态法文明：中国西南亚热带岩溶地区少数民族生态保护习惯研究》等著作，尤其在南方山地民族法文化研究方面颇多创见，为本书的完成奠定了厚实的基础。

自2010年夏进站合作开展博士后课题“清代对苗疆生态环境的治理研究”以来，此项研究不断获得国家有关部门的肯定和支持：2010年12月被列为中国博士后科学基金面上资助项目；2012年9月又获得中国博士后科学基金会特别资助，殊属难能可贵！2013年初，作者在完成博士后研究结项成果《清政府对苗疆生态环境的保护》之后，远赴美国密西根州立大学做访问学者，进一步开拓人类学、民族学和社会学研究视野之际，该书又通过了中国社会科学院博士后管理委员会的评审，入选“中国社会科学博士后文库”著作。作为该项成果的合作导师，我为之感到欣慰和振奋。作者多年的辛劳终于修成“正果”，真是天道酬勤，此言不谬哦！再则，法学界有一种论调，认为民族法文化属非主流研究领域，学术意义不大。本书选题立论的科学性、论证的理论意义及其研究的实践价值，得到社会一定的认同，应该对此说是一种回应吧。

不过，作者亦应注意，在民族法文化的视阈下，苗疆生态环境的保护存在着并行的两套机制。清朝廷的政策是运用国家公权力对生态环境进行外在的调整和保护，居于主导的地位。同时还存在着一套民族地区内生的“民间”保护机制。在山地民族看来，自然和人类浑然一体，两者可以相互沟通和感知，只要很好地协调两者的关系，人与自然是可以和谐共生的。苗疆各族民众在长期的生活生产实践中，累积了许多保护自然资源和生态环境的规则、禁忌，并以风俗习惯、神话传说等方式世代流传，或以成文的乡规民约形式昭示大众，逐渐形成为保护自然资源和生态环境的习惯规则。内外两种机制的冲突和调适，是否为本课题研究的应有之义？在多大程度上关系到朝廷政策的贯彻及实施成效？似此诸端，作者在今后研究中不可不审也。

是为序。

西南政法大学曾代伟

二〇一三年四月于重庆紫荆花园寓所

摘 要

苗疆的治理研究在清代的边境治理研究中是一个薄弱的环节，而关于清政府对苗疆生态环境的保护研究更是鲜少涉及。清政府治理苗疆的基本政策表现在法律上的因俗而治、政治上的恩威并用、行政上的逐步渗透、对土司权力的削弱与剥夺等四个方面。清政府对苗疆生态环境的保护性政策主要包括对土地资源、森林资源、矿产资源、水利资源、野生动植物资源等五个方面的内容，并主要通过皇帝的谕旨、大臣的奏疏、地方官员发布的法令、司法判例等手段进行。清政府对苗疆生态环境的保护性政策具有连续性、一致性和前瞻性的特点。

清政府对苗疆土地资源的保护性政策包括限制滥垦滥挖苗疆土地、保护苗疆公山、维护苗疆少数民族土地权益等政策；对森林资源的保护性政策主要包括鼓励在苗疆植树造林和限制在苗疆滥砍滥伐的政策；对矿产资源的保护性政策包括限制在苗疆开矿、减免苗疆矿税、严禁在苗疆私采矿产、及时封闭苗疆枯竭矿源等政策；对水利资源的保护性政策包括严禁阻塞破坏苗疆水道、合理分配苗疆水资源、严禁破坏苗疆水利设施、保障苗疆水利经费等政策；对野生动植物资源的保护性政策包括免除对苗疆野生动植物资源的直接征收、减免苗疆与野生动植物资源有关的税收、禁止滥捕滥采苗疆动植物资源等政策。清政府对苗疆生态环境的保护性政策虽具有一定的历史局限性，但其对今天在民族地区的施政仍具有借鉴意义。

关键词： 政府　苗疆　生态　保护

Abstract

Research on governance in Miaojiang region is a weak link in the study of border governance in Qing Dynasty. Moreover, protection of ecological environment in Miaojiang region by the Qing government is rarely involved. The basic policies of governance in Miaojiang region by Qing government lies in four aspects: legal rule by custom, political conjunction with grace and majesty, gradual penetrating in administration and weakening and depriving the power of Toasts. The protection of ecological environment in Miaojiang region by the Qing government mainly covers five fields, including land resources, forest resources, mineral resources, water resources, wildlife resources and so on. Protective policies scatter in the emperors' edict, ministers' memorial to the throne, local officials' decrees and judicial precedents. The protection of ecological environment in Miaojiang Region by the Qing government has features such as continuity, consistency and forwardness.

The protection of land resources in Miaojiang by the Qing government includes restricting excessive farming and digging on land, protecting public mountain and maintaining interests of Minority in the land. The protection of forest resources mainly includes encouraging tree planting, limiting deforestation. The protection of mineral resources includes policies of restricting official mining, relieving minerals tax, forbidding private mining and timely closing exhausted mine source in Miaojiang region. The protection of water resources includes policies of forbidding to block and destruct waterways, reasonably allocating water resources, prohibiting destructing water conservancy facilities and guaranteeing funds of water conservancy. The protection of wildlife resources includes policies of exempting directly levy, relieving tax on wildlife resources and prohibiting over-exploitation. Although there are some certain historical limitations in the protection of ecological environment in Miaojiang region by the Qing government, it is a reference for current policy in ethnic minority areas.

Key Words: Government; Miaojiang Region; Ecological; Protection

目　录

Contents

图表目录

图

表

引 言

作为一个少数民族政权，清政府的民族立法达到了历代最高水平，其对民族地区的政策治理也独具特色。因此，自20世纪20年代以来，关于清代边疆法制史的研究在清代法制史的研究中一直占据重要的地位。近年来，关于清代边疆法制史的研究逐步深化和系统化，新材料的不断出现，新的研究方法的不断应用，使得清代边疆法制史研究呈现出繁荣的态势，理论体系已初步形成，内容也逐步完善和成熟，中国、日本、欧美等地都有为数不少的学者在从事此方面的研究。他们取得的丰硕成果，勾画出了清代在边疆治理上的成败得失。

然而，就清代边疆法制史的整体研究而言，对苗疆的治理研究是一个较为薄弱的环节。目前，关于清代边疆治理的研究主要集中在蒙古、回疆和西藏等地区，而对生活着众多少数民族，包括广西、贵州、云南全境和部分湖南、湖北、四川、广东等省区在内的苗疆的关注，远没有上述地区强烈。在一些对清代边疆治理政策进行整体论述的著作中，苗疆总是以较为边缘的部分出现，并未占据主体地位。近年来，关于清代对苗疆的治理研究虽然也涌现出了一批精品佳作，但从数量上看，无法与北部、西部边疆和西藏地区相抗衡；从内容上看，多局限于局部区域或某些法律现象，尚未形成一个完整、成熟的理论体系。究其原因有二。其一，对于蒙古、回疆、西藏地区，清代分别制定了《蒙古律例》《理藩院则例》《回疆则例》《钦定西藏章程》等民族立法，成文化与法典化程度较高，研究的基础和材料也相对厚实丰富。而对于苗疆，清代并未单独立法，仅在《大清律例》及皇帝的谕旨中，采取“冲突规范”的方式指明苗疆少数民族内部的冲突可适用“苗例”，即少数民族习惯法解决，这给研究带来了一定的困难和不确定性。其二，在清代的边防战略体系中，苗疆的地位远低于蒙古、回疆、西藏等地，“国家比以西北二边为意，而鲜复留意南方”，[①] 由此也造成了在清代边疆治理研究中的“厚此薄彼”。

因此，清代对苗疆的治理研究，思路有待拓宽，内容有待深入，研究方法和研究水平也亟待提高。就清代对苗疆生态环境的治理研究方面，目前很少有著作涉及这一问题。笔者在近年来开始关注这一问题，并已初步形成了一些成果。因此，本书试图通过对这一问题的深入探讨，完善清政府对特定领域边疆治理的理论研究，为清代对苗疆治理的研究体系添砖加瓦，以提高苗疆研究在清代边疆法制史研究中的地位，也可为我们今天在西南少数民族地区的施政及生态保护法治提供借鉴和依据。[②]

① （清）李文琰总修：（乾隆）《庆远府志》，卷9，艺文志上，页9，故宫珍本丛刊第196册，海南出版社2001年版，第294页。

② 为了表示对少数民族的尊重，本书引用的古代文献中凡有“獞”“狼”“猺”“獠”“羚”“犵”“狫”“猫”等歧视性称呼的，全部改为“僮”“俍”“瑶”“僚”“伶”“仡”“佬”“苗”等字。

第一章　总论

在清代，被统称为“苗疆”的西南少数民族区域，由于民族成分复杂，自然条件恶劣，生产力水平低下，一直处于中央政权的军事征服和政治威压之下。但是，清政府在征服和开发苗疆的过程中，却非常注意运用立法、司法、行政等各种手段保护这一地区的生态环境。清政府不仅发布了一系列保护生态环境的谕旨、法令、禁示、文告，而且大量运用司法判例、行政措施等维护苗疆的生态秩序。这是研究清代边疆治理中不可忽视的一个方面。

第一节　清代语境中“苗”与“苗疆”的概念

一、清代语境中“苗”的概念

有清一代，包括苗族在内的众多西南少数民族为反抗统治者的暴政，多次发动起义，“苗”的概念也因此频繁出现在清代的各类典籍和方志之中。从文献记录来看，在清代语境中，“苗”并非单纯指我们目前所说的作为55个少数民族之一的苗族，其概念有广义和狭义之分，还有“生苗”和“熟苗”之分。

1. 清代语境中广义的“苗”

清代官方对“苗”的概念的使用，通常将其作广义的理解，即西南少数民族的通称。清代的文献中往往将生活在中国西南的三十多个民族都通称为“苗”。导致这种现象的原因在于，第一，中原地区普遍缺乏对西南少数民族的了解，对其民族的族群划分非常模糊。在他们的印象中，西南少数民族部族繁杂，犬牙交错，难以区分，因此用一个较大的民族名称加以笼统概括。如雍正五年（1727 年）正月，云贵总督鄂尔泰遵旨议奏：“苗之族类甚繁，凡黔、粤、四川边界，所在皆有。”[①]《永宪录》记载张广泗征苗有功时称：“凡苗民种类不一，有山苗、洞苗不等。”[②] 第二，中央统治者对西南少数民族普遍存在歧视心理，不屑作较细的民族划分。从国防安全的角度来说，西南少数民族的战略地位远没有蒙古族和藏族这样人口较多的统一民族重要，因此对他们来说，将生活在西南地区的少数民族通称为“苗”，简便易记，约定俗成，无须在此方面花费太多精力。

苗族分布最广泛的地区是贵州省，因此关于“苗”的记载在清代贵州的文献中较为集中。在清代各个时期编纂的《贵州通志》中，都将“苗”作为西南少数民族的统称。康熙《贵州通志》将“苗”的范围界定为分布在贵州境内的古代遗存下来的西南夷诸族：“自有虞氏征三苗殷高宗伐鬼方，汉武定西南彝以为牂牁，均溪峒箐篁之中，曰僚、曰伶、曰仡、曰僮、曰瑶不一，其种其在黔曰苗。”[③] 该书又进一步指出，彝族、布依族、仡佬族、仫佬族、壮族、苗族、土家族、白族、侗族等生活在贵州境内的西南诸民族都通称为“苗蛮”：“贵州十一郡，无非苗蛮部落，自古有谢氏、招氏、龙氏、杨氏等为之首领，皆西南僰也，今则莫大于卢鹿，莫悍于仲家，莫恶于生苗，其他种类至多，有辖于土司者，亦有散处于州县者”，“其类固殊，俗尚亦异，性亦因以别，约而计之，有罗罗，有仲家，有仡佬，有木老，有龙家，有宋家，有蔡家，有八番，有土人，有羊黄，有蛮人、杨保、僰人、洞人，而通谓之苗蛮”。而其中“苗”又分为二十多个以“苗”为名称的支系：“苗之中又有花苗、青苗、东苗、西苗、牯羊苗、白苗、谷兰苗、九股苗、黑苗、短裙苗、紫姜苗、平伐九名九姓苗，夭苗、生苗、红苗、阳洞罗汉苗之不一，固未

---

① 《清世宗实录》，卷 52，页 23—24，《清实录》（第七册），《世宗实录一》，中华书局 1985 年版，第 790 页。

② （清）萧奭：《永宪录》，续编，中华书局 1997 年版，第 385 页。

③ （清）卫既齐主修：《贵州通志》，卷 30，蛮僚，页 77 下—78 上，康熙三十一年撰，贵州省图书馆据上海图书馆、南京图书馆、贵州省博物馆藏本 1965 年复制，桂林图书馆藏。

易更仆也。”[1]乾隆初年编纂的《贵州志稿》也采取了类似的划分办法，将三十多个西南少数民族统称为“苗”，而其中以“苗”命名的有二十余种，为其支系：“我朝德威所及，群苗向化，穷乡僻壤尽隶版图，其种类风俗班班可考，按其种类则有倮罗、仲家、仡佬、佯黄、僰人、洞人、蛮人、八番、杨保、龙、宋、蔡家并诸苗三十余种，其中以苗名者又凡二十余种。类在新贵者曰花苗，在广顺者曰克孟牯羊，在镇宁州者曰青苗，诸苗之中惟兹四种类多。”[2]

在清代贵州的分县地方志及地方官员的奏疏中，也普遍采用这种广义的“苗”的概念，但范围根据各县境内生活的民族的种类有所变化。如顺治十五年（1658），贵州巡抚赵廷臣疏言：“贵州古称鬼方，自城市外，四顾皆苗。其贵阳以东，苗为多，而铜苗、九股为悍；其次为革老，曰羊黄，曰八番子，曰土人，曰侗人，曰蛮人，曰冉家蛮，皆黔东苗属也。自贵阳以西，倮罗为多，而黑倮为悍；其次曰仲家，曰米家，曰蔡家，曰龙家，曰白倮，皆黔西苗属也。”[3]康熙《定番州志》载：“苗有四种，一白苗，一青苗，一花苗，一木老仲家。”[4]乾隆《平远州志》载：“苗非一类，若罗鬼、若仡佬、若白苗、黑苗、花苗、若蔡家子，龙家子，仲家子，仡佬种有五，罗鬼亦分黑白倮倮二种，安氏黑倮倮也，其白者下安氏一等，如今头目阿五是独，仲家子中颇有知文墨者，其最桀骜不驯则惟罗鬼，诸苗莫不畏惮尊奉之。”[5]乾隆《南笼府志》载：“黔之苗种类不一，而隶于南笼者，普安州则有倮罗、仲家、侬人、僰人之类，普安县分治于州，苗类相同，安南县则止仲、倮二种，永丰州皆仲家也。在南笼亲辖之地，仲苗居十之八九，而倮苗十之一二焉。仲家为苗中最黠者。”[6]咸丰

---

① （清）卫既齐主修：《贵州通志》，卷30，蛮僚，页11上、下，康熙三十一年撰，贵州省图书馆据上海图书馆、南京图书馆、贵州省博物馆藏本1965年复制，桂林图书馆藏。

② （清）潘文芮撰：《贵州志稿》，卷3，页1下—2上，乾隆初年撰，贵州省图书馆据北京图书馆藏紫江存宿堂钞本1965年复制，桂林图书馆藏。

③ 赵尔巽等撰：《清史稿》，卷273，列传60·赵廷臣传，中华书局1977年版，第三十三册，第10030页。

④ （清）夏文炳纂：《定番州志》，卷16，土司，页4上，贵州惠水县长陈惠夫民国三十三年据康熙五十七年本校印，桂林图书馆藏。

⑤ （清）刘再向修，张大成、谢赐銆纂：《平远州志》，卷16，艺文·记，页12上，乾隆二十一年撰，贵州省图书馆据北京图书馆藏本1964年复制，桂林图书馆藏。

⑥ （清）李其昌纂修：《南笼府志》，卷2，地理·苗类，页18上、下，乾隆二十九年修，刻本，贵州省图书馆据湖北省图书馆藏本1965年复制，桂林图书馆藏。

《兴义府志》载："黔苗种类甚多，兴郡全境仅有七种：曰仲家苗，曰侬家苗，曰花苗，曰白倮罗，曰黑倮罗，曰僰人，曰老巴子，皆耕田纳赋，悉熟苗也。"①

晚清出现了一些对本朝社会事务及通用概念进行总结的著作，如魏源的《圣武记》和徐珂编撰的《清稗类钞》等。其中关于"苗"的概念，都是在前人基础上作广义上的理解。魏源在《圣武记》中以史论的方式提出了"苗""蛮"的划分。他认为，苗、蛮都是南方多个民族的统称，划分他们的唯一标准就是是否有统一的君长管辖，因此得出了"无君长，不相统属之谓苗；各长其部，割据一方之谓蛮"的结论。按照这一划分标准，他将广西的壮族，海南的黎族，贵州、湖南的瑶族，四川的白族、彝族，云南的彝族、佤族等都划归为"苗"："有观于西南夷者曰：'曷谓苗？曷谓蛮？'魏源曰：无君长，不相统属之谓苗；各长其部，割据一方之谓蛮。若粤之僮、之黎，黔楚之瑶，四川之僰、之生番，云南之倮、之野人，皆无君长，不相统属，其苗乎。"② 徐珂编撰的《清稗类钞》中则将苗、黎作为两个不可分的民族进行一体化介绍，认为他们是中国内地最古老的原住民，地理范围横跨湖南、四川、贵州、云南、广东、广西六省区，民族范围囊括苗族、彝族、瑶族、白族、仡佬族、水族、壮族、侗族等南方较大的民族："苗族、黎族在湘、蜀、黔、滇、两粤之间，曰蛮人、曰夷人、曰瑶，曰僰人，曰仡佬，曰倮倮，曰倮罗，曰倮罗夷，曰俅夷，曰仡僮，曰佯僮，曰佯僙，曰僚，曰峒人，曰革姥，名称不一，皆三古苗、九黎之遗裔也。泰西人种学家以其所居在山谷溪洞，故目之为高地族，而实我国内地最古之土著。"③

2. 清代语境中狭义的"苗"

清代文献中还出现了狭义上的"苗"，但主要是在地理意义和军事意义上使用的。如雍正七年（1729 年）上谕："苗蛮介在黔粤之间，自古未通声教。"④ 这一说法缩小了"苗"的分布范围，主要是针对当时征服苗

---

① （清）张瑛纂修：《兴义府志》，卷 41，苗类，页 1 上，咸丰三年成书，贵州省图书馆，1982 年复制，桂林图书馆藏。

② （清）魏源撰：《圣武记》（下），卷 7，土司苗瑶回民 · 雍正西南夷改土归流记上，中华书局 1984 年版，第 283 页。

③ （清）徐珂编撰：《清稗类钞》（第四册），中华书局 1984 年版，第 1922 页。

④ （清）鄂尔泰等监修、靖道谟等编纂：《贵州通志》，卷 33，艺文志 · 谕，页 26，见（清）纪昀等总纂《文渊阁四库全书》第 572 册，史部 330 卷，地理类，台湾商务印书馆 1983 年版，第 181 页。

疆的军事行动而言。《圣武记》“乾隆湖贵征苗记”一节中将苗的范围缩小为湖南和贵州之间的山区：“苗介湖南、贵州万山之中，环以凤凰、永绥、松桃、保靖、乾州各城。”[①] 这一划分，既不符合苗族的分布状况，也与该书前面对“苗”所作的广义解释相矛盾，很显然，这是专门针对“乾隆湖贵征苗”这一军事行为而言的，是在特殊语境下使用的专有名词。与广义的“苗”的概念不同，上述两种说法都是以地理为坐标而非以“苗”所包括的族类为界定的。在清代的文献中，以广义使用“苗”的概念的居多，而狭义的较少。

3. 清代语境中的“生苗”与“熟苗”之分

在清政府对“苗”的诸多划分中，“生苗”和“熟苗”的划分最为重要。因为从政治与法律的角度来说，二者的地位与法律适用是截然不同的。“生苗”和“熟苗”的概念是相对而言的，如乾隆《泸溪县志》载：“楚黔蜀万山之交者，苗也。种类甚多，莫可纪。箪子哨外之苗曰箪苗，以其接壤箪子也。又曰红苗，以其衣带皆尚红也。又曰生苗以别于熟苗也。”[②]“生苗”与“熟苗”的划分标准有三，但使用最广泛的则是第三种划分办法。

（1）“生苗”为苗之一种：《全黔苗倮种类风俗考》中称：“施秉有生苗，铜仁有红苗，黎平有阳洞罗汉苗，兴隆凯里司有九股苗，偏桥有黑苗之数种者。”[③] 按照这一记载，生苗与红苗、九股苗、黑苗等苗之部族名称并列，是贵州境内苗诸多支系中的一支，位于施秉县。檀萃在《说蛮》中也称：“生苗、红苗有吴、龙、石、麻、田五姓。”[④] 按照这一记载，生苗是与红苗并列的两个苗族支系。

（2）无土司管辖者为“生苗”，有土司管辖者为“熟苗”：土司制度是历代中央政府长期借以管辖和约束西南少数民族的重要制度。由于土司是少数民族纳入政权管理体系的象征，因此清代在继承了这一制度后，一

① （清）魏源撰：《圣武记》（下），卷7，土司苗瑶回民·乾隆湖贵征苗记，中华书局1984年版，第314页。

② （清）顾奎光总裁、李湧编纂：（乾隆）《泸溪县志》，卷24，杂识，页12，故宫珍本丛刊第163册，海南出版社2001年版，第391页。

③ （清）潘文芮撰：《贵州志稿》，卷3，页2下，乾隆初年撰，贵州省图书馆据北京图书馆藏紫江存宿堂钞本1965年复制，桂林图书馆藏。

④ （清）檀萃：《说蛮》，见（清）王锡祺编《小方壶斋舆地丛钞》第八帙，上海著易堂光绪十七年印行，第62页。

些文献中将是否设立土司管辖作为判断“生苗”与“熟苗”的标准。如康熙四十七年（1708 年）六月，湖南巡抚赵申乔题《有苗州县案件展限疏》曰：“其土司所属俱系熟苗，事件已难完结，而有苗州县地方多有生苗，凡承查拘审事件，必须有司筹划而行，非可草率。”① 《清会典事例》记载，雍正七年议准：“无土官管辖之生苗为盗地方，各官照野贼苗蛮之例议处。（野贼苗蛮例载兵部事例）其有土官管辖之熟苗为盗，劫杀掳掠男女财物，该土司明知故纵者，革职。”② 王燕《苗蛮劫掳处分当因地制宜疏》曰：“嗣后除无土官管辖之野苗为盗仍照例议处外，其有土官管辖之熟苗为盗劫掳，地方文武请照汉民为盗之常例议处。”③ 这种划分办法在乾隆时期的文献中比较多见。乾隆七年（1742 年）议准，土官管辖之熟苗为盗，该土官明知故纵者革职。④ 乾隆年间张广泗编纂的《贵州通志》称：“苗中有土司者为熟苗，无管者为生苗。”⑤ 乾隆《镇远府志》也称：“黑苗在镇远之清江、台拱、胜秉皆是。……中有土司者为熟苗，无管者为生苗。”⑥ 清末的文献也有提及。如道光四年（1824 年）奏定：“野贼苗蛮扰害地方，及无土官管辖之生苗为盗，如有攻陷城寨烧毁仓库者，兼管兼辖各官俱革职。”⑦

（3）未向朝廷输诚归化者为“生苗”，反之，则为“熟苗”。经过前期的军事征服和中期的政权渗透，清帝国逐步将贵州、广西、云南等“苗”的主要聚居区纳入版图，而获得对“苗”统治权的象征之一即“苗”是否向朝廷“输诚归化”，因此，凡投诚输贡，愿意向朝廷纳粮当差的，已获得了“王化”的沐浴和洗礼，被纳入统治体系，编甲入籍，转变为“熟苗”。如雍正四年（1726 年）四月甲申上谕大学士：“熟苗熟

---

① （清）赵申乔：《赵恭毅公自治官书类集》，卷 5，奏疏·有苗州县展限，页 36，见《续修四库全书》编纂委员会编《续修四库全书》第 880 册，史部·政书类，上海古籍出版社 1995 年版，第 647 页。

② 《清会典事例》第二册，卷 119，吏部 103·处分例，中华书局 1991 年版，第 546 页。

③ （清）鄂尔泰等监修、靖道谟等编纂：《贵州通志》，卷 35，艺文志·疏，页 48，见（清）纪昀等总纂《文渊阁四库全书》第 572 册，史部 330 卷·地理类，台湾商务印书馆 1983 年版，第 237 页。

④ 《清会典事例》第七册，卷 589，兵部 48·土司·议处，中华书局 1991 年版，第 623 页。

⑤ （清）张广泗纂修：《贵州通志》，卷 7，风俗·苗蛮，页 14 上，乾隆六年版，桂林图书馆藏。

⑥ （清）蔡宗建主修，龚传绅、尹大璋纂辑：（乾隆）《镇远府志》，卷 9，风俗，页 6，故宫珍本丛刊第 224 册，海南出版社 2001 年版，第 315 页。

⑦ 《清会典事例》第二册，卷 120，吏部 104·处分例·边禁，中华书局 1991 年版，第 558 页。

僮，即可编入齐民。”[①] 而那些处于深山穷谷，不愿向朝廷输粮当差甚至与朝廷对抗者，仍处于“王化”之外，因此被称为尚未驯服的“生苗”。如雍正五年十一月戊辰云贵总督鄂尔泰奏：“黔省边界生苗，不纳粮赋，不受管辖，随其自便，无所不为，由来已久。”[②] 这一带有歧视意味的划分，是清代对“生苗”最具普遍意义的称谓。雍正十三年十一月甲寅，上谕总理事务王大臣同办理苗疆军务王大臣：“生苗虽自古未沾王化，然其地实在数省疆域之中……乃伊等野性难驯，就抚未几，旋即反侧，近复勾结熟苗，恣行抄劫，甚至蹂躏内地，残害民生。种种凶恶，实属法所难宥。”[③] 鄂尔泰《抚剿生苗情形疏》称：“如上游之贵阳、安顺、南笼诸属并直抵粤界之生苗、侬仲，皆已陆续向化纳赋输诚，惟下游之黎平镇远都匀、凯里等处生苗盘踞于黔楚粤三省接壤之间，阻隔道途，难通声教。”[④]乾隆《镇远府志》称：“按同一黑苗也，所居附近各土司地方纳粮当差，能醒汉语者，谓之熟苗。在大小两江以外不纳粮当差不醒汉语者谓之生苗。”[⑤] 乾隆《开泰县志》记载：“近府县为熟苗，输租服役，稍与汉人同。不与是籍者，为生苗。”[⑥] 同书载刘歆《边防议》：“按渠阳沿境诸夷，种落大概有三：曰生苗，曰熟苗，曰峝蛮。生苗者，自古不顺王化，熟苗者，则或梗或附，向背无常，此皆有苗遗种之滋蔓者也。”[⑦]

在上述第三种划分办法中，熟苗已归王化，而生苗难以驯服，为此清政府甚至专门修筑南方长城以隔离二者。《清稗类钞》详细记载了清代军政机构强行在湘西境内修筑边墙隔离生苗与熟苗的情形：“湖南苗族有生

---

① 《清世宗实录》，卷43，页19，《清实录》（第七册），《世宗实录一》，中华书局1985年版，第636页。

② 《清世宗实录》，卷63，页18，《清实录》（第七册），《世宗实录一》，中华书局1985年版，第968页。

③ 《清高宗实录》，卷7，页10，《清实录》（第九册），《高宗实录一》，中华书局1985年版，第278页。

④ （清）张广泗纂修：《贵州通志》，卷35，艺文·疏，页47下，乾隆六年版，桂林图书馆藏。

⑤ （清）蔡宗建主修，龚传绅、尹大璋纂辑：（乾隆）《镇远府志》，卷9，风俗，页11，故宫珍本丛刊第224册，海南出版社2001年版，第317页。

⑥ （清）郝大成纂修：（乾隆）《开泰县志》，艺文·冬，页8，故宫珍本丛刊第225册，海南出版社2001年版，第89页。

⑦ （清）郝大成纂修：（乾隆）《开泰县志》，页9，故宫珍本丛刊第225册，海南出版社2001年版，第90页。

熟之分，其苗疆边墙旧址，自亭子关起，东北绕浪中江至盛华哨，过长坪，转北，过牛岩芦塘，至高楼哨得胜营，再北至木林湾溪，绕乾州城镇溪所，又西北至良章营喜鹊营止。其居边墙以外者为生苗，在边墙之内，与汉族杂居，或佃耕汉族之地，供赋当差，与内地人民无异者，则为熟苗。"[①] 直至清末，"生苗"与"熟苗"的划分作为官方用语一直未曾更改。

二、清代语境中"苗疆"的概念

清代是一个统一的多民族帝国，在其境内生活着众多的少数民族，为此，清政府划分出蒙古、回疆、西藏等在法律上有独立地位的民族区域，"苗疆"也成为一个有着特殊地位的民族区域概念。但这一概念的广泛使用，是在清政府彻底征服西南少数民族地区后才开始的。清初尚未开辟苗疆"新疆"时使用不多。顺治、康熙两朝的官方档案中虽有关于西南地区的记述，但"苗疆"一词使用较少，直至雍正、乾隆时期的官方档案中，尤其是雍正大规模改土归流之后，开始大量出现"苗疆"一词，其范围主要包括贵州、云南、广西、四川、湖南等五省区及湖北、广东的部分地区。"苗疆"也成为一个和蒙古、回疆、西藏等具有同等独立地位的民族区域。

在雍正时期，皇帝常常将贵州、云南、四川、广西、湖南等苗疆各省区作为一体发放上谕，许多命令同时在苗疆四五个省份实施执行。如雍正四年（1726年），上谕云、贵、川、广、湖南各省督抚："惟边省苗疆，间有督抚自行归结之案，地方官因无限期，遂生怠玩，以致案件稽迟，民人受其拖累。"[②]雍正五年二月初三日，谕云南、贵州、四川、广西督、抚、提、镇等："朕闻滇、黔、蜀、粤四省接壤之区，瑶、倮杂处，不时统众越境仇杀，搅害邻封……四省督、抚、提、镇，宜各委贤员于四省接壤之地勘明界址，凡瑶、倮贩棍往来要路，设立营、汛，派拨游、守等官带领弁兵驻防稽查，倘有越境仇杀劫掠之事，即行擒解，不

---

① （清）徐珂编撰：《清稗类钞》（第四册），中华书局1984年版，第1923页。

② 《世宗宪皇帝圣训》，卷18，页2上，见《大清十朝圣训》第2辑，台北文海出版社1965年版，第221页。

使漏网。"[①] 雍正五年十二月己亥上谕兵部："向来云、贵、川、广以及楚省各土司，僻在边隅，肆为不法……著该督抚提镇等，严切晓谕，不妨至再至三。且须时时留心访察，稍觉其人不宜苗疆之任，即时调换。"[②] 雍正十二年九月十五日，吏部等衙门议覆："云、贵、川、广等省苗疆地方，请照台湾例，令文武官弁互相稽查。"[③]

乾隆时期中央政府也秉承这一做法，发往苗疆的上谕往往是向贵州、云南、四川、广西、湖南五省联合通告的。早在继位之初，乾隆皇帝即下旨，"经理苗疆，原为宁谧地方起见……又因地方辽阔，苗众甚多，恐哈元生（贵州巡抚）一人料理未能周到，复令湖广提督董芳为副将军，先后遣发滇、楚、两粤官兵前往会勦"，[④] 确立了苗疆各省区相互协助的原则。乾隆元年（1736 年）五月癸丑谕总理事务大臣曰："其云南、贵州、四川、广西、湖南五省提、镇，着于苗疆事竣之后，陆续进京陛见。"[⑤] 乾隆六年四月戊戌上谕军机大臣等："贵州、广西、湖南三省，一事甫定，一事又起……看来苗疆之事，未得善策。"[⑥] 乾隆七年，上谕军机大臣等："从来苗地匪类，诡名甚多……着传谕广西、贵州、湖南、云南等省之督抚提镇，嗣后于始初拿获苗犯之时，将一人几名，详细讯问，开写明白。"[⑦] 乾隆十五年七月十六日丙辰兵部奏："请嗣后除云南、贵州、四川、广西、陕西、甘肃、湖广等省险要苗疆营汛，仍准通融办理外，内地各省概不准援此例。"[⑧] 乾隆二十五年八月二十三日，吏部议覆贵州按察使彰宝奏准《苗疆命盗等案停止展限办理》一折："经臣部行文湖南、湖

① 《清世宗实录》，卷 52，页 4—5，《清实录》（第七册），《世宗实录一》，中华书局 1985 年版，第 796 页。

② 《清世宗实录》，卷 64，页 20，《清实录》（第七册），《世宗实录一》，中华书局 1985 年版，第 986 页。

③ 《清世宗实录》，卷 147，页 8，《清实录》（第八册），《世宗实录二》，中华书局 1985 年版，第 827 页。

④ 《清高宗实录》，卷 1，页 32—33，《清实录》（第九册），《高宗实录一》，中华书局 1985 年版，第 154 页。

⑤ 《清高宗实录》，卷 19，页 5—6，《清实录》（第九册），《高宗实录一》，中华书局 1985 年版，第 472 页。

⑥ 《清高宗实录》，卷 140，页 4—5，《清实录》（第十册），《高宗实录二》，中华书局 1985 年版，第 1018—1019 页。

⑦ 《清高宗纯皇帝圣训》（六），卷 251，页 4 下，见《大清十朝圣训》第 3 辑，台北文海出版社 1965 年版，第 3284 页。

⑧ 《清高宗实录》，卷 369，页 1，《清实录》（第十三册），《高宗实录五》，中华书局 1985 年版，第 1071 页。

北、四川、云南、广西、甘肃等省，并山西归化、福建台湾、广东琼州等边远地方，可否照贵州一例办理之处，令各督、抚详议。兹据各督、抚回奏：'苗、瑶、夷、僮久知仰法，承审案件未便仍旧展限。且内地定例，解审人犯愿准扣除程限；今苗疆既照内地不准展限，请一体扣除。'"①

清中叶以后，"苗疆"的概念仍为官方所沿用，范围也无太大变化。如嘉庆二十四年（1820年）十二月乙未上谕内阁："苗疆、海疆、烟瘴各缺，设立专员，以资弹压……云南、贵州、四川、湖广、广东、广西各边缺，如有似此不赴本任者，俱著该督抚严行查察，不许私离职守，以杜趋避而重边防。"② 但随着清代政治的逐渐衰败，中央对苗疆的控制力大大下降，而西南少数民族的起义也此起彼伏，因此嘉庆之后有关苗疆事务的官方文书，多是针对某一具体地区的，而很少再如雍正、乾隆时期那样对苗疆五省区共同发放上谕。如嘉庆二年十月二十七日上谕："据称广西泗城府所属，向有刁徒汉奸……惟在该督抚等随时查察，有犯必惩，方可肃吏治而靖苗疆。"③ 道光六年（1826年）十一月壬寅上谕军机大臣："湖南苗疆戡定以来，惟傅鼐前在辰、沅、永、靖道任时，办理屯防、训练、储备、教养一切事宜，俱称妥善，苗情极为安帖。"④ 此外，随着大批内地民人涌入苗疆及清律、保甲制度在这一地区的普及，苗疆的少数民族密集程度大大降低，已失去了作为具有独立法律地位民族区域的意义。因此，"苗疆"一词在清末的使用也大不如以前那样频繁。

第二节　清政府治理苗疆的基本政策

治理，是一项系统工程。中国古代认为治理是一个自上而下的多元化

① 《清高宗实录》，卷619，页6—7，《清实录》（第十六册），《高宗实录八》，中华书局1985年版，第962—963页。

② 《清仁宗实录》，卷365，页6，《清实录》（第三十二册），《仁宗实录五》，中华书局1985年版，第822页。

③ （清）谢启昆、胡虔纂：《广西通志》，卷2，训典二，广西师范大学历史系、中国历史文献研究室点校，广西人民出版社1988年版，第86页。

④ 《清宣宗实录》，卷110，页21，《清实录》（第三十四册），《宣宗实录二》，中华书局1985年版，第837页。

体系。《荀子·君道》曰："明分职，序事业，材技官能，莫不治理。"[①] 清王士禛《池北偶谈·谈异六·风异》："帝王克勤天戒，凡有垂象，皆关治理。"[②] 相比前代而言，清政府对苗疆的治理是较为全面和深入的。中央政府和地方官员在法律、政治、行政等多个方面对苗疆展开了渗透和控制。清政府对苗疆的治理主要体现为法律上的因俗而治，政治上的恩威并用，行政上的逐步渗透和对土司权力的整体遏制。

一、法律上的因俗而治

《礼记·王制》曰："修其教，不易其俗，齐其政，不易其宜。"[③] 这成为中国历代统治者奉行的解决民族问题的基本准则。长期以来，由于西南地区少数民族众多，风俗习惯各异，难以统一，因此中央政权对西南少数民族地区在法律上都采取"因俗而治""无为而治"的政策，"生居荒服，宜以不治治之"。[④] 这一政策虽然带有某种消极和放任的色彩，但从长远来看，对于稳定西南少数民族的社会秩序、实现各项事务的和谐治理是具有一定积极意义的。

1. 苗例

对于苗疆，虽然清代的统治水平和统治技术与前代相比有较大的提高，但历代中央政权所奉行的"因俗而治"的基本指导思想并没有改变。在苗疆的法律适用上，清代的政策较为务实和开放，"各省苗民番蛮，均属化外，当因其俗，以不治治之"。[⑤] 对于生活在苗疆的西南少数民族，清立法者并没有像对蒙古、回疆、西藏、青海等地那样，制定如《蒙古律例》《回疆则例》《钦定西藏章程》《西宁番子制罪条例》等专门的民族法规，而是在法律中允许苗民之间的纠纷适用他们自己长期以来形成的不成文习惯法——"苗例"。乾隆六年（1741 年）三月丙戌，议政大臣等在议覆贵州总督张广泗会同湖北广西督抚所奏《议定楚、粤两省苗疆

① 《荀子·君道》，见王先谦《荀子集解》，卷 8，君道篇第十二，中华书局 1988 年版，第 157 页。
② （清）王士禛：《池北偶谈》，卷 25，谈异六·风异，中华书局 1984 年版，下册，第 613 页。
③ 《礼记·王制》，见陈澔注《礼记集说》，上海古籍出版社 1987 年版，第 73 页。
④ （清）陆次云：《峒谿纤志》，序，中华书局 1985 年版，第 1 页。
⑤ 《清高宗实录》，卷 338，页 40，《清实录》（第十三册），《高宗实录五》，中华书局 1985 年版，第 670 页。

善后事宜》中对“苗例”进行了官方解释：“苗人嗜利轻生，凡户婚田土口角暨人命盗案，总以偿银了息，谓之苗例。”并因此规定：“苗民凶杀及与军民交涉案件，按律治罪，不得援苗俗轻纵。”[①] 由此可见，清政府认可的“苗例”，就是西南各少数民族社会内部通行的习惯法的统称。[②] 通过“冲突规范”的方式在国家立法中认可少数民族习惯法，清代由此把对苗疆“因俗而治”的原则法典化和系统化，不仅在正式的法律条文中加以明确规定，而且在有清一代不断加强和完善这一制度。这一政策，使得苗疆处于事实上的法律自治状态。

2. 清代前期苗例的适用

康熙时期，清政府对苗疆的统治尚未稳固，一些地区尚未完全征服，为此统治者采取了抚绥的政策以安定人心，其中就包括在法律适用上区别对待，允许苗疆少数民族适用各自的习惯法。康熙三年（1664 年）广西庆远推官谢天枢在《土司议》中称：“杀人者，法不死，计其家头畜多少输所死之家，不用汉法抵罪。”[③] 康熙四年（1665 年）贵州总督杨茂勋疏言：“贵州一省在万山之中，苗蛮穴处，言语不通，不知理义，以睚眦为喜怒，以仇杀为寻常，治之之道，不得不与中土异。凡有啸聚劫杀侵犯地方者，自当发兵剿除；其余苗蛮在山箐之中自相仇杀，未尝侵犯地方，止须照旧例令该管头目讲明曲直，或愿抵命，或愿赔偿牛羊、人口，处置输服，申报存案。盖苗蛮重视货物，轻视性命，只此分断，已足创惩，而渐摩日久，曲直分明，苗蛮亦必悔悟自新，不复争杀，此兵不劳而坐安边境之道也。”[④] 这些建议得到了中央立法的认可，并直接上升为法律条文。康熙四十年至四十四年通过了一系列有关苗民犯罪的事例，确立了两个基本原则：第一，对于伤害他人的犯罪，熟苗照民例治罪，生苗仍照苗人例治罪。如康熙四十年覆准：“孰苗生苗若有伤害人者，熟苗照民例治罪，

---

① 《清高宗实录》，卷 139，页 13—14，《清实录》（第十册），《高宗实录二》，中华书局 1985 年版，第 1002—1003 页。

② 参见苏亦工：《明清律典与条例》，中国政法大学出版社 2000 年版，第 87—89 页。

③ （清）李文琰总修：（乾隆）《庆远府志》，卷 9，艺文志上，页 26，故宫珍本丛刊第 196 册，海南出版社 2001 年版，第 303 页。

④ 《清圣祖实录》，卷 16，页 2—3，《清实录》（第四册），《圣祖实录一》，中华书局 1985 年版，第 235 页。

生苗仍照苗人例治罪。”[1] 第二，苗民犯罪，轻罪由土官自行发落；但犯有杀死人命、强盗掳掠人口、抢夺财物及捉拿人口索银勒赎等重罪，则由朝廷流官按照苗人例从重处罚。如康熙四十三年题准：“红苗归诚纳粮，特设土官管辖，除苗人有犯轻罪者，仍听土官自行发落外，若有犯杀死人命、强盗掳掠人口、抢夺财物及捉拿人口索银勒赎等情，责令土官将犯罪之苗拿解道厅治罪。”[2] 四十四年覆准：“苗民犯轻罪者，听土官自行发落外，若杀死人命、强盗掳掠及捉拿人口索银勒赎等情，被害之苗，赴道厅衙门控告，责令土官将犯苗拿解，照律例从重治罪。”[3] 这些规定表明，对于苗民犯罪，分生苗和熟苗、轻罪和重罪适用不同的法律。

当时的一些司法实践表明，对于苗疆少数民族的命盗案件，可以折中刑律，适用其传统“赔偿命价”方式解决，而不必拘泥于《大清律例》的规定。据《连阳八排风土记》记载，作者李来章在主政广东连南瑶族地区时，常常“推情求隐，折衷律例”来与当地的少数民族习惯法妥协，因而获得当地瑶族群众的极大信任。其中最重要的就是在当地瑶族群众中，杀人往往采取赔偿命价的方式解决，这虽然不符合《大清律例》，但李来章还是尊重了这一习惯法：“审得瑶人房法良、李马四等互控一案，缘法良先与火烧坪排瑶不和，投奔军寮，以致马四之兄未觉，被火烧坪瑶人迁怒怀恨，捉回杀死。此康熙十九年事也。后二十六年和好，在房法良名下，议出赔命银五十二两五钱，付马四等亲族作为斋果等费。此虽法外非为，有干律例，但于未归诚之先，自相拟议，姑亦听其两便也。兹法良虽供付银五十二两，二讯之，马四则称陆续收银止四十一两五钱，尚欠一十一两，未经收受，但事隔二十余年，难以执一而论。又据中人李省网、烂酒从公处息，已有定议。今于法良名下断出银四两付寨长买斤、房十五、虎阑等领回，同瑶目、千长调处明白，以了此局。”[4] 由于案件完全是依照当地瑶族的习惯法判决的，因此双方当事人心悦诚服。

雍正则将康熙时期确立的原则进一步法典化和普适化。其对康熙时期

---

① 《清会典事例》第九册，卷 739，刑部 17・名例律・化外人有犯，中华书局 1991 年版，第 159 页。

② 《清会典事例》第二册，卷 119，吏部 103・处分例・边禁，中华书局 1991 年版，第 544 页。

③ 《清会典事例》第九册，卷 739，刑部 17・名例律・化外人有犯，中华书局 1991 年版，第 159 页。

④ （清）李来章：《连阳八排风土记》，卷 8，向化，页 12 下—13 下，台北成文出版社 1967 年版，第 366—368 页。中国方志丛书第 118 号。据清康熙四十七年刊印本影印。

确立的苗人犯罪原则最大的突破就是允许苗人内部的重罪、争讼，准许法外结案，不必依《大清律例》处理。据《大清律例》记载，雍正五年（1727年）奏准："凡苗夷有犯军、流、徒罪折枷责之案，仍从外结，抄招送部查核。……其一切苗人与苗人自相争讼之事，俱照苗例归结，不必绳以官法，以滋扰累。"[①] 这一带有强烈"属人法"色彩的法律原则终清之世成为政府处理苗疆法律事务的基本准则，直至清末未曾改变。雍正时期处理的一些苗疆案件也为这一原则作了较好的注解：

> 黄连庆（音）1725年从山西移居到川西建昌府。他到达此地的时候给了土官贾牛更（音）一些鸡、布和钱，贾反过来给了黄一个土著的名字和一些土地。黄在附近各村寨卖腌肉等为生。1731年8月29日，他与另外两个土著酗酒打架丧生。根据当地土法规矩，杀人者赔给黄妻20头牛、6匹布和12两银子。然而，当此案报到贾土官面前，他推翻了以上解决协定，说黄原来是山西人，这件案子应按国法审判，罪犯应交清廷处以死刑。但黄妻拒绝贾的判决，她愿意得到那些赔偿。她将此案上诉，逐级到了北京。雍正皇帝在1732年见此折并作了朱批，说她虽然来自山西，但如果她愿意成为土著，可以给她那些赔偿。在雍正皇帝看来，此案中的族属问题允许自我选择，而不是决定于个人历史、户籍登记或家族遗传。[②]

这一案件表明，对于仅涉及苗民内部的诉讼，清统治者给予其习惯法充分的尊重和认可。从表面上看，清政府似乎主动放弃了《大清律例》在苗疆的适用，缩小了国家法的空间效力。但事实上，通过立法和司法判例对少数民族习惯法予以认可，其统治效果比强行在少数民族地区推行制定法要好得多，反而在更大更高程度上树立了国家法的权威。这体现出清政府在处理多民族国家法律问题上的睿智与宽容。

3. 清代中期苗例的适用

乾隆时期完全继承了康熙、雍正时期的原则，并不断加以巩固。乾隆

---

① 马建石、杨育棠主编：《大清律例通考校注》，中国政法大学出版社1992年版，第1117页。

② 中国第一历史档案馆，2-39-12，文件日期1732年8月29日，转引自［美］李中清、王湘云《清代西南民族地区的法律与民族——法令的意义及案件之办理》，见朱诚如主编《清史论集》，紫禁城出版社2003年版，第540页。

皇帝登基伊始，即于乾隆元年（1736年）七月颁布上谕："苗民风俗，与内地百姓迥别。嗣后，苗众一切自相争讼之事，俱照苗例完结，不必绳以官法。"[①] 这一规定重申了雍正五年（1727年）创立的原则。此后，朝廷不断通过与苗疆官员的奏折往来强化这一原则。乾隆元年十月，上覆贵州布政使冯光裕条奏苗疆事宜曰："若法待人行，则不若仍其苗习而顺导之。"[②] 乾隆二年刑部议准湖南抚臣高其倬条奏："向来苗人杀死苗人之命盗案件，或不愿报官，或私得骨价不肯报官……似不便一概绳以官法。请将乾州、凤凰、永绥三厅所辖苗人杀死苗人命盗等案，如两造情愿照苗例完结，不愿追抵者，应令该管官酌量完结，不许再生事端，以图报复。"[③] 乾隆十四年，皇帝批复云贵总督张允随奏《遵奉因俗而治谕旨办理缘由折》曰："遇有犯案，轻者夷例完结，重者按律究治，地方官随时斟酌办理。"[④] 乾隆三十一年十一月戊寅，皇帝针对高积条奏"禁苗人佩刀、跳月"折谕曰："而于苗疆，乃欲严立科条，纷更滋扰，徒属有名无实，甚无谓也！"[⑤] 可以看出朝廷对苗疆法治务实求简，尽量顺应苗俗的态度。

根据当时的法律规定，苗人犯罪不仅在法律适用上有所区别，而且还可获得刑罚上的宽待。由于这种刑罚上的优惠待遇，甚至出现民人犯重罪冒充苗人以获减免的事件，为此政府不得不出台相应的法律予以制裁。乾隆二十五年覆准："各省凡有土苗地方，如遇军流徒遣等犯内，有民人捏称土苗，事发之日，将该犯各依本律发配，各加枷号，分别治罪。"[⑥] 乾隆二十八年三月戊午，刑部议覆广西按察使栢琨奏准："粤西民苗杂处，苗、瑶罪犯斩、绞情轻者，秋审例得减等，恐民人假冒，应如所请，于定

① 《清高宗纯皇帝圣训》（一），卷15，页7下，见《大清十朝圣训》第3辑，台北文海出版社1965年版，第290页。

② 《清高宗实录》，卷29，页17，《清实录》（第九册），《高宗实录一》，中华书局1985年版，第612页。

③ 《宫中朱批档案》，见中国第一历史档案馆编《清代档案史料丛编》（第十四辑），中华书局1990年版，第169—170页。

④ 《宫中朱批奏折》，见中国第一历史档案馆编《清代档案史料丛编》（第十四辑），中华书局1990年版，第178—179页。

⑤ 《清高宗实录》，卷772，页19—20，《清实录》（第十八册），《高宗实录十》，中华书局1985年版，第483页。

⑥ 《清会典事例》第二册，卷119，吏部103·处分例·边禁，中华书局1991年版，第552页。

案时取邻保甘结存案，捏混治罪。”[①] 这些假冒案件从一个侧面说明苗人在刑罚上是享有特殊待遇的，类似于今天刑法上的“两少一减”政策。一些地方官员的奏折表明，苗民犯有军、流、徒重罪，往往以折枷代替，以示宽免。乾隆二十八年六月壬寅贵州按察使赵孙英奏：“苗类本多淳朴，惟仲苗诡悍，潜踪窃劫。倮罗强肆，睚眦逞凶，向照苗例，军、流、徒皆折枷完结。”[②]

乾隆时期，虽不时有苗疆官员上奏要求改变该原则使苗民与汉民一体适用《大清律例》治罪，但都遭到朝廷的驳斥。例乾隆九年湖南巡抚蒋溥奏《酌议抚苗事宜三条折》，建议赋予苗疆武职人员处理苗人案件的司法权：“请嗣后除命盗大案必赴文职具报外，其一应例许寨头理处之细事，苗人或有赴营汛具报者，亦许将弁责令头人照苗例理处，取具遵依，移交文职存案。”[③] 军机大臣等在覆准蒋溥陈奏时批驳，苗人案件本就依“苗例”内部自行处理，允许武职听讼纯属多此一举：“苗人遇有户婚田土忿争细事，只令报官，许该处寨头甲长等照苗例理处，乃以苗治苗，羁縻之法。今该抚欲令居址遥远之苗人，遇事兼许将弁责令头人理处，毋论武职不谙词讼，难免听断枉徇之弊，且既设丞卒等官管理苗事，又许将弁等兼理，转恐苗人统率不专，易生滋扰，应毋庸议。”[④] 乾隆十年湖南按察使徐德裕奏陈《苗疆应行应禁事宜四条折》，针对乾隆二年高其倬条奏要求“乾州等三厅苗人案件干犯恶逆者，应请照民人治罪也”。[⑤] 乾隆皇帝对徐德裕奏陈的朱批是：“若经部议，是本欲息事而徒滋事也，且令抚臣详酌奏来。”[⑥] 乾隆的批复虽然文字不多，却颇有深意。作出这样的批复，是因为其与清代多年来治理苗疆所奉行的基本政策相悖。皇帝的态度

---

① 《清高宗实录》，卷682，页2，《清实录》（第十七册），《高宗实录九》，中华书局1985年版，第631页。

② 《清高宗实录》，卷689，页4，《清实录》（第十七册），《高宗实录九》，中华书局1985年版，第714页。

③ 《宫中朱批奏折》，见中国第一历史档案馆编《清代档案史料丛编》（第十四辑），中华书局1990年版，第164页。

④ （清）潘曙、杨盛芳纂修：（乾隆）《凤凰厅志》，卷20，艺文，页12，故宫珍本丛刊第164册，海南出版社2001年版，第110页。

⑤ 《宫中朱批档案》，见中国第一历史档案馆编《清代档案史料丛编》（第十四辑），中华书局1990年版，第169—170页。

⑥ 《宫中朱批档案》，见中国第一历史档案馆编《清代档案史料丛编》（第十四辑），中华书局1990年版，第172页。

直接影响了核议大臣的意见，湖南巡抚蒋溥核议徐德裕折时予以全盘否定："此则未悉治苗之机宜者也。查三厅案件许照苗例完结，原谓其归化方新，不欲骤变其俗，使致惊疑，此中自有深意……应将所请照依律例之外，亦毋庸议。"① 值得注意的是，两案仅相隔一年，而后一案件中的核议大臣蒋溥正是前一案件中的上奏者，"苗人犯罪依苗例"之法律原则的强大效应可见一斑。

一些地方文献也反映了苗疆腹地"不绳之以法律"的事实。乾隆《大理府志》称："大理属彝，惟云龙最杂，亦最悍。此如虎豹处山林，不可以法律绳束。"② 在贵州任职的陈宏谋亦云："石阡地虽僻简，在在苗区，正宜加意抚绥，迎机化导，不必绳以法律，全在示以恩信。"③ 四川省冕宁县保留的部分清代彝族档案中，即有乾隆时期官府认可的适用彝族习惯法处理的人命案件甘结书，这是政府允许苗疆少数民族适用固有习惯法处理其内部纠纷的现实例证。内容如下：

乾隆十三年九月夷民别暑甘结

为甘结事。情因兹披灌子先盗别暑耕牛，复索报信银两，尚未现赃，于乾隆七年与兹披等问论，二比口角斗殴，有兹披回家二十余日身死，有糯姑灌子等抄披谷子五十石、荞子三石、伯［霸］占庄田十三石，措勒耕种数载。于本年七月初九夜，又被抄护，控经在案，蒙恩严饬究追。今有伙头并亲族人等，念系同支，不忍参商，照夷俗之例，将措勒水旱田地十三石并抄家具什物等项，一例退回别暑管业外，所有兹披身死，议处别暑出备水田一石，家人男妇二口，马二匹，给与兹披之子，以作超度经功之资，了息明白。自今说和之后，任随别暑并家人上下往来，路途逢遇，而糯姑灌子等不得隙仇借事生端。日后如有不遵妄为，系有三羊、阿铁、错铁并伙头一面承认。此系愿和，于中并无逼迫等情。恐后无凭，故立甘结是实。

① 《宫中朱批档案》，见中国第一历史档案馆编《清代档案史料丛编》（第十四辑），中华书局1990年版，第173页。

② （清）黄元治、张泰豪纂修：（乾隆）《大理府志》，卷12，风俗，页9，故宫珍本丛刊第230册，海南出版社2001年版，第198页。

③ （清）罗文思重修：（乾隆）《石阡府志》，卷8，艺文·书，页207上，故宫珍本丛刊第222册，海南出版社2001年版，第396页。

凭中说和　伙头哇涡
阿路
别遮
亲长三羊
阿铁
错铁
夷妇婶母里的
姑娘济歪[1]

清中叶以后的统治者始终秉承这一政策。“高宗运际昌明，一代法制，多所裁定。仁宗以降，事多因循，未遑改作。”[2] 嘉庆二十年（1815年）九月庚寅，苗疆大臣曾奥“将名例内十恶大罪，及黔俗易犯条款，摘录刊印，粘贴告示，俾令家喻户晓”，嘉庆认为这种举措“于化民之道，殊为无益。……殊属多事，著即停止”。[3] 嘉庆时期的一些西南地方志也反映出这一原则的官方适用。如嘉庆《广西通志》载，五岭之地各少数民族“其杀人者法不死，计其家头畜多少输所死之家，不用汉法抵罪”。[4] 嘉庆《永安州志》载：“僮睚眦相仇，杀人寻数世不止，杀人者法不死，计其家头畜多少输所死之家，不用汉法抵罪。”[5]

4. 清代末期苗例的适用

道光元年（1821年）详定《苗疆应增应禁事宜四条》，其中规定：“苗人词讼照旧章准理。”[6] 说明仍遵循前述原则。直至清代末年，苗疆许

① 四川省编辑组编：《四川彝族历史调查资料、档案资料选编》，四川省社会科学院出版社1987年版，第383页。

② 赵尔巽等撰：《清史稿》，卷143，志一百十七·刑法一，中华书局1976年版，第十五册，第4181页。

③《清仁宗实录》，卷310，页5—6，《清实录》（第三十二册），《仁宗实录五》，中华书局1985年版，第115页。

④（清）谢启昆、胡虔纂：《广西通志》，卷279，列传二十四·诸蛮二，广西师范大学历史系、中国历史文献研究室点校，广西人民出版社1988年版，第6910页。注引自《平乐府志》引庆远推官谢天枢《广西诸蛮说》。

⑤（清）李炘重修：（嘉庆）《永安州志》，卷16，夷民，页4，故宫珍本丛刊第199册，海南出版社2001年版，第388页。

⑥（清）但湘良纂：《湖南苗防屯政考》（一），卷首，页51下，台北成文出版社1968年版，第178页。中国方略丛书第一辑第23号。

多地方仍援用因俗而治的方针实行变通章程，不统一适用法律。光绪二十六年（1900年）五月初四日甲辰广西巡抚黄槐森奏：“寻常盗案例应解勘具题，粤西民风强悍，未能骤复旧制，请仍照变通章程办理。”从之。[①]光绪末年，清政府实行变法，但新法如旧有的律例一样，亦未在苗疆实施。光绪三十二年（1906年）九月十一日乙巳广西巡抚林绍年奏：“新纂刑事、民事、诉讼各法，广西省尚难通行，盖俗悍民顽，全恃法律为驾驭，间以不测示恩威。若使新法遽行，势必倘张百出，未足以齐外治，先无以靖内讧。”下所司知之。[②] 一些对清代进行总结的著作中，也多次申明了清政府对苗疆的特殊政策。魏源《圣武记》记载：“其苗讼仍从苗俗处分，不拘律例。”[③] 据《清史稿》记载，对于苗疆“以其习俗既殊，刑制亦异”。[④]

二、政治上的恩威并用

对于西南少数民族的统治，历代就有“剿”与“抚”之争，但总体来说，中央统治者对被称为“蛮夷”的西南少数民族多充满敌意，以军事征服为主。苏轼《钱师孟知横州制》曾云：“岭南诸郡，土旷民稀，而密迩夷落，以疆场之政为重。故守土之吏，常选于右府。”[⑤] 明代对西南主要采取“兵剿”的方针，不仅引发了深刻的民族矛盾，也导致了明王朝在苗疆统治的失败。洪武十五年（1382年）《明太祖谕西平侯沐英敕》曰：“云南、乌撒、乌蒙、东川、芒部、大理、建昌、水西、普定等处，人民今敢有不遵教化者，加兵讨平之。”[⑥] 《明太祖再谕西平侯沐英敕》

---

① 《清德宗实录》，卷463，页4，《清实录》（第五十八册），《德宗实录七》，中华书局1985年版，第65页。

② 《清德宗实录》，卷564，页7，《清实录》（第五十九册），《德宗实录八》，中华书局1985年版，第463页。

③ （清）魏源撰：《圣武记》（下），卷7，土司苗瑶回民·雍正西南夷改土归流记下，中华书局1984年版，第295页。

④ 赵尔巽等撰：《清史稿》，卷143，志117·刑法一，中华书局1976年版，第十五册，第4189页。

⑤ （清）谢钟龄等修、朱秀等纂：《横州志》，清光绪二十五年（1899年）刻本，横县文物管理所据该本1983年重印，第215页。桂林图书馆藏。

⑥ （清）刘永安、李秉炎、和隆武重修：（嘉庆）《黔西州志》，卷8，艺文·敕，页10，故宫珍本丛刊第224册，海南出版社2001年版，第96页。

曰："近称东川诸夷不叛者，号为循良，虽未可逆，诈然须防闲，严整师旅，使不得肆其奸谋，然后贼可破也。"① 明崇祯二年（1629年）四月十五日御史杨通宇题奏《请剿黑苗疏》："题为两江九股黑苗宜殄，恳乞圣明专敕有谋文武急行扑灭，以固黔疆事。"皇帝旨曰："黑苗宜剿，这奏内说得明白，著新督臣定计行派。"② 明嘉靖戊子年（1528年）宾州守备孙纲跋《灭瑶蛮诗石刻》甚至曰："此地传闻生贼种，累朝杀戮使人愁。从今设置千军镇，歼灭瑶蛮永绝休。"③ 清黄元治《抵平远有感》诗感叹曰："有明三百年，弄兵屠贵筑。凭险恣鸱张，王师翻败刃。"④ 但是这种过分注重"兵威"镇压的政策，非但没有使苗疆的少数民族屈服，反而激起了他们的强烈反抗："三代以前惟以德服，汉唐而后或顺或叛，羁縻而已，明代以威力相临，三江诸蛮遂桀骜不可制。"⑤

清代继承了以儒家文化为核心价值体系的中原政治文明，并吸取明亡的教训，对边疆少数民族多采取抚绥、柔远的政策。"诸葛亮七擒孟获"的历史佳话对于清政府的西南民族治理政策产生了深远的影响。由于苗疆少数民族起义此起彼伏，再加之清代前中期的军事实力较为强大，因此在政治上，清政府对苗疆少数民族采取的手段是"恩威并用、剿抚相佐"。在顺治、康熙、雍正、乾隆时期，"恩威并用"的政策在苗疆逐步确立并得以加强。

顺治、康熙时期清政府通过平定三藩叛乱，初步确立了在苗疆的统治权，当务之急是稳定局势，因此这一时期对少数民族的政策强调战乱之后的"恩抚"。顺治元年（1644年）上谕刑部、都察院曰："南直、陕西、湖广、四川、河南、浙江、江西、福建、广东、广西、云南、贵州等处未经归顺人民所犯罪恶，一并赦免。倘投顺以后或犯

① （清）刘永安、李秉炎、和隆武重修：（嘉庆）《黔西州志》，卷8，艺文·敕，页10，故宫珍本丛刊第224册，海南出版社2001年版，第96页。

② （清）蔡宗建主修，龚传绅、尹大璋纂辑：（乾隆）《镇远府志》，卷22，艺文，页25，故宫珍本丛刊第224册，海南出版社2001年版，第421页。

③ 黄钰辑点：《瑶族石刻录》，云南民族出版社1993年版，第315页。《灭瑶蛮诗石刻》，明代嘉靖戊子年刻，刻在广西忻城县古蓬公社凌头大队周安村的白虎山卧仙岩之石壁上。

④ （清）刘再向、张大成、谢赐錩纂修：（乾隆）《平远州志》，卷16，艺文·诗，页36，故宫珍本丛刊第224册，海南出版社2001年版，第228页。

⑤ 佚名：《贺县志》，卷2，页15，台北成文出版社1967年版，第71页，中国方志丛书第20号，民国二十三年铅印本。

罪恶，依律究治。”[①]顺治十年五月庚寅，上谕：“湖南、两广地方，虽渐底定，滇黔阻远，尚未归诚。朕将以文德绥怀，不欲勤兵黩武……经略湖广、广东、广西、云南、贵州等处地方……各处土司已顺者加意绥辑，未附者布信招怀，务使近悦远来，称朕诞敷文德至意。”[②] 顺治十七年以靖南王耿继茂移驻广西，赐之敕曰：“广西僻在南服，界连滇、黔、楚、粤以及交趾地方，苗蛮杂处，叛服靡常，土司瑶、壮，尤多狡悍，抚绥弹压，务在得人。”[③] 康熙时期也一再重申恩抚政策。康熙二十五年（1686年）二月庚子，上谕大学士等曰：“朕思从来控制苗蛮，惟在绥以恩德，不宜生事骚扰。”[④] 同年二月丁未，上谕吏部、兵部：“我国扫除逆孽，平定遐荒，即负山阻箐之苗民，咸输诚供赋。封疆大吏，自宜宣布德意，动其畏怀，俾习俗渐驯，无相侵害，庶治化于远迩。”[⑤] 康熙四十一年，上谕都统嵩祝、副都统达尔占、侍郎傅继祖等曰：“瑶人所居之山，通连广东、广西、湖广三省，林木丛密，山势崇峻，恃此险僻，顽梗不驯。自宋、明以来，即在这三省扰害民生。今差尔等到彼，务体朕好生致意，不必遽行征剿。先晓示招抚，如其不悛，再行剿灭。”[⑥] 康熙五十一年，上谕大学士等曰：“红苗等居深山之中，自古以来，并未向化。鄂海等宣布德泽，尽行招抚，殊属可嘉。”[⑦]

雍正时期清政府通过改土归流加强了对苗疆的统治权，因此尽量减轻改土归流对苗疆所产生的社会震荡是此时的主要任务，这一时期对苗疆少数民族的政策是“德化威服，剿抚并进”。雍正二年（1724年）上谕贵州提督赵坤：“遇此等愚顽苗倮，或以德化，或以威服，胡令不行，曷禁

---

① 《清世祖实录》，卷12，页5，《清实录》（第三册），中华书局1985年版，第115页。

② 《清世祖实录》，卷75，页15—16，《清实录》（第三册），中华书局1985年版，第595—596页。

③ 《清世祖实录》，卷137，页5，《清实录》（第三册），中华书局1985年版，第1057页。

④ 《清圣祖实录》，卷124，页14，《清实录》（第五册），《圣祖实录二》，中华书局1985年版，第319页。

⑤ 《清圣祖实录》，卷124，页17—18，《清实录》（第五册），《圣祖实录二》，中华书局1985年版，第320—321页。

⑥ 《清圣祖实录》，卷207，页1，《清实录》（第六册），《圣祖实录三》，中华书局1985年版，第103页。

⑦ 《清圣祖实录》，卷251，页3，《清实录》（第六册），《圣祖实录三》，中华书局1985年版，第485页。

不止耶？可与抚臣同心协力，治理地方。"[①] 雍正对"恩威"的关系和适用具有非常深刻的认识。雍正四年四月庚午，上谕贵州巡抚何世璂曰："苗夷虽蠢而无知，然亦人也。若地方有司实意矜恤，令其知感；营伍严肃，令其知畏，朕可保其永远无事。恩威二字，万不可偏用，偏用之，目前虽有小效，将来必更遗大患，非为国家图久之策。"[②] 雍正对苗疆大吏的批示中，常常要求他们慎重把握"恩威"与"剿抚"之间的平衡。雍正五年上谕："鄂尔泰剿抚并用，威惠兼施，俾生苗等向化输诚，县愿纳赋归附版籍，又缪冲逆苗等素称犷悍难驯，今剿抚已靖，悉皆内向，鄂尔泰办理甚属可嘉。"[③] 雍正六年抚绥生苗，上谕贵州巡抚张广泗："近闻尔到彼地有抚剿兼行之事，想因苗寨繁多，心志不一，其中有实心归附者，亦有中怀疑惧而未即就抚者，若仓促之间胁以兵威，未免戕残苗命，且强所不愿，非朕本怀，今特遣翰林官二员前来将朕意宣谕，倘伊等到日尔所料理之事已竣，则加意抚绥，使之得所，倘或执迷不悟，且勿徒恃兵力杀伤苗民统俟，从容再行化导，以副朕好生胞与之至意。"[④] 同年十一月乙亥上谕兵部："苗众繁多，朕亦不忍听其独在德化之外，是以，从封疆大臣之请，剿抚兼行，切加训诲，务以化导招徕为本，不可胁以兵威，或致多有杀戮。"[⑤]

乾隆时期，经过前面两代的经营和巩固，清政府在苗疆的统治已非常稳固，因此这一时期的政策从小心翼翼地保持"恩威"之间的平衡转向以"恩抚"为主，以"威剿"为辅，"驭苗以不扰为要，次则使知兵威不敢犯"。[⑥] 这一转变一方面体现出清代统治者的自信与强势气度，另一方面也体现出清政府在统治艺术上的成熟。文献表明，乾隆时期将能否正确运用"恩抚"作为任命和考核苗疆官吏的标准之一。乾隆三年（1738 年）

① 《清世宗实录》，卷 23，页 27，《清实录》（第七册），《世宗实录一》，中华书局 1985 年版，第 375 页。

② 《清世宗实录》，卷 43，页 6，《清实录》（第七册），《世宗实录一》，中华书局 1985 年版，第 629 页。

③ （清）张广泗纂修：《贵州通志》，卷 33，艺文・谕，页 14 上，乾隆六年版，桂林图书馆藏。

④ （清）张广泗纂修：《贵州通志》，卷 33，艺文・谕，页 15 上、下，乾隆六年版，桂林图书馆藏。

⑤ 《清世宗实录》，卷 75，页 25，《清实录》（第七册），《世宗实录一》，中华书局 1985 年版，第 1123 页。

⑥ 赵尔巽等撰：《清史稿》，卷 289，列传 76・蒋廷锡传，中华书局 1977 年版，第三十四册，第 10252—10253 页。

上谕："查云贵诸苗向在王化之外，为害于地方。近来改土设流，渐次安辑。然疮痍初愈，元气未复，必得循良之员恩信兼著，调剂咸宜者，令其心志帖然，然后可以久安于无事。"① 当时苗疆的地方志也反映了这一制度。乾隆初年修订的《贵州志稿》认为，只有灵活运用"恩威"的官员才能胜任苗疆的治理工作，"官斯土者，非精明强干，恩足以结之，威足以惕之"，② 方能获得苗疆的长治久安。乾隆《沾益州志》也认为，苗疆官员必须深谙"抚驭之道"："土地人民归州，有统辖操治之权，贤良牧守更得所以抚驭之道，勿滋扰，勿过求，宽严互用，使之怀德畏法，则久道化成，不难蒸蒸丕变矣。"③ 从实践来看，苗疆官员在充分领会朝廷"恩威并用"政策的精神后，将其广泛运用于苗疆的各项具体事务中。在镇压苗民起义之前，先进行招抚，平定之后，再给予土地、物资上的抚恤。乾隆《凤凰厅志》记载的提督俞益谟发布的《戒苗条约》可谓是这一政策的现实注解：

> 本军门得了寨子，不肯将你杀戮，总是招抚归顺在前。朝廷恩信难失，故此曲为保全，不但得了寨子不行杀戮，又将磨岩寨拿出要杀的苗子，我都央求释放，周围地方寨子，约束兵丁不动一草一木，无非见尔归顺，信不可失。此番大兵撤回，尔等须要感激皇恩，改过自新，各各安生乐业，就如内地百姓一般，若再不遵王法，作歹为非，本军门系是本省提督，密奏朝廷，不须多用兵马，你的地方形势已在本军门熟察之中，不时亲带兵马直捣巢穴，教你有箐难藏，有寨难据，有屋难住，有田难耕，骨肉抢散，身躯不保，那时勿怪本军门狠心辣手，过于惨毒。④

乾隆《梧州府志》记载的这首《抚瑶歌》，则体现了朝廷在平乱之后

---

① （清）陈奇典纂修：（乾隆）《永北府志》，卷 27，艺文，页 10，故宫珍本丛刊第 229 册，海南出版社 2001 年版，第 154 页。

② （清）潘文芮撰：《贵州志稿》，卷 3，乾隆初年撰，贵州省图书馆据北京图书馆藏紫江存宿堂钞本 1965 年复制，第 2 页下—第 3 页上，桂林图书馆藏。

③ （清）王秉韬纂订：（乾隆）《沾益州志》，卷 2，风俗，页 7，故宫珍本丛刊第 227 册，海南出版社 2001 年版，第 118 页。

④ （清）潘曙、杨盛芳纂修：（乾隆）《凤凰厅志》，卷 20，艺文，页 15，故宫珍本丛刊第 164 册，海南出版社 2001 年版，第 112 页。

对少数民族的抚恤：

> 何年政令苛且烦，我民弃业投深山。弓刀杂居夷与蛮，欲悔无路何由远。天子仁明照八垓，有如妍媸临镜台。不以刑威夺恩爱，故遣县令勤招徕，勤招徕，意甚长，捐尔刀与枪，饰尔巾与裳，携尔妻儿复土乡，尔田尔庄尔稼尔桑，我蠲尔差除尔粮，尔不悛兮尔自戕。尔尚归来来莫迟，我有赏犒恤尔私，尔尚归来来莫疑，我心诚信天所知。携扶老幼登县门，享我红酒及牛豚。尔老有子子有孙，同归寿域同天恩。[①]

《黔记》记载了乾隆时期的苗疆官员张广泗在平定苗民起义后对苗民拨地安插进行抚恤的情形："近经督臣张广泗议凡已剿苗寨所有投抚苗众，酌其人口拨给土田，归并安插，应再加详酌务尽招出潜藏余苗分配各寨，汉三苗一，俾汉苗杂居，强弱相制，即使无土可给，亦堪庸田营主抚恩束法，自可渐革犷凶以厚藩蔽。"[②]

清代前中期政府"恩威相济"的政策对中后期统治者具有重要的指导意义，在治理苗疆的问题上，清政府始终坚持这一原则。如嘉庆四年（1799 年）九月三十日，帝批新授广西巡抚谢启昆谢恩折曰："广西地接外夷，民瑶杂处，颇不易治。持以镇静，加以抚绥，无事必应德化，有事必使畏威，切勿姑息养奸，亦勿轻挑边衅。"[③] 嘉庆年间的《傅鼐有复总督百龄书》曰："三苗自古叛服靡常，治之惟剿、抚两端。叛则先剿后抚，威克厥爱乃济。"[④] 清末在历经了苗疆的多次少数民族起义之后，清政府仍坚持这一原则。咸丰年间修订的《兴义府志》论道："治理苗者宜政刑持平，德威相济于催科中，寓抚字使吏胥不虐而苛索无闻，

---

① （清）吴九龄、史鸣皋纂修：（乾隆）《梧州府志》，卷 23，诗赋，页 8—9，故宫珍本丛刊第 201 册，海南出版社 2001 年版，第 468—469 页。

② （清）李宗昉撰：《黔记》，卷 2，页 1 下，嘉庆十八年撰，线装一册四卷，桂林图书馆藏。

③ 《清仁宗实录》，卷 52，页 34，《清实录》（第二十八册），《仁宗实录一》，中华书局 1985 年版，第 675 页。

④ （清）魏源撰：《圣武记》（下），卷 7，土司苗瑶回民·乾隆湖贵征苗记，中华书局 1984 年版，第 317 页。

斯永相安于无事矣。”[①]《圣武记》载《坊苗记》亦曰：“抚苗如抚子，备苗如备疾，御苗隄御水，攻苗鸷攻伏。”[②]

三、行政上的逐步渗透

由于历代以来的羁縻政策，苗疆作为一个地理上的隔绝地带，在行政统辖上也形成了事实上的“独立王国”，“山谷奥险阻绝，厥类尤繁，唐虞谓之要服，是但与要约而已”。[③] 中央政权在这一地区的行政权力往往虚置和架空：“山川长远，习俗不齐，言语同异，重译乃通，椎结徒跣，贯头左衽，长吏之设，虽有若无。”[④]

1. 康熙时期

清代初期，政府在苗疆的行政权力也较为薄弱和分散。如《庆远府治》记载了康熙初年官员在贵州荔波无法正常任职的情况：“荔波六苗犷戾，康熙二年县令胡启睿赴任，离县治仅一十五里，苗民不容歇宿，鸣鼓集众，并仆隶尽屠之。后官多不往赴。八年有典吏余子位赴任至彼，诸蛮互相诧异，皆云：蒙夜结勒刀蒙刀，过客麻利料利料，译其意盖言：你从何处来？你来作何事？好笑好笑云。”[⑤] 但在康熙中后期，中央的行政权力已开始逐渐渗透到苗疆，并往往以军事渗透为先导。康熙三十七年（1698 年）五月，云督王继文疏：“鲁魁一山与哀牢相接，绵亘千余里……请设汛增兵弹压要害。查江内慢千坝乃新平县境适中之地，应拨千总一员，带兵二百名驻防。江外增设四汛，旧哈、跨果二处，各增兵一百名，大口增兵五十。”[⑥] 随着中央对苗疆统治的加强，除武职官员外，朝

---

① （清）张瑛纂修：《兴义府志》，卷 41，苗类，页 4 上、下，咸丰三年成书，贵州省图书馆，1982 年复制，桂林图书馆藏。

② （清）魏源撰：《圣武记》（下），卷 14，附录·武事余记·议武五篇·坊苗记，中华书局 1984 年版，第 540 页。

③ （清）李文琰总修：（乾隆）《庆远府志》，卷 10，诸蛮，页 9，故宫珍本丛刊第 196 册，海南出版社 2001 年版，第 381 页。

④ （清）王锦总修：（乾隆）《柳州府志》，卷 31，艺文，页 27，故宫珍本丛刊第 197 册，海南出版社 2001 年版，第 262 页。

⑤ （清）李文琰总修：（乾隆）《庆远府志》，卷 10，琐言，页 41，故宫珍本丛刊第 196 册，海南出版社 2001 年版，第 397 页。

⑥ （清）蒋良骐：《东华录》，卷 17，康熙三十四年正月至康熙三十七年十二月，中华书局 1980 年版，第 284—285 页。

廷开始在苗疆设立训导、教授、教谕等文职人员，以加强对当地风俗习惯的改革，即思想道德的渗透。康熙四十二年十月："湖南布政使施世纶以衡州府之安仁、嘉禾、临武，永州府之江华、宝庆府之城步，及郴州之桂阳，靖州之通道、天柱，向止训导一员，请添设教谕。又永定、铜鼓二卫，止设教授，绥宁、会同二邑，止设教谕，俱请添设训导。敕部议行。"[①] 史料表明，一些地方官员还通过对长期处于中央统治之外的少数民族编立户籍、实施保甲制度等措施，加强政府对少数民族的行政管理。如康熙中广东布政使欧阳永裿曾将连州瑶族编立户籍："连州瑶有八排、二十四排之目，康熙中尝为乱，法禁其出入。永裿奏言：'排瑶地狭人众，将无所得食，请许其良者编入民籍，以广谋生路，而消其生事之端。'下督抚议行。"[②]《白盐井志》也记载，康熙五十二年六月内，云南清军驿传盐法道刘将当地"街坊分为五牌，首用一户为乡约，次用十户为保甲，每夜分发值更，常川巡守，以杜私贩，以防宵小，至冬每井分设火塘守夜，岁以为常"。[③]

2. 雍正时期

雍正时期清政府对苗疆的行政统治采取非常强硬的政策。通过一系列的措施，中央政府的行政权力深入渗透到苗疆腹地，将少数民族地区直接置于中央的控制之下。其主要措施是：

首先，将苗疆一些难以治理的少数民族地区提升为直隶州，以便加强中央的直接控制。苗疆地广人稀，再加之官员短缺严重，因此中央的行政力量分布极为稀薄，一个州县往往管辖的面积过大，造成中央实际控制权的落空。为改变这一状况，雍正执政期间，将许多少数民族聚居区改设为直隶州，使之直接置于中央的控制之下。雍正三年（1725 年）广西巡抚李绂《请设直隶二州疏》建议将广西宾州、郁林二州改设为直隶州以加强对当地少数民族的管辖："自柳州至南宁五百余里，而宾州、上林、来宾、迁江、武宣等州县，瑶僮尤为顽劣，知府才具稍疏，每遇仇杀抢夺之

---

① （清）蒋良骐：《东华录》，卷 19，康熙四十二年正月至康熙四十三年十二月，中华书局 1980 年版，第 310—311 页。

② （民国）柳江县政府修：《柳江县志》，刘汉忠、罗方贵点校，广西人民出版社 1998 年版，第 205 页。

③ （清）郭存庄纂修：（乾隆）《白盐井志》，卷 1，户口，页 25—26，故宫珍本丛刊第 228 册，海南出版社 2001 年版，第 100—101 页。

案，檄催未几，例限已逾，深为未便，请将宾州一州改为直隶州，其附近之上林、来宾、迁江、武宣四县悉归宾州管辖，其近府之象州一州并附府之马平府、北之柳城、罗城、雒容、融县、怀元远等六县仍归府辖，俾得一意北乡料理，庶无迟误。……请将郁林亦改为直隶州专辖博北陆兴四县，而附府之苍梧与近府之藤县、岑溪、容县、怀集等五县仍归府辖，庶各可就近综理。”① 雍正七年孔毓珣《请改连州为直隶及广东理瑶同知疏》建议将广东瑶族聚居的连州改为直隶州以加强管理：“今臣等议将连州改为直隶知州，即专辖就近之阳山、连山二县，凡属命盗及一切政治事宜，悉照广东罗定州知州管辖东安、西宁二县之例，该知州径由司道考核，不隶府属，得以就近考察属吏，督缉盗逃，盘查仓库，安缉瑶民。”②

其次，在苗疆各省交界处增设州判营汛，加强行政管辖。苗疆地形复杂，万山丛立，许多地方无法设立行政机构，因此形成了事实上的真空地带。雍正时期，中央要求在苗疆的空白区域全面铺设行政机关点署，广泛增设文武官吏，如知府、知州、州判、同知、学正、吏目、千总、守备、把总、游击等，建立健全行政机构，完备体系，全面加强对少数民族的行政、司法、军事管理。雍正二年上谕大学士等：“闻得广西瑶僮杂处，匪类不时窃发，逾山越岭，难以擒拿。汛兵各守地界，不敢擅自越境，嗣后分防各弁不论何标何汛，凡系附近地方，毋分彼此，互相接应，庶匪类无可潜藏矣。”③ 雍正五年上谕云南、贵州、四川、广西督抚提镇等四省接壤处分界安汛以加强对流窜作案的管辖：“四省督抚提镇宜各委贤员，于四省接壤之地勘明界址，凡瑶倮贩棍往来要路，设立营汛，派拨游守等官带领弁兵驻防稽查，倘有越境仇杀劫掠之事，即时擒解，不使漏纲。”④“又念新厉郡廖廓，鞭长莫及，清潭四里，分县丞以专理，接连三岔、雷山沿河，时有抢掠。龙门一带，添巡检以驻防，向系土司管辖，最为难

---

① （清）吴九龄、史鸣皋纂修：（乾隆）《梧州府志》，卷 20，艺文，页 18，故宫珍本丛刊第 201 册，海南出版社 2001 年版，第 409 页。

② （清）杨楚枝、谭有德重修：（乾隆）《连州志》，卷 9，艺文·疏，页 9—10，故宫珍本丛刊第 171 册，海南出版社 2001 年版，第 444—445 页。

③ （清）李文琰总修：（乾隆）《庆远府志》，卷 9，艺文志上，页 6，故宫珍本丛刊第 196 册，海南出版社 2001 年版，第 293 页。

④ （清）张广泗纂修：《贵州通志》，卷 33，艺文·谕，页 12 上、下，乾隆六年版，桂林图书馆藏。

治。三岔地方，蛮贼出没之所也，则拨土兵三百，置屯田，移分府以弹压之。”[①] 雍正五年九月，“奏报古州等处生苗愿附版图一千余里。黔、粤之交有古州八万地方，虽在边界之外，实居两省之中。黔之黎平、都均、镇远、永从诸郡县，粤之柳州、怀远、罗城、荔波等郡县四面环绕。而以此种生苗窜伏其中，任其劫掠，一无管辖，荼毒两省，莫可如何。今自长寨设营，泗城改土，安顺各路生苗皆已输诚内附”。[②] 云贵总督鄂尔泰为此上《会议分界设府疏》，详细勘定了在广西、贵州、云南三省交界处增设文武官员的部署，以加强对这一地区的行政、司法管辖。从其疏中的部署来看，当地的行政组织机构已相当严密和完善：

应请于泗城对江之长坝地方设立州治，添知州一员，专理吏目一员，佐之学正一员，专司训迪，东北罗斛四甲与贵州定番、永宁二州相连，土苗凶顽，山谷尤险，应设州判一员，并将桑郎甲令其分理，即驻划罗斛甲地方，西隆州所属割四甲半有零，除罗斛一甲剥弼下甲与州治相近外，册亨龙渣二甲皑结半甲剥弼上半甲相距遥远，而册亨尤为难治，应设州同一员，即将龙渣巴结等甲令其分利驻扎，册亨甲地方州治应有武职防守，新改流地方又属两省交界，尤藉兵威，应设守城游击一员，守备一员，千总一员，把总二员，兵五百名，以游击并千总一员，兵二百五十名防守。州治以守备并把总一员，兵一百五十名防守。州同所治，以把总一员兵一百防守，州判所治以上官兵归于安笼镇统辖，所添之兵，黔省各标镇协营，在在汛广，兵单未便再行抽发，应请招募充补。……并请将南笼所属地方改为府治，添设知府一员，经历一员……若于捧鲊地方设立一管，白云屯之上发弁员带兵扼险，法岩、歪染二处设立大汛防守，余则相度形势设汛，安兵使之星罗棋布，会哨游巡，不惟黔夷可以控制，即粤俍亦不敢起衅。查黄草坝地界在捧鲊之内，从无烧掠大案，应即以驻防黄草坝之安笼镇、标左营游击一员，千总一员，把总一员，兵三百名移驻捧鲊，将原汛捧鲊汛之把总一员，兵五十名移驻黄草坝，轻重缓急更觉得宜。

① 黄钰辑点：《瑶族石刻录》，云南民族出版社1993年版，第352页。《平蛮碑记》，清代雍正己酉岁刻，原存广西宜山县北山顶，1958年10月采集。

② （清）鄂容安等撰、李致忠点校：《鄂尔泰年谱》，中华书局1993年版，第50页。

> 黄草坝民居稠密，汉多夷少，且距州遥远，必须文员管理，应于普安州添设州判一员，分驻其地，专理细事，并管三江，稽查奸宄，遇有命盗重案，仍报州审，详查黔省按察司衙门，有经历照磨二员，并无执掌事件，合将经历裁汰，即设普安州判，庶文事武备严密周详，而边防汉夷得以安贴矣。[①]

最后，在苗疆大规模推行保甲之法，以加强对基层的行政控制。保甲制度是中国古代社会长期延续的一种社会控制手段，其基本特征是以户为单位进行管理。但长期处于王化之外的苗疆少数民族一直未能实行这一制度，因此中央政权也无法实现对苗疆的基层控制。雍正时期，清政府在苗疆的统治已基本稳固，尤其是改土归流后，具备了实施保甲之法的条件，因此中央政府开始在苗疆强制推行。对于苗疆官员提出的少数民族散居杂处、难以编甲的理由，雍正均一一加以驳斥。雍正四年（1726 年）四月甲申上谕大学士："弥盗之法，莫良于保甲。朕自御极以来，屡颁谕旨，必期实力奉行……至各边省，更藉称土苗杂处，不便比照内地。此甚不然。村落虽小，即数家亦可编为一甲。"[②] 对于不实力奉行保甲的苗疆官员，朝廷给予严厉的处罚。同年七月二十五日，吏部遵旨议覆："保甲之法，十户立一牌头，十牌立一甲长，十甲立一保正，其村落畸零及熟苗、熟壮亦一体编排。地方官不实力奉行者，专管、兼辖、统辖各官分别议处。"[③] 对于苗疆实际存在的编甲困难，朝廷要求地方官积极克服，妥善安置。同年十二月二十一日内阁等衙门议覆："清盗之源，莫善于保甲，云、贵苗民杂处，户多畸零，将零户编甲，独户迁移附近，以便稽查之处，行令该督悉心筹划，饬令该地方官善为奉行，安置得法。"从之。[④] 雍正五年二月，"生苗五百三十九寨内附。自长寨既清，于是安顺、镇宁、定番、广

---

① （清）李连溪辑：（乾隆）《南笼府志》，卷 8，艺文·奏疏，页 9—13，故宫珍本丛刊第 223 册，海南出版社 2001 年版，第 59—61 页。

② 《清世宗实录》，卷 43，页 19，《清实录》（第七册），《世宗实录一》，中华书局 1985 年版，第 636 页。

③ 《清世宗实录》，卷 46，页 30，《清实录》（第七册），《世宗实录一》，中华书局 1985 年版，第 703 页。

④ 《清世宗实录》，卷 51，页 25，《清实录》（第七册），《世宗实录一》，中华书局 1985 年版，第 772 页。

顺诸州郡接壤，粤西诸生苗最难号难驯，至此皆闻风内附，编入保甲”。[①] 雍正十三年户部题准，“广西庆远府归流土民百七十九名，汇入宜山籍，嗣后四川生番、岭夷归化者甚众，定例令专管官编立保甲，查缉匪类，逢望日宣讲上谕，以兴教化”。[②] 雍正时期采取的各项措施使得中央政权在苗疆建立起了广泛而严密的行政管理体系。

3. 乾隆时期

清代前期政府的一系列措施，使得国家行政权力在苗疆得以逐步渗透，为中后期政府在这一地区的管理奠定了坚实的制度和机构基础。乾隆时期，政府积极对上述措施加以巩固，其实施比雍正时期更为详细和具体。例如对于增设郡县和员弁事宜，乾隆皇帝就考虑得更为周密。乾隆元年（1736 年）十月甲子吏部等议覆云南总督尹继善疏言：“广南为粤西交趾分界之区，地方辽阔，事务殷繁，知府一员实难总理，请于广南府添设附郭知县一员，典吏一员，照例颁给印信……又旧设兵额不敷防守，请于广南营添设兵三百名，广罗协添设兵一百名，并添建衙署营房。”[③] 同年十一月辛亥，上谕总理事务王大臣：“今朕思张广泗所奏，第一条，请于新疆内地添设官兵，驻扎弹压，自应照所请行。但所添兵丁，计一千三百余名，以之分布各处，朕意似稍觉不敷。现在安设营汛，是否定敷巡防之用？目前断不可以节省钱粮，而为迁就之举。其第二条，请设立郡县，在目前似可不必。或因地方辽阔，所有同知、通判等官，难于统辖，酌设道员，弹压巡查，似尚可行。”[④] 笔者在贵州省黔东南苗族侗族自治州考察时曾在榕江县（清代称古州）平江乡滚仲村见到修筑于乾隆二年的古汛城垣。该城垣全部为石头构造，四周长 405 丈，据村里的老人讲，原来的高度达到 3 米，开三门，设炮台 3 个，现仅残存南门和炮台一处以及取垛城墙三段，总长 200 多米（见图 1－1、图 1－2）。滚仲村距离榕江县城 30 多公里，不通班车，仅有一条泥泞不堪的机耕路通到平江乡，即使在今天仍属榕江县的偏僻山区，甚至许多在县城生活的人都不知道该村。笔

① （清）鄂容安等撰、李致忠点校：《鄂尔泰年谱》，中华书局 1993 年版，第 41 页。

② 赵尔巽等撰：《清史稿》，卷 120，志 95・食货一，中华书局 1976 年版，第十三册，第 3488 页。

③ 《清高宗实录》，卷 28，页 7，《清实录》（第九册），《高宗实录一》，中华书局 1985 年版，第 598 页。

④ 《清高宗实录》，卷 31，页 4，《清实录》（第九册），《高宗实录一》，中华书局 1985 年版，第 624 页。

者先乘车到达平江乡后又租车前往，一路的跋涉苦不堪言。而清政府竟能在如此偏远的地方建立汛城，可见当时政府在行政上对苗疆的渗透已非常深入。

图 1－1　滚仲古汛城城垣

乾隆六年三月丙戌贵州总督张广泗会同湖北、广西督抚议定楚粤两省苗疆善后事宜，其中前两条就是在苗疆要地添设文武官员。

> 一、添协营。从前苗瑶盘踞险要，官兵分布单弱，致两省声势不通。查楚省城步县属横岭峒已剿之长安五寨，紧逼八十里蓝山大箐，形势扼要，应设一协，名城绥协，设副将一，管左右两营。游击中军守备每营各一，千总各三，把总各五，外委各六，马步兵共二千。城步除旧设守备、把总、外委兵丁外，照数添设，即为左营。绥宁除旧设游守千总外委兵丁外，照数添设，即为右营。其武冈营游击，改为都司，专管武冈州汛地，仍归宝庆协兼辖。粤省义宁县所属之地名龙胜，居怀远、融县上游，为省会北藩，应设一协，名义宁协，设副将一，管左右二营。游击中军守备每营各一，千总各二，把总各四，外委各六，马步战守兵共千五百，各择要隘处安营设汛，庶两省声势联

图 1－2　滚仲古汛城南门

络，防维周密。应如张广泗所奏办理。

二、增文员。粤省龙胜协，将桂林府捕盗通判及桑江司巡检移驻广南地方添设巡检一。全州州同移驻大埠头，兴安县六峒司巡检移驻社水扼要之地，楚省城绥协将宝庆府同知及城步县之横岭巡检，移驻长安地方驻扎。莫宜峒江头汛地添巡检查一。同知通判俱照贵州苗疆例，加给厅标兵百，把总一，外委一，以资护卫。[①]

对于保甲制度，乾隆时期政府在苗疆更为深入地推广普及，建立起了严密的基层管理系统。乾隆时期的成功之处在于，不拘泥于内地的保甲编制，而是根据苗疆的地理环境和民族分布特点，因地制宜地灵活变通。乾隆《石阡府志》载："乾隆四年于遵旨议奉事案内奉文造报民数，据各里造报甲名共六十五甲。每甲三十四户及六七十户不等。所开者多系地名，非十户为一甲也。汉民三千四百四十三户，共三百四十三甲。苗民九十五

① 《清高宗实录》，卷 139，页 10—12，《清实录》（第十册），《高宗实录二》，中华书局 1985 年版，第 1001—1002 页。

户，共九甲半。”[1] 乾隆六年（1741 年）三月丙戌议政大臣等议：“苗寨大者，十户为一牌，牌有头，十牌为一甲，甲有长，寨立长一二人。小者，随户口多寡编定，寨立长一人。稽汉奸及外来苗、瑶在寨居住，一人容隐，九家连坐。”从之。[2] 乾隆七年（1742 年）四月戊午，湖广总督孙嘉淦奏：“瑶人时出为匪，多因无恒产所致。现亦饬查有无田庐，编立保甲，给种官田。近山照苗寨之例，设立头人约束。”[3] 广西巡抚杨锡绂也奏：“粤西瑶、壮，近来时有煽惑为匪，多由不行保甲所致。查苗、瑶聚处各村寨，原有头人等管束，惟有以彼管束之例，用我稽查之法。现饬各州、县官于城厢内外及汉人村寨，仍按成法编立。其苗、瑶地方，止就本地情形变通办理。”得旨：“所见甚是，所办亦妥。可嘉也。”[4] 乾隆十八年（1753 年）二月乙卯，广东巡抚苏昌奏：“广、惠、潮、肇、高、雷、廉、琼八府，海疆口岸甚多……应照保甲例，十船编为一甲，连环互保，地方官每月查点一次。站洋者严押船主保甲，克期寻归究处，徇隐一体连坐，为匪十船并治。”得旨：“二语得要，仍应实力行之。”[5] 乾隆二十二年更定户籍管理十五条，其中就有加强对苗、瑶等少数民族的管理：“一，苗人寄籍内地，久经编入民甲者，照民人一例编查。其余各处苗、瑶，千百户及头人、峒长等稽查约束。一，云南有夷、民错处者，一体编入保甲。”[6] 乾隆《白盐井志》载：“乾隆二十二年提举郭编立保甲，分给门牌，注明丁口生理，俾匪类游荡之徒均不得匿迹。”[7]

---

① （清）罗文思重修：（乾隆）《石阡府志》，卷 7，里甲，页 162，故宫珍本丛刊第 222 册，海南出版社 2001 年版，第 373 页。

② 《清高宗实录》，卷 139，页 13，《清实录》（第十册），《高宗实录二》，中华书局 1985 年版，第 1002 页。

③ 《清高宗实录》，卷 165，页 27，《清实录》（第十一册），《高宗实录三》，中华书局 1985 年版，第 92 页。

④ 《清高宗实录》，卷 165，页 30，《清实录》（第十一册），《高宗实录三》，中华书局 1985 年版，第 93 页。

⑤ 《清高宗实录》，卷 433，页 24，《清实录》（第十四册），《高宗实录六》，中华书局 1985 年版，第 660 页。

⑥ 赵尔巽等撰：《清史稿》，卷 120，志 95・食货一，中华书局 1976 年版，第十三册，第 3481—3482 页。

⑦ （清）郭存庄纂修：（乾隆）《白盐井志》，卷 1，户口，页 25—26，故宫珍本丛刊第 228 册，海南出版社 2001 年版，第 100—101 页。

四、对土司权力的削弱与剥夺

清统治者将苗疆纳入版图后，所接收的一个重要政治遗产，就是土司制度。土司制度滥觞于唐宋，兴盛于元、明时代，是中央政权统治苗疆的一个主要手段。“苗族风俗语言异于汉族。治之之法，自元、明以来，每用羁縻政策，官其酋长，仍其旧俗，设宣慰、宣抚、招讨、安抚长官等诸土司，及土府、土州县，并令其世袭，掌自治权。”① 设立土司制度的初衷是为了以有限自治的方式解决边疆民族问题和国防问题，但至明末，土司在各自的地盘内恃权自重，鱼肉百姓，相互之间又争战不已，渐成尾大不掉之势，因此清代不得不开始了一场对土司制度的革命。

1. 明代苗疆土司制度的兴盛及弊端

明代在全盘继承元代土司制度的基础上，对其加以制度化和细化，使得土司制度在明代达到了鼎盛。“洪武七年，西南诸蛮夷朝贡，多因元官授之，稍与约束，定征徭差发之法。渐为宣慰司者十一，为招讨司者一，为宣抚司者十，为安抚司者十九，为长官司者百七十有三。其府州县正二属官，或土或流，皆因其俗，使之附辑诸蛮，谨守疆土。”② 明代土司制度的兴盛是由多方面原因形成的。

（1）明代土司制度兴盛的原因

第一，军事原因。明代是一个军事上的弱朝，其在苗疆的军事征服多借助于土司的力量，因此对土司产生了较强的依赖。“明代播州、蔺州、水西、麓川皆动大军数十万，殚天下力而后铲平之。故云、贵、川、广恒视土司为治乱。”③ 由于土司在当地盘踞日久，具有深厚的统治基础，少数民族群众也唯土司之命是从，因而土司成为明代甚为倚重的军事力量。“明代征剿，动调土兵。而土司兵中又以广西之俍兵，湖广永顺、保靖之苗兵为最。以少聚众，十出九胜，天下莫强焉。土兵以踊跃赴调，往往私

---

① （清）徐珂编撰：《清稗类钞》（第四册），中华书局1984年版，第1923页。

② （清）张廷玉：《明史》，卷76，职官志，见《传世藏书·史库·二十六史·16：明史（一）》，海南国际新闻出版中心1996，第678页。

③ （清）魏源撰：《圣武记》（下），卷7，土司苗瑶回民·雍正西南夷改土归流记上，中华书局1984年版，第283页。

倍于在官之数。如调兵三千辄以六千至，调兵五千辄以万人至。”① 而军事上的弱势，也导致明政府在苗疆的统治非常脆弱，几乎将苗疆千里之地完全委之于土司的控制之下。从明代名臣于谦的《贵州守剿议》中可以看出当时政府无人敢到苗疆任职，只能托赖土司的窘迫状态：“正统中，尚书王骥征麓川，黔兵悉行，诸苗遂叛，骥还讨，旋以病归。邛水苗陷思州，草塘苗陷石阡、平越、黄平、思南，侯琎代骥驻师云南，还不及讨。景泰元年，命保定伯梁珤督剿，未至，朝议推贵抚，无敢往者，侍郎何文渊言贵州难守，请撤布按以下官吏，仍以宣慰司管属土人，都司都指挥钤束军卫，众议唯唯。”② 一些大臣由此大力鼓吹土司制度，将其奉为维系苗疆统治的不二法门。“参将沈希仪尝奏言于朝云：俍兵亦瑶僮也。瑶僮所在为贼，而俍兵死不敢为贼者，非俍兵之顺而瑶僮之逆，其所措置之势则然也。俍兵地隶之土官，而瑶僮地隶之流官。土官法严，足以制俍兵；流官势轻，不能制瑶僮。莫若割瑶僮地，分隶之旁近土官，得古以夷治夷之策。可使瑶僮皆为俍兵矣。或虑土官地大则益□□，土官富贵已极，自以如天之福，势不敢有他望。又耽恋巢穴，非能为变。即使为变，及其萌芽，图之易也。且夫土官之能用其众者，倚国家之力也，不然肘腋姻党皆劲敌矣。国家之力足以制土官，土官之力足以制瑶僮，臂指之势，成则两广永无盗贼之患矣。其论甚伟，一时莫不称之。”③

第二，少数民族社会自身的需要。由于历代政府对西南地区的漠视，苗疆少数民族社会长期处于无政府状态，在政治经济文化相对落后的情况下，许多少数民族群众选择主动拥戴土司来维护社会秩序，保护自身安全，由此产生了浓重的“恋主”情结，这是导致土司制度在苗疆长盛不衰的另一个原因。明周弘祖《议处铜苗疏略》曾记载了湘西苗民竭力扶植土官，即使受其淫虐也不离弃的情形：“湖广镇筸二司听抚之苗，俱各认其土官，求为之主，免于诛杀。如筸子坪之苗，亦请其土官田兴爵至寨，刽牛洒酒，妻子罗拜，情愿起立衙门，复还旧治，盖田兴爵者，往以

---

① （清）魏源撰：《圣武记》（下），卷 14，附录 · 武事余记 · 议武五篇，中华书局 1984 年版，第 549 页。

② 陈昭令等修：《黄平县志》，卷 22，艺文，页 1 下—2 上，民国十年成书，贵州省图书馆据黄平县档案馆藏本 1965 年复制，桂林图书馆藏。

③ （明）方瑜纂辑：（嘉靖）《南宁府志》，卷 9，经略志，日本藏中国罕见地方志丛刊，书目文献出版社 1991 年版，第 480—481 页。

事系辰州狱，此时苗尚未叛也，私相语曰：‘吾父母官久禁，当救之。’鸠银入城，买嘱吏禁，以大食器盛之出狱。后兴爵求索无厌，淫苗妻子，群苗方怒而叛之。及后听抚，又寻其故主，则苗岂无统而不可约束者哉？”[①] 而苗疆其他少数民族对土司也均有类似的尊崇心理。“仡佬、僮、仲、僚、侬、倮罗者，部落在贵阳之上，性愚而恋主，虽虐不以为仇，且鲜叛志。”[②] 其中尤以彝族为最。《炎徼纪闻·蛮夷》载：“倮倮之俗，愚而恋主，即虐之赤族，犹举其子姓若妻妾戴之，不以为仇，故自火济至今，千有余年，世长其土。”[③] 乾隆《毕节县志》载：“倮罗一种最繁盛，其俗愚而恋主，虽虐之垂毙，不敢贰。”[④] 民国《毕节县志稿》亦载：“倮罗土目常虐使其下以供争讼婚葬之费，名曰扯手，然性忠朴，虐至死恒不敢悖。”[⑤] 即使朝廷对一些地区已改土归流，但少数民族仍对被废黜的土司忠心耿耿，奉为官长。乾隆《贵州通志》载：“倮罗其性愚而恋主，即虐之至死，不敢贰，世奉其子姓，自改土归流，犹奉之如故。”[⑥] 乾隆《南笼府志》也载当地的少数民族“其心忠直恋主，虽改土归流数十年来，犹听土目之子约束”。[⑦] 乾隆《蒙自县志》载彝民：“旧多属于土司，今土司法虽裁，其后人犹为众彝所惮畏，或足以挑唆挟制。”[⑧] 一些少数民族甚至在已废除对土司义务的情况下，仍主动向土司缴纳粮钱：“苗民在昔为土目之佃人，亦即土兵也。分地而耕纳租于主者，是为公田，其余众苗通力合作，土目按亩收利者，则属私田。自改土以来，其公田已入粮册，而私田存于土目为口食之资。苗民耕种粮田输纳而外出谷一二斗于土

---

① （明）王耒贤、许一德纂修：（万历）《贵州通志》，卷20，页2—3，日本藏中国罕见地方志丛刊，书目文献出版社1991年版，第450—451页。

② （清）郝大成纂修：（乾隆）《开泰县志》，艺文·冬，页7，故宫珍本丛刊第225册，海南出版社2001年版，第89页。

③ （明）田汝成：《炎徼纪闻》，卷4，商务印书馆1936年版，第57页。

④ （清）董朱英重修：（乾隆）《毕节县志》，卷4，夷上，页15，故宫珍本丛刊第223册，海南出版社2001年版，第298页。

⑤ 王正玺纂修：《毕节县志稿》，卷8，风俗，页6上，同治十年撰，贵州省图书馆据南京大学图书馆藏本1965年复制，桂林图书馆藏。

⑥ （清）张广泗纂修：《贵州通志》，卷7，风俗·苗蛮，页23下，乾隆六年版，桂林图书馆藏。

⑦ （清）李连溪辑：（乾隆）《南笼府志》，卷2，地理·风俗，页19—20，故宫珍本丛刊第223册，海南出版社2001年版，第26页。

⑧ （清）李焜续修：（乾隆）《蒙自县志》，卷5，土官，页33，故宫珍本丛刊第230册，海南出版社2001年版，第17页。

目，是主佃之名犹存也。”[①]

（2）明代土司制度产生的巨大弊端

明政府对土司长期的仰赖与纵容，使土司制度的弊端日益暴露出来。在朝廷的默许之下，苗疆被分割成为一个个独立王国，而统治其上的土司也俨然成为“土皇帝”，不仅对治内百姓拥有生杀予夺的大权，对中央政府也恃强倨傲，分裂对立，成为苗疆社会难以根除的毒瘤。

第一，严重危害统治秩序。苗疆土司势力的急剧膨胀，使他们产生了轻视朝廷甚至对抗朝廷的优越感，“谚曰：思播田杨，两广岑黄，盖大其氏也”。[②]一些土司不按照正常的行政程序处理政事，朝廷也无可奈何，听之任之，“云、贵土官各随流官行礼，禀受法令，独左、右江土府州县不谒上司，惟以官文往来，故桀骜难治，其土目有罪，径自行杀戮”，“右江土州县据险、法严，土民无如其官何，而官抗国法”。[③]而明政府军事实力上的不济，使其无法对土司实施强有力的管辖与干预，致使这种态势有增无减，苗疆甚至出现了朝廷命官受制或听命于土司的奇怪现象，严重危害中央的统治秩序。《广志绎》载云南丽江流官对土司的恭顺态度可见一斑：“迤西土官惟丽江最黠……且均一郡守职也，而永宁、蒙化等守咸君事之，元旦生辰，即地隔流府者不敢不走谒，其谒也，抹额叩头，为其扶舆而入，命之冠带则冠带而拜跪，命之归则辞，不命咸不敢自言，其自尊不啻皇家。坐堂则乐作，而乐人与伺班官吏、隶卒咸跪而执役，不命之起，则终日不起，以为常。”[④] 中央政权在苗疆的统治已名存实亡。《黔牍偶存》载，水西土司“其视我黔省流官既若眼屑面疣，而流官之纵衙隶朘土司者十人而九弱，怒色强怒言久矣”。[⑤] 明陈邦敷《豢马谣》道出了在苗疆任职官员忍受土官压迫的悲惨境遇：“官

① （清）李连溪辑：（乾隆）《南笼府志》，卷2，地理·风俗，页20，故宫珍本丛刊第223册，海南出版社2001年版，第26页。

② （明）钟添等修：《嘉靖思南府志》，卷7，拾遗志，页4上，明嘉靖间成书，上海古籍书店据宁波天一阁藏明嘉靖刻本1962年影印，桂林图书馆藏。

③ （明）王士性：《广志绎》，中华书局1981年版，第114页。

④ （明）王士性：《广志绎》，中华书局1981年版，第123—124页。

⑤ （明）刘锡玄撰：《黔牍偶存》，卷3，页2上、下，天启间撰，贵州省图书馆据北京图书馆藏本1965年复制，桂林图书馆藏。

畏土官如畏虎，一勾不到即停牌。我生不幸在边垠，军代民差如转输。”[①]

第二，严重破坏社会秩序。由于土司拥有较大的自治权与较强的军事实力，彼此之间常常为了争夺土地、继承权争战不休，严重破坏了苗疆社会秩序的稳定，导致极大的混乱。明《孝宗谕都匀府敕》曰：“朕惟都匀远在贵州东南，因无流官抚治，往往自相杀夺，不得安身而又时出劫掠，为地方害。”[②] 甚至有人感叹犹如重返春秋战国时期，广西“土官争界、争袭，无日不寻干戈，边人无故死于锋镝者，何可以数计也。春秋、战国时事当是如此，若非郡县之设，天下皆此光景耳。当知秦始皇有万世之功”。[③] 土司的连年征战给苗疆人民带来了深重的灾难，群众家破人亡，流离失所，“土州民既纳国税，又加纳本州赋税，既起兵调戍广西，又本州时与邻封战争杀戮，又土官有庆贺、有罪赎，皆摊土民赔之，稍不如意即杀而没其家，又刑罚不以理法，但随意而行，故土民之苦视流民百倍，多有逃出流官州县为兵者”。[④] 著名思想家王守仁被贬至贵州龙场任官时，曾与当地的安氏土司有过一定的公务往来。从其所写的《贻安贵荣书》中可以看出，对于土司不遵朝廷法纪、恣意妄为的行为，流官也只能委婉地劝诫，而不敢以朝廷之权力正面弹压：

> 使君之先自汉唐以来，几千百年，土地人民未之或改，所以长久若此者，以能世守天子礼法，竭忠尽力，不敢分寸有所逾越。故天子亦不得逾礼法，无故而加诸忠良之臣。不然，使君之土地人民富且盛矣，朝廷悉取而郡县之，其谁以为不可？夫驿可减也，亦可增也。驿可改也，宣慰司亦可革也。由此言之，殆甚有害，使君其未之思邪？所云奏功升职事意如此，夫划除寇盗以抚绥平良，亦守土常职，今缕举以要赏，则朝廷平日之恩宠禄位顾将何为？使君为参政，已非设官之旧，又干进不已，是无底极也，众必不堪。夫宣慰，守土之官，故得以世有土地人民，若参政则流官矣。东西南北惟天子所使朝廷下方

① （明）王耒贤、许一德纂修：（万历）《贵州通志》，卷24，诗类，页618，日本藏中国罕见地方志丛刊，书目文献出版社1991年版，第642页。

② 王华裔创修：《独山县志》，卷28，艺文，页1下，民国三年成书，贵州省图书馆据独山县档案馆藏本1965年复制，桂林图书馆藏。

③ （明）王士性：《广志绎》，中华书局1981年版，第113—114页。

④ （明）王士性：《广志绎》中华书局1981年版，第114页。

□之，檄委使君以一职，或闽或蜀，其敢弗行，则方命之诛不旋踵而至？捧檄从事千百年之土地人民非复使君有矣！由此言之，虽今日之参政，使君将辞去之，不遑又求进乎？凡此以利害言，发之于义，度之于心，使君必自有不安者，夫拂心违义而行众所不与，鬼神所不嘉也。承问及，不敢以正对，幸亮察。[①]

第三，残酷压榨少数民族群众。由于土司在其辖地内拥有完全的政治、经济、司法权力，其治下的少数民族群众只能任其宰割鱼肉，过着极其悲惨的生活。"凡土官之于土民，其主仆之分最严，盖自祖宗千百年以来，官常为主，民常为仆，故其视土官，休戚相关，直如几乎天性而无可解免者。粤西田州土官岑宜栋，即岑猛之后，其虐使土民非常法所有。土民虽读书，不许应试，恐其出仕而脱籍也。田州与镇安之奉议州一江相对，每奉议州试日，田民闻炮声但遥望太息而已。生女有姿色，本官辄唤入，不听嫁，不敢字人也。有事控于本官，本官或判不公，负冤者惟私向老土官墓上痛哭，虽有流官辖土司，不敢上诉也。"[②] 土司对人民的生活加以诸多限制，使得群众无法求生，阶级、民族矛盾日益激化，"思南旧为荒裔，田无顷亩之制，且宣慰氏久擅其地，禁小民不得水田"。[③]《嘉靖思南府志》载："当时宗晰禁民居不得瓦屋，不得种稻，虽有学校，人才不得科贡，属官俱以喜怒予夺生杀之，日刑数人于香炉滩，今其水底见有血色如花状，俗名香炉滩开花则必有覆溺者"，"真州郑土官骆土官但以渔猎为生，刻薄为务，诛求峻厉，民不聊生"。[④] 土司还对治内百姓进行残酷的压迫和剥削，明巡按王杏《军民利病疏略》载："近各土官贪婪无厌，纵容积年头目、把事、总小牌人等下寨讲害，罚其银钱米线，拽其鸡犬牛只，遇袭替则派扯手，婚姻则派帮助，往来则派长夫，每耕种收获之时，无论土官即灌司目把人等亦索人夫做工，又交结吏目为取骑坐马匹，

① （清）刘永安、李秉炎、和隆武重修：（嘉庆）《黔西州志》，卷8，艺文，页11—12，故宫珍本丛刊第224册，海南出版社2001年版，第96—97页。

② （清）赵翼：《簷曝杂记》，中华书局1982年版，第68—69页。

③ （明）钟添等修：《嘉靖思南府志》，卷7，拾遗志，页2下，明嘉靖间成书，上海古籍书店据宁波天一阁藏明嘉靖刻本1962年影印，桂林图书馆藏。

④ （明）钟添等修：《嘉靖思南府志》，卷7，拾遗志，页4上、页8上，明嘉靖间成书，上海古籍书店据宁波天一阁藏明嘉靖刻本1962年影印，桂林图书馆藏。

土民惮其虎狼之暴，惟其所欲即与之，遁入别寨逃躲，卖妻鬻子以期少延旦夕之命，遂至田产荒芜，历年无征，下以夺民恒产，上以虚官常课，欺公玩法，地方疲惫。”① 明孙应鳌《清民荒城十二谣》道尽了土司治下人民的血泪与辛酸：“土司粮马卫家当，怒气骨腾化眚祥。泪眼已枯膏髓尽，九阍何处闻天皇。”②

土司的骄纵逐渐危害到了明王朝的统治，明代中后期的统治者开始意识到土司问题的严重性并着手通过改土归流加以规制。一些大臣上奏要求废土立县，例如韩后奏稿略曰：“为今之计，莫若革夫土舍峒首，立以州县……今土舍峒首皆仗货利肥家，逢迎府县，闻欲建立州县屯所，彼愀然不乐，或又妄生异议，然以事理观之，必如是而后可。”③ 弘治年间，皇帝采纳了大臣的意见，开始初步对苗疆实施改土归流。“元史诸书载各土司创置元时，或属新添葛蛮，或属都匀安抚，迄无一定，至明洪武均改隶都匀卫，永乐均改隶布政司，始合为一属，然不过遥制云尔。土司犹然得自操纵，每至激变，苗民燎原之祸至为酷烈。弘治间，允邓廷瓒之请，设流官兼治，亲临土司，治体初具。”④

但事实证明，这一举措无法根治土司问题。从土司后裔安疆臣的案件可以看出，明代的改土归流是非常不成功的，土司制度的弊端更为严重。贵州安宣慰家族是苗疆诸土司中气焰最为嚣张的，其历代土司不仅不遵法纪，即使在被改土归流后，其后裔仍然劫杀抢掠，对抗朝廷，甚至要求重新恢复土司制度。“安宣慰，唐时人家，渠谓：‘历代以来皆止羁縻，即拒命，难以中国臣子叛逆共论。’故时作不靖，弗安礼法。其先宣慰不逞，阳明居龙场时向贻书责之。其彼安国亨格诏旨，朝廷遣使就讯之，令其囚服封簿，赦弗征，而国亨后亦竟桀骜如故，院司弗能堪。今安疆臣袭，又复悖戾，不遵朝廷三尺，如贵竹长官司改县已多年，而

① （明）王耒贤、许一德纂修：（万历）《贵州通志》，卷 20，经略志下，页 6—7，日本藏中国罕见地方志丛刊，书目文献出版社 1991 年版，第 452—453 页。

② （明）王耒贤、许一德等修：（万历）《贵州通志》，卷 24，诗类，页 618—619，日本藏中国罕见地方志丛刊，书目文献出版社 1991 年版，第 642—643 页。

③ （清）箫应植主修：（乾隆）《琼州府志》，卷 8，条议，页 54，故宫珍本丛刊第 189 册，海南出版社 2001 年版，第 153 页。

④ （清）艾茂、谢庭熏纂修：（乾隆）《独山州志》，卷 3，建置，页 9—10，故宫珍本丛刊第 225 册，海南出版社 2001 年版，第 176 页。

疆臣犹欲取回为土司，天下岂有复改流为土者?”[①] 从苗疆官员控诉安疆臣的罪状中，我们看出明代改土归流政策的失败。明巡抚江东之《参处安酋疏》曰：“报称安疆臣兴兵数万，砍析安邦父尸，掘其居地三尺，大掠一百五十余寨，流毒安顺镇远二州，杀伤良民，焚毁官廨，俱有实证。”[②] 明巡按庞朝卿《参处安酋疏》曰：“安疆臣冥顽不灵，惟知以身奉陈恩等，不知有法，近且勾引抚臣之乡人江镗而羁留之，又绑缚新贵县催粮之皂快鲁正等而囚之，此其设计日益狡而其凶恶日益肆，堂堂天朝而令蠢尔么麽衡命作奸，何以风示边徼震慑百蛮也?”[③]

2. 清代对土司的治理

(1) 康熙时期

清代初期，土司依然猖獗，苗疆官员纷纷上奏陈述利害。康熙五年(1666 年) 十月初九日广东广西总督卢兴祖疏言：“粤西土司俗无礼义，尚格斗，争替争袭，连年不解。”[④] 康熙《贵州通志》载佟凤彩《靖盗安边疏》曰：“黔省远在天末，虽设有府、州、县卫之名，其所辖地方皆系土司苗彝，是土司一官原有世守封疆之责，凡苗彝劫杀仇杀良由土司平素不严约束，事后又复纵容，若不立法以惩之，窃恐因循怠玩，贻害地方，无所底止矣。”[⑤] 但在苗疆立足未稳的清政府，并未贸然作出废黜土司的举措：“土蛮不耕作，专劫杀为生，边民世其荼毒，疆吏屡请改隶，而枢臣动诿勘报，弥年无成划。”[⑥] 主要原因在于，苗疆甫定，政府应以休养生息政策为主，因此维持苗疆原有社会状态实为明智之举。况且在平定三藩的行动中，一些苗疆土司也曾出力援助，所以朝廷对土司表现出容隐宽大的一面。康熙二十一年 (1683 年) 十二月癸未上谕：“朕观平远、黔

① (明) 王士性：《广志绎》，中华书局 1981 年版，第 134 页。

② (明) 王耒贤、许一德纂修：(万历)《贵州通志》，卷 20，经略志下，页 12，日本藏中国罕见地方志丛刊，书目文献出版社 1991 年版，第 458—459 页。

③ (明) 王耒贤、许一德纂修：(万历)《贵州通志》，卷 20，经略志下，页 14，日本藏中国罕见地方志丛刊，书目文献出版社 1991 年版，第 461 页。

④ 《清圣祖实录》，卷 20，页 6，《清实录》(第四册)，《圣祖实录一》，中华书局 1985 年版，第 281 页。

⑤ (清) 卫既齐主修：《贵州通志》，卷 31，艺文，页 25 下—26 上，康熙三十一年撰，贵州省图书馆据上海图书馆、南京图书馆、贵州省博物馆藏本 1965 年复制，桂林图书馆藏。

⑥ (清) 魏源撰：《圣武记》(下)，卷 7，土司苗瑶回民・雍正西南夷改土归流记上，中华书局 1984 年版，第 284 页。

西、威宁、大定四府土司，本属苗蛮，与民不同，仍以土司专辖甚便。且大兵进取云南，此土司曾来接应，著有勤劳。"① 康熙初所撰《广阳杂记》载："夷陵颇苦土司之横，而朝廷最左袒土官，盖由吴三桂在滇时，以土司为鱼肉，上主先入之言故也。有永美宣慰司田顺年者，骄悍异常，朝廷尝诏入陛见，加以宫保，今亦少戢矣。"②

尽管如此，顺治、康熙时期还是对苗疆部分地区进行了改土归流，主要针对的是那些罪行昭著、过分跳梁的土司，以改流予以警戒。《弥勒州志》载顺治十七年（1660 年）《布韶地方入流碑记》就记载了一起重惩假冒已废土司后裔的案件："查李耀柱改姓昂裔，诈冒承袭布韶土舍，希图鱼肉地方，已经重责逐回原籍。讫诚恐事久变生，通详勒石，该本府覆看得布韶地方界于广弥之间，昔为昂氏故址。自昂万祥逝后，入流管理，其来已久。"③ 康熙时期，政府以强大的军事实力为后盾，裁革了若干恶名昭著的土司，如成功铲除劣迹斑斑、飞扬跋扈的水西安氏等，有力地维护了当地的社会秩序。"自我康熙间殄减安酋百余年，民不识兵，境多沃壤，是以全城瓦屋鳞次，村落鸡犬相闻，骎骎乎与中土同。"④ "自康熙三年讨平安氏，远郡建官，流氓入籍，各长子孙渐成土著。"⑤ 一些土司因犯罪而被乘机剥夺封号，改土归流。"施南宣抚司：康熙时其后人覃禹鼎袭以问罪改流。"⑥ "（李）世屏筑土城于县南羊干寨，骄奢僭横，性极残暴，邑人号曰三老虎，奋绅士所有田产，强霸殆尽，幸际我朝升平之时，不敢再萌逆志。康熙四十三年世屏死，笞缴部讫，土司之患乃绝。"⑦ 其他的土司则分别采取裁革、不准承袭、改土归流的方式予以废除。康熙三

---

① 《清圣祖实录》，卷 106，页 18，《清实录》（第五册），《圣祖实录二》，中华书局 1985 年版，第 80 页。

② （清）刘献廷：《广阳杂记》，卷 4，中华书局 1997 年版，第 178 页。

③ （清）秦仁、王纬纂辑：（乾隆）《弥勒州志》，卷 26，艺文二，页 5，故宫珍本丛刊第 229 册，海南出版社 2001 年版，第 300 页。

④ （清）刘永安、李秉炎、和隆武重修：（嘉庆）《黔西州志》，卷 8·艺文，页 41，故宫珍本丛刊第 224 册，海南出版社 2001 年版，第 111 页。

⑤ （清）刘再向、张大成、谢赐錩纂修：（乾隆）《平远州志》，卷 6·赋役，页 1，故宫珍本丛刊第 224 册，海南出版社 2001 年版，第 173 页。

⑥ （清）张家鼎、陶成怀纂修：（嘉庆）《恩施县志》，卷 2，土司八，页 18，故宫珍本丛刊第 143 册，海南出版社 2001 年版，第 188 页。

⑦ （清）李焜续修：（乾隆）《蒙自县志》，卷 5，土官，页 37，故宫珍本丛刊第 230 册，海南出版社 2001 年版，第 19 页。

十七年（1698 年）五月，云督王继文疏：“贵州水西宣慰使安胜祖大为彝民之患，今已病故，请将土司停袭，所属地方改归大定、平远、黔西三州流官管辖。”①《石阡府志》记载了康熙时期对该地部分土司进行裁革的情况：

安其位：以前失考，沿袭至新运，康熙二年裁。

康熙二年裁葛彰葛商司。

在城里：原属葛彰长官司，康熙二十年裁长官司，改为在城里，归府管理。

龙泉司，时土县丞安师弼，康熙二十三年因议叙土司法案内改土归流，土主簿朱□亦于是年案内不准承袭。[龙泉县志载：土县丞安思弼，康熙廿三年为议叙土司等事，不准承袭。副土主簿朱□，康熙廿三年为议叙土司等事，不准承袭。土百户何其仁冉焞，俱未承袭。]

汪洪祚：康熙二十三年改土归流，五十年裁。

苗民里：原属苗民长官司，康熙五十年裁长官司，改为苗民里，归府管理。②

对于仍予以保留的土司，政府也对其权力加以严格限制，尤其是对土民有生杀予夺之便的司法权，使之不得再如前明时期那样草菅人命，滥杀无辜。康熙三年庆远推官谢天枢《土司议》曰：“至土州县长官，亦宜令明习汉律，不得擅决殊死，使其不得专生杀之柄而下亦自泯。”③

（2）雍正时期

雍正时期，清政府开始了大规模的改土归流。这一时期的改土归流是较为彻底和坚决的。自此开始，清政府对苗疆的改土归流一直未停止过。

---

① （清）蒋良骐：《东华录》，卷 17，康熙三十四年正月至康熙三十七年十二月，中华书局 1980 年版，第 285 页。

② （清）罗文思重修：（乾隆）《石阡府志》，卷 3，土司，页 71 上、下，卷 7 · 里甲，页 162，故宫珍本丛刊第 222 册，海南出版社 2001 年版，第 328、373 页。（清）张其文纂修：《龙泉县志》，不分卷，土司，页 11 下，康熙四十八年撰，贵州省图书馆据浙江图书馆藏本 1965 年复制，桂林图书馆藏。

③ （清）李文琰总修：（乾隆）《庆远府志》，卷 9，艺文志上，页 26，故宫珍本丛刊第 196 册，海南出版社 2001 年版，第 303 页。

改土归流使苗疆的社会面貌发生了翻天覆地的变化，对当地少数民族的政治、经济、文化也产生了深远的影响。

雍正皇帝继位伊始，对苗疆土司仍以安抚为主。雍正元年（1723年）正月辛巳上谕："云、贵、川、广，瑶僮杂处，其奉公输赋之土司，皆当与内地人民一体休养，俾得遂生乐业，乃不虚朕怀保柔远之心。嗣后毋得生事扰累，致令峒氓失所。"① 但自雍正二年（1724年）开始，苗疆各地有关土司罪行的报奏使雍正皇帝深感不安。雍正二年五月十九日谕："四川、陕西、湖广、广东、广西、云南、贵州督抚提镇等：朕闻各处土司，鲜知法纪，所属土民，每年科派，较之有司征收正供，不啻倍蓰，甚至取其牛马，夺其子女，生杀任情，土民受其鱼肉，敢怒而不敢言。孰非朕之赤子，方今天下共享乐利，而土民独使向隅，朕心深为不忍。"② "闻容美土司田旻如残徭不法，土人如在汤火中，多有赴省求救者。"③ 雍正四年，深得皇帝信任的苗疆大臣鄂尔泰上书要求对苗疆进行全面改土归流。鄂尔泰认为，土司制度是前明遗留的最大积弊，改土归流是解决苗疆民族问题的唯一道路："臣思前明流、土之分，原因烟瘴新疆，未习风土，故因地制宜，使之乡导弹压。今历数百载，相沿以夷制夷，遂至以盗治盗，苗、倮无追赃抵命之忧，土司无革职削地之罚。直至事大上闻，行贿详结，上司亦不深求，以为镇静，边民无所控诉。"④ 雍正遂坚定了改土归流的决心："四年春，以鄂尔泰巡抚云南，兼总督事，奏言：云、贵大患，无如苗、蛮。欲安民，必先制夷；欲制夷，必改土归流。而苗疆多与邻省犬压错，又必归并事权，始可一劳永逸。"⑤ 雍正五年十二月八日，皇帝正式下诏在苗疆改土归流："向来云、贵、川、广以及楚省各土司，僻在边隅，肆行不法，扰害地方，剽掠行旅。且彼此互相仇杀，争夺不休，而于

---

① 《清世宗实录》，卷3，页7，《清实录》（第七册），《世宗实录一》，中华书局1985年版，第70页。

② （清）谢启昆、胡虔纂：《广西通志》，卷1，训典一，广西师范大学历史系、中国历史文献研究室点校，广西人民出版社1988年版，第32页。

③ （清）潘曙、杨盛芳纂修：（乾隆）《凤凰厅志》，卷20，艺文，页19，故宫珍本丛刊第164册，海南出版社2001年版，第114页。

④ （清）魏源撰：《圣武记》（下），卷7，土司苗瑶回民·雍正西南夷改土归流记上，中华书局1984年版，第285页。

⑤ （清）魏源撰：《圣武记》（下），卷7，土司苗瑶回民·雍正西南夷改土归流记上，中华书局1984年版，第284页。

所辖苗蛮，尤复任意残害，草菅人命，罪恶多端，不可悉数。是以朕命各省督抚等，悉心筹画，可否令其改土归流。”[①] 自此，苗疆开始了旷日持久的改土归流运动。苗疆改土归流运动的方式有直接的和间接的两种方式。

第一，直接改土归流。即将作恶多端的不法土司革职查办，其地直接改为地方州县。如沾益州土知州：“雍正四年于蕃以不法革职，迁置江宁，于其地置宣威州。”[②] 广西泗城土司：雍正五年二月二十九日谕内阁：“前鄂尔泰曾奏称广西泗城土司甚属不法，素为民害，请敕令广西巡抚、提督惩治。……若泗城土司怙恶不悛，有应行用兵之处，交与鄂尔泰调度。”[③] 湖南桑植、保靖土司：雍正六年（1728年）八月乙酉谕湖广督抚等：“桑植土司向国栋，保靖土司彭御彬，暴虐不仁，动辄杀戮；且骨肉相残，土民如在水火，朕闻之深加悯恻……今俯顺舆情，俱准改土为流，设官绥辑弹压。”[④] 雍正七年五月，湖广总督迈柱疏请永顺、保靖、桑植土司改土归流，于永顺设知府，府东南西北各设一县，保靖、桑植地各设一县。从之。[⑤] 湖北恩施的三个土司也先后被治罪改流。东乡五路安抚司：“雍正十年其后人覃寿春以长子楚昭得罪正法，诸子不才，呈请改流其地。”忠建宣抚司：“雍正十一年，其后人田典爵以横暴不法侵龙山，问罪改流，十三年裁为恩施县。”忠峒司：“雍正十三年覃禹鼎以淫恶抗提问罪改流，又容美司田旻如者，极凶恶，覃楚昭及覃禹鼎皆其婿也，每犯罪辄匿容美，屡提不出，当事以其先人从征红苗功，置弗问。旻如怙恶不悛，寻被特参拿问，畏罪自缢，于是忠峒司田光祖等纠十五土司赴省呈请归流。”[⑥] 为了彻底铲除土司势力，朝廷还将查办革职后的土司迁回内

① （清）谢启昆、胡虔纂：《广西通志》，卷1，训典一，广西师范大学历史系、中国历史文献研究室点校，广西人民出版社1988年版，第45页。

② （清）王秉韬纂订：（乾隆）《沾益州志》，卷2，秩官，页59，故宫珍本丛刊第227册，海南出版社2001年版，第144页。

③ 《清世宗实录》，卷53，页34—36，《清实录》（第七册），《世宗实录一》，中华书局1985年版，第811—812页。

④ 《清世宗实录》，卷72，页7，《清实录》（第七册），《世宗实录一》，中华书局1985年版，第1075页。

⑤ （清）蒋良骐：《东华录》，卷30，雍正七年正月至雍正七年十二月，中华书局1980年版，第494页。

⑥ （清）张家鼎、陶成怀纂修：（嘉庆）《恩施县志》，卷2，土司八，页17—18，故宫珍本丛刊第143册，海南出版社2001年版，第188页。

地安插："从前云贵、广西等处不法土司，除首恶惩治外，其余人等，则令安插内地，给以房屋地亩，俾得存养，不致失所。"[①]

第二，间接改土归流。即废除土司享有的各项特权，在建制、身份、行政处罚方面与流官一体对待，使其转变为流官。其主要措施如下。

（a）对土司与流官一体实施政绩考核、行政奖惩。雍正四年十二月二十一日内阁等衙门议覆："云贵总督鄂尔泰疏言，流官固宜重其职守，土司尤宜严其处分，应分为三途：盗由苗寨、专责土司；盗起内地，责在文员；盗自以来，责在武职。查土司等官，世受厚恩，理宜谨遵法度，约束苗倮。乃日久藐视，并不实心官摄，遇有杀人劫掳之事，知情故纵，受贿隐藏。若不严定考成，势必益无忌惮。嗣后除命盗案件照例处分外，如有故纵苗倮扰害土民者，该督抚即将该土司奏请革职，另行承袭。至有养盗殃民者，题参言拿治罪。"从之。[②] 雍正时期广西巡抚甘汝来奏《条陈土司法利弊》也指出土司应当和流官一样实施奖惩之法："劝惩之法宜均施也。查土官中有犯贪婪残虐者，仍行参革，其有恪守官常者……应随事详明听宪察核，或行牌优奖，或给匾褒扬，使知为善之乐，则善者益劝而闻风者亦将奋然兴起。"[③]

（b）土司承袭权收归流官决定。土司之间常常由于争夺承袭权发生战乱，因此将承袭权收归流官所有，可以加强对土司的控制，减少纷争，维护社会稳定。早在康熙时期，广西布政使崔维雅即在《抚恤土司以靖疆索议》中提出："其承袭一节，土司不得自主，必听断结于朝廷之流官，可以见土司之归命矣。"[④] 甘汝来《条陈土司法利弊》则详细拟定了流官处理土司承袭案件的程序、方式："请自今以后，遇有土官故绝者，即时报明该管衙门立刻吊取宗图祖谱，先别其族属之亲疏，次辨其房分之嫡庶先后，其间之应袭不应袭者，自判若黑白矣。替袭之人既定，一面照例取具各结，连宗图族谱详报各宪，一面揭示该地方，指明某某应袭，则

---

① 《大清世宗宪（雍正）皇帝实录》（三），卷132，雍正十一年癸丑六月丙寅，页10上，台湾华文书局1964年版，第1925页。

② 《清世宗实录》，卷51，页24，《清实录》（第七册），《世宗实录一》，中华书局1985年版，第772页。

③ （清）甘汝来纂修：（雍正）《太平府志》，卷38，艺文，页19—20，故宫珍本丛刊第195册，海南出版社2001年版，第245—246页。

④ 《太平府志》，卷38，艺文，页13—14，故宫珍本丛刊第195册，海南出版社2001年版，第242—243页。

众望归而觊觎之念息，民情定而鼓煽之术穷矣。其或有乘机聚众负固不服者，即檄令附近各土司会兵擒拿，仍一面飞报各宪相机扑灭，庶抢掠屠民之害可杜。”①

（c）严格约束土司官族、土舍、土目等土司附庸势力。土司势力一方独大，也导致了一些依附于土司生存的恶势力的增长，例如土司官族、土司下属的土舍、土目等，狐假虎威，戕害百姓，其祸甚至大于土司之祸，如杨芳《思明善后疏》曰：“照得思明府土官黄应雷懦弱无为，荒淫不检，威令不行，于左右事权旁落于家奴。”② 甘汝来曾专门发布《饬禁土司官族告谕》，要求对土司官族加以严格制裁：“凡土官一应嫡庶叔伯基功昆弟，皆曰官族，其间家教谨严端方自爱者则有，而夜郎自大荼毒穷民者正多……往往视土民若奴隶，遇事恣意诛求，务饱囊谷。当青黄不接之时，即勒收租谷、棉花、致穷民卖男鬻女，且敢白票拘人，私行锁禁，罚银赎罪，甚而射猎不时，人马百十，践踏田禾，勒派供应，稍拂其意，痛加鞭挞，村村被害，人人切齿。此等极恶穷凶，应即锁拿究审。”③ 此外，土司为了管理辖区，往往自行委派土舍、土目等下级属员，而这些人多成为土司为害百姓的爪牙和帮凶，甚至使土司亦受制。雍正三年，广西巡抚李绂发布《禁土舍土目僭妄檄》要求各地严禁土舍土目僭妄越权的行为：“为严禁土舍土目私刻铃记擅用朱笔事。照得各府州县地方向有委令土舍、土目、堡目、隘目诸名色，原以资其巡缉，保固村庄。近因滥委无良之徒，往往委牌未下，先置旗伞，公然私刻关防印记、行票标朱，俨同官府，横行出入，罔知顾忌。当此光天化日之下，岂容此辈魍魉吓诈愚民资事？地方殊勘发指？为此牌仰该府官吏，文到即将各土舍、土目、堡目、隘目查问，有无私印铃记朱笔、僭行官制、妄用旗伞等项，严行禁革，毋许衙役容隐。其有官吏原经受贿私委交通衙门辄复纵容妄行，一有此弊，查出定行参处凛遵毋违。”④ 甘汝来《条陈土司法利弊》要求逐革

① （清）甘汝来纂修：（雍正）《太平府志》，卷38，艺文，页19，故宫珍本丛刊第195册，海南出版社2001年版，第245页。

② （清）甘汝来纂修：（雍正）《太平府志》，卷38，艺文，页5，故宫珍本丛刊第195册，海南出版社2001年版，第238页。

③ （清）甘汝来纂修：（雍正）《太平府志》，卷41，艺文，页28—29，故宫珍本丛刊第195册，海南出版社2001年版，第292—293页。

④ （清）李文琰总修：（乾隆）《庆远府志》，卷9，艺文志上，页43，故宫珍本丛刊第196册，海南出版社2001年版，第311页。

土司下委头目："积年头目之亟宜革逐也。查各土司头目亦世代传充，盘踞把持，无恶不作，遇事指一科十，过倍分肥，土官之罢软者，酒色是图，倦于听断，往往批委审理民词，居然以官法从事，故土民平时见之，亦辄行跪叩礼，俨然又一土官也。委任之久，渐至恣肆鸷张，而土官已受其胁制，敢怒而不敢言，土官或稍听察约束紧严，不便于已，辄生怨望，甚或勾通左右亲族暗图毒害，土官畏之，直如芒刺在身而又不能猝去也。种种凶顽，诚堪发指，请饬土司将此辈既行革斥，另召老实者充役，敢有不服革逐者，即锁拿解府，按法重处，仍将新役名数造册报府稽查，去此巨奸，官民得安衽席。"①

（d）严禁土司对少数民族群众进行需索剥削。土司对治内百姓的科索压榨由来已久，在清政府痛下决心改土归流后，这一积弊也得到了极大改善。广西、贵州、云南等地都遗存有大量这一时期严禁土司法科派的碑刻文献。一些地方官也纷纷发布文告禁止土司剥削穷民，如甘汝来就先后发布两篇文告陈述此事。其在《条陈土司法利弊》中曰："土司之科派宜酌革也。查土官岁有田亩，租税又有相沿旧例，如婚嫁丧葬等项规馈之人，在土官已坐享丰厚，在土民已苦于供亿，而贪婪者尚于额外巧立名色，百计诛求，边鄙穷黎奚能堪此？今后除租税规馈外，不许一毫妄派，并令每年终，先将租税规馈数目造册报府存案，次年春出示各村照额输纳，如有滥勒，即许赴府控告，严审详夺，如无吉凶事务之年，规馈亦免除，此苛敛土民之困稍舒。"② 后甘汝来又为此专门发布《严饬土司告谕》："照得各土司虽地处偏隅，习尚稍异，究无非王土王臣，况该土官世袭斯职，亦有民社之寄，奈何一惟朘剥，全无休养之心……遇事科派，动盈数千，少亦不下儿百金，纵令各目呼群引众，逐户沿村指一索十，以一缴官，恶等分肥八九，有设措少，后者即率众抄洗其家，致多有抛地土揭妻子逃窜异地者。至土民或因户婚田土雀角斗殴讦告，一惟徇私受贿，往往颠倒是非，恣其酷法严刑，土民亦吞炭含冤，不敢上诉，甚而故纵抢窃坐地烹赃，事发终始庇护用图自掩。更且酒色是图，终日醉梦昏昏，一切事件或委之官妻，或委之头目，任其舞法作弊，漫无觉察，直与木偶尤

① （清）甘汝来纂修：（雍正）《太平府志》，卷38，艺文，页21，故宫珍本丛刊第195册，海南出版社2001年版，第246页。

② （清）甘汝来纂修：（雍正）《太平府志》，卷38，艺文，页21—22，故宫珍本丛刊第195册，海南出版社2001年版，第246—247页。

异。又或纵容奸徒兴贩违禁货物，私出外彝，勾通为害，诸如此类，不可胜言。本应逐一列款详参，姑念蠢尔昏迷，半由奸徒陷索，且不忍不教而诛，用是推诚开导，冀改将来，合行严饬，各该土府州县，此后务须洗涤肺肠，痛改前非，禁绝科派，留心政事，爱养百姓，杜绝兴贩，将积恶头目速行革逐，另择诚实者办公。"①

通过上述一系列措施，苗疆土司势力受到了沉重的打击，土司制度也日益衰落并逐步走向解体。清政府改土归流的真正原因，乃是开拓疆土，统一政权的需要。享有高度自治权的苗疆土司的存在，是对中央政权极大的挑战和威胁。强大的国力和军事实力使得这一时期的清政府有足够的底气和信心铲除土司的势力。"五帝不沿礼，三王不袭乐；今日腹地土司法之不可置，亦如封建之不可行。"② 但雍正时期改土归流运动也存在急功冒进，不考虑少数民族实际情况的问题，因此引发了部分地区苗民起义进行反抗的现象。"雍正丙午，世宗以云贵总督鄂尔泰疏谕治苗，谓必改土归流，苗乃可治，从其请，并令兼制广西。诸土司皆缴敕印，纳军械，于是先后辟苗疆二、三千里。及三省边防略定，鄂入都，而贵州台拱苗遂变。乙卯，各寨蜂起，陷黄平以东诸城。副将冯茂复诱杀降苗，抚苗大臣张照密奏改流非策，旷师无功，鄂尔泰、张广泗均上疏自劾。"③

（3）乾隆时期

经过雍正时期的励精图治，至乾隆时期，苗疆土司已基本安定。以云南省为例，乾隆《弥勒州志》载："滇患全在土司，以弥勒言之，东有昂氏，西有禄氏，南有万氏，或则盘结于中，或则角立于外，与兵构怨，蔓难图也。仰皇清之赫声，濯灵业经扑灭，改土设流，则壤定。"④ 清政府也意识到，土司制度不可全废。如果能在国家严格控制及弹压之下，利用土司实施对少数民族的统治，也可以实现长治久安的目的。因此，这一时期清政府一方面表现出对土司的拉拢怀柔，另一方面又对其权力加以严格

① （清）甘汝来纂修：（雍正）《太平府志》，卷 41，艺文，页 24—25，故宫珍本丛刊第 195 册，海南出版社 2001 年版，第 290—291 页。

② （清）魏源撰：《圣武记》（下），卷 7，土司苗瑶回民・雍正西南夷改土归流记下，中华书局 1984 年版，第 295 页。

③ （清）徐珂编撰：《清稗类钞》（第二册），中华书局 1984 年版，第 795 页。

④ （清）秦仁、王纬纂辑：（乾隆）《弥勒州志》，卷 21，土司，页 40，故宫珍本丛刊第 229 册，海南出版社 2001 年版，第 268 页。

限制，土司俨然沦落为政府手中剥削和压迫少数民族的工具。乾隆《普安州志》载："蛮惟服其主，兹皆其故主，书曰无主则乱，故国家改土归流，仍留土目名色以资弹压。"[①] 乾隆《南笼府志》载："在十八寨之仲苗，则语言不通，名姓难辨，惟有土目以统辖之，寨把以分管之，不独催征有着落，而奸匪亦易于稽查。但今之目把即汉民中之乡保然耳。彼沿旧习，虐苗民则不可，而苗民有不听其约束者，官为整理之。"[②] 对于土司的犯罪，朝廷也予以一定的宽贷。如乾隆十五年（1750 年）四月乙酉广西巡抚舒辂奏："审明土田州知州岑宜栋与官民交往借债一案，分别定拟追缴。"得旨："姑念边徼土司，非内地官弁可比，着加恩从宽豁免。"[③]

但是，为了更好地控制土司，朝廷又加紧了对土司的管制和约束。"至于山谷倮罗，间亦乘机窃发，然率受制于土官，土官有贤否而群蛮之出没因之，故责成土官可以帖然，然制土官者又在良有司欤"，"至于钤辖之责，则在土巡检，土巡检之责则尤在上下两江嘴。盖此地去县远，奸黠之徒视以为窟，故此两江土官责成不可以不严也"。[④] 乾隆时期，清政府限制土司权力最重要的手段就是着手削减土司拥有的司法权，逐步取消其审理命盗等大案要案的权力，只保留其审理户婚田土细事的职能。乾隆十二年（1747 年）十月二十四日吏部等议覆："归顺州州同准移驻湖润寨地方，改为归顺州管辖。其一切户婚田土细事，该州同就近判断。如遇命盗重案，仍令该州承审。"[⑤] 审理、监押犯人的权力也收归政府。乾隆十三年十月庚子刑部议准调任广西巡抚鄂昌奏准："百色同知衙门承审命盗案犯，向未设有监狱。查署侧有公所屋，请改作监房，各土属解审人犯，俱归监禁。所需禁卒，即在思恩府额设禁卒内酌拨二名。百色原设巡检一员，其监狱事务即归该巡检管理。遇有疏防，以巡检为专管，同知为兼

---

① （清）王粤麟主修，曹维祺、曹达纂修：（乾隆）《普安州志》，卷 23，苗属，页 9，故宫珍本丛刊第 223 册，海南出版社 2001 年版，第 181 页。

② （清）李连溪辑：（乾隆）《南笼府志》，卷 2，地理·风俗，页 20—21，故宫珍本丛刊第 223 册，海南出版社 2001 年版，第 26—27 页。

③ 《清高宗实录》，卷 362，页 17，《清实录》（第十三册），《高宗实录五》，中华书局 1985 年版，第 988 页。

④ （清）黄元治、张泰豪纂修：（乾隆）《大理府志》，卷 12，风俗，页 4—6，故宫珍本丛刊第 230 册，海南出版社 2001 年版，第 196—197 页。

⑤ 《清高宗实录》，卷 301，页 14，《清实录》（第十二册），《高宗实录四》，中华书局 1985 年版，第 937 页。

管。囚粮在百色常平仓谷内碾支。至处决人犯，该同知会同武员监决。如同知公出，即令思恩府委员监决。"[①] 朝廷还下令土官不得私自聘任幕僚，类似于汉代的"阿党附益律"和"左官律"。乾隆三十年奏准："至土官延幕，不将姓名年貌籍贯通知专辖衙门查验通报，私聘入幕，照违令私罪律罚俸一年。私聘犯罪之人入幕，并纵令犯法者，革职治罪。"[②] 土司逐步被剥夺了管辖土民案件的治法权。乾隆三十二年（1767 年）正月二十九日广西巡抚宋邦绥议奏："布政使淑宝奏称：广西四十七土司，例以巡道总理、知府兼辖。除庆远府属之永定、永顺正、副长官及思恩府属九土巡检，因职微地狭，未经设有流官，又镇安府属之小镇安，现已改土归流外，余俱分驻佐杂弹压。其命盗重案，均归州、县、厅员承审，而失察疏防，仅将道、府佐杂议处，致承审各员，以案件无关考成，常怀观望。而近年土官懈玩，率委土目经理，其遂刁唆讼，扰累土民。佐杂书役，多系土司戚族，难于稽查，而兼辖知府相距遥远，耳目更难周遍。请嗣后各土司地方，均归录审州、县、厅员就近兼辖，遇有参处事件，照例题号。"[③] 司法权归政府，对长期受土司压迫的苗疆人民来说，是极大的解放。乾隆《独山州志》载："该地苗民不胜其累世苛索之苦，控经大宪批行前署州郑牧勘详，归州不经土司管辖，苗民便之。又十六水家与之邻，前数年控告亦欲归州，当时仅准其赴州纳粮，虽仍令其属烂土司管辖，而昔时威权已无所用，亦可惧己傅曰制节，谨度长守富贵之道。"[④] 通过逐步收回土司手中的司法权，尤其是刑事司法权，昔日如日中天的土司地位一落千丈，仅能处理雀角纷争，相当于州、县下辖的保正、甲长。"国朝因之选官任事，限年考绩，考察近而体统肃，近复增州丞与州长分理苗疆而制度大备，又不但如二土舍之因雀角而析置，仅解其分争已也。"[⑤]

另外一项限制土司权力的重要举措，仍然是剪削土目、土舍等土司附

---

① 《清高宗实录》，卷 327，页 9—10，《清实录》（第十三册），《高宗实录五》，中华书局 1985 年版，第 404 页。

② 《清会典事例》第二册，卷 119，吏部 103・处分例，中华书局 1991 年版，第 552 页。

③ 《清高宗实录》，卷 777，页 35—37，《清实录》（第十八册），《高宗实录十》，中华书局 1985 年版，第 543—544 页。

④ （清）艾茂、谢庭勋纂修：（乾隆）《独山州志》，卷 6，土官，页 9—11，故宫珍本丛刊第 225 册，海南出版社 2001 年版，第 290—291 页。

⑤ （清）艾茂、谢庭勋纂修：（乾隆）《独山州志》，卷 3，建置，页 9—10，故宫珍本丛刊第 225 册，海南出版社 2001 年版，第 176 页。

庸势力，使土司无法形成较大的力量。朝廷对土舍、土目的牌照领取、人数、革职条件等一一作出严格限定。“乾隆二十八年十二月内州牧刘岱奉府宪图行奉：查黔省经制土司之外，又有外委土舍、千把名色……应如贵阳、黎平等府所请，嗣后土舍、土目、土里、通事人等，遇有事故应行更换承充，仍照旧日成规概听地方官给照委办，不必详请院、司、道给委，亦不得妄请袭替，其从前已领过院、司、道委照者，此时若一概追缴，恐苗性愚蠢，反生疑虑，亦应如该府等所议，俟将来遇有事故查追缴销，但此等土舍、通事既领有职衔委照，未必尽能安分，应饬各地方官严行密察，如有恃符滋扰，应即详革追照查销，倘敢徇纵，即一并详议究处。”①乾隆三十二年广西巡抚宋邦绥议奏：“仍令各州、县、厅员，率同土司及分驻佐杂，先将各土目逐一查验，有曾经滋事玩法者，悉心革除，另选安分土人取结充补。”② 乾隆甲申（1764 年）贵州独山州州牧刘岱奏《独山州事宜条陈议》：其中详细陈述了土舍、土目的编制、人员、罢黜、国家法律培训等，得到上级的首肯与嘉许：

> 一土吏土差宜一体定以名数造册稽查也……是土吏土差所关尤重，若辈与各民苗声息相通，语言相习，土官贤则为善有余，土官不肖则为不善亦有余。职愚以为，宜仿照流官衙门书役人等，定以名数，查各土司书役，不过一名土目，向有六目之名，又各有小目六名，共十二名，造具清册送州，每年四季亲赴点卯，不许多收滋扰，庶有所稽查若辈敛迹而苗民受庇无穷矣。
>
> 一土权一项宜永远革黜也。查土官一职，各延幕友一名，书吏一名，土目大小十二名，已足办理地方公件，不知起于何时，又添设土权一项，顾名思义，颇属不经。伊等多系土官亲长，暨地方有势者为之，甚或另立衙署，私置刑具，苗民称为权爷，畏其威与土司等，实为陋例相沿于地方，有损无益，卑职管见以为永宜革黜以肃官常。
>
> 一土司土舍等官宜一体饬令讲读律令也。国家承平日久，边徼收宁，旧疆苗民蒸蒸向化，一道同风之盛，亘古未有。守斯土者，不惟

① （清）艾茂、谢庭勋纂修：（乾隆）《独山州志》，卷 6，土官，页 6—9，故宫珍本丛刊第 225 册，海南出版社 2001 年版，第 289—290 页。

② 《清高宗实录》，卷 777，页 35—37，《清实录》（第十八册），《高宗实录十》，中华书局 1985 年版，第 543—544 页。

绥靖为怀，更宜俾之明白道理，凛遵王章，则桀傲之气不禁自戢。……职愚以为宜饬令各土司于朔望日或场市人众之地，检土吏土目中明白文义或生员中能通苗语者，实力训诂，宣讲振愚，蒙而开聋，莫切于此以上各条。[①]

府宪图议：

据禀土吏土差宜一体定以名数造册稽查一条，查土吏土差良善者少，留一名则民间多添提害，虽时刻提防，严行约束，亦不能遏其狼贪虎噬之心，若不定以名数，诚难保无滋扰，应如该州所请，各土司止准存留大目六名，小目六名，共十二名，令其造册送州稽查，以杜扰害。

又据禀土权土幕宜永远革黜一条。查土官所司，除催科差徭及奉州拘提之事而外，别无可办之件，既有土目可供使，今何用另设土权，至其延请幕友，不过借为腹心，以便遇事生风，需索吓诈，实为苗民之害，应令该州将土权土幕俱行禁革，实于地方有益。

又据具禀土司土舍宜饬令讲读律例一条。查律例一书，为约束人心之要，苟能熟读，则畏心自生，但律文精深，意义简括，或因此而该彼或举轻以见重，欲令土目土吏并生员中能通苗语者训诂宣讲，恐亦徒托空谈，应令该州将律令中易犯各条逐一摘出，明白晓示，使苗民触目警心，自然人重犯法。[②]

粮宪、永藩宪、钱臬宪、熊巡宪马会议：

一据详具禀土吏土差宜一体定以名数造册稽查一条，查土吏土差该土司舍遇有事件不得不资其驱使，但此辈既鲜循良，除足敷差遣之外，不宜多留，应如该府州所议，各土司舍止留大目六名小目六名，

① （清）艾茂、谢庭勋纂修：（乾隆）《独山州志》，卷9，艺文上，页14—19，故宫珍本丛刊第225册，海南出版社2001年版，第322—324页。

② （清）艾茂、谢庭勋纂修：（乾隆）《独山州志》，卷9，艺文上，页19—21，故宫珍本丛刊第225册，海南出版社2001年版，第324—325页。

造册送州稽查，如有隐匿多留者，查出究治。[①]

又据详县禀土权土幕宜永远革黜一条。查土司一官不过管束苗民并无别项事务应办，既有土目差使，何用又立土权？至伊等所延之幕，多有奸贪之辈，遇事生风，实为苗害，应如该府州所请，一体革除。[②]

又据详县禀土司土舍宜饬令讲读律例一条。查民间犯罪，多由不知法律，且苗民喑于文义，何能家喻户晓？是讲读律令徒托空谈，应如该府所议，止将律令中易犯各条逐一摘出，明白晓示，使苗民触目警心，自然知畏不致犯法。

督宪吴、抚宪图批如详饬遵。[③]

经过上述整顿和清查，各地土司的势力大减，逐步成为遵纪守法的顺民，与昔日明代土官地位相比不可同日而语。“国朝以来，因前明而损益之，恩威互施，放恣之性亦稍戢矣。独山各土司自经创惩后，凡袭替者，渐知恪守王章，奉令惟谨。”[④]

（4）乾隆之后对苗疆土司的治理

乾隆之后，苗疆土司的权力和势力被进一步削弱，尤其是在乾隆时期所剩无几的承审命盗大案和生杀予夺的司法权，此时已全部被剥夺殆尽。土司地方的命盗案件必须交由上级政府部门承审，并不得擅自判处、执行死刑。嘉庆五年（1800年）修订的《广西通志》载：“至于土州县长官，亦宜令明习汉律，不得擅决诛死，使彼不得专生杀之柄，而下亦自泯其仇杀之端。”[⑤] 该书还详细规定了广西各土司地方命盗案件承审的上级主管

① （清）艾茂、谢庭勋纂修：（乾隆）《独山州志》，卷9，艺文上，页21—22，故宫珍本丛刊第225册，海南出版社2001年版，第325—326页。

② （清）艾茂、谢庭勋纂修：（乾隆）《独山州志》，卷9，艺文上，页22，故宫珍本丛刊第225册，海南出版社2001年版，第326页。

③ （清）艾茂、谢庭勋纂修：（乾隆）《独山州志》，卷9，艺文上，页23，故宫珍本丛刊第225册，海南出版社2001年版，第326页。

④ （清）艾茂、谢庭勋纂修：（乾隆）《独山州志》，卷6，土官，页1，故宫珍本丛刊第225册，海南出版社2001年版，第286页。

⑤ （清）谢启昆、胡虔纂：《广西通志》，卷279，列传二十四·诸蛮二，广西师范大学历史系、中国历史文献研究室点校，广西人民出版社1988年版，第6910—6911页。注引自《平乐府志》引庆远推官谢天枢《广西诸蛮说》。

部门：

宜山县承审忻城土县永定、永顺二长官司命盗事件。

天河县承审永顺副长官司命盗事件。

河池州承审南丹土州命盗事件。

东兰州承审那地、东兰二土司命盗事件。

武缘县承审白山、兴隆、那马、旧城、安定、古零六土司命盗事件。

百色同知承审田州、阳万、上林、定罗、下旺、都阳六土司命盗事件。

新宁州承审土忠州命盗事件。

隆安县承审果化、归德二土州命盗事件。

上思州承审迁隆峒土司命盗事件。

崇善县承审土江州命盗事件。

左州承审太平、安平二土州、罗白土县命盗事件。

养利州承审万承、龙英、全茗、茗盈四土州命盗事件。

永康州承审结安、佶伦、都结、镇远、罗阳五土司命盗事件。

宁明州承审思州、下石、凭祥、思陵四土司命盗事件。

龙州同知承审上龙、上下冻二土司命盗事件。

天保县承审向武土州命盗事件。

奉议州承审都康土州命盗事件。

归顺州承审上映、下雷二土司命盗事件。[①]

咸丰、同治时期，内忧外患交困下的清政府统治日益腐朽和衰弱，苗疆各地纷纷爆发少数民族起义。但即使在这种情况下，朝廷在竭尽全力扑灭起义的同时，也乘机削夺了一批土司。“红丝塘巡检司咸同时巡检王藻因土匪围攻告急，及县绅刘靖宇率团往援，皆阵亡，以后无人往任，撤之。三坑司距县三十里，今尚为市，不知撤于何时。”[②] 徐家干《苗疆闻

① （清）谢启昆、胡虔纂：《广西通志》，卷177，经政略二十七・承审土司事件，广西师范大学历史系、中国历史文献研究室点校，广西人民出版社1988年版，第4845—4846页。

② 婺川县修志局汇辑纂：《婺川县备志》，卷9，土司，页1下，民国十一年撰，贵州省图书馆据上海图书馆藏本1965年复制，桂林图书馆藏。

见录》载："各属苗人旧均有土司管束，土司借威官府，往往因而科索之。历来苗乱，半由土司激愤而成。此次苗疆肃清，不复袭设土司，亦靖苗之一大端云。"[①] 民国《黄平县志》为此评论道："贵州之在宋元为宣慰宣抚诸使，世为土职，其来久矣。至明洪武十四五年设为十八卫指挥，虽仍世职，已渐改为汉官，至清康熙二十六年裁衙改流规制，遂为大变，然犹相习相安于百余年者，以苗俗未甚开通，故至同治末年肃清后，苗仡之文化亦由兵戈以输入，致龙学海等控告夫役立碑示禁，遂将火烟、米水、花粮等限制，各司岁入不过四五十千，及瞿州牧临任，年中夫价悉由苗人自负入衙，此后禁止提案，禁制押人，各土牧权竟不能敌一保董。"[②] 苗疆土司势力趋于衰微，甚至到了"贫不能举火"[③] 的悲惨地步。

在清政府统治已风雨飘摇的光、宣末季，朝廷仍在不断裁革苗疆土司。光绪元年（1875 年）五月十一日丁未广西巡抚刘长佑奏："请将土田州知州革去世职，改设苗疆知县，并将百色同知、奉议州判升为苗疆直隶厅简缺知州，就近分拨其地，以资治理。"下部议。[④] 光绪四年（1878 年）九月初九日乙卯广西巡抚杨重雅奏："请将阳万土州判改设流官。"下部议。[⑤] 光绪十一年（1885 年）八月二十九日乙未，上谕军机大臣等："至土田州岑氏，前因分党仇杀，土民流离转徙，日不聊生，经刘长佑奏交部议，改土归流。今据声称，该州土民土目饮憾含悲等情。其改流未尽事宜，有无办理不善？应否量为变通？着该督、抚体察情形，妥筹具奏。"[⑥] 宣统二年（1910 年）正月十九日甲子，广西巡抚张鸣岐奏："凭祥土州知州李澎培，贪暴虐民，饬行查办，竟敢逃亡出境，勾匪滋扰，应请革去世职，改土归流，以示惩儆。"下部议。[⑦] 宣统三年（1911 年）二

① （清）徐家干：《苗疆闻见录》，吴一文校注，贵州人民出版社 1997 年版，第 215 页。
② 陈昭令等修：《黄平县志》，卷 6，土司，页 56 上、下，民国十年成书，贵州省图书馆据黄平县档案馆藏本 1965 年复制，桂林图书馆藏。
③ （清）罗绕典辑：《黔南职方纪略》，卷 7，页 7 上，台北成文出版社 1974 年版，第 211 页，中国方志丛书第 277 号。道光二十七年刊本。
④ 《清德宗实录》，卷 9，页 8，《清实录》（第五十二册），《德宗实录一》，中华书局 1985 年版，第 190 页。
⑤ 《清德宗实录》，卷 78，页 4，《清实录》（第五十三册），《德宗实录二》，中华书局 1985 年版，第 197 页。
⑥ 《清德宗实录》，卷 214，页 16—17，《清实录》（第五十四册），《德宗实录三》，中华书局 1985 年版，第 1019 页。
⑦ 《宣统政纪》，卷 30，页 13—15，《清实录》（第六十册），中华书局 1985 年版，第 543 页。

月初十日己卯以疏防匪犯，革署广西安化同知黄玉森职并留缉。[1] 延续了一千多年的土司制度在苗疆最终被彻底瓦解。

第三节　清政府对苗疆生态环境的保护总述

作为一个少数民族政权，清代的民族政策在中国历代王朝中可谓成熟发达。最难能可贵的是，清代在制定针对少数民族的法律规章时，还注意保护这些地区的生态环境，不过分压榨索取少数民族地区的自然资源。在清代的各个民族地域中，包括贵州、广西、云南及部分四川、湖南、湖北、广东在内的广大苗疆，自然地理环境多样，民族成分复杂，生产力水平低下，因此，这一地区的生态环境保护尤为重要。它直接关系到西南各民族的生死存亡，关系着苗疆的稳定与边防的安全。通过对清代官方典籍的搜集和整理，我们可以发现，清代在土地、森林、矿产、水源、野生动植物等方面采取了一系列的保护政策与措施。这些措施不仅有力地保护了苗疆脆弱的生态资源，对今天的生态法律机制的建立和完善也有一定的借鉴意义。

一、苗疆的生态环境

苗疆的生态环境极其脆弱，土地崎岖破碎，气候复杂多变，水土流失严重，动植物种类虽多样化但食物链极容易断裂，生态平衡较难维系。就其整体地理环境而言，难以利用的岩溶山地、石漠、荒漠等占据了绝大部分面积。以贵州为例："其山盘里层叠，峰峦多倒侧，极类苗子撮髻，环城诸山歧而少树，丰茅曲坞，虎豹穴之，冬则沿山而焚，千嶂如炭。山之阴即茂林翳天，人迹罕到，山鬼往往吟啸于其间，云罩巅顶，即大雨，雨必连旬，及冬则白气弥山，望之如雪寒凝，草树皆成冰，如瑶花玉筋，坚厚圆润，绝非雪比，土人谓之凌山。多怪石，如百兽蹲舞，首昂尾掉，欲起而博人，又多怪洞，恢敞屈奥中有深潭为蛟龙窟，宅顶悬石乳状类难

① 《宣统政纪》，卷49，页11，《清实录》（第六十册），中华书局1985年版，第882页。

名，岩隙漏天阴湿郁蒸，以故多雨，其水惟簸尕河最大最大，深数十丈，沉碧不流，临之冷人毛骨。两岸危峰碍日，密树蒙烟，虎啸猿啼，人声断绝，虽高卓之士过此不能不悄然而悲矣。”① 云南也是山多平原少的贫瘠地貌：“惟纳楼、长舍二舍情形略近内地，江外猛丁一带，间有平原，其余多属硗瘠。……永昌府属，如保山所辖四土司，特苦硗瘠。”② 广西全境几乎为山区：“其山川类皆卑渺局促，不雄大开展，其气脉散行而无结聚，岗崖丛叠，谿谷夹阻，欲平原旷野三、五、七里可以置城郭、布市廛、奠安黔庶，百无一见也。”③ 这样的环境，如果不加以保护，一旦遭到破坏，当地少数民族群众的生活会受到极大的威胁，很难确保国家在这一地区的长治久安。

苗疆少数民族长期生活在这样的自然环境中，他们自身也形成了一整套保护生态的习惯法，以维系人类与自然之间和谐的关系。一般来说，上层建筑的变化都是由物质条件的变化引起的，如果物质条件能维持原状，上层建筑也不会发生明显的变化。中央政府在对这一地区逐步渗透和治理的过程中，如果能够尊重少数民族已有的习惯法，并使用国家强制力制定和实施一系列保护生态环境的措施，并使二者相融合，不仅能够继续维持少数民族群众与自然之间业已形成的和谐关系，还可以促进少数民族群众对中央政府的信任与支持，以最低的社会变动换取政权的稳固。清政府对苗疆生态环境的保护，不排除其缓和民族矛盾，稳固边防的主观目的，但从客观上看，其对维护这一地区的生态环境、对限制自然资源的过度利用是具有积极意义的。其中的某些做法，对于今天的民族地方司法和生态治理仍有借鉴价值。

二、清政府对苗疆生态环境保护的主要内容

从文献典籍资料来看，清代对苗疆生态环境的保护性政策可谓广泛而又全面。从生态要素来看，这些政策涉及土地资源、森林资源、矿产资源、

① （清）刘再向修，张大成、谢赐鋗纂：《平远州志》，卷16，艺文·记，页13下—14上，乾隆二十一年撰，贵州省图书馆据北京图书馆藏本1964年复制，桂林图书馆藏。

② （清）徐珂编撰：《清稗类钞》（第一册），中华书局1984年版，第114—115页。

③ （明）林希元纂修：《钦州志》，陈秀南点校，中国人民政治协商会议灵山县委员会文史资料委员会1990年编印，第30页。

水资源及野生动植物资源，几乎囊括了现代环境与自然资源保护法的主要范围；从保护手段来看，既有直接的保护政策如严禁砍伐森林，又有间接的保护政策如减免对生态资源的税收，既有积极的措施如鼓励苗疆植树造林，又有禁止性的措施如严禁破坏水源，等等；从保护政策的效力等级来看，既有皇帝发布的最高谕旨，又有基层官吏颁布的小范围法令；从保护的力度来看，既有对破坏生态行为的刑罚处罚，又有苦口婆心的劝谕令。这些政策内容丰富，方法多元，层次分明，共同构筑起了一套较为完善的生态保护政策体系。表1－1是笔者根据资料总结的清政府对苗疆生态环境保护政策的主要内容。

三、清政府对苗疆生态环境保护的表现形式

清政府对于生态环境并没有制定专门的立法，对苗疆生态环境的保护也非刻意行事。在治理苗疆的过程中，政府针对土地、森林、水、矿产、野生动植物等自然资源颁布了大量的法律法规和政策，这些生态保护政策实际上是政府行使职能的一种“副产品”。或者说，清政府颁布这些政策的时候，并没有意识到它们可以保护苗疆的生态环境，事先也没有进行系统的筹划，这只是它们处理行政事务的无意之举。但在今天，当我们将这些零散的资料整理联结，并运用现代的知识体系进行分析研究的时候，才发现清政府在苗疆的生态环境保护方面曾作出过卓越的贡献。清政府保护苗疆生态环境的政策，主要分布于各种皇帝的谕旨、大臣的奏折、地方官员发布的法令、司法判例中。

1. 皇帝的谕旨

在帝制的清代，皇帝的谕旨具有最高的法律效力。历任清代皇帝针对苗疆的生态环境治理问题颁布了大量的谕旨、敕令、批复，包括书面的和口头的。它们集中在《清实录》《清圣训》《朱批谕旨》《大清律例》《清会典》等官方文献及法律典籍中，是清政府治理苗疆生态环境最重要、最直接、最具效力的证据和资料。这些资料充分体现出清代中央政府对苗疆生态环境治理问题的重视。而且令人惊叹的是，清代各朝皇帝虽然领导水平、统治策略有很大的差异，但在处理苗疆的生态环境事务上，却都能采取正确的态度和措施，有关的谕旨即使在今天读来都很令人信服。一些皇帝的谕旨具有强烈的个人风格，不仅针对上奏事宜进行批复，还以此事

表 1-1 清政府对苗疆生态环境保护的主要内容

	生态要素	基本政策	详细内容
清政府对苗疆生态环境的保护	土地资源	限制滥垦滥挖苗疆土地	限制在苗疆开垦荒地
			减免苗疆不适宜开荒土地赋税
			限制苗疆屯田
			严禁滥挖苗疆土地
		保护苗疆公山	禁止滥伐滥垦苗疆公山
			禁止滥垦苗疆放牧公山
			禁止滥葬苗疆公山
			厘清苗疆地界,明确地权
		维护苗疆少数民族土地权益	禁止侵占少数民族土地
			禁止买卖少数民族土地
			允许少数民族低价回赎已转让土地
			严格苗疆官员对土地管理的法律责任
	森林资源	鼓励在苗疆植树造林	适度减少对苗疆森林资源的征集
		中央政府限制在苗疆滥砍滥伐	发布禁止在苗疆滥砍滥伐的谕令
			保护苗疆公山森林资源
		地方政府对苗疆森林资源的保护	保护苗疆水源林
			维护少数民族专属森林资源
			革除不利于保护森林资源的陋习
			限制政府人员对苗疆森林资源的需索
	矿产资源	限制在苗疆开矿	
		减免苗疆矿税	
		禁止在苗疆私采矿产	
		及时封闭苗疆枯竭矿源	禁止在水道垦殖
	水资源	禁止阻塞、破坏苗疆水道	禁止阻塞苗疆水道
			采取措施疏浚苗疆水道
			尊重民间分水习惯
		合理分配苗疆水资源	规定强制性的合理分水秩序
			禁止盗用水资源
			保护水坝

续表

<table>
<tr><td rowspan="17">清政府对苗疆生态环境的保护</td><td>生态要素</td><td>基本政策</td><td>详细内容</td></tr>
<tr><td rowspan="11">水资源</td><td rowspan="7">禁止破坏苗疆水利设施</td><td>保护水堰</td></tr>
<tr><td>保护水闸</td></tr>
<tr><td>保护水堤</td></tr>
<tr><td>保护水塘</td></tr>
<tr><td>保护沟渠</td></tr>
<tr><td>保护陡门</td></tr>
<tr><td>政府的直接财政拨款</td></tr>
<tr><td rowspan="4">保障苗疆水利经费</td><td>堤租及官仓谷拨付</td></tr>
<tr><td>准许民借官本兴修水利</td></tr>
<tr><td>官员个人捐俸兴修水利</td></tr>
<tr><td>政府向社会募集资金</td></tr>
<tr><td rowspan="5">野生动植物资源</td><td rowspan="2">免除对苗疆野生动植物资源的直接征收</td><td>中央政府免除对苗疆野生动植物资源直接征收</td></tr>
<tr><td>地方政府免除对苗疆动植物资源直接征收</td></tr>
<tr><td rowspan="2">减免苗疆与野生动植物资源有关的税收</td><td>准予折色免解</td></tr>
<tr><td>免除与野生动植物有关的税收</td></tr>
<tr><td>禁止滥捕滥采苗疆动植物资源</td><td></td></tr>
</table>

为依据，引申出一些论述和见解，阐述自己对生态环境保护的态度，这些宏论就成为处理苗疆生态事务的最高指导性思想和原则。例如，雍正皇帝对奏折的批复几乎都是长篇大论，不啻一份论文，但其中不乏闪光之处，如他对矿产资源不可再生性的论述就非常精当。而与之相比，乾隆皇帝的批复则较为简洁，但往往言简意赅，一语中的。同时，在《大清律例》和《清会典》中，除每一款律文正条之外，还列有历任皇帝专门针对苗疆颁布的附加条例和修正案，这其中就包含许多保护苗疆生态环境的内容。无论如何，最高统治者对生态问题如此重视，并形成系统的意见，这在中国历代政府中都是罕见的。因此，皇帝谕旨是研究清政府保护苗疆生态环境的首要资料。

2. 大臣的奏折

清代苗疆官员的奏折及朝廷批复是清政府保护苗疆生态环境政策的重要组成部分。苗疆地处偏远，与帝国的政治中心相去甚远。中央政府只能通过地方官员的奏折，了解苗疆的情况，了解苗疆官员的治理状况。清代从未有皇帝到过苗疆，但他们对苗疆的“遥控”治理至少在中前期是颇为成功的，这得益于清代严密的奏折制度。苗疆官员对于与苗疆生态环境有重大关系的事项，如伐木、垦荒、治水、纳贡等，不厌其烦地详细加以禀报，甚至多次往复，而中央政府也从这些奏折的字里行间，熟悉苗疆的山川地貌，并作出正确的判断。《清实录》中有大量苗疆官员与皇帝、军机处、六部反复多次就同一问题进行讨论的奏折往返记录。朝廷一旦对某一奏折予以核准，则该奏折所奏报的事宜即具有法律效力，开始在苗疆推行。令人叹服的是，皇帝或中央政府各部门对苗疆奏折的许多批复，都是合乎生态环境保护原则的，这充分体现出苗疆奏折的重要性与准确性。

3. 地方官员发布的法令

除了中央发布的谕旨外，苗疆地方官员发布的大量地方性法令法规也证实了清代对苗疆生态资源的保护。在中国古代，地方官僚机构是行政、立法与司法合一的。地方官员的职能之一，就是针对该地方的社会经济情况发布适用于辖区内的法令禁约。清代苗疆官员经常发布一些官方饬令，包括晓谕、禁示、文告、规约等，针对某些具体问题作出专门性指示。值得注意的是，在这些官方文件中，有相当一部分内容是关于保护生态的。苗疆地方官员发布的有关生态保护的文告，内容丰富，保护全面，对整个生态系统进行了全方位的保护。除了对常规的生态要素如森林、水源等进行保护外，还出现了对野生动植物资源进行保护的内容，这在中国古代的地方政府行为中是非常罕见的。这些文件一方面反映出清代苗疆官员积极主动的生态保护态度，另一方面也体现出他们对破坏生态行为的重视和防治。

4. 司法判例

在中国古代的司法中，判例起了非常大的作用，而在明清时期，这一特点尤甚。在清代苗疆的司法中，出现了一些利用判例保护生态的例证。苗疆各地至今仍保存了许多有关此类判例的碑刻文献，这些文献从一定程度上反映出清代苗疆司法两个重要的特征：第一，在发生有关生态的案件中，政府官员能站在生态保护的角度上，作出有利于维护生态利益的判决。这反映出中国古代法官内心深处的一种“生态正义”观念。第二，以司法判例为基础，衍生出保护生态的法规，从而使判例变成了一个对今后类似案件有约束力的官方文件，体现出某种“判例法”的色彩。这些具有立法性质的判例，在森林资源和水资源保护领域最为多见。

四、清政府对苗疆生态环境保护的特点

1. 连贯性

清代在苗疆的许多政策，例如禁止苗汉通婚、禁止苗人携枪等，经常发生反复，时禁时弛，时松时紧，缺乏连贯性。如就苗汉通婚问题来说，不仅在各朝均有反复，而且在各地的规定也不一致。与上述政策不同的是，清政府在苗疆生态环境的治理政策方面却表现出高度的连贯性。这种连贯性表现在有清一代，自清初至清末，许多政策都能得到始终如一的贯彻执行，例如鼓励植树造林、禁止滥砍滥伐、禁止私采矿产、减免土特产贡课等方面，无论是中央政府还是地方政府，都采取一致的政策，代代相沿，贯彻到底，少有反复。在保护苗疆森林资源方面，如遵义的植槲运动，从乾隆初一直延续到清亡，历任政府官员都大力提倡。在贵州的梵净山、湖南的九嶷山都出现了多块不同时期所立而内容相同的禁止砍伐山木及开采山矿的碑刻，体现出清政府对于保护苗疆生态方面前后一致、上下一致的特点。这是清政府对苗疆生态环境治理最突出的一个特点。

2. 一致性

清政府对苗疆的许多保护生态的政策，自中央至地方，都能取得上下一致的默契。这一点在皇帝的谕旨和苗疆地方官员的奏折中都能得到充分的体现，如乾隆时期禁止在广西湖南交界处的耙冲岭开矿一案就是典型的例证。一方面，皇帝的谕旨明确指出该地乃苗民聚居之所，以禁止开矿为宜，另一方面，苗疆大员也屡上奏折请求停止在该地开矿，从地方志资料中可以看出，苗疆高级官员的奏折来自基层官吏的据理力争，此外，到该地巡查的监察御史也请求停止在该地开矿，这种惊人的一致背后折射出政府在对待生态问题上高度的共识。这种一致性还体现在对某一具体案件的追查和执行上，也能一以贯之。这方面较典型的例证如驱散广西贺县蕉木山、南丹矿徒案，政府都能追查到底，贯彻到底。最高统治者连发谕饬，上级官员严密督察，基层官吏实力执行，在各级政府的共同努力下，保护了苗疆有限的矿产资源。

3. 前瞻性

清政府对苗疆生态环境的治理，还体现出专制政体下少有的前瞻性。在对待诸如苗疆垦荒、水道淤塞、公山伐炭、滥采矿产等问题，无论是最

高统治者还是地方官员，都表现出一定的远见卓识。他们不为眼前的短期经济效益而动，而是预见到这些行为在未来可能造成的生态灾难，立足于长远，从而作出有利于保护环境的决策。如曾在苗疆任职的沈日霖在《粤西琐记》所论述的开矿利弊，就充分说明苗疆官员考虑问题的较高立足点，完全符合现代绿色经济的理念："开矿之役，其利有三，其害亦有三。上而裕国，下而利民，中而惠商，此三利也。然而开山设厂，每不顾田园、庐墓之碍，而且洗炼矿砂之信水，流入河中，凝而不散，腻如脂，毒如鸩，红黄如丹漆，车以粪田，禾苗立杀，其害一。又开矿之役，非多人不足以给事，凿者、挖者、搥者、洗者、炼者、奔走而挑运者、董事者、帮闲者，每一厂不下百余人，合数十厂，则分布数千万游手无籍之人，于荒岩穷菁中，奸宄因而托迹，么麽得以乘机，祸且有不可知者，其害二。又开矿者，每在山腰及足，上实下虚，势必崩塌。昔年回头山穿穴太甚，其山隆然而倒，数百人窀穸其中，长平之坑，不加其酷。况乎砂非正引，土性松浮，随掘随塌，更属可危，则矿而冢也，匠而鬼也，利薮而祸坑也，不亦大可哀乎？其害三。吾愿当事者留心于此，踏勘得砂路实在旺盛，方准承开，否则实行封禁，息事宁人。裕国以大道，利民以本富，惠商以宽政，将见天不爱道，地不爱宝，而无形之矿，有百千万倍于粤山者，何区区铅铁之足云！"[1] 该论述对于开矿对土地、水、矿产资源导致的破坏，及其引发的社会混乱，都进行了深入的分析，言辞恳切，语句尖锐，在一片众人皆为矿利奔命的喧嚣中，清醒地看到了开矿所埋藏的巨大生态隐患，颇有一种"众人皆醉我独醒"的高瞻远瞩，即使在今天看来也是充满智慧和生态理性的，是清政府对待苗疆生态问题具有前瞻性的最好注解。

---

① （清）沈日霖：《粤西琐记》，见劳亦安编《古今游记丛钞》（四），卷36，广西省，台湾中华书局1961年版，第93—94页。

第二章　清政府对苗疆土地资源的保护

土地，乃农业社会人民生存之根本。土地问题解决的好坏，是衡量统治者调控能力和治理水平的一个重要标准。在清代，包括贵州、广西、云南及部分四川、湖南、湖北、广东在内的广大苗疆，多属喀斯特地貌，崇山峻岭，石多地少，土地贫瘠，土地资源严重匮乏。康熙皇帝曾感慨："广西、四川、云、贵四省俱属边地，土壤硗瘠，民生艰苦，与腹内舟车辐轴得以廉资生计者不同。"[①] 其中尤以云贵高原为甚，"云贵山多平坦，多高厚，水多清冷，土多黄"，而贵州可谓环境最为艰苦之地，"贵州山多槎牙，多深阻，水多湍悍，土多沮洳"。[②] 广西也是"虽曰土石相参，但山崇岭峻，峡险滩高，莽迈回伏，一望皆密箐丛篁，土不可犁为畎亩，水不可引为沟洫，故一掌平原即诧为沃壤，一线溪流即矜为水利。予受事之始，目击民无蓄积，室鲜盖藏，犹谓此方之民惰于农功懒于力作，亦尝教其深耕而熟耘矣。如收获之寡而不能返多，犹贫者之不能强富也。亦尝教其厚培而积壅矣，其如土地之瘠而不能返沃，犹老者之不能复少也"。[③] 在这样的环境下，如果不能保护有限的土地资源，合理利用珍贵的土地资源，很容易造成水土流失，环境恶化，人民流离失所。因此，这一地区的土地资源保护具有格外重要的战略意义和国防意义。它直接关系到西南各民族的生死存亡，关系着苗疆的稳定与边防的安全。

---

① （清）蒋良骐：《东华录》，卷16，康熙三十年正月至康熙三十三年十二月，中华书局1980年版，第262页。

② （清）徐珂编撰：《清稗类钞》（第一册），中华书局1984年版，第113页。

③ （清）黄大成纂修：（康熙）《平乐县志》，卷6，物产，页58，故宫珍本丛刊第199册，海南出版社2001年版，第232页。

第一节 明政府对苗疆土地资源的政策

明代苗疆少数民族起义此起彼伏，往往导致政府的严酷镇压。这使得苗疆出现了大量的荒芜田地及绝户田，而政府的善后措施就是迁居内地民人占据和开拓苗疆土地，为朝廷的统治肃清障碍，“广占夷田以为官庄，大取夷财以供费用”，[①] 正如明王士性《广志绎》所言，“十年不勦则民无地，二十年不勦则地无民”。[②] 而《广东新语》“开拓黎地”条更为透彻地说明了“除黎以夺其地”的政治目的：“琼之地，譬之人身，黎歧，心腹也，州县，四肢也，心腹之疾不除，势且浸淫四肢，而为一身之患……诚能以兵三五万纵横其中，势同压卵，荡平之后，伐山开道，立州县以治之，移一二屯所，若南流、青宁等处以守之，不过数年，可使尽入版籍，化为编民，斯亦王者无外之举也。”[③] 明政府试图通过使内地民人与少数民族穿插耕种土地的方式，使苗疆逐步开化。

在这样的政策导向下，明代苗疆官员多主张采取掠夺手段占据土地。如丘浚的《两广事宜议》就建议采用封锁政策获取瑶族人民的土地，因为瑶族地区“皆高山峻岭，惟藉刀耕火种，蓄积有限。况所耕之田尽在山外，大军四面分守，截其出路，彼既不得掳掠，又不得耕种，不过一二年，皆自毙矣”。[④] 明杨理《上兵部疏略》则建议在耕种或丰收之时攻打少数民族领地，令其无法生存：“候彼三、八月饥荒之时或五、十月禾熟之际，分兵四面，开示信义，若彼听从，乘此开路，间有一二村峒不服抚者，据其收成，妨其耕种。彼僚之性，最怕火器，乘虚遣人，抵峒放火，四面驳响如雷，彼必丧胆。”[⑤] 嘉靖二十五年（1546 年）六月，巡按广西

---

① 《何孟春复永昌府治书（巡抚）》，见（明）顾炎武《天下郡国利病书》，卷 32，云贵交趾，页 36 下，台湾商务印书馆 1966 年版，上海涵芬楼影印自昆山图书馆藏稿本，四部丛刊续编 081 册。

② （明）王士性：《广志绎》，中华书局 1981 年版，第 119 页。

③ （清）屈大均：《广东新语》（上），中华书局 2006 年版，第 56 页。

④ （清）汪森辑：《粤西文载》（四），卷 56，议，黄盛陆等校点，广西人民出版社 1990 年版，第 195 页。

⑤ （清）杨宗叶纂修：（乾隆）《琼山县志》，卷 8，海黎·议条，页 24，故宫珍本丛刊第 191 册，海南出版社 2001 年版，第 116 页。

御史冯彬建议，以占据少数民族土地为诱饵，激发军队剿灭少数民族的积极性："广西之患，莫甚瑶僮。与其召募以防贼，不若召募以剿贼。掳其巢，耕其土，凡贼之美田肥土，我兵无不愿得之者，因其愿而令之，蔑不胜矣。"① 嘉靖二十八年（1549 年），广东崖州有黎患，给事中郑廷鹄进言阐述以武力和屯田夺取当地少数民族土地的计划："琼州诸黎盘踞山峒中，而州县反环其外，其地彼高而我下，其土彼膏腴而我咸卤……荡平之后，宜悉行恢复，并以德霞、千家、罗活等膏腴之地，尽建州县，设立屯田，且耕且守，仍由罗活、磨斩开路以达安定，由德霞沿溪水以达昌化。道路四达，井邑相望，非徒慑奸销萌，而王略盖开拓矣！"② 即使以清廉著称的海瑞，也主张以汉黎错居的办法钳制少数民族："黎歧归化，当编其峒首村首为里长，所属之黎为甲长，出入不许仍持弓矢，原耕居田地听从其便，其山林可开垦处，及有绝黎田地，宜招外方无业民耕作，结为里社，与黎歧错居。"③

由此，明政府采用军屯和民屯的方式，逐步开发苗疆土地。广西钟山县的《杨金照墓碑》就记述了朝廷在镇压瑶民起义之后将其土地以军田方式交付民人耕种的情形："吾始祖金照太公来历：情因明朝嘉靖年间（1522—1566 年），山口洞，老卢瑶及白帽地方，有瑶贼盘荀胜、盘荀十为恶作乱，劫杀乡村。附近人民尽行逃散，田地丢荒，无人耕种，国税难完。当时有土主陈伯、周全、陶广秀、邓明祥呈控平乐，转详上宪，敕庆远府融西县，调拨耕兵头目杨金照、金会、莫扶现，带领耕兵一百二十名前来征剿。复蒙府县恩结排委，平服后，即将瑶贼原耕山口洞及白帽等处一带山场地段，付与三姓管业，作为军田。东至黄泥岭，南至牛尾洞，西至戽斗石，北至石门冲，永给三姓管业。"④ 万历四十三年（1615 年），两广总督张鸣冈题《平黎善后事宜》说明了占领少数民族土地的三种办法："罗（沾）、报（瑶）既降，余孽安插原峒五里外，计口给田耕种。

① （清）金鉷等监修：《广西通志》（二），卷 46，兵制，页 26—27，见（清）纪昀等总纂《文渊阁四库全书》第 566 册，史部 324 册，地理类，台湾商务印书馆 1983 年版，第 360 页。

② 《明世宗实录》，卷 351，页 5 上—6 下，《明实录》第 45 册，李晋华等校，上海古籍书店 1983 年版，第 6347—6350 页。

③ （清）萧应植主修：（乾隆）《琼州府志》，卷 8，条议，页 58，故宫珍本丛刊第 189 册，海南出版社 2001 年版，第 155 页。

④ 黄钰辑点：《瑶族石刻录》，云南民族出版社 1993 年版，第 425 页。《杨金照墓碑》，民国三十年八月初六丑时刻，该碑文存于广西钟山县燕塘乡黄宝村大木根寨背后小岭山头，1985 年采集。

其峒田，附兵营者给兵，附黎村者给黎，其余听民承种，就以田赋所入为兵月粮。”①

由于政府大力在少数民族地区推行屯田，使得苗疆民族成分和人口比例发生了较大的变化。据《迁江县志》载：“邑当秦汉时，虽已隶属中土，而瑶苗佷僮，尤杂处如故，内以僮为众，汉人尚少。迨有明一代，千户分屯，八案平靖，汉人之生齿始繁，而陆续来自山东各省者，亦益盛矣。就中尤以来自山东、广东两省为最，汉族人口现已达至七万九千四百余人，苗僮人口仅存四十余名，潜属大里乡之弄。”② 这种态势使少数民族的力量受到一定的遏制：“自广右用兵以来，神速称快，未之有也。公有疆理土田，分兵屯种，益为善后计。凡八寨以南，河池以西，靡不联络待命，恐恐焉！不保旦暮，孰有纵横出没如昔日熊耶？”③ 这种开疆拓土的政策对苗疆的生态环境也造成了一定程度的破坏：“广右山俱无人管辖，临江山官府召商伐之，村内山商旅募人伐之，皆任其自取。”④

第二节　清政府严禁滥垦滥挖苗疆土地的政策

与明代相比，清代的苗疆土地政策要人道化和生态化得多。由于土地本身的稀缺性，苗疆不适合大规模开挖和耕种，否则会引起严重的石漠化和水土流失现象。如果大量移植内地人口向苗疆迁徙，对苗疆土地进行不合理开发，势必对苗疆的生态环境造成恶劣影响。但难能可贵的是，清政府在这一问题上，采取了一系列遏制政策，延缓和减少了滥垦滥挖的严重后果，这对于防止苗疆土地被过度开垦，导致生态环境恶化具有一定的积极意义。

---

① 《明神宗实录》，卷534，页9下，《明实录》第64册，李晋华等校，上海古籍书店1983年版，第10118页。

② 黄旭初等修、刘宗尧纂：《迁江县志》，台北成文出版社1967年版，第27页。中国方志丛书第136号。

③ 黄钰辑点：《瑶族石刻录》，云南民族出版社1993年版，第338页。《平北三大功记》，明代万历六年间秋九月刻，原存广西柳州市蚂蚁岩东北山，1981年2月1日采集。

④ （明）王士性：《广志绎》，中华书局1981年版，第115页。

一、限制在苗疆开垦荒地政策

由于苗疆地广人稀，且大部分少数民族生产力水平较为低下，渔猎等生产方式占了很大比重，因此至清代时，苗疆许多地方的土地资源仍然保持了良好的生态状况。如《清会典事例》载，乾隆五十三年（1788年）以前："四川峨眉县境内蛮归岗以西至太平堡一带荒地甚多，因界连凉山倮罗，封禁不准开垦。"[①] 但自"康雍乾盛世"以来，内地承平日久，生齿日繁，土地较为紧缺，于是苗疆大量空闲荒地成为许多人觊觎的对象。改土归流后，内地民人前往苗疆开荒形成了一股风潮，但清政府却能冷静对待这一问题，对于开荒始终保持审慎态度，实行限制政策。雍正时期广西发生的"开捐报垦"事件就反映了清政府的这一态度。雍正十一年（1733年），广西巡抚金鉷奏令废员垦田报部，以额税抵银得复官，报垦三十余万亩。时任云南布政使的陈宏谋奏言："此曹急于复官，止就各州县求有余熟田，量给工本，即作新垦。田不增而赋日重，民甚病之，请罢前例。"上命云南广西总督尹继善查实，尹继善请将虚垦地亩冒领工本复实追缴。乾隆元年，部议再敕两广总督鄂弥达会金鉷详勘。陈宏谋又劾金鉷欺公累民，开捐报垦不下二十余万亩，实未垦成一亩，请尽数豁除。寻鄂弥达等会奏，报垦田亩多不实，请分别减豁。金鉷以下降黜有差。[②]

乾隆八年巡抚湖南部院蒋溥的《饬禁垦荒越禀檄》也较为典型地代表了清政府的这一政策：

> 照得民间领垦荒地，或系老荒，或系版荒，俱由本县地方官衙门具呈认垦，俟该府县批查明确，取具里邻结状，开造四至弓口，注册领垦，此一定不易之例。本署院接收呈词内，有请垦湖荒地亩，赴院越禀，俱经批饬在案，在伊等以一经本院批查而该州县有不得不准开垦之势，殊不知州县为守土之官，地方情形自必稔悉，如果有荒可

① 《清会典事例》第二册，卷166，户部15·田赋·开垦一，中华书局1991年版，第1119页。

② 赵尔巽等撰：《清史稿》，卷307，列传94·陈宏谋传，中华书局1976年版，第三十五册，第10558—10559页。

垦，俾小民得以耕耨为养生衣食之计，岂有故行勒措。若其中有地界不清、藉荒占熟致起争端情弊，必不因本署院批查而曲为将顺之理。近经本署院细加察访，凡呈请垦荒之辈，俱系平日不守本分之徒，借名垦荒，请编科敛恣意分肥，在若辈亦明知无益于事，控院控司，亦不过借此科敛银财，赴辕一控，不论行与不行，以掩饰众人之耳目，愚民堕其术中而不知觉也。嗣后此等呈状概不接收，合亟饬遵备牌行司照文事理，转饬各该州县即行出示晓谕，凡有垦荒人等，俱令赴该地方官衙门具呈确查，由府详司申院，候本署院酌夺批示，一概不许故违越禀，混呈致干查究。[①]

从上述檄文中可以看出，政府对到苗疆开荒采取保守态度，对前来开荒的内地人员的资质实行严格的核查和控制，防止其滥垦土地，对以霸占荒地为目的的挑讼、刁讼和缠讼一律采取不受理的原则，这对遏制对苗疆土地不合理的开发具有重要的作用。而开荒容易引发苗汉土地诉讼，导致民族矛盾，威胁社会稳定，这也是清政府不主张在苗疆开荒的主要原因。乾隆十四年（1749年）三月二十二日，湖南巡抚开泰奏《苗疆事宜折》称："臣前因访询利弊，属员中有称苗疆荒地甚多，请听民认买垦辟者。臣以民垦荒地，不特愿垦者必系无业贫民，往来混杂，恐致藏垢纳污，煽诱为匪，且苗人贪戾，目今荒地自可贱价售卖，迨垦熟之后，势不免于纷争轇轕，殊非静镇之道，深有未便。当经面加戒谕，断不可行。"[②] 同年四月十四日，上谕军机大臣曰："苗疆荒地，宜严立堤防，禁之良是。"[③]清政府对苗疆开荒的限制态度还体现在，禁止将内地开荒流民编入苗疆户甲，阻止了开荒的合法化和规模化，也阻止了流民的无限制涌入。乾隆十五年四月，皇帝批准贵州巡抚爱必达议覆大学士张允随奏称："至汉人在旧疆苗地住久，置有房产、素行良善者，饬土司、土目等于年底查造烟户民数时，附造入册，仍毋须招留册外之人；其归化未久与新疆一带各苗

① （清）高自立、蔡如杞主修：（乾隆）《益阳县志》，卷20，艺文·檄一，页14，故宫珍本丛刊第164册，海南出版社2001年版，第388页。

② 《宫中朱批奏折》，见中国第一历史档案馆编《清代档案史料丛编》第十四辑，中华书局1990年版，第177—178页。

③ 《清高宗实录》，卷338，页41，《清实录》（第十三册），《高宗实录五》，中华书局1985年版，第670页。

寨，令地方官稽查，不得听汉人置产，亦不许潜处其地。”①

开荒不仅需要控制，还需要科学、合理、有序地开发。清政府要求苗疆官吏在处理开荒问题时，因地制宜，根据土地的土质和地质状况决定其是否适于开荒，对于根本不适宜开荒的土地，严加封禁，不可乱开滥垦之端。乾隆十五年九月，上谕军机大臣等：“据肇高学政程岩折奏：‘高、雷、廉地方，野多旷土。其平冈山地，不可开垦者固不少，而土系黑壤，可垦成熟者甚多。请饬下督、抚，相其高下原阴，谕民开垦’等语。朕思树艺为民食攸关，如果土广人稀，地方官乘时劝垦，俾闾阎耕凿有资，自属足民要务。但小民谋生之计，自极周详。使其地种植可施，断无袖手抛荒之理。其历来旷废年久者，或系斥卤硗确，即桑麻杂植，万难施功，是以置为隙地，亦未可定。着将原折抄录，令该督陈大受阅看，留心体察。若其地实有遗利，自当设立规条，招来劝垦，以裨生计。若量其情形，本难开辟，而欲借言利民，抑勒从事，胥吏等或奉行不善，适足生事滋扰，其端亦不可开也，将此详悉传谕知之。”② 这一制度颇有今天提倡的“科学发展观”的意味。苗疆有许多石山、石漠地区本就不适合耕种，如果允许开垦，必然会造成对这些土地资源灾难性的毁灭，因此，将土地分类以决定开荒是一种非常科学的做法。对于不分析土地性质即盲目准许开荒的官员，法律规定了行政处罚。乾隆四十二年覆准：“粤西官荒地土，立石定界之后，复有控争地土未清案件，该抚核实查参，将从前查勘不实之州县官照荒熟地亩不分析明白混报例降一级调用，该管上司各罚俸一年。”③

嘉道时期，限制在苗疆开荒的政策依然得到了很严格的执行。嘉庆十六年（1811 年）：“以开化、广南、普洱地多旷闲，流民覆棚启种，因议论入户甲。御史陶士霖论其病农藏奸，禁之。”④ 但至清末，内地民人在苗疆开垦已成气候，政府在允许其严格编甲的同时，也要求严厉稽查，禁止私租私垦土地。道光七年（1827 年）奏准：“黔省种山棚户，止许各种

---

① 《清高宗实录》，卷 363，页 30—31，《清实录》（第十三册），《高宗实录五》，中华书局 1985 年版，第 1006 页。

② 《清高宗实录》，卷 373，页 5—6，《清实录》（第十三册），《高宗实录五》，中华书局 1985 年版，第 1117 页。

③ 《清会典事例》第二册，卷 99，吏部 83·处分例·开垦荒地，中华书局 1991 年版，第 278 页。

④ 赵尔巽等撰：《清史稿》，卷 120，志九十五·食货一，中华书局 1976 年版，第十三册，第 3504—3505 页。

旧垦熟地，不准再招外来游民开挖多占，倘有增添棚户，垦占苗地，将招引之人及该寨头严行惩治。其邻境客苗来寨，租土开挖，与汉佃互相援结，欺侮土著愚苗者，亦一律惩办。”[①] 同年贵州巡抚嵩溥奏《随时稽核章程》，其中规定：“禁棚户垦占。”[②] 同年十二月二十一日壬辰，御史周炳绪奏：“广西地处边隅，时有广东、湖广等处游民在彼租山种地，往往窝藏匪徒，致滋会匪盗劫重案，为害闾阎，不可不立法防范。”朝廷令广西巡抚苏成额“严禁里保私租山地，搭盖土房，使奸匪无所容留。至湖广、江南上年被水难民，有流至广西者，着该抚一并饬查，妥为安抚，勿使失所，如有奸宄溷迹，一经查出，立即按律惩办，以靖地方”。[③] 道光十八年六月二十日己丑，上谕内阁：“至所称（云南）开化、广南一带，向因山多旷土，邻省贫民往往迁居垦种。近年旷土渐稀，着责成沿边州、县留心盘查，无业游民入境者，即行驱逐。其迁移流民，亦着截留递遣出境。一面咨会川、楚、黔、粤等省，晓谕民人，毋得轻离乡土，自取递遣，以杜纷扰。”[④]

限制在苗疆开荒的政策措施，对于保护苗疆本就有限的土地资源具有不可估量的作用。文献记载表明，直至清末，苗疆仍保存了大量未经开垦的处女地。《清史稿》记载，光绪三十三年（1907 年），“广东琼崖从未开殖”；宣统三年（1911 年），“云南清出荒地五十六万亩”。[⑤] 这对后世无疑是一笔宝贵的生态财富。

二、减免苗疆不适宜开荒土地赋税政策

在合理开荒的政策指导下，清政府实行对苗疆不宜垦荒的土地减免税收的政策，这极大地制止了对苗疆土地资源疯狂掠取的行为。这一政策主要包括两个方面：一是对无法开垦的土地全部豁免其额赋，二是对已开垦荒地按照土地级别分别确定赋税，实行差别纳税制度。

---

① 《清会典事例》第二册，卷 167，户部 16 · 田赋 · 开垦二，中华书局 1991 年版，第 1122 页。

② 《清宣宗实录》，卷 126，页 6，《清实录》（第三十四册），《宣宗实录二》，中华书局 1985 年版，第 1101 页。

③ 《清宣宗实录》，卷 131，页 31，《清实录》（第三十四册），《宣宗实录二》，中华书局 1985 年版，第 1183 页。

④ 《清宣宗实录》，卷 311，页 17，《清实录》（第三十七册），《宣宗实录五》，中华书局 1985 年版，第 847 页。

⑤ 赵尔巽等撰：《清史稿》，卷 120，志 95 · 食货一，中华书局 1976 年版，第十三册，第 3508 页。

1. 免除无法开垦土地额赋

清政府全额免除税额的苗疆土地主要包括水冲地（被水冲刷，垦不成田）、沙石地、荒旱地塘、勘系硗瘠地等无法开垦成田亩的土地。如果对这样的土地征税，耕种者就会将土地的边际效益发挥到最大值，从而造成对土地资源的掠夺性破坏。但政府免除税收，则减少了对不适宜耕种土地的深层伤害。康熙二十一年（1682 年）云贵总督蔡毓荣累疏区划善后诸事，第一条就是“蠲荒赋”。[①] 康熙三十一年覆准，云南省邓川州水冲、石压田亩，不能开垦，银米永行豁除。[②]

此类豁免在乾隆年间尤为突出。如乾隆五年（1740 年）上谕：四川所属“山头地角间石杂砂之瘠地，不论顷亩，悉听开垦，均免升科”。广东所属“如山梁冈地，地势偏斜，砂砾夹杂，雨过水消，听民试垦者，概免升科”。云南所属“砂石硗确，不成片段，刀耕火耨，更易无定，瘠薄地土，虽成片段，不能引水灌溉者，均永免升科”。贵州所属“凡山头地角奇零地土，可以开垦者，悉听民夷垦种，免其升科。山石搀杂，工多获少，依山傍岭，虽成坵塅而工浅力薄者，亦听民夷垦种，永免升科”。[③]《石渠余纪》载：“（乾隆）十一年，以广东高、雷、廉等府所垦荒地本非沃壤，十八年以琼州海外瘠区，三十一年以滇省山头地角尚有旷土，皆听民耕种，不限亩数，概免升科。”[④] 乾隆三十一年七月癸酉，上谕：“滇省山多田少，水陆可耕之地，俱经垦辟无余，惟山麓河滨，尚有旷土，向令边民垦种以供口食，而定例山头地角在三亩以上者，照旱田十年之例，水滨河尾，在二亩以上者，照水田六年之例，均以下则升科。第念此等零星地土，本与平原沃壤不同……嗣后滇省山头地角、水滨河尾，俱听民耕种，概免升科。”[⑤]《清高宗实录》中记载了历年来对苗疆“垦不成田”土地的豁免面积及原因，见表 2－1：

---

① 《清史稿》，卷 256，列传 43 · 蔡毓荣传，中华书局 1977 年版，第三十二册，第 9791 页。

② 《清会典事例》第四册，卷 268，户部 117 · 蠲恤 · 免科，中华书局 1991 年版，第 48 页。

③ 《清会典事例》第二册，卷 164，户部 13 · 田赋 · 免科田地，中华书局 1991 年版，第 1090—1091 页。

④ （清）王庆云：《石渠余纪》，卷 4，纪劝垦，北京古籍出版社 1985 年版，第 170 页。

⑤ 《清高宗实录》，卷 764，页 9，《清实录》（第十八册），《高宗实录十》，中华书局 1985 年版，第 393 页。

表 2-1 《清高宗实录》载乾隆时期政府免除苗疆无法开垦荒地额赋一览

时间	地区	土地面积	免赋原因	免赋额度	资料来源
乾隆三年八月	广西桂林府属之临桂、灵川、兴安、永宁等四州县	雍正六年分原报开垦田亩	垦不成熟	所有额征银米予以豁除	《高宗实录》卷74,页173
乾隆三年十二月	贵州镇远、青溪二县	1507 亩	被水冲刷,难以垦复	所有额赋均请豁除	《高宗实录》卷82,页299
乾隆七年	广西全州乌雅扑		被水冲成沙石,垦不成田	额征银米自乾隆七年为始,照数开除	《高宗实录》卷167,页121
乾隆七年	广西郁林州	10 亩	垦不成熟	豁除额赋	《高宗实录》卷179,页314
乾隆八年	广西象州	10.46 顷	报垦荒旱地塘,勘系硗瘠	照桑麻地税升输	《高宗实录》卷185,页379
乾隆八年	广西平南县	234.8 顷	垦不成熟	豁除额赋	《高宗实录》卷186,页404
乾隆十年	广西郁林州		报垦不熟田旱地	免额赋	《高宗实录》卷249,页211
乾隆十一年	广西永福县		水冲地	豁额赋	《高宗实录》卷281,页666
乾隆十二年	广西郁林州	83 亩	荒田	豁除额赋	《高宗实录》卷286,页731
乾隆十四年	广东肇庆、廉州二府	157.21 顷	水冲、沙压、难垦田地	豁除额赋	《高宗实录》卷334,页583
乾隆十六年	广西宣化县	5 亩	乾隆九年分报垦水田	除科赋	《高宗实录》卷386,页77
乾隆十九年	广西永宁、义宁二州县	144 亩	水冲额田	豁除额赋	《高宗实录》卷476,页1148
乾隆二十年	广西郁林州	52.7 亩	荒芜水田	豁除额银	《高宗实录》卷483,页49
乾隆二十六年	广西郁林州	1.83 顷	沙石田	豁除额赋	《高宗实录》卷635,页97
乾隆二十六年	广西宜山县	59.50 顷	垦不成熟地	除额赋	《高宗实录》卷646,页229
乾隆二十九年	广西郁林州	5.10 顷	于乾隆二十三年报垦老荒水田中其砂石难垦者	豁除额赋	《高宗实录》卷713,页955
乾隆三十年	湖南武冈州	1.61 顷	上年水冲难垦民屯田	豁除额赋	《高宗实录》卷731,页52

注:因表格篇幅有限,资料来源一栏仅注明卷数和现代印刷页码,《清实录》(第九—十七册),《高宗实录》(一—九),中华书局 1985 年版。

这一制度一直持续到清末。道光十一年（1831年）六月二十九日己酉，两广总督李鸿宾奏："粤东高、雷、廉、琼等府，山场荒地，听民开垦，概不升科，并令地方官给予印结，永为世业。乾隆年间曾经叠奉谕旨施行，今援照该四府成例免其升科。"朝廷允之。[①] 光绪十三年（1887年）十二月初七日己丑，护理广西巡抚李秉衡奏准："请将恩隆（今属田东县）、百色、奉议（今属田阳县）等处无人承垦荒田，豁除地粮。"[②] 清政府在苗疆实行荒地不纳税的政策，对当地影响极为深远，许多少数民族都对这一政策非常拥护。咸丰六年（1856年），云南哀牢山上段爆发李文学领导的彝族大起义，起义者提出了明确的纲领和口号："庶民原耕庄主之地悉归庶民所有，不纳租，课赋二成，荒不纳。"[③] 可见荒地不纳税的政策在苗疆已深入人心。

2. 对已报垦土地根据级别确定税额

苗疆一些土地虽已报科开垦，但其中夹杂着沙石、硗确、瘠薄土地，如果对这些土地一概按照统一税额征收，必定造成对土地的掠夺性开垦，因此，清政府对苗疆已报垦荒地进行详细的实地勘察，按照土地级别确定税收额度。如系无法开垦的土地，则全额免除税收；对稍可开垦的土地，则按照下等田地实行低额税率，并根据实际情况推迟6—10年的纳税起征时间，给予土地休养生息的时间。这是一种非常科学的征税方式。康熙四十三年（1704年），贵州巡抚陈诜疏言："贵州田地俱在层岗峻岭间，土性寒凉，收成歉薄，人牛种艺维艰。前抚臣王艺因合属田地荒芜十之四五，减轻旧则，招徕开垦成熟，六年后起科，有续报者亦如之。"疏下部，如所请。[④]

乾隆五年（1740年）上谕："嗣后凡边省内地零星地土可以开垦者，悉听本地民夷垦种，免其升科……其在何等以上，仍令照例升科，何等以

---

① 《清宣宗实录》，卷191，页31，《清实录》（第三十五册），《宣宗实录三》，中华书局1985年版，第1025页。

② 《清德宗实录》，卷250，页5，《清实录》（第五十五册），《德宗实录四》，中华书局1985年版，第365—366页。

③ 《民族问题五种丛书》云南省编辑委员会编：《哈尼族社会历史调查》，云南民族出版社1982年版，第27—35页。

④ 赵尔巽等撰：《清史稿》，卷274，列传61·陈诜传，中华书局1977年版，第三十三册，第10055页。

下，永免升科之处，各省督抚悉心定议具奏。”[①] 乾隆七年四月丁巳，户部议准署云南总督张允随遵旨奏请：“嗣后民夷垦种田地，如系山头、地角、坡侧、旱坝，尚无砂石夹杂在三亩以上者，俟垦有成效，照旱田例十年之后以下则升科。若系砂石硗确，不成片段及瘠薄已甚，不能灌溉者，俱长免升科，至水滨河尾尚可挑培成田在二亩以上者，照水田例，六年之后以下则升科。如零星地土，低洼处所，滃涸不常，难必有收者，仍长免升科，仍令该地方官给照开挖，以杜争占。”从之。[②] 乾隆《益阳县志》记载的署益阳县事沈华《遵奉查议分别开垦可否升科详》也印证了上述制度。该政府官员把当地的土地分为上中下三个等级，根据不同的等级决定是否允许开荒及收税，这种分级保护的制度对于水土保持无疑是大有裨益的：

遵查益邑分有上中下三乡，上中二乡山多田少，下乡田少湖多，所有原荒地亩俱于康熙五十三年全垦足额，至五十九年升科输赋在册，间有未垦废荒，其在上中二乡，不过山头地角，淤沙瘠土，块止分厘，不成坵塅，即可播种杂粮，遇水冲洗，田即化而为石，不能永守耕作。下乡一乡，地逼洞庭，除已筑堤输赋外，虽多湖滨涨地，沧桑本无一定，秋冬水涸似皆可耕之土，春夏湖水泛涨，一望尽属汪洋，间有高阜之处，勤作农民于水退之后播种荞麦，冀获升斗之利，设遇春水泛涨，终归有种无收，以故未有报垦升科。今奉饬议何等以上仍令升科，何等以下永免升科，按照亩数之肥瘠，分别差等之高下，悉心定议等因。伏查山头地角，类皆浮沙积土，冲刷时有，且系硗瘠块土，不成坵塅，利益无多，请列作下等永免升科。虽系瘠土，尚成坵塅，块及五亩以上者，即被冲刷，亦不至洗尽无存，请列中等，照例升科，倘被冲洗勘实，仍予开除。至于湖滨涨地，或有高阜之处，不致被水淹没地土，可成坵塅者，施以人力，亦可瘠化为肥，请列上等，照例生科。其地势稍卑，水发即淹，播种之后难必收成者，列为下等永免升科。以上各项务令原垦之人报官，勘丈给照耕

① 《清会典事例》第二册，卷164，户部13·田赋·免科田地，中华书局1991年版，第1089页。

② 《清高宗实录》，卷165，页22，《清实录》（第十一册），《高宗实录三》，中华书局1985年版，第89页。

管，以杜豪强争夺。如此区别，在领垦者无可顾虑，自必踊跃趋从，庶几地可日辟而民食充裕矣。[①]

三、限制在苗疆屯田政策

将苗疆纳入版图后，清政府在苗疆开展了一定的屯田活动，包括军屯和民屯两种。屯田可以解决部队的给养问题，巩固清政府在苗疆的统治，具有重要的边防意义。“若夫垦荒兴屯之令，定于世祖入关之始。康熙五年御史萧震疏请黔、蜀屯田，略曰：‘国用不敷之故，由于养兵，以岁费言之，兵饷居其八；以兵饷言之，绿旗又居其八。今黔、蜀地多人少，诚行屯田之制，驻一郡之兵，即耕其郡之地；驻一县之兵，即耕其县之地。养兵之费既省，荒田亦可渐辟。’”[②] 然而，屯田虽然可以解决驻军的给养问题，但也造成了一些社会弊端，比如占领少数民族土地导致纠纷等，由此引发了一些对屯田的反对之声。从生态保护的角度来看，对耕地本就匮乏、生态链极其脆弱的苗疆来说，屯田很容易造成灾难性的后果。值得肯定的是，清统治者在屯田过程中，并非一味滥垦滥开，而是能够积极采取措施，及时限制屯田，防止水土的流失和过分破坏。

限制军屯，可称得上是清代统治者在处理苗疆土地问题上最深谋远虑的政策。首先，撤销专管屯田官员，抑制了屯田在各地方的大力推进。据《清会典事例》记载：“国初差御史巡视屯田，后裁巡屯御史，归巡按兼管，寻裁巡按，令各省巡抚布政使司管理。”[③] 其次，对苗疆屯田采取谨慎态度，尽量限制。在限制苗疆屯田这一点上，乾隆皇帝是值得称道的。在乾隆朝，清廷甚至展开了一场关于屯田问题的大讨论，但最终限制屯田的观点占据上风。乾隆初年，由于苗疆甫经战乱，大量苗民被屠杀，导致荒地甚广，因此贵州总督张广泗积极上书，请求招募内地军民前来屯田：“乾隆初黔苗底定，以绝产给兵屯种。”[④] 乾隆却看到了这一举措埋藏的巨

① （清）高自立、蔡如杞主修：（乾隆）《益阳县志》，卷20，艺文·详一，页15—16，故宫珍本丛刊第164册，海南出版社2001年版，第389页。

② （清）王庆云：《石渠余纪》，卷4，纪屯田，北京古籍出版社1985年版，第168页。

③ 《清会典事例》第二册，卷165，户部14·田赋，中华书局1991年版，第1093页。

④ （清）王庆云：《石渠余纪》，卷4，纪屯田，北京古籍出版社1985年版，第168页。

大社会隐患，因而对屯田保持非常谨慎的态度。“昨据贵州总督张广泗陈奏《苗疆善后事宜》三条……至第三条内，请将内地新疆逆苗绝户田产，酌量安插汉民领种。朕思苗性反复靡常，经此番兵威大创之后，虽畏惧慑服，而数十年后，岂能预料？若于新疆各处，将所有逆产招集汉民耕种，万一苗人滋事蠢动，则是以内地之民人，因耕种苗地而受其荼毒，朕心深为不忍，此必不可行者。”① 屯田引发的深刻民族矛盾，使清统治者不得不有所顾忌，因而对苗疆屯田采取了否定和限制的态度。

对于张广泗屯田的建议，朝中大臣持反对意见的也不在少数。乾隆对这些意见都予以充分的支持，并一再嘱咐张广泗应当郑重考虑这些意见，在屯田问题上一定要小心谨慎。如乾隆二年（1737 年）七月丁亥协办吏部尚书事务顾琮就指出：“于深山邃谷，招募屯田，尽夺生苗衣食之地。自今残败之余，潜民穴居，觅食维艰，待至秋成，必聚众并命为变，残杀掳掠，不可不预筹也。”乾隆批示：“贵州情形，顾琮向未熟悉，且张广泗在彼，一切防范事宜自应筹划妥协。但未雨绸缪，当无事之时而为有事之备，乃封疆大臣之责。顾琮即有此奏，可寄信与张广泗令其留意。”②同年闰九月丁卯，皇帝下令停贵州古州苗田屯军，并谕总理事务王大臣曰：“贵州总督张广泗奏称：内地新疆逆苗绝产，请酌量安插汉民领种。彼时朕降谕旨：以苗性反复靡常，若新疆招集汉民耕种，万一苗人滋事蠢动，是内地之民人，因耕种苗地而受其荼毒，此必不可行者。”乾隆皇帝认为，在镇压少数民族的基础上实行屯军不合理，“以逆苗产业，分布屯军之举，尚未妥协”。他进一步指出，统治苗疆，本就应该抚恤苗民，现在反而夺其土地，实属不义。乾隆皇帝曾系统地阐述了自己对苗疆屯田的看法，认为其弊远大于利：“朕再四思维，数年以来经理苗疆，原期宁辑地方，化导顽梗，并非利其一丝一粟，是以彼地应输之正供，朕旨仰体皇考圣心，永行革除，不使有输讲之累，岂肯收其田亩以给内地之民人乎？从前屯田之意，原因该督等奏系无主之绝产，故有此议。今看来此等苗田，未尽系无主之产，或经理之人以为逆苗罪在当诛，今既宥其身命，即收其田产，亦法所宜然，故如此办理。殊不知苗众自

① 《清高宗实录》，卷 31，页 4—5，《清实录》（第九册），《高宗实录一》，中华书局 1985 年版，第 624 页。

② 《清高宗实录》，卷 46，页 2，《清实录》（第九册），《高宗实录一》，中华书局 1985 年版，第 793 页。

有之业，一旦归官，伊等目前岁惕于兵威，勉强遵奉，而非出于本心之愿，安能保其久远宁帖耶？至于拨换之举，在田地有肥瘠之不同，而亩数又有多寡之各异，岂能铢两悉合，餍服其心，使苗众无丝毫较论之念乎？总之顽苗叛逆之罪，本属重大，国家既施宽大之恩，待之不死，予以安全，而此区区之产业，反必欲收之于官，则轻重失宜，大非皇考与朕经理苗疆之本意矣。”[①]

在朝廷总体限制屯田的基调下，一些苗疆大臣也纷纷上书请求禁止屯田。乾隆三年（1738 年）四月辛亥，两广总督鄂弥达奏请停止在新辟苗疆屯田，并论述了屯田引发的诸多弊端：“新辟苗疆议设屯军，将已故逆苗田产悉行归官，如该苗曾与官兵对敌，即令屯丁召垦。现在杀虏之余，苗民稀少，犹可支持生计；数年之后，生齿日繁，其相沿习俗刀耕火种之外，非比内地民人别有运营，所赖从前地亩宽余，始获相生相养，迨后地少人多，不能仰事俯育，必致怨生，理势然也。且现在苗田、屯丁不能自耕，仍须召苗耕种，此肇开地服畴，祖孙父子历有年所，一旦以世代田产供他人之倍收，岂能安心无怨？况为兵丁佃户，久之视同奴隶，苗民既衣食无赖，又兼役使鞭笞，既不乐生，又何畏死？”乾隆皇帝对他的提议深表赞同：“此奏识见甚正，即朕意亦然。旧年又因此特颁谕旨，但张广泗持之甚力，伊系封疆大臣，又首尾承办此事，不得不照彼所请，然朕则以为终非长策也。”[②] 张广泗于同年七月己卯上书反驳：“屯军之设，乃系逆苗内之绝户田产始行入官，其未绝者，仍令各本户照前耕种，并未一概归屯。且新疆未垦之地甚多，虽此后苗民生齿日繁，亦不至无以资生，原不必以日后之地少人多为虑。其召垦屯户，均系人才壮健者可充屯军者，令其承领，不许请人佃种，而所设屯田，已饬令与苗田标明界址，以免搀越侵占，并无召苗耕作之事。”乾隆皇帝则批复：“至新疆何处安设屯军，何处仍系苗田，何处为声势相联之镇、协？卿其明悉为图以进，朕将览焉。”[③] 面对张广泗的力谏，乾隆一直采取冷静的态度，要求其先进行深

---

① 《清高宗实录》，卷 52，页 14—17，《清实录》（第九册），《高宗实录一》，中华书局 1985 年版，第 883—884 页。

② 《清高宗实录》，卷 67，页 33—35，《清实录》（第十册），《高宗实录二》，中华书局 1985 年版，第 91—92 页。

③ 《清高宗实录》，卷 73，页 22—23，《清实录》（第十册），《高宗实录二》，中华书局 1985 年版，第 171—172 页。

入的实践调查后再作决策，断不可贸然行事。

乾隆皇帝对在苗疆屯田谨慎、克制的考虑是非常深谋远虑的。他已经预见到屯田必然会导致对苗疆土地的争夺，因此对屯田实行严格的限制政策。乾隆十七年七月庚申，上谕军机大臣等停止黔省古州军屯："此事似近理实不可行。屯军与苗疆相错，凡所谓山头地角，附近屯田者皆苗地也。既经分设屯粮，相安已久，一令开垦，将来越界占垦无已，必有借此侵占苗田生事起衅者。若谓屯田生齿日重，苗人又何独不然？此时虽为隙地，至开垦之后，必不甘心，争夺之端由此而起，是所补于屯军者甚微，而关系苗疆者甚大，不可因屯军一时之感激而不为苗疆久远计也。……已谕开泰令就近饬该道等即行停止。"[①] 乾隆皇帝认为，从长远来看，屯田对苗疆祸患无穷，不可为了眼前利益而牺牲苗疆的长治久安。对清统治者来说，治理苗疆最大的问题是如何巩固边防，稳定少数民族，和这个目标相比，土地利益就退居其次了。因此，为了些许土地利益，引发未来可能发生的矛盾和纠纷，实在是"得芝麻丢西瓜"的得不偿失的事情。

在上述思想的指导下，清政府对苗疆的屯田采取了限制开发政策。如《皇朝政典类纂·田赋·田制》规定："四川懋功等四屯地亩，除发给番兵余丁屯兵外，尚多地一千余亩，应令作为官荒，不得另行招垦。"[②] 乾隆四十四年（1779 年），下令对不适合耕种的贵州丹江营所属之鸡沟（讲）汛停止军屯："丹江营所属之鸡沟（讲）汛……今试垦三年，所种苦荞，多秀而不实。该地阴翳森寒，四时难逢晴日，四月方断雪凌，八月即降霜霰，气候迥殊，难以开荒成熟，请将原拨之千总一、兵五十撤回。"[③] 应当承认，这些措施对于减少屯田所带来的生态破坏是有一定效果的。

清政府对苗疆屯田进行限制的另一个举措就是减免前明遗留屯田的税收。这一措施减少了对屯田的掠夺性开发。早在康熙年间，就有大臣提出

---

① 《清高宗实录》，卷 418，页 1—2。《清实录》（第十四册），《高宗实录六》，中华书局 1985 年版，第 472 页。

② 席裕福、沈师徐辑：《皇朝政典类纂》（二），卷 2，田赋二・田制，页 3 下，台北文海出版社 1982 年版，第 38 页。

③ 《清高宗实录》，卷 1095，页 19—20，《清实录》（第二十二册），《高宗实录十四》，中华书局 1985 年版，第 693—694 页。

减少云南省屯田的税额，据《清会典事例》记载：康熙十年覆准，广东屯粮十倍民田，减照民地重则起科。[①] 康熙二十五年（1686 年），云南巡抚石琳疏言："云南自明初置镇设卫，以田养军曰屯田，又有给指挥等官为俸，听其招佃者曰官田。其租入较民赋十数倍，犹佃民之纳租于田主……官民交困，宜改依民赋上则起科。"[②] 康熙二十六年，广东卫所屯田岁输粮三斗，额重多逃亡。广东巡抚朱弘祚疏言："民粮重，则每亩八升八合起科，今屯田浮三之二，非恤兵之道，当比例裁减。"事皆允行。[③] 康熙二十九年，云南巡抚王继文上《筹请屯荒减则贴垦疏》，"看得滇省每年额粮通共米麦等项二十六万余石，而屯粮实居其半，历年共发兵糈，关系甚巨。第屯田一亩之科，几纳民田十倍之征，是以拖欠逃荒，年甚一年"，[④] 要求减免屯田税额。康熙三十三年，云南巡抚石文晟以云南屯赋科重民田数倍，石琳时奏减而未议行，复疏请，特允减旧额十之六。[⑤] 康熙三十四年谕，云南屯田钱粮较民田额重数倍，民甚苦累，嗣后照河阳县民田上则征收。三十六年覆准，湖南辰州卫屯田改照民田科则征收。四十年题准，湖南沅州、龙阳、黔阳、靖州各屯田赋役全书内伪刊之浮粮，概行豁免。[⑥] 雍正三年（1725 年），朝议加税军田亩五钱，署贵州按察使杨永斌以"军田粮以屯租为准，已数倍于民田"阻止，事乃寝。雍正七年，已迁湖南布政使的杨永斌又奏请免除了湖南的军田税。[⑦] 至乾隆时期，对苗疆屯田的税收减免政策最终固定下来。乾隆元年（1736 年）九月庚申上谕："粤西旧有军屯田亩，当日原系给与各屯兵领耕，不与民田一例编征四差等项，是以粮额较重于民田，其他州县偏重之数无多，又无别项差徭，民间尚不至于苦累。惟武缘一县军屯田亩所征粮额，较之下则民田，

---

① 《清会典事例》第二册，卷 165，户部 14 · 田赋，中华书局 1991 年版，第 1093 页。

② 赵尔巽等撰：《清史稿》，卷 276，列传 63 · 石琳传，中华书局 1977 年版，第三十三册，第 10068 页。

③ 赵尔巽等撰：《清史稿》，卷 274，列传 61 · 朱弘祚传，中华书局 1977 年版，第三十三册，第 10050 页。

④ （清）秦仁、王纬纂辑：（乾隆）《弥勒州志》，卷 25，艺文，页 23，故宫珍本丛刊第 229 册，海南出版社 2001 年版，第 288 页。

⑤ 赵尔巽等撰：《清史稿》，卷 276，列传 63 · 石文晟传，中华书局 1977 年版，第三十三册，第 10069 页。

⑥ 《清会典事例》第二册，卷 165，户部 14 · 田赋 · 屯田，中华书局 1991 年版，第 1093 页。

⑦ 赵尔巽等撰：《清史稿》，卷 292，列传 79 · 杨永斌传，中华书局 1977 年版，第三十四册，第 10318 页。

每亩多出银二钱二分，未免过重，小民输纳维艰。著将旧额酌减，每亩定以一钱征收，永著为例。”①

限制屯田的政策，使得苗疆的土地得到了良好的保护。根据一些地方文献的记载，军户在苗疆的人口一直和民户的人数保持稳定的比例，没有太大幅度的增长。康熙《寻甸州志》载：“本朝开滇寻甸原额户口上中下丁共三千八百二十一丁，至康熙二十三年除逃故人丁实在二千一百六十七丁。康熙二十四年原民户二千二百二十，口一万一千四百二十四，军户二百零六，口一千八十三。康熙四十八年民户二千二百六十七，口一万一千六百八十八，军户二百一十三，口一千一百二十七。康熙五十五年现在民户四千三百八十，口一万六千五百六十一，现在军户五百六十，口一千七百四十六。”② 通过比较两组数据可以看出，康熙二十四年至康熙五十五年32年间，云南寻甸州军户无论在户数还是口数上，占当地民户的比例都没有太大的变化，一直保持在一个相对恒定的范围内。见表2-2。

表2-2 云南寻甸州康熙二十四年至五十五年民户与军户增长一览

指标＼时间	康熙二十四年	军户（口）占民户（口）比例（%）	康熙四十八年	军户（口）占民户（口）比例（%）	康熙五十五年	军户（口）占民户（口）比例（%）
民户户数	2220	9.3	2267	9.4	4380	12.8
军户户数	206		213		560	
民户口数	11424	9.5	11688	9.6	16561	10.5
军户口数	1083		1127		1746	

图2-1是反映康熙二十四年、康熙四十八年、康熙五十五年，寻甸州军户与民户户数、口数数量对比关系的柱状示意图，可以看出，二者保持相对的平衡，递增平缓，在长达32的时间内，涨幅均低于30%。

① 《清高宗实录》，卷27，页15，《清实录》（第九册），《高宗实录一》，中华书局1985年版，第590页。

② （清）李月枝纂修：（康熙）《寻甸州志》，卷3，户口，页12—13，故宫珍本丛刊第227册，海南出版社2001年版，第24页。

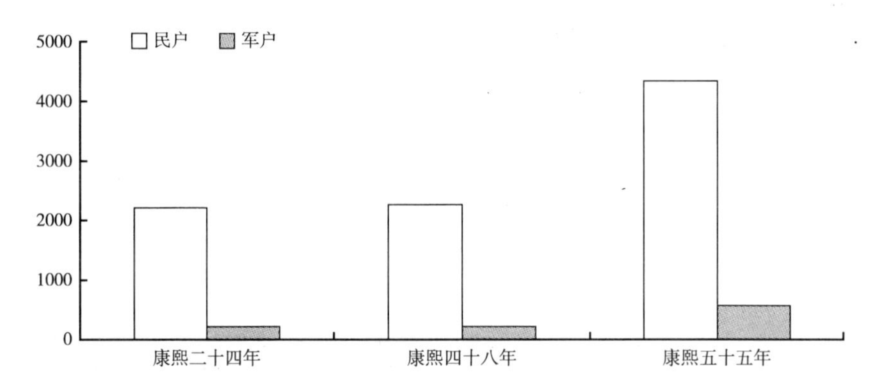

图 2－1　云南寻甸州康熙二十四年至五十五年民户与军户增长示意

四、严禁滥挖苗疆土地政策

苗疆大部分属于岩溶地形，洞穴密布，土层稀薄，岩石松脆，如果滥挖洞窖，对土地破坏极大，很容易造成水土流失等严重问题。乾隆前期，在广西、贵州、湖南、广东、云南等省交界处，出现了一股挖窖取银的风潮。一些不法之徒采用迷信宣传手段，蛊惑群众听信谣言四处滥挖土地。清政府接到报告后，从中央到地方都非常重视，及时作出应对，并要求五省不分疆界，联动剿拿，采取严厉的措施，捉拿为首罪犯，最终遏制了这股风潮，制止了危害行为，保护了土地资源。

事件起始于乾隆八年（1743 年），至乾隆二十四年被彻底肃清。乾隆八年三月乙亥刑部议覆，广西"来宾县逆匪李彩等结党挖窖，图劫城池，请分别正法治罪如律"。[①] 三月癸未广西巡抚杨锡绂再奏："粤、楚、滇、黔地处边荒，苗、瑶、土、壮种类错处。自雍正八年（1730 年）广东逆匪李梅逃匿西省之后，每有挖窖取银之说。造说愈妄，结伙愈多，即湖南、滇、黔在在有之。应请密敕粤、楚、滇、黔数省文武大吏，严饬地方官员，将挖窖妖言一事留心严察，共相整饬，久之，或可望此风渐息。"得旨："所奏是。"[②]

① 《清高宗实录》，卷 187，页 10，《清实录》（第十一册），《高宗实录三》，中华书局 1985 年版，第 410 页。

② 《清高宗实录》，卷 187，页 26，《清实录》（第十一册），《高宗实录三》，中华书局 1985 年版，第 418 页。

四月癸未提督广西总兵官谭行议奏："黔省匪犯黄三、王祖先等散符挖窖，供出粤民王文甲等谋逆，并拿获王文甲等解质审各情形。"得旨："此等事断不可分此疆彼界，当思总系国家之事，上紧办理而不推诿，则得矣。"① 闰四月壬午广西右江镇总兵官毕晔又奏报："拿获书符挖窖之黄三、王祖先等犯，俱供出李开花同案，现在上紧追究。"② 从上述时间密集程度来看，清政府非常重视苗疆这股挖窖风潮，朝廷上下雷厉风行，集中力量整治挖窖行为。但时隔七年后，苗疆又出现了类似行为，政府仍毫不迟疑地予以打击。乾隆十五年四月庚子，贵州巡抚爱必达议覆大学士张允随奏称贵州严禁开岩挖窖等弊，皇帝指示贵州"至一切开岩挖窖等弊，一概严禁"。③ 乾隆二十四年三月二十六日丙午，谕军机大臣等："据吒恩多奏：连山县拿获挖窖之广西奸民蓝如章及黄田、黄如珍等犯到案。……着传谕该抚，密速严拿，彻底根究，勿使稍有疏漏。"④ 至此，在苗疆开挖地窖的行为被彻底制止。

值得注意的是，清政府除了禁止人为滥挖地窖之外，还注意保护苗疆一些天然的洞窟。如嘉庆十六年（1811 年）十月十三日，上谕军机大臣等封禁保护广西靖西县的天然溶洞："至该处大龙洞内，有石笋下垂形似蝙蝠，并石床旁有石鹿形象……前次成林查看之时，未将石洞即行堵闭，恐愚民无知，听信奸徒煽惑，再向该处藏匿为匪。曾即饬令地方官垒石堵闭，加以封禁，毋许居民人等潜往窥探。"⑤ 溶洞是岩溶地区非常重要的自然遗产景观，广泛分布于苗疆各地，其虽不适合垦种，但其中却蕴藏着大量石钟乳、石笋、石柱、石盘等在地质上具有极高价值的地理地貌，一旦遭到破坏，将难以复原，也会给生态和地质造成不可估量的损失，清政府能具有如此前瞻的保护头脑和观念，着实令人赞叹。直至清末，不得在

① 《清高宗实录》，卷 189，页 25，《清实录》（第十一册），《高宗实录三》，中华书局 1985 年版，第 441 页。

② 《清高宗实录》，卷 191，页 20，《清实录》（第十一册），《高宗实录三》，中华书局 1985 年版，第 462 页。

③ 《清高宗实录》，卷 363，页 30—31，《清实录》（第十三册），《高宗实录五》，中华书局 1985 年版，第 1006 页。

④ 《清高宗实录》，卷 583，页 23—24，《清实录》（第十六册），《高宗实录八》，中华书局 1985 年版，第 462 页。

⑤ 《清仁宗实录》，卷 249，页 11，《清实录》（第三十一册），《仁宗实录四》，中华书局 1985 年版，第 364 页。

苗疆随意取土这一政策仍得到贯彻执行。广西太平土州的《以顺水道碑》记载了发生在宣统二年（1910年）的一起水源纠纷。主管地方官规定不得乱挖泥土修坝："修水坝所用瓦泥者，路就近挖取，不得坏人田亩，若整大坝取石泥，酌给钱文。"[①] 目前，西南农村地区出现了大量非法无序挖泥、取土、采沙的生态破坏行为，令原本山清水秀的田园风光千疮百孔，如广西阳朔一带漓江中的著名景点鲤鱼洲，已被挖沙行为破坏殆尽，而地方政府往往消极作为，相比清政府的做法，令人感叹。

第三节　清政府保护苗疆公山的制度

苗疆的地形以山地居多，因此保护土地资源最主要的部分就是保护山地不被破坏。苗疆的山脉多是大江大河的发源地，且相互联结形成完整的生态循环系统，如果允许山地被随意开垦挖掘，苗疆的地质环境就会遭到整体性的毁灭。虽然当时并没有发达的"公有制"观念，但苗疆自古以来就保留了大量的"官山""公山"。此外，出于自然禁忌，苗疆少数民族还有保护公山、神山、风水山的制度。清代自乾隆时期开始，大批的内地民人涌入苗疆，对少数民族原来保护完好的"风水山""公山""官山""祖坟山"荒山等进行大肆开垦和挖掘，清政府对这一问题的态度是非常明确的，"凡官地，例禁与民交易",[②] 严厉禁止滥垦公山，违者依法进行惩处。

一、严禁滥伐滥垦苗疆公山制度

清初统治者已开始关注占伐公山的现象。康熙四十五年（1706年）九月，湖南巡抚赵申乔参奏长沙守备宋某偷搬王仓山石："长沙城守营守备宋某署理都司事务，因建造堂厦，修筑园池，竟将长沙属之王仓旧基山

---

① 广西壮族自治区编辑组编：《广西少数民族地区碑刻、契约资料集》，广西民族出版社1987年版，第5页。

② 赵尔巽等撰：《清史稿》，卷120，志95·食货一，中华书局1976年版，第十三册，第3495页。

石，擅役兵丁打抬回宅，堆砌假山。”旨批：“敕部严加处分。”兵部议：“应将守备宋旭照例革职，交与该督审拟。”[①] 湖南省兴宁永安堡地区立于康熙年间的《颁示严禁文告》碑规定：“嗣后不许民人擅入瑶峒，占伐官山，如有违禁入瑶峒者，此照……占伐官山及盗葬者，照强占官民山场律，拟流险（刑）另行刊示。”[②] 清政府对苗疆公山的保护，主要见于乾嘉时期严禁滥垦公山的法令、判决、档案等。四川冕宁彝族地区留存的官方档案中，有一份《乾隆九年八月二十八日生员凌位百等呈状》，内容是当地居民无法容忍外来棍徒犁垦堡前风水公山，到官府控告要求制止这一行为：“情因生等住基［居］水城，自洪武安插，前有面山一座，此系风水有关，合堡人丁数百余载从无拙［掘］挖之例。先年遭王洪昌葬犁一次，合堡损坏人丁牛马，控经分府卫所，压［严］令迁移，合堡得宁。于去岁遭棍姜德齐串同伙党，硬将生等面山伙犁，伤生风化，陷害合屯人丁，牲畜立弊［毙］，老幼男妇可惨，控经在案。蒙准未讯，伏乞赏准差拘严究伙党，使伊等知有王章。”[③] 从诉状中描述的情况看，接到报案的政府官员能够尊重当地少数民族的风水观念，依法制止了滥垦行为。

清中叶以后，大量的内地民人涌入苗疆开垦公山，被称为棚民，为了保护苗疆公山，嘉庆时期，明确在律例中规定了私租山场给棚民的罪名和刑罚。嘉庆十二年（1807 年）定：“凡租种山地棚民，除同在本山有业之家，公同画押出租者，山主棚民均免治罪外，若有将公共山场，一家私召异籍之人，搭棚开垦者，即照子孙盗卖祖遗祀产至五十亩例，发边远充军，不及五十亩者减一等，租价入官，承租之人，不论山数多寡，照强占官民山场律杖一百流三千里。为从并减一等。父兄子弟同犯，照律罪坐尊长，族长祠长失于查察，照不应重律科罪。至因招租承租酿成事端，致有抢夺杀伤者，仍各从其重者论。”[④] 这一律令对私租导致滥垦山场的方方面面都规定得很全面，成为保护苗疆公山的重要法律依据。这一时期，苗

---

① （清）赵申乔：《赵恭毅公自治官书类集》，卷 3，奏疏 · 参宋备搬王仓石，页 81，见《续修四库全书》编纂委员会编《续修四库全书》第 880 册，史部，政书类，上海古籍出版社 1995 年版，第 580 页。

② 黄钰辑点：《瑶族石刻录》，云南民族出版社 1993 年版，第 12 页。

③ 四川省编辑组编：《四川彝族历史调查资料、档案资料选编》，四川省社会科学院出版社 1987 年版，第 383 页。

④《清会典事例》第九册，卷 755，刑部 33 · 户律田宅，中华书局 1991 年版，第 328 页。

疆也出现了大量禁止滥垦公山的司法判例和碑刻。广西恭城县西岭瑶族乡新合村发现的嘉庆四年（1799 年）的两块石碑——《恭城县正堂给照碑记》和《棉花地雷王庙碑记》，内容相同，都记录了嘉庆二年（1797 年），八角岩村陈旮、卢先成等，冒充山主，将瑶山土岭“私批与异省民人邹用元、邓显荣、朱化龙、毛万里等开挖耕种杂粮，而伊等不顾一乡良田，竟将树木尽行砍伐，伤坏山源，有关国赋，又将蚁等已耕种熟地强夺”。在瑶民具控官府后，官府判决：“其瑶山土岭，尔等仍照旧在于四至界内，永远耕营，不得侵越他人地土，以靖瑶疆。尚有附近强族及不法乡保人等，借端私派苛索或冒充山主，将尔等山场私批异民，许即指名具禀，以凭以重严究。”[①] 这也是一个较为典型的司法判例，地方司法官员除了对案件本身作出有益生态保护的判决之外，还就此案作出了重要规定：禁止擅自强占瑶民土地。这两项内容显然针对的是今后的类似行为，判例的约束力和适用范围由此被拓宽，性质也因此发生了转变。

冕宁档案中还有一份嘉庆十年二月二十一日的《夷民罗开文等诉状》，内容与前述乾隆九年（1744 年）的那份诉状相同，也是因外来人员开砍焚烧当地长久以来的公山，引起了当地少数民族群众的公愤，因而向官府起诉要求驱逐棍徒，保护公山：“情因公山一座，地名沙那，原给汉夷薪水，并无一人开砍火山，议约为凭，嘉庆五年，罗任图霸，控经前任许主，已蒙断作公山，铁案柄据。于去岁正月，有汉恶邓宏才挺身率众包揽四外来人租到蚁熟地撒种，议定租子一十七石四斗，租约为凭。殊知恶等贪心不足，以熟霸荒，复唆罗任以霸占租情词捏控蚁等，蒙周主审讯，将邓宏才责打，饬令定限三日概搬无存，伊等出结在案，永不开砍。”[②] 可以看出，主管官员对这一恶性案件也采取了严厉的打击措施，并顺应民情规定公山永不开砍。现存于广西龙胜各族自治县龙脊乡的《蕉岭塘新寨诉状书》记载了嘉庆十一年间发生的一起山林土地纠纷，从状书记载的情况看，主要是当地一些瑶民将原属公山的土地租给外来的客民佃种，引起其他瑶民的不满，因此起诉。状书的最后附录记载了当地公山被外来客民霸占滥砍的情况，要求地方官秉公查明，归还公山：

① 黄钰辑点：《瑶族石刻录》，云南民族出版社 1993 年版，第 38—43 页。

② 四川省编辑组编：《四川彝族历史调查资料、档案资料选编》，四川省社会科学院出版社 1987 年版，第 338 页。

蕉岭塘新寨诉状书

兴安县溶江洞蕉岭塘新寨四甲人地具禀：两乡四甲管征人廖尔瑚，为随评哀恳，赏正民业，以清国赋事。情于嘉庆九年二月内，已送示□□等情，禀恳县天批示，并查原案详晰等因，连年三叩绿批粘单，存后蚁遵，稽查得般盛宗佃种土名中流山等处场禀在案，殊瑶佃潘日亮等，互争无敌，将山吞占，至本年二月十三日，般盛宗以强夺侵霸具控，前任张主批蚁禀夺勿迟遵批二叩案批、镜批委社水司勘讯评夺，宗佃无力，未蒙司主勘验，已赏票差，前至金坑大寨瑶佃潘弟笑等，聚统恋□会议，但见差拘，即用器械凶殴，差司何敢捉获，只得良言退步，禀明场属山界，契约明确，东南进虎，西北遇狼，均被奸细勾引，越党侵吞，不一粘单呈验，共本户钱三两三分之银粮，尽遭恶佃隐瞒。蚁查册数并无除销。何甲其户目，今瑶佃耕种数百余户，止岂魁星完粮八钱四分，乃金坑大小等村耕田户数百余容匿税，律如欺国，何倒纠党吞谋嚼害粮钱无厌。为此，随文哀恳再叩仁政青天大老爷台前镜究，劈正民业，清理户税，差课有赖，伏乞委勘提究，国计民业，两相靠天。

…………

楚民侵占金竹隘十二里

曾国正盗砍土名中流山一块，系农民潘学文、抽谭能旺黄光宗，混批土名龙角山系廖仁耀批陈相宝混砍，土名金竹隘系潘天红批的刘君扬盗砍，批土名黄落隘二十里山内，住有数十余户，候勘查明呈缴。孟山瑶民余弟岩、余弟通越猪婆隘二十里内，有小地腊泥山，瑶民居住，未开姓名。

嘉庆十一年（1806年）丙寅八月二十八日据兴安县呈文稿[1]

道光时期，禁止开垦公山依然是立法的一项重要内容。道光十六年（1836年）奏准：“湖南省永明县塘下源、白云冲、雷洞源、上木源各处封禁山场，责成地方文武员弁按时巡查，严禁民瑶私垦，违者照强占官山

① 广西壮族自治区编辑组编：《广西少数民族地区碑刻、契约资料集》，广西民族出版社1987年版，第220—221页。该文稿原存龙胜各族自治县龙脊乡廖家寨。1957年3月广西少数民族社会历史调查组收集抄存。

律治罪，员弁参处。”[①] 这一时期的案例还反映出清政府保护公山的一个显著特点，即苗疆少数民族存在着对风水山、后龙山、神山等的浓厚自然崇拜，清政府对这种观念予以尊重，并在处理相关案件时能充分考虑少数民族的心理和感受，这对保护苗疆的生态安全也具有重要的意义。这一时期相关的官方档案多为先由当时少数民族提出禁挖公山的申请，官府对这种申请予以认可并赋予其法律效力。《永宁州志补遗》载，道光三十年，州刺史陈接受“州士民呈请禁挖营盘坡、六马坡、榛子山一带官山，永立为业”。[②] 这就是一个典型的官方认可民间保护公山意愿的事例。清末，民人大量涌入苗疆开垦公山已是不争的事实，但政府依然竭尽所能保护公山。在广西龙胜各族自治县和平乡龙脊村平段寨存有两篇《控告禀文》，时间不详，但从内容推断，应属于光绪十二年（1886 年）左右的文献。禀文记载的是一起保护后龙风水山的案件：平段寨后龙山自古以来就是全寨的风水山，人们认为该山保佑着全寨人口牲畜的平安，因此该山一直受到严格的保护，禁止任何人在山上开挖建房。但自同治至光绪年间，村中恶霸财主侯金成父子先后霸占后龙山建房开挖，破坏了村里的和谐与安宁。于是村民联合向官府控告要求制止侯氏父子的行为。官府初步审理后作出了“蒙赏差提”的裁定。虽然碑文没有记载官府最终的审判结果，但从民众将两篇禀文刻于碑上的情况推断，应当是得到了官方的支持。

控告禀文

具告人龙脊平段寨土民潘日交、潘日忠、潘光煌等，为造仓挖脉一案遭伤，乞恩赏，提追毁饬奠龙神，保全人众事。窃民等平段一寨十家，守分安耕，妇孺获庆。祸因丙寅年（1866 年），有富恶侯金成，移居民等寨坡上，尚未骑住民寨后龙。至丙戌年（1886 年），其子永保，遂侵过四丈，正于民寨后龙开挖，意欲添造房廊。适彼甫挖民等，寨内被犯，人口欠安。民等见其所挖年月方位，均犯三煞，与民寨有碍，即行请中阻造。伊等自愿以挖处作田，不准侵过半尺数寸。民等见伊听阻，二比将事清息。讵知该恶存心奸险，利己损人。

① 《清会典事例》第二册，卷 167，户部 16・田赋・开垦二，中华书局 1991 年版，第 1122 页。

② （清）修武谟辑：《永宁州志补遗》，卷 3，页 3 上，咸丰四年撰，贵州省图书馆据四川省图书馆藏本 1964 年复制，桂林图书馆藏。

复于七月初二日，将前挖之处，挖深数尺，竖造禾仓，将民寨地脉龙神骑压挖伤，以致合寨鸡犬乱叫，老少多病，猪牛不安。民等见此奇灾，稔知遭犯，即请巫问卦，果示以后龙被伤。民等随经中向论，劝其急将仓房拆毁，奠禳神煞，以免民等遭害，岂料该恶不顾天良，一味横言。伏思城乡市镇，皆赖龙脉以兴亡。今该恶只图便宜，任意乱挖，诚谓利一损百，今伊抗不拆毁，蓄意害人。民等逃不胜逃，避难尽避，遭兹惨害，情实戕心。为此，迫得联名具呈泣叩，伏乞仁德大老爷台前作主，赏提追毁仓房，勒令禳灾，严行重办，以安寨众，而免遭殃。施行沾恩无既。[①]

控诉催禀文

具催禀人潘日交、潘日忠、潘光煌等，为案悬日久，法外逍遥，恳恩加提勒毁，速赏给清，免贻巨患事。窃照民等，前以一寨遭伤等由，呈控富恶侯永保在案，蒙赏差提，岂知该恶借词延抗，意欲将屋造成。惟是民等地方封山禁造，非仅民等一寨而然，尚有平寨等处可证。临讯将图附呈，今该恶强行伤龙侵造，一经告发，复敢故意抗延，显见畏质不赴。兹民等寨内老少，抱病尚有多人，倘成不起，追悔何及。恐民等乡愚罔知忌惮，彼时为情所激，必致酿成巨祸。万情不已，只得再呈，催恳仁宪体好生之德，以人命为重，赏速严提，务到勒令毁移奠安，以免民遭奇谴，而罹宪灾。为此，谨将催呈缘由备呈，伏乞慈德大老爷台前作主，速赏加差严提，核究施行。[②]

光绪十八年广西恭城县莲花地区莲花瑶族乡《凤凰堡地照碑文》也记载了一起地方官对官荒山地的判决书。该山地本属官荒，但被外来客民霸占开垦，驻防兵役因此到官府控告要求归还公山，官府对此作了折中处

① 广西壮族自治区编辑组编：《广西少数民族地区碑刻、契约资料集》，广西民族出版社 1987 年版，第 199 页。此文原存龙胜各族自治县和平乡龙脊村平段寨。1956 年 11 月 27 日，广西少数民族社会历史调查组搜集。

② 广西壮族自治区编辑组编：《广西少数民族地区碑刻、契约资料集》，广西民族出版社 1987 年版，第 199—200 页。此文原存龙胜各族自治县和平乡龙脊村平段寨。1956 年 11 月 27 日，广西少数民族社会历史调查组搜集。

理，即将该山地一分为二，一半归客民耕种，一半归堡役："按据堡役黄世和等具控李秀华等谋夺官山等情一案，业经讯明，土名寨面九冲，实系荒山场。委因该民李秀华等认界不清，妄将官荒山地，插牌开种，彼此争论，致相呈控。令讯明断给，饬令两造以土名龟林旁中间为限，倒水为界。该长冲边山地，归李秀华等管业，牛边山地，概归现充堡役黄世和等耕管。嗣后照此定界，永远不许混争。"① 这虽然反映出清末政府对苗疆公山的保护制度已不如中前期那么严格，但官府仍在自己的职权范围内尽可能作出对保护公山有利的判决。

二、禁止滥垦苗疆放牧公山制度

由于苗疆的少数民族还发展一定的畜牧业，因此在苗疆存在着一定数量的放牧公山，这些公山允许适度放牧牛羊，但禁止垦殖，以保护公山水土。清政府也尊重这种对放牧公山的保护。如康熙六年（1667 年）覆准，四川石砫土司有山坡草地应纳之粮，均折银按三年一征，② 从而减少了对公共牧场的滥垦滥占。雍正三年（1725 年）改《大清律例》盗耕种官民田条文："近边地土，各营堡草场，界限明白，敢有挪移条款，盗耕草场及越出边墙界石耕田者，依律问拟，追缴花利，至报完之日，不分军民，俱发附近地方充军。"③ 然而乾隆以降，虽然苗疆许多放牧公山都订有乡规民约加以保护，但内地民人涌入苗疆后，这些放牧公山也成为滥垦滥伐的对象，遭到前所未有的破坏，于是由此产生了大量的诉讼。而官府在审理此类案件时，几乎全部判决维持原有放牧公山秩序，禁止在内垦殖。贵州省松桃苗族自治县城关西门苗院子内立于乾隆四年（1739 年）的《苗民杨老晚卖地碑》就是一起禁止垦殖放牧官山的案件。在该案中，苗民由于无知，在将土地卖给政府建兵署和牧马官山后，又被内地民人诱骗，将牧马官山卖与其开垦耕种。政府发现后，即令停止垦种，撤销买卖，要求双方退还财物。但苗民因贫苦无力回赎，于是政府官员捐钱将牧马官山赎回：

---

① 黄钰辑点：《瑶族石刻录》，云南民族出版社 1993 年版，第 132 页。

② 《清会典事例》第二册，卷 165，户部 14·田赋，中华书局 1991 年版，第 1099 页。

③ 《清会典事例》第九册，卷 755，刑部 33·户律田宅，中华书局 1991 年版，第 332 页。

立卖山场田契苗人杨老晚，情因雍正十年，苗疆奠定，将蚁苗祖地出卖，建立松桃城垣。于雍正十三年，城工衙署兵房完竣，官兵移驻弹压，因操坐马匹未有放牧之地，于乾隆元年内，蒙清军护协府崔将公同会勘，将蚁苗祖管水源头、两岔溪、争唆洞、小河一带以作营中马场。原系领□□出卖建造城基地内。

乾隆四年，蚁苗误听楚民毛纯臣、川民勾天德哄诱，盗卖与二姓为业，重受价银七十六两。后被两营查出，告经□□□公同会勘，踩得毛、勾二姓垦种地土，实在牧场中心。当堂审断，令蚁苗退还原价，饬令二□□移，勿得混占滋扰。奈蚁苗贫苦，当日得银入手，俱已用费无存，家中无牛马可以变卖，原受毛、勾价值，实难出备，以至延迟二载。于乾隆七年，蒙清军都督府宋、温念蚁苗苦，两营各位老爷公同捐银一百零二两，除给毛、勾二姓七十六两外，余剩二十六两给蚁苗，照俗卖后加找之钱，当堂亲身领讫，出具遂依契结，附卷存案。所有营中马场四至老界照旧管理，今将退价向毛、勾赎回。界内之水源头、两岔溪、争唆洞三处开垦已成之田，□□书立卖契与松桃两营管理。此番领银写立卖契之后，永远听凭管理，不敢乱言，自取罪累。恐口无凭，特立手印卖契一纸与营中千古为照。

左右两营红白马队兵人等同建立

□□□□□六月初一日立卖契人杨老晚①

这是一个令人感动的案件。当地兵署官员为了保护放牧官山，竟然集体“凑份子”帮助苗民赎回土地。一方面，他们对随意开垦放牧官山的行为严行禁止，另一方面，他们也注重案件处理的综合社会效应。按通常的理解，该土地已为政府合法拥有，政府官员完全可以采取强制手段解决这一纠纷，但他们却采用了一种“仁义”的方式化解了矛盾，避免了冲突激化。对放牧公山的保护在清末也大量出现。立于贵州省兴义县布依族聚居的老奄章（今安章）村梁子背村道光五年（1825 年）的《梁子背晓谕碑》就是典型的一例。该地有一座名叫岜埂的牧牛公山，世代为牧牛葬坟之用，官府在当地少数民族的强烈要求下出示晓谕，规定今后该公山

① 铜仁地区文管会、铜仁地区文化局编：《铜仁地区文物志》第一辑，铜仁地区印刷厂 1985 年印，第 109—110 页。

只能用于牧牛葬坟，不得垦殖，否则罚款重惩：

永垂万古不朽碑

特诰兴义县正堂加五级记录七次又记录二次记大功一次卓异加一级张为给示定界，永杜争端事：案据安章梁子背居民人等，互相控争牧牛公山一案，经本县差提核案审核查讯，岜埂地方纳洞、坡朗、坡马、白下、喇叭、以埂、颜弄坡、高卡等。惟岜埂埋有众姓坟塚，历系牧牛公山，断令二比均不得开挖栽种树木等项，让给黄姓祖坟前后左右四十弓，伊妻坟墓二十弓，二比遵结，饬令立石定界在案。诚恐无知之徒，在彼开挖栽种，复行争讼，合行出示晓谕。为此，示仰安章梁子背居民人等知之，勿得放出牛马践踏禾苗，不准乱伐别人山林树木；勿得隐行别人地内乱摘小菜。在彼若不遵规，经地□□□三千六百入公，报信者赏银六百文，知悉。嗣后尔等岜埂处牧牛官山，只许葬坟，不准开垦，尚（倘）有违禁，即许禀究，勿得徇情容隐，不得挟嫌妄极藉兹（滋）事端，自干重咎。众宜凛遵勿违。特示。

右谕通知

道光五年五月十八日示实发安章梁子背晓谕①

清政府除了保护放牧公山不得垦殖外，还禁止越界放牧，有效地制止了对公山的过度放牧。桂林市立于同治十二年（1873 年）的《临桂县正堂告示碑》就是这样一份典型的保护牧牛公山的官方禁令。位于桂林北郊的人头山是附近三村一街的公共牧场，禁止其他临近村落前来放牧，并立有禁约。当有其他村落越界放牧时，官府在群众的请求下发布文告禁止越界放牧，破坏公山：

钦加同知衔调补临桂县正堂加五级纪录十次

孙为禀请给示严禁事。案据北冲码头萧家三村清风桥一街等禀，缘民村有草地一块，土名人头山，历来系三村一街牧牛之场。凡三村一街以外之牛，不得越境司牧，以防牛只往来，毁崩田基，践踏禾

---

① 贵州省黔西南自治州史志征集编纂委员会编：《黔西南布依族苗族自治州志·文物志》，贵州民族出版社 1987 年版，第 118 页。

苗，乡间禁约，随处皆然。近来邻近等村，竟损人利己，舍近图远，越阡过陌，湿（私）在人头山一带司牧。其中田基禾苗遭踏无算，数经民等理，置若罔闻。合禀恳给事严禁，以杜后患等情到县。据此，令仍给示严禁。为此示仰该处附近村街人等一体知悉，自示之后，尔等牧牛务须各牧各地，不得越阡过陌，损人肥己。仍混在人头山一带地方任意作践，兹事倘敢故违，许北冲码头萧家三村清风桥一街老人山等指名禀报。本县已凭提案从严惩治不贷。各宜禀遵勿违，切切特示。

同治十二年（1873 年）八月初三日　实刻晓谕　告示①

桂林市永福县立于光绪二十五年的《奉州堂断碑记》记载了一起越占放牧公山的诉讼案件。主审官在明确了两造原有的公山占有界限后，明确规定，除当事人合法占有的面积外，其余公山地土“永远封禁，只许馀地牧牛樵采，不准垦种，以息讼端”：

奉州堂断碑记

特授永宁州正堂加五级记大功二次李

为出示勒石封禁事业，据永安里武生黄献纲呈，控民人周玉珠等越占税山等情。当经集案讯断，取具两造甘结，并饬勘明，绘图在案。殊周玉珠等阳奉阴违，以至黄献纲续控监生周新德等违断霸夺等情。前来饬盖集案，当堂复讯，明确断合，各照旧址管业。其周姓所刻大黑石外之小石字迹，当图铲去，所有大黑石以外地段，永远封禁，只许馀地牧牛樵采，不准垦种，以息讼端。而昭公允尔等，临村居住，共井同沟，总宣和睦为要，毋得再肇衅端，致滋讼累。本州为爱民息讼起见，倘敢故违，定即从严究办，决不故宽，各宜凛遵，毋违，特示！

光绪二十五年十二月初三日告示②

在苗疆地区，还有一类土官发布保护公山的文告，鉴于清政府已将土

① 桂林市文物管理委员会编：《桂林石刻》（中），1977 年编印，内部资料，第 341—342 页。

② 黄南津、黄流镇主编：《永福石刻》，广西人民出版社 2008 年版，第 199 页。

官纳入国家官僚体系当中，因此他们发布的禁令也属于官方法规。南宁地区天等县留存的土官文稿《严禁耕犁牧场以繁养畜牧告示》就是土官发布的禁止垦殖放牧公山的代表作：

> 为严禁牧场以裕繁滋，以免违犯事。照得开荒固资生之本，而放牧养亦助耕之源。不有牛何以耕，不有马何以乘，故牧养之地，亦人世之不可先也。查□□洞一带，原有官田稽查古案，于康熙十二年（1673年）间，因无处放牛马，遂将此田放荒，以为牧场之地。迨至雍正六年（1728年）内，经先太祖官出示严禁，自口处至口交界为界，不许民违禁，耕犁为田□，严禁放牧以便为牧场，乃是通州官族目民均有裨益。何以至尚有人胆敢开犁种□，且于本月二十日竟将本州岛衙所畜之马戳伤，故意违禁，凶恶已极。除另行密访严提究办外，合行出示晓谕严禁。为此示谕州属居人等知悉。自示之后，该洞一带自□□□为界，永远严禁，□□留作牧场，以便牧养。此是相沿古例，并非创自今始。倘有何人胆敢擅行耕作，有碍牧养之处，定行严提究惩，决不宽容。各宜凛遵毋违，特示。①

三、禁止滥葬苗疆公山

中国传统丧葬方式多采取土葬制度，因此坟墓占据了大量的土地。而按照风水观念，坟墓应当建在朝阳的高处，因此有许多人喜将坟墓建在山坡上，但这样往往破坏了公山的生态环境。从清代苗疆的一些案例来看，清政府是严禁在公山上滥葬坟墓的，对这一破坏公山生态的行为，往往进行严厉的处罚。对于政府官员本身强占公山的行为，清政府也绝不袒护，依法重处。

早在康熙年间（1722年），立于湖南省兴宁永安堡地区的《颁示严禁文告》碑就规定："占伐官山及盗葬者，照强占官民山场律，拟流险

---

① 广西壮族自治区编辑组编：《广西少数民族地区碑刻、契约资料集》，广西民族出版社1987年版，第132页。

(刑)另行刊示。"[①] 乾隆十五年(1750年)十二月广西桂林发生了"黄明懿葬父龙隐岩"案件。龙隐岩是桂林自古以来的名胜古迹,留有自汉代以来多幅名人摩谕石刻,但革职翰林黄明懿却将其父葬于龙隐岩,此举引起了桂林士民强烈的不满与公愤。当地政府接到报案后,立刻向朝廷上报要求严厉惩处:"广西巡抚舒辂折奏:革职翰林黄明懿将伊父占葬龙隐岩古迹公地,士民公愤,控县勘验,伊辄违断迁延,及详报饬究,乃闻风潜逃,任意恣肆等语。"乾隆皇帝对此案很重视,明确指示将黄明懿逮捕治罪,其父坟墓立即迁走:"黄明懿……乃图谋风水,占踞官地,抗违公断,种种不法……黄明懿着该抚严缉务获,交刑部治罪。所占既属公地,不必俟黄明懿到案,该地方即行起迁。"[②] 这一案件只是发生在地方的一起普通案件,案情并不算重大,但从广西巡抚直至最高统治者的严肃态度中,我们可以体味到政府对公山的保护态度。

现存于广西荔浦县的《笔村川岩水利纠纷碑文》记载是一起发生于道光二十八年(1848年)的特殊的滥葬公山案件。从该案件中可以看出,清代苗疆官员将公山周围领域作为一个生态整体来对待。该案件的源起是一座属于河流发源地的公山,"土名王薄岭,原系川岩上下两坝以及王薄岭,系荔浦县两□学并笔村及妙花村等之粮田灌溉田亩之水源",但妙花村村民何圣邱及其先祖、子孙分别于前明嘉靖年间、乾隆五十五年、道光戊申年,强葬坟墓于王薄岭上,"有碍众等水源",导致群众无法使用水源,因此"经控在案",官员审理后"饬令刻碑分明四至:东至岭顶,南至梨木山岭歧,西至姑婆庙,北至红山脚止,其地界内断归粮坝管业,所占粮坝之人,亦不得承批肥躬再葬",并命令坟墓立即"起迁别葬"。该案妥善处理后,群众"捐凑请匠刻录铭碑",将该案例公之于众,以杜绝再有类似案件发生。[③] 这一案件给人的启迪是非常深远的。保护公山土地的生态学意义是非常重大的,它不仅保护了公山本身的生态环境,还保护了与公山连为一体的其他自然资源,如水资源等。在清代,还未产生现代的工业化污染,但坟墓可算是当时的社会条件下最严重的水源污染了,这一事件是中国古代社会有效防止水源污染的重要案件,它也体现出清政府

---

① 黄钰辑点:《瑶族石刻录》,云南民族出版社1993年版,第12页。

② 《清高宗实录》,卷378,页1—2,《清实录》(第十三册),《高宗实录五》,中华书局1985年版,第1189—1190页。

③ 荔浦县地方志编纂委员会编:《荔浦县志》,三联书店1996年版,第933页。

保护生态环境的系统性和整体性观念。

保留于桂林市永福县的《光绪月山岩告刻石》则记载了光绪年间当地官员发布的禁止在月山岩乱葬坟茔的禁令，也是一则禁止滥葬公山的典型例证：

光绪月山岩告刻石

钦加提举衔署理永福县事补用州正堂即补督粮府加五级谢为示谕禁止事：照得罗锦墟月山岩白觉古寺草地，该民秦八等以为祖业，卖与徐宗代葬坟两冢，即据军功曾有恒、蒋炳檀、龙万兴、赵毓琦等控。经本县集讯断结，该处本属官山，秦姓既无印契，即不得据为己业，自应照例归官。除徐姓安葬两坟外，他人均不得再葬，及树木石墙，只准增修，毋庸伐毁。为此合行示谕禁止，仰该处诸色人等知悉，此案自经断结，嗣后尔等幸勿强占，有干例禁，诚恐小民无知，互相争执，用示勒石以昭遵守，各宜凛遵毋违，特示。

告示

光绪十三年十八日（印）

实贴罗锦墟月山岩白觉古寺晓谕[①]

从月山岩上发现的另一块碑刻文献可以看出，当地官府保护公山的禁令，得到了当地百姓极大的支持和拥护：

月山岩残碑

盖月山寺为罗锦墟祀奉神灵之□，其山之树木空地，概属墟人管业。□料于光绪十三年竟有欺神之徒盗卖神地。为此，合墟呈控县主谢案下，蒙恩□断仍归我墟管业，今特将县主告示与重修募化姓名开列于后，以垂不朽云：

首事　赵有良二千　曾有恒捐币五百（以下略）[②]

① 黄南津、黄流镇主编：《永福石刻》，广西人民出版社 2008 年版，第 162 页。

② 黄南津、黄流镇主编：《永福石刻》，广西人民出版社 2008 年版，第 164 页。

第四节　清政府对苗疆少数民族土地权利的维护

清代苗疆自开辟以来，一直存在着汉占苗地之争。其主要原因是，苗疆被纳入清帝国版图后，随着政治和社会的稳定，大批内地民人开始迁入地广人稀的苗疆。他们凭借着先进的生产方式，很快在苗疆占据主导地位，不仅挤占了少数民族赖以生存的土地资源，而且对苗疆的生态环境造成了毁灭性的破坏。而清政府则态度鲜明地保护少数民族的土地利益，采取各种措施遏制汉民侵占少数民族土地。事实上，有清一代，内地民人不断向周边的少数民族地区渗透和迁徙，蒙古、新疆、苗疆等地区都出现过类似的情形。清廷对蒙古和新疆地区汉人占垦土地的现象通过制定成熟系统的正式法律条文来禁止。《蒙古律例》《理藩院则例》《回疆则例》中都对禁止民人占垦口外土地作了明确规定。[①] 和上述少数民族地区相比，保护苗疆少数民族的土地权益虽然没有形成系统法典，但从苗疆大臣上报的奏折、制定的地方性章程和皇帝针对土地问题发布的上谕、旨令等来看，许多措施明显参照了《理藩院则例》中关于蒙古地区的做法。虽然这些措施无法从根本上解决问题，但值得肯定的是，清政府对于苗疆土地问题，态度基本上是积极的，其所制定、采取的一系列措施，从民事、刑

① 顺治十二年规定："各边口内旷土听兵垦种，不得往垦口外牧地。"见《皇朝文献通考》卷1，《官田·田赋之制》。乾隆十三年议准，"民人所典蒙古地亩，应计所典年份，以次给还原主。……以上地亩，皆系蒙古之地，不可令民占耕。应令札萨克等察明某人之地，典与某人得银若干，限定几年，详造清册，送该同知通判办理，照从前归化城土默特蒙古撤回地亩之例。价在百两以下，典种五年以上者，令再种一年撤回。如未满五年者，仍令民人耕种，俟届五年，再行撤回。二百两以下者，再令种三年，俟年满撤回，均给还业主。"见乾隆朝内府抄本《理藩院则例》，《录勋清吏司下·田宅》。乾隆十四年覆准："喀喇沁、土默特、敖汉、翁牛特等旗，除见存民人外，嗣后毋许再行容留民人，增垦地亩，及将地亩典给民人。……该札萨克蒙古等若再图利，容留民人开垦地亩，及将地亩典给民人者，照隐匿逃人例，罚俸一年，都统、副都统罚三九，佐领、骁骑校皆革职，罚三九，领催、什长等鞭一百。其容留居住开垦地亩典地之人，亦鞭一百，罚三九。所罚牲畜，赏给本旗效力之人，并将所垦所典之地撤出，给于本旗无地之穷苦蒙古。其开垦地亩以及典地之民人，交该地方官从重治罪，递回原籍。……若有容留增垦地亩，及典与民人等事，即将垦种典地之蒙古民人等，交与该总管严行治罪，民人递回原籍。其并不实力稽查之该管官，亦一体交部议处。"见乾隆朝内府抄本《理藩院则例》，《录勋清吏司下·田宅》。

事、行政各方面遏制了汉占苗田的势头，在客观上对保护少数民族土地权益，抑制苗疆土地的生态破坏起了一定的作用。

一、厘清地界，明确地权

1. 清前期

要杜绝苗疆络绎不绝的土地纠纷，保护少数民族的土地权益，最首要的就是划清苗民与汉民的土地界限，明确各自的所有权。早在顺治九年（1652年）八月十九日戊午，礼科给事中刘馀谟即奏言不得侵占少数民族拥有所有权的有主土地："湖南、川、广驻防官兵，亦择其强壮者讲武，其余老弱给与荒弃空地耕种，但不许侵占有主熟田。"得旨："此所奏是，着户兵二部确议速奏。"[①] 这一政策的主旨是希望苗民安居乐业，不与其他民族发生冲突和矛盾。"平定之初，在锄其暴。向化之后，在厚其生。"[②] 这一政策在一定程度上保证了苗疆的平稳过渡，缓和了各种社会矛盾，也使苗疆原有的土地状况得以维持。

厘清地界的作用之一就是在土地买卖契约中明确土地范围，防止诈骗。汉民之所以能轻而易举地从苗人手中获得大量土地，是和苗人商品经济观念不发达、所有权观念缺失、契约意识淡薄等因素分不开的。在民人进入苗疆之时，许多少数民族仍然保持着"刻木为信"或"结草为盟"的契约方式，内地民人欺负他们没有成文契约概念，或即使立契土地范围也模糊不清，乘机盘剥土地。为此，清政府加强了对苗疆土地买卖、租佃、典当等契约的官方管理，规定土地买卖契约必须写明土地界限，并须获得官方的批准。雍正五年（1727年）三月，兵部议准云贵总督鄂尔泰疏奏经理仲苗事宜："苗民地亩多恃强侵占，以致互相仇杀，应令各具契纸，开明四至，官给印信，俾永远承业。"[③] 同年，四川巡抚宪德以"奸滑之徒，以界畔无据，遂相争讼。川省词讼，为田土者十居七八，亦非勘丈无以判其曲直"，要求丈量厘清川省田亩，得到了皇帝的批准。至七年

---

① 《清世祖实录》，卷67，页4，《清实录》（第三册），中华书局1985年版，第522页。

② （清）爱必达：《黔南识略》，卷1，页3—4，台北成文出版社1968年版，第10页。中国方志丛书第151号。

③ 《清世宗实录》，卷54，页30—31，《清实录》（第七册），《世宗实录一》，中华书局1985年版，第827页。

十一月，通省勘丈完毕，[①] 明确了土地界限，为准确划分汉苗土地产权奠定了基础。

2. 乾隆时期

系统提出厘清苗疆地界，明确所有权政策的，是在乾隆时期。乾隆七年（1742 年），湖广总督孙嘉淦奏《区划苗瑶生计折》就指出，对于刚刚平定的苗疆，应当按照统一的标准均分地亩，明确产权，使苗人各有其田，各有所得，才能使其基本生活获得保障："查苗人别无经营，惟以种田为务，城、绥各峒其未经剿洗之寨，比户皆有世业，无庸更为筹划。其曾经剿洗者，因所清叛产与招抚苗人之田难于区别，故相度地形，或以河渠或以山脊为界，当招抚之时因未知苗人多少，故在事各官酌定每一人就抚给以三十攒田。三十攒者，谓可获稻三十束也。核算其地，不过一亩有奇，实属太少。臣查询苗寨户口，约观所有苗田，计丁均分，不止三十攒之数。因此，今既定就抚，苗人不敢多种，以致地荒闲，兼以苗头人等多为侵占，遂致苦乐不均。臣现饬理瑶同知会同城、绥两县逐寨清查，将现田与现丁合算，每丁给以一百攒田，计地可得五亩。如现今指定苗田，足敷每丁五亩及五亩以上者，则将现田均分，不许苗头人等恃强多占；如不敷五亩者，或该处堡田太多，另议立界，或别寨苗田余剩，通融移拨，务期足以资生，无至失所。"孙嘉淦还进一步论述了对比苗民生活更为困苦的瑶民，也应当给予适当的土地，并明确界限，使其能安居乐业，进而实现稳定社会秩序的目标："至于瑶人又与峒苗不同，散居山野，多无恒产。山头硗确之地，苗人所不种者，瑶人零碎垦艺。并此不同者，深居林箐，掘野笋薇蕨而食之。饥寒交迫，时出为匪，其势然也。臣饬地方官俱行查明，其有田庐定居者则编立保甲，照例稽查，其散处山野者或将官田量给耕种，与民人一体出租，或将附近堡寨之山制定界限，给与垦种杂粮，照苗寨之例，设立头人以管领之。如此，则苗瑶人等既有资生之策，又有约束之方，自各安业守法，而无偷窃劫掠之事矣。"[②]

厘清地界推动了对苗疆土地契约的管理。乾隆九年（1744 年）七月二十八日，湖南巡抚蒋溥奏《酌议抚苗事宜三条折》陈述苗汉买卖土地

---

① 赵尔巽等撰：《清史稿》，卷 294，列传 81 · 宪德传，中华书局 1977 年版，第三十四册，第 10340—10341 页。

② 《军机处录副奏折》，见中国第一历史档案馆编《清代档案史料丛编》第十四辑，中华书局 1990 年版，第 158—159 页。

契约界限不清的弊端："内地民人俱纷纷搬住，或开铺贸易，或手艺营生，在驻扎之文武员弁方幸多民聚集，以免孤住苗穴之地。聚处即久，则与苗人买产借债，势不能免。乃从前设有禁例，致令民苗交易俱私相授受，遂尔草率成事，产则契载不清，债则中约不备，刁民每以愚苗可欺，乘机侵占负赖，苗人不甘，或致凶横滋事。"政府为此严格规定，汉人承买苗产的不动产契约，必须载明土地的面积和界限，并要经过官府的验证和加盖印章；对于借贷契约，则必须载明借贷期限，并要有保证人："其买苗地契内，四至丈尺必载明白，呈官验明，投税盖印之后，始准管业。至借债者凭中立约，载明交利还本之期，即令借主之邻民作保，若有侵占负赖，各许苗人诉官究追，官不得庇民曲折，庶民苗各以直信相与，可杜拘衅之端也。"① 这些措施，使苗疆原本混乱简易的土地买卖契约，从不要式的民事行为，变成了官方积极干预的要式法律文书，从而在一定程度上减少了可能发生的纠纷。

此后，苗疆各地纷纷开展厘清地界，明确所有权的运动。地方大臣在上奏的治理措施中，也均将此条作为重要条款。厘清地界的方式主要有查造土地清册、发给土地印照、建碑立界、挖濠立界、取图结存等等。乾隆十四年（1749 年）六月二十六日，云贵总督张允随奏《遵奉因俗而治谕旨办理缘由折》称苗汉宜分清疆界，互不侵扰："盖番苗宜令自安番苗之地，内地之民宜令自安内地，各不相蒙，可永宁谧。"② 乾隆十七年九月甲戌，皇帝明确指示："惟将边界分划明晰，再不可令内地民人逾此更进番部。"③ 乾隆二十二年正月三十日壬戌，两广总督杨应琚奏准："臣拟饬有土兵之汉土（壮族）各属，查照兵卒旧额补足，将现存田亩数、坐落土名，清查造册，查照各兵承耕田数，给予印照管业，如有事故，开收缴还，其应纳钱粮，并另立军田户名，以免混淆。"④ 乾隆四十二年正月二十二日，户部议准广西布政使孙士毅奏："粤西官荒地土，向未查明定

① 《宫中朱批奏折》，见中国第一历史档案馆编《清代档案史料丛编》第十四辑，中华书局 1990 年版，第 164 页。

② 《宫中朱批奏折》，见中国第一历史档案馆编《清代档案史料丛编》第十四辑，中华书局 1990 年版，第 178—179 页。

③ 《清高宗实录》，卷 423，页 5，《清实录》（第十四册），《高宗实录六》，中华书局 1985 年版，第 532 页。

④ 《清高宗实录》，卷 531，页 27—28，《清实录》（第十五册），《高宗实录七》，中华书局 1985 年版，第 700 页。

界，开垦后，居民彼此互争，甚至有械斗、匿匪等弊，应如所请，饬各州、县官亲身会勘，或建石碑，挖濠堑，使疆界分明，并取图结存案。如仍有争控，即将经管官参处。”①

3. 嘉庆、道光时期

嘉庆时期，清政府致力于将厘清地界的政策法典化、常规化、物质化。嘉庆时期制定了一系列苗疆善后章程，几乎所有的章程中都有厘定苗汉土地界线的内容。嘉庆元年（1796年），四川总督和琳奏《为酌拟苗疆紧要善后章程先行恭折》第一条就规定：“苗疆田亩必清厘界址，毋许汉民侵占以杜争竞也。查节次钦奉谕旨以石柳邓滋事，皆因附近客民平时在彼盘踞，事竣后逐一清厘，毋许客民再与苗民私相往来交易。又奉谕旨，客民侵占之地着办理善后处理时派员清查，如此项地亩本系民产，仍归民种，本系苗产，为客民所占，竟给良苗耕种，以清界址，而杜后患。”②此后，苗疆各地的具体界线被逐一分段勘定，其中最突出的是民苗杂居程度较高的湘西、黔东地区。嘉庆元年七月，军机大臣会部议准《苗疆善后章程六条》，第一条就规定了湘西镇筸、永绥、乾凤一带的苗汉土地界线：“清厘民苗田亩界址：镇筸东南一带本系民地，西北皆系苗寨，永绥四面皆系苗地，惟花园一带本系民地，乾凤旧有边墙一道，自喜雀营起至亭子关止，绵亘三百余里，以为民苗之限。墙以外，为民地，墙以内为苗地。”③ 此后，政府又厘定了湘西和贵州交界处三厅的苗汉土地界线：“至黔川交界三厅，所属苗地向来悉系苗产，此内如有汉民侵占之田，亦应一并查明，不许汉民再行耕种。至黔省正大、嗅脑、松桃等处，本属民苗杂处，其原系民村亦准汉民复业，其余苗寨内汉人所占插花地亩，均应给还苗民管业。”④ 嘉庆二年（1797年）定《苗疆善后事宜》，根据和琳的建议，湘西苗疆以乾州、凤凰厅之间的旧墙为界，边墙以内的土地，全部归苗人耕种，汉人不得侵占：“边墙内地，向系苗产，经和琳奏明，如有汉

① 《清高宗实录》，卷1025，页18，《清实录》（第二十一册），《高宗实录十三》，中华书局1985年版，第734页。

② （清）但湘良纂：《湖南苗防屯政考》（二），卷3，页28下—29上，台北成文出版社1968年版，第582—583页。中国方略丛书第一辑第23号。

③ （清）但湘良纂：《湖南苗防屯政考》（一），卷首，页31上，台北成文出版社1968年版，第137页。中国方略丛书第一辑第23号。

④ （清）但湘良纂：《湖南苗防屯政考》（二），卷3，页29上、下，台北成文出版社1968年版，第584页。中国方略丛书第一辑第23号。

人侵占，查出后不许再种。今据毕沅等奏称：‘边墙内寄居民人俱被焚掠，今将所有逃散田土悉归苗业，伊等乏术营生，自应酌筹安置。’”[①] 嘉庆五年四月，上谕清厘三厅民苗界址。五月湖广总督姜晟、湖南巡抚祖之望、湖南提督王柄复奏清厘民苗地界。[②] 同年七月湖广总督姜晟、湖南巡抚祖之望、湖南提督王柄会奏：“三厅民苗交涉之地，乾州厅属由二炮台起，至喜鹊营止，民地归民，苗地归苗，均已划分清楚，其从前民占苗地，皆一律退还，客民全行撤出，凤凰厅属边界二百余里，辽远丛杂，经同知傅鼐将民苗界址逐一划分。中营暨上前营一带以乌草河为界，下前营暨右营一带以山溪为界，外为苗地，内为民地，以前民人垦买田地，尽归苗人，其下前营之木里关等处向系民地，在山溪以外及乌草河以内逼近苗寨，不便取回，均给良苗佃租，又乌草河以内间有民苗地界交错之处，亦将苗田尽归苗人，民人向住苗地者，陆续招回。”[③] 嘉庆六年正月，湖广总督书麟、湖南巡抚祖之望又奏请“将永绥厅协移驻茶洞等处扼要布置，划清民苗界址以资控制”。[④]

清末爆发了多起因争夺土地而发生的少数民族起义，为了遏制汉族对土地的侵占，清政府也加强了对土地的界定工作，以杜绝纠纷。道光十三年（1833 年）四月癸亥，针对四川清溪、峨边彝民因土地发生的暴动，皇帝要求清查彝汉户口，划分清楚双方的土地界限，以绝衅端：“清溪、峨边两处夷户，系嘉庆十三（1808 年）、十九（1814）等年，改土归流。即因图占田地起衅，必须详查户田，将汉夷田土划清界址。并将汉夷交涉事件，严立章程。俾公平交易，不致久而生衅。”[⑤] 同年五月乙未，道光皇帝指示：“即应清查汉夷户口，划清界址，妥议章程，使

---

① 《清仁宗实录》，卷 16，页 2，《清实录》（第二十八册），《仁宗实录一》，中华书局 1985 年版，第 217 页。

② （清）但湘良纂：《湖南苗防屯政考》（一），卷首，页 35 下，台北成文出版社 1968 年版，第 146 页。中国方略丛书第一辑第 23 号。

③ （清）卞宝第、李瀚章等修，曾国荃、郭嵩焘等纂：光绪《湖南通志》，卷 85，武备志八·苗防五，见《续修四库全书》编纂委员会编《续修四库全书》第 663 册，史部·地理类，上海古籍出版社 1995 年版，第 406 页。

④ （清）但湘良纂：《湖南苗防屯政考》（一），卷首，页 36 下，台北成文出版社 1968 年版，第 148 页。中国方略丛书第一辑第 23 号。

⑤ 《清宣宗实录》，卷 236，页 22，《清实录》（第三十六册），《宣宗实录四》，中华书局 1985 年版，第 532 页。

各安住牧。"① 有证据表明，清末政府在一些地方通过发放土地执照的方式界定苗疆土地所有权，以具有法律效力的书面凭证杜绝汉民对少数民族土地的侵袭。广西隆林县立于同治八年（1869 年）的《德峨田坝执照碑文》就是一份土地执照。该执照明确规定苗民拥有的土地界限，并指明不与附近客民相干。这一做法的效果是显而易见的。可以肯定的是，这是一种厘清苗疆地界政策物化、外在的体现。

德峨田坝执照碑文

永远留传

忘帝力风调雨顺

遵王道国泰民安

统带四镇营兵勇署，泗城府正堂加十级，朱腾伟照事，照得西隆州巴结甲保猄亭蔗棚村苗民杨正文、杨亚桌、杨开秀、杨起鹏等，发给告示安业。在查得该良苗派管蔗棚等处，田土各业，尔有应纳名下地丁钱粮款项，每年应赴州堂，自封投柜上纳，务当年清年款，不与龙姓客户相干，尔当□须至执照者。

正文、开秀、

右照给杨　　　　勒石为据

亚桌、起鹏、

同治八年二月六日泗城府行②

二、禁止侵占少数民族土地

大规模的人口涌入，苗疆土地承受的生态压力可想而知。苗疆千百年来在少数民族原始或半原始的耕作方式之下保持的良好的生态环境遭受了灭顶之灾。因此，制止民人侵占苗地，是政府在苗疆重要的职责，清政府对这一职责的履行是尽了较大努力的。内地民人侵占苗田，主要有以下几

① 《清宣宗实录》，卷 237，页 34，《清实录》（第三十六册），《宣宗实录四》，中华书局 1985 年版，第 554 页。

② 隆林各族自治县地方志编纂委员会编：《隆林各族自治县志》，广西人民出版社 2002 年版，第 969 页。

种方式：（1）利用少数民族缺乏所有权观念，或土地所有权不明晰等情况，通过先占的方式取得土地所有权；（2）租种苗田，逐步据为己有；（3）利用少数民族文化素质低的特点，冒领、冒认土地所有权。许多汉民采用越界强占、盗垦的方法侵夺少数民族的土地。清政府根据不同情况，分别制定了严厉的法律处罚措施。

1. 雍正、乾隆时期

雍正末年，汉占苗地的现象已初露端倪。但这一现象尚未在苗疆全面出现。乾隆时期则已酿成了大规模的社会问题。这一时期清政府解决汉占苗地问题最大的成就在于确立了惩治这种行为的法律依据，即在《大清律例》中增设了相关条文，将侵占苗田的行为完全纳入法律治理体系当中。如果仅停留在大臣的奏折和皇帝的谕旨上，政府就难以有力惩戒汉占苗田的猖獗情况。因此，清政府在《大清律例》中增加、修订了多条法律条文，以明确的立法达到对苗疆土地侵占者的惩治目的，期望取得社会震慑效应。乾隆三年（1738年）十月甲申，大学士伯鄂尔泰、贵州总督兼巡抚张广泗等建议依照“盗耕种他人田”“盗卖他人田”罪来处罚苗疆的汉人占地者，惩罚对象主要是越界侵占苗人田土者和非法典卖屯田者：“嗣后屯户人等如敢越界侵占苗人田土、山场，照盗耕种他人田例，计亩论罪，强者加等。……嗣后屯军人等典卖屯田，照盗卖他人田：一亩以下笞五十，五亩加一等，官田加二等，私行当买者同罪。”[①] 乾隆采纳了他们的建议。如前文第一章所述，依照清代法律规定，苗人自相争讼之事适用“苗例”，汉苗之间的冲突则适用《大清律例》。为了解决苗疆土地纠纷，清政府除适用《大清律例》的“盗卖他人田”和“盗耕种他人田”等相关罪名处罚侵占苗田民人外，还对原有律文作了补充，并规定了加重情节和违令官员的刑事责任。关于“盗卖”“盗耕”“强占”田地的条款，主要集中在《户律·田宅》中，其律文九十三规定了“盗卖田宅”罪，律文规定如下：

> 第一条：凡盗［他人田宅］卖［将已不堪田宅］换易及冒认［他人田宅作自己者］，若虚［写价］钱实［立文］契典卖及侵占他

① 《清高宗实录》，卷78，页14—15，《清实录》（第十册），《高宗实录二》，中华书局1985年版，第229—230页。

人田宅者，田一亩屋一间以下，笞五十；每田五亩屋三间加一等。罪止杖八十，徒二年，系官［田宅］者各加二等。

第二条：若强占官民山场、湖泊、茶园、芦荡及金银铜锡铁冶者［不计亩数］，杖一百，流三千里。

第三条：若将互争［不明］及他人田产妄作己业，朦胧投献官豪势要之人，与者受者各杖一百，徒三年。

第四条：［盗卖与投献等项］田产及盗卖过田价并［各项田产中］递年所得花利，各［应还官者］还官、［应给主者］给主。

这些是在全国范围内普遍适用的正式律文，随着苗疆土地问题的升级，清代立法者又在后面增加了一条关于苗疆盗占田地的条例第十一："黔省汉民，如有强占苗人田产，致令失业酿命之案，俱照棍徒扰害例问拟，其未经酿命者，仍照常例科断。"《户律·田宅》律文九十六条规定了"盗耕种官民田"罪，正文为："凡盗耕种他人田［园地土］者，［不告田主］，一亩以下笞三十，每五亩加一等，罪止杖八十，荒田减一等。强者［不由田主］各［指熟田荒田言］加一等；系官者各［通盗耕强耕荒熟言］又加二等，［仍追所得］，花利［官田］归官［民田］给主。"《皇朝政典类纂·田赋·田制》也规定："凡盗耕他人田地者及盗耕莹堡草场，越逾边墙界石者，依律例分别究拟，仍追所得花利，官田归官，民田给主。"① 可以看出，《大清律例》对强占、盗卖、盗耕他人地亩者，处罚是较为严厉的。虽然没有规定死刑，但五刑中的笞、杖、徒、流均有涉及，而且量刑较高，随着侵占田亩的数量递增。"盗耕种他人田""盗卖他人田"罪由此成为清代治理苗疆土地问题所遵循的基本刑事法律条款。

内地民人大量迁往苗疆定居，是导致土地危机的直接原因。因此，将汉民驱逐出苗疆，遣返原籍，减少苗疆的土地资源压力，也是一个重要手段。据《清史稿》记载："乾隆五年，湖广遣山东流民还里，道经江南，恃其众扰民。"② 据《桂阳禁令碑》记载："乾隆十二年（1747 年）奏准禁止，以后搬往深居瑶峒内之汉民，查明出示，详晰晓谕，定限一年内，

---

① （清）席裕福、沈师徐辑：《皇朝政典类纂》（二），卷 2，田赋二·田制，页 3 下，台北文海出版社 1982 年版，第 38 页。

② 赵尔巽等撰：《清史稿》，卷 308，列传 95·徐士林传，中华书局 1977 年版，第三十五册，第 10570 页。

尽令搬出，各归汉地。”[①] 乾隆二十八年（1763 年）六月壬寅，贵州按察使赵孙英规定：“新疆苗民较淳于旧疆，治之之法，在严惩汉奸，或入苗寨唆讼、或种苗地久占，或开店诱为盗贼，似此不法，有犯悉递原籍，则蠹去而苗安矣。”[②] 乾隆六十年，广西巡抚成林提出将汉民全部迁出少数民族聚居区以退还苗地：“汉民之地归汉，苗民之地归苗。汉占苗田地者，皆一律退还；汉民居住苗民区域者令通同迁出，不准杂处苗境。”[③]

2. 嘉庆、道光时期

清中叶以后，上述法律仍得到了有力的执行。嘉庆元年，湘西凤凰厅同知傅鼐“治当苗冲，会大军移征湖北教匪，降苗要求苗地归苗，当事议允之”。[④] 嘉庆二十二年（1817 年）四月辛卯，上谕军机大臣等：“凡内地民人，不准私往夷地贸易，侵夺夷人生计。若有私越边境者，查明严禁治罪。”[⑤]

清末，汉占苗地的行为日趋严重，但清政府仍然严厉地稽查民占苗田的情况。以道光时期最为严厉。道光元年（1821 年）五月辛亥，蒋攸铦奏：“现在永北文武，会衔告示，谓高土司所属客民，酌给地价，各回原籍，不得复行盘踞；章土司地方，素本安分者，仍准各安生业，编入夷甲，听土司管辖。如不情愿，即各归故里。”[⑥] 道光四年奏定：“近僮居住之生监，霸占僮地，州县官不行查出，罚俸一年。该教官知情不报者，革职，失察者降一级留任。”[⑦] 需要指出的是，道光年间由于苗疆土地问题空前严重，还出现过“照例加倍治罪”的情况。道光六年，上谕：“倘再有勾引流民擅入苗寨，续增户口及盘剥准折等事，立时驱逐，田产给还苗

---

① 黄钰辑点：《瑶族石刻录》，云南民族出版社 1993 年版，第 16—18 页。该碑未刻时间，从内容推断，应为乾隆之后。

② 《清高宗实录》，卷 689，页 4，《清实录》（第十七册），《高宗实录九》，中华书局 1985 年版，第 714 页。

③ 乾隆六十年广西巡抚成林奏折，转引自李廷贵等《苗族历史与文化》，中央民族大学出版社 1996 年版，第 61 页。

④ 赵尔巽等撰：《清史稿》，卷 361，列传 148 · 傅鼐传，中华书局 1977 年版，第三十七册，第 11386 页。

⑤ 《清仁宗实录》，卷 329，页 9，《清实录》（第三十二册），《仁宗实录五》，中华书局 1985 年版，第 335 页。

⑥ 《清宣宗实录》，卷 18，页 2—3，《清实录》（第三十三册），《宣宗实录一》，中华书局 1985 年版，第 326 页。

⑦ 《清会典事例》第二册，卷 120，吏部 104 · 处分例 · 边禁，中华书局 1991 年版，第 558 页。

人，追价入官，仍照例加倍治罪。”[①] 这显然是为了更加严厉地制裁汉占苗地的行为。道光七年，贵州巡抚嵩溥奏《随时稽核章程》，规定了五条禁律：“一禁续增流民；一禁续置苗产；一禁盘剥准折；一禁加租逐佃；一禁棚户垦占。”皇帝批复道：“依议妥为之。”[②] 道光十二年十一月辛丑谕内阁：“瑶人生计艰难，每被地棍游民欺压。着责成各该县，每于季首轻骑赴山，传谕各瑶目，如有前项人等，立即禀究，民人侵占瑶业者，查明退还瑶人。”[③] 道光十三年五月癸未，皇帝根据杨芳片奏指示，“如有游手好闲穷极无聊之汉民，觊觎夷人产业，冀图霸占”，必须“确切究明，按律严办”。[④] 上述谕旨中，都没有具体指明律文的条目和内容，而是直接申明“照律”治罪，这说明依照“盗耕种他人田”“盗卖他人田”罪定罪处罚，已成为清代治理苗疆土地问题基本的定例和原则。

道光十三年以后，由于内地频繁发生水灾等自然灾害，内地汉民掀起了新一轮向苗疆迁徙的狂潮，苗疆各省纷纷告急，但政府并未放松对土地侵占行为的稽查。道光十三年定：“黔省汉民，如有强占苗人田产，致令失业酿命之案，俱照棍徒谋害例问拟。其未经酿命者，仍照常例科断。”[⑤] 道光十四年六月癸卯，上谕军机大臣等：“贵州苗疆一带，外来流民租种山田，络绎不绝，愚民唯利是图，趋之若鹜，将来日聚日众，难保无狡黠之徒，始以租种为名，继且据为己有。苗民受其盘剥，目前即幸相安，日久必滋争夺，甚或占据开垦，煽惑苗民，种种弊端，均所不免，不可不严行饬禁。”要求立刻予以严查，禁止流民侵占苗田：“现在贵州地方，外来游民有无租种苗田之事，是否均系湖广土著民人？一经查出，即行设法妥为遣归原籍，交地方官管束，毋许一名逗留，致滋弊窦。”[⑥] 道光十八

---

① 《清宣宗实录》，卷 99，页 41，《清实录》（第三十四册），《宣宗实录二》，中华书局 1985 年版，第 625 页。

② 《清宣宗实录》，卷 126，页 6，《清实录》（第三十四册），《宣宗实录二》，中华书局 1985 年版，第 1101 页。

③ 《清宣宗实录》，卷 226，页 22，《清实录》（第三十六册），《宣宗实录四》，中华书局 1985 年版，第 379 页。

④ 《清宣宗实录》，卷 237，页 18，《清实录》（第三十六册），《宣宗实录四》，中华书局 1985 年版，第 546 页。

⑤ 《清会典事例》第九册，卷 755，刑部 33・户律田宅，中华书局 1991 年版，第 328 页。

⑥ 《清宣宗实录》，卷 253，页 21，《清实录》（第三十六册），《宣宗实录四》，中华书局 1985 年版，第 841 页。

年十一月戊午，上谕军机大臣等，“倘有狡黠客民人等侵占苗人地土”，“即将田地断还本人管业，追价入官，仍照例治罪”。[①] 清政府还注意保护苗疆回族的土地。道光二十六年四月辛丑，上谕军机大臣等：“上年永昌汉回互斗滋事，业经持平审办，其逃散回民所遗田地，亦经委员分头清查，不准汉民侵占，并出示招回复业。”[②]

三、禁止买卖少数民族土地

在禁止侵占苗田的同时，清政府还禁止苗民与内地民人之间的土地买卖借贷。这并非是为了限制苗疆经济的发展。因为苗民在具有发达商品经济观念的内地民人面前总是处于劣势，在信息不对称的情况下，双方所订立的土地契约关系总体来说是显失公平的。内地民人往往采取以下交易手段骗取苗民土地：（1）用畸低于正常交易的价格从苗人手中购买，取得土地所有权；（2）典买苗人土地，待苗人无力回赎时，取得土地所有权；（3）通过向苗人放高利贷，以其土地作抵押的方式获得土地所有权。一概杜绝此类买卖，反而可以保护少数民族的土地权宜。

1. 雍正、乾隆时期

实际上，早在明末就有苗疆官员意识到买卖少数民族土地的危害性，向朝廷上书要求禁止：“自后夷司田土即大，不得听其与军民交易，其余土司务守一定之界，毋容吞噬之谋。如有越而买者，以侵疆罪之，如有越而卖之，以授献罪之，庶几大小相制而永永无患也。”[③] 但当时的统治者并未采纳。清前期的统治者已经注意到苗汉交易土地的不公平性，因此加以严格禁止。雍正五年（1727 年），湖广总督傅敏奏《苗疆要务五款清折》，其中规定：“兵民与苗借债卖产尤宜禁绝，汉民柔奸，利愚苗之所有，哄诱曲卖田产，或借贷银谷，始甚亲暱，骗其财物后即图赖，苗目不识丁，不能控诉，即告官，无不袒护百姓者，苗有屈无伸，甚则操刀相

---

① 《清宣宗实录》，卷 316，页 26，《清实录》（第三十七册），《宣宗实录五》，中华书局 1985 年版，第 935 页。

② 《清宣宗实录》，卷 428，页 13—14，《清实录》（第三十九册），《宣宗实录七》，中华书局 1985 年版，第 368—369 页。

③ 《萧彦数陈末议以备采择书》，见（明）顾炎武《天下郡国利病书》，卷 32，云贵交趾，页 44 上、下，台湾商务印书馆 1966 年版，上海涵芬楼影印自昆山图书馆藏稿本，四部丛刊续编 081 册。

向，伏草捉人，报复无已。请自后除粜籴粮食、买卖布帛等项见钱交易，毋庸禁止，至民与苗卖产借债，责之郡县有司；兵与苗卖产借债，责之营协汛弁。自本年为始，许其自首，勒银赎还，犯者照例治罪。”①

乾隆时期，禁止汉买苗田的政策得到进一步巩固和细化。湖南省桂阳县东源冲出现了专门的禁买瑶人田地碑——《桂阳禁令碑》，碑文记载：“至民买瑶人田地，于乾隆十一年（1746 年）前都堂准奏，瑶地只许本处土瑶互相买卖。其徒前居住年久，置产业，汉民仍听其相要外，以后如有汉民再买瑶田与土苗贪价卖给汉民，将民瑶分别责惩，令苗瑶备价还赎。”② 乾隆十二年（1747 年）四月二十六日，湖广总督塞楞额奏《请严汉民置买苗产等事折》指出了汉买苗地的弊端：“窃照湖南永顺府属之永顺、龙山、保靖、桑植四县地方，均属苗疆最要之区，自雍正七年改土归流以后，因彼地粮轻产贱，兼可冒考，以致辰、沅、常、宝等处民人，始则贸易置产，继则挈眷偕居，且已经入籍置产之民，仍复贪心不足，希图多买苗田，即未经入籍之人，亦觊觎田产，每每依亲托故，陆续前来。夫以一隅有限之苗田土，岂容四处无数之购求？”他由此提出议案：“嗣后苗疆田地，只许本处土苗互相买卖。”③ 此提案得到中央政府批准，并规定为成例，确定了各方法律责任：“此后无论居住年份久暂，并有无置买产业，一概不许再买苗田。如有内地民希图粮轻，再买苗田及土苗贪得重价卖田与民者，将苗民分别责惩，仍令苗人备价归赎。其有外来之民，贪图苗土，携带眷口前来者，不许地方官给照；经过塘汛，亦不得放行。如地方官不行稽查，滥准买卖者，照例议处。”④ 乾隆三十七年奏准：“湖南所属苗疆地方苗田，不许汉民典买，如有外来民人，或贪图苗土，或假称置有产业，携带眷口前来者，地方官不许给照，其经塘汛者，亦不准放行。”⑤

在这方面，乾隆时期最重要的政策就是保护土司土地和佷田。土司是

---

① （清）但湘良纂：《湖南苗防屯政考》（二），卷 3，页 11 上、下，台北成文出版社 1968 年版，第 547—548 页。中国方略丛书第一辑第 23 号。

② 黄钰辑点：《瑶族石刻录》，云南民族出版社 1993 年版，第 16—18 页。该碑原文未刻时间，从内容推断，应为乾隆之后。

③ 《宫中朱批奏折》，见中国第一历史档案馆编《清代档案史料丛编》第十四辑，中华书局 1990 年版，第 176—177 页。

④ 《清会典事例》第二册，卷 165，户部 14 · 田赋，中华书局 1991 年版，第 1100 页。

⑤ 《清会典事例》第二册，卷 119，吏部 103 · 处分例 · 边禁，中华书局 1991 年版，第 553 页。

苗疆重要的统治势力。改土归流后，许多土司失去了昔日的权势、地位和财富，开始大量买卖土地。但在苗疆的许多地区，土司仍具有一定的约束作用，许多少数民族群众与土司形成了土地和人身的依附关系，土司原有的土地体制一旦崩溃，将会引发较大的社会动荡。因此，清政府积极维护土司原有的土地占有体系。清代立法者增设条例，禁止典卖土司田亩。乾隆四十二年议准："广西庆远等五府属土司官庄田亩，除已经典卖者勒限回赎外，嗣后如有土司土民典卖，照盗卖律加一等治罪，田给原主，追价入官。其违例典卖之土司，降一级留任。失察之该管知府，罚俸一年，若土司倚势勒卖。降一级调用，该管知府降一级留任。"[①] 同年定："土目土民不许私相典买土司田亩，如有违禁不遵者，立即追价入官，田还原主，并将承买之人，比照盗卖他人田亩律，田一亩笞五十，每五亩加一等，罪止杖八十徒二年。其违例典卖并倚势抑勒之土司，失察之该管知府，均交部议处。"[②]

俍田则是苗疆一种特殊的土地制度。明代时，统治者为了抗击倭寇，镇压少数民族起义，曾征召广西壮、瑶族群众组成俍兵、瑶兵前往东南沿海等地区作战。由于俍兵、瑶兵作战英勇，在抗击倭寇等军事行动中立下了汗马功劳，因此在他们解甲归田后，朝廷分配给他们一定的土地安居乐业，并规定这样的土地一律不得买卖交易，以保证其生计。乾隆《兴业县志》载：俍兵"前明成化间调集征勦匪寇，发给食田，奉告有条禁，无得买卖侵占"。[③] 乾隆《桂平县志》也记载："编以俍甲，设俍总俍目以管束之，当役守塘，各供其职，官则每年按籍操练，其田禁止，不得私相当卖。"[④] 清代苗疆仍然大量利用俍兵镇守防汛，并沿袭明代规定禁止买卖俍兵土地。但至清代中期，许多俍兵的生活日益艰难，再加之汉民的大规模"入侵"，因此俍兵土地也开始频繁交易。失去土地的俍兵很容易引发社会不安定问题，因此清政府采取各项措施，竭力阻止俍兵土地买卖。乾隆十六年十二月，廉州知府周硕勋奏《规划俍瑶士兵议》，规定："请

---

① 《清会典事例》第二册，卷165，户部14·田赋，中华书局1991年版，第1100页。

② 《清会典事例》第九册，卷755，刑部33·户律田宅，中华书局1991年版，第327—328页。

③ （清）王巡泰修：（乾隆）《兴业县志》，卷4，风俗，页17，故宫珍本丛刊第202册，海南出版社2001年版，第332页。

④ （清）吴志绾主修：（乾隆）《桂平县志》，卷4，瑶僮图志，页4，故宫珍本丛刊第202册，海南出版社2001年版，第468页。

嗣后俍田、瑶田，如俍瑶内有贫乏不能守业者，准令本族承买，如本族无力准令俍田仍归俍户，瑶田仍归瑶户，不许民间私相典买。……至授田原有多寡，均请照旧毋庸纷更。清厘之后，总令按田出兵二十入伍六十归农，子继其父，弟继其兄，其田不许外售，户绝亲房承替，伊等各有田园，兵皆土著。”① 乾隆十九年二月庚戌，两广总督班第奏《清俍瑶军田》，规定广东合浦县永年司巡检所辖地方，与广西横州、贵县、兴业、郁林、博白等州县接壤处的俍田、瑶田禁止出售：“明成化年间，令俍瑶兵丁分守要隘，拨田耕种，蠲徭薄赋，名曰俍田瑶田，各兵后人承田充兵，粮饷不费，足资捍御。本朝初年尚存俍瑶田一百四十四顷一十八亩零，存兵二百四十二名，阅年久远，稽查有疏，田亩多被土人诱骗典当，兵额渐缺。现在核对赋役全书，清出田亩坵段，并查出私典数目，授受姓名，勒限分别定价取赎，并酌议章程。自本年为始，如有民人向俍瑶私典授受，照盗卖盗买官田例治罪，倘俍瑶内有贫乏不能守业者，田归本族及本地俍瑶，照例取赎，不得外售与民。”② 乾隆二十二年正月三十日壬戌，两广总督杨应琚奏：“向来汉土各属，于额设营汛外，又设土兵暨俍兵、堡卒、隘卒等项，每属自百名至数百名不等，给有军田，轻其粮赋。平居则耕凿巡防，有事则征发调遣，近来土兵额少，田亩销售，窃以兵额固不便虚悬，而军田尤应严私卖。……如各兵有贫乏不能守业者，田归本族本地之俍瑶，即令承田充兵，如民人有私典买者，授受俱如律治罪。”③

2. 嘉庆、道光时期

嘉庆时期，清政府禁止买卖苗产的政策丝毫没有动摇。对于近年已经买卖的，强制回赎，并永久性禁止今后的汉苗田地买卖。嘉庆三年（1798年）覆准：“黔省汉苗杂处地方，彼此交易田地，除年远无人取赎之田，仍令汉民管业外，其近年田产，勒令苗民取赎，将失察地方官议处。嗣后汉苗永远不许典卖田地，违者将田地给还原主，追价入官，仍照例治罪。”④

---

① （清）何御主修：（乾隆）《廉州府志》，卷20下，艺文·条议，页64—65，故宫珍本丛刊第204册，海南出版社2001年版，第472页。

② 《清高宗实录》，卷457，页15—16，《清实录》（第十四册），《高宗实录六》，中华书局1985年版，第951页。（清）何御主修：（乾隆）《廉州府志》，卷20上，艺文·奏疏，页9—10，故宫珍本丛刊第204册，海南出版社2001年版，第391页。

③ 《清高宗实录》，卷531，页27—28，《清实录》（第十五册），《高宗实录七》，中华书局1985年版，第700页。

④ 《清会典事例》第二册，卷165，户部14·田赋，中华书局1991年版，第1100页。

湖南省新宁县麻林洞立于嘉庆十八年（1814 年）的《治瑶洞律碑记》是嘉庆时期禁止买卖少数民族土地的代表性地方法规。该碑文记载了治理当地苗瑶等少数民族的八条措施，而其中“严禁民人盘剥”和“禁民买瑶户”等内容占了很大的篇幅：“禁民买交易，有干例禁。况其田产，大者坐落洞案，岂容民人买管，以致民瑶混杂。”“各州府县出示，晓谕亦禁，民人不许擅买瑶户。以后如有民买瑶产者，仍许苗瑶首告，将产断还，不退原绩（价），就将买产之人惩治。乃（不）管瑶产多少，只许与洞瑶耕种，不许佃（佃）给民人，违此究处。”“凡各官府，应即出示，严禁毋许民人在瑶地放债。肆后再有违令放债者，有借无还，如敢索讨，许苗瑶向官究处。”① 这些规定，将民人向少数民族直接买地、佃种、放高利贷盘剥等可能的土地交易方式全部杜绝，有效地维护了少数民族土地的稳定性。由此可见，当时的统治者也认识到，要治理好少数民族，首要的问题是保护好他们的土地。

道光时期，政府加强了对苗疆土地买卖的稽查管理工作。道光元年（1821 年）六月庚子，皇帝指示民买夷田，必须办理过户手续，否则按漏税治罪：“著即查明，汉民承买夷田，除已过户纳粮者仍听执业外，如汉民未经过户纳粮，悉按漏税律办理。”② 苗疆土地纠纷持续不断，还源于苗汉杂处，户籍管理混乱。因此，清统治者在处理苗疆土地事务时，还采取行政措施清查苗汉户口和土地数目，加强户籍管理，以制止对少数民族土地的侵占。在查清汉民买卖、典当、租种少数民族土地人数、地亩的基础上，政府根据不同情况依法查处。道光六年六月，上谕：“黔省汉苗杂处，近来客民渐多，非土司所能约束，自应编入保甲，以便稽查，除苗多之处，仍照旧例停止外，其现在居寨内客民，无论户口、田土多寡，俱着一律详细编查。……将客民户口田产，造册通报，由地方官随时稽查。”③ 同年，贵州巡抚嵩溥钦奉谕旨查明：“经委员逐细编查，各属买当苗人田土客民共三万一千四百三十七户，佃种苗人田土客民共一万三千一百九十户，贸易手艺雇工客民共二万四百四十四户，住居城市乡场及隔属买当苗

---

① 黄钰辑点：《瑶族石刻录》，云南民族出版社 1993 年版，第 58 页。

② 《清宣宗实录》，卷 20，页 12—13，《清实录》（第三十三册），《宣宗实录一》，中华书局 1985 年版，第 364—365 页。

③ 《清宣宗实录》，卷 99，页 40—41，《清实录》（第三十四册），《宣宗实录二》，中华书局 1985 年版，第 624—625 页。

人田土客民一千九百七十三户，并住居城市乡场买当苗人全庄田土客民及佃户共四千四百五十五户。奏请自此次编查之后，如再有勾引流民擅入苗寨续增户口买当田土者，将流民遣籍，并将勾引之客民立时驱逐出境，田产给还苗人，追价入官，仍照违制律治罪。倘敢复犯盘剥准折等弊，即照各本律例从重治罪俱蒙。"[①] 道光六年七月癸卯，上谕内阁："前据嵩溥奏，黔省苗寨，客民渐多，久经占籍，势难概行驱逐，苗人生计日蹙，恐致滋生事端，当经降旨，令其详细编查，造册稽核，以杜续增流民及盘剥准折等事。"[②] 道光七年十二月二十一日壬辰，从御史周炳绪奏，令广西巡抚苏成额"严饬各府、州、县并苗疆土司，将现在外来种山民人开载户口，详纪年貌、籍贯，公举诚实客长，令其约束，一体编入保甲，由地方官随时稽查"。[③] 上述规定在贵州的执行是非常成功的。《黔南识略》载："自道光七年清查苗寨后，汉人不敢当买苗民田宅，苗寨颇称安静。"[④]

道光十一年，由于汉民对楚粤地区少数民族的土地盘剥日益深重，爆发了赵金龙领导的瑶族人民大起义。清廷在镇压起义之后，也深刻认识到起义的根源是土地问题。因此在进行善后抚绥工作时，把禁止汉买瑶地、保护瑶族土地权益作为最重要的一项内容。其基本内容是，凡买瑶地民人，追究其法律责任，但卖地瑶人则无须承担责任，土地也一律断归瑶人所有，并无须追还原价。道光十二年奏准："湖南衡州、永州、广东连州等处，瑶人地亩山场，除道光十二年以前售卖与民人者照旧执业外，嗣后民瑶不准交产，违者将田产断归瑶人，买主照违令例责惩。"[⑤] 同年闰九月庚寅，上谕内阁："嗣后瑶人产业，只准与瑶人互相买卖，不准民人契买，违者田产断归瑶人执管，不追原价。"[⑥] 在湖南省江华瑶族自治县发

---

① （清）爱必达：《黔南识略》，卷1，页4，台北成文出版社1968年版，第10页。中国方志丛书第151号。

② 《清宣宗实录》，卷101，页26，《清实录》（第三十四册），《宣宗实录二》，中华书局1985年版，第656页。

③ 《清宣宗实录》，卷131，页31，《清实录》（第三十四册），《宣宗实录二》，中华书局1985年版，第1183页。

④ （清）爱必达：《黔南识略》，卷20，页14，台北成文出版社1968年版，第141页。中国方志丛书第151号。

⑤ 《清会典事例》第二册，卷165，户部14·田赋，中华书局1991年版，第1100—1101页。

⑥ 《清宣宗实录》，卷222，页5，《清实录》（第三十六册），《宣宗实录四》，中华书局1985年版，第308页。

现的道光十三年的《治瑶胪列六条》规定："嗣后瑶人户业，只准瑶户互相买卖，不准与民人交产。"[①] 这些规定的内容都极其一致，即保护瑶民土地不外流。民人要承担买卖瑶人土地的全部法律责任，其所负的风险是非常大的。但这样规定是公正的，因为既然法律已明文禁止买卖瑶地，其属明知故犯，必然要承担严重的后果。

此后，苗疆各地进一步加强了对外来人员买卖田产的稽查工作。道光十三年五月，皇帝对于讷尔经额所奏《复查湖南瑶地善后事宜》中的"编查瑶境流寓民人"等事项，予以"均属妥善"[②] 的批复。道光十四年，协办大学士云贵总督阮元奏《遵议流民租种苗田章程》，对佃、当、买苗地等行为分别拟定处理方式："一外省流民私佃苗田，应严明立禁；一客户勾引流民续入苗寨，应严行究办；一近苗客户，不得续行当买苗产；一续来流民，预宜盘诘递送，稽查游棍，以安苗境。"[③] 政府还重点加强了对云南、贵州等地汉民以典当、借贷抵押方式侵占苗民土地行为的治理。贵州省贞丰县城北布依族聚居的岩鱼寨立于道光十六年的《岩鱼晓谕碑》记载是一起因稽查户口所引起的基层官吏勒索舞弊案件，从中可以看出清政府加强户口稽查的直接目的就是解决"汉民典买苗寨田土"，而这一工作也深入到了苗疆社会最底层：

> 钦命贵州□巡贵西威宁等处兵备道加十级纪录十五次
>
> 钦命贵州等处提巡按察使兼官驿傅事军功加十级□带加一级军功纪录十六次
>
> 钦命贵州分巡贵东古州等兵备道加十级纪录十五次（理贵州粮储道贵阳正堂加三级纪录五次）
>
> □再行严功晓谕，查禁科□以安閭门事，照得此次奉旨编查通道，汉民典买苗寨田土，□□□□款，使□苗永安，待此生计宽裕，同享太平之福。蒙抚宪奏明，选派文武公勤大员，发给经费千两，一切夫马饭食，均自行雇备，不准丝毫派累民间，□□节约。本司道出示晓

---

① 黄钰辑点：《瑶族石刻录》，云南民族出版社 1993 年版，第 65—67 页。

② 《清宣宗实录》，卷 237，页 3，《清实录》（第三十六册），《宣宗实录四》，中华书局 1985 年版，第 539 页。

③ 《清宣宗实录》，卷 261，页 37，《清实录》（第三十六册），《宣宗实录四》，中华书局 1985 年版，第 991 页。

谕通□，民苗无不共知共见。乃近有普安厅寨头毛海林、贞丰州亭目林美林胆敢不畏法纪、借称编查户口，勒派钱文。现经本司委员捉拿□厅行讯，从重惩办。该二处寨头等，既借端派科，别属亦难保必无。除密访查处，合再出示晓睮（谕）。为此，亦仰各属寨□寨头、土目、约保、民苗人等知悉，无论已查未查之处，倘有桀差、寨头、约保等串同午（舞）弊，借编查户口之名，勒索钱文，尔等即赴地方衙门申诉，指名禀究。尚（倘）地方官包庇不肯究办，许赴本司道衙门申诉，以凭严惩，不得缄默隐忍，□不得挟嫌诬告，自干□□。

（以下因字迹模糊未录）①

道光十八年十一月戊午，上谕军机大臣："川楚粤各省穷苦之民，前赴滇黔租种苗人田地，与之贸易，诱以酒食衣锦，俾入不敷出，乃重利借与银两，将田典质，继而加价作抵，而苗人所与佃种之地，悉归客民流民。至土司遇有互争案件，客民为之包揽词讼，借贷银两，皆以田土抵债。种种情弊，如果属实，不可不严行查禁。"② 同时，道光时期依然继承了乾隆时期不得买卖土司土地的政策："擅买土司田产，即将田地断还本人管业，追价入官，仍照例治罪。"③ 清代禁止买卖苗疆土地的做法，在西南民族地区影响深远。清末宣统年间，朝廷派员督办川滇边务，发现当地的少数民族群众仍持有禁止汉民承买夷地的断牌："查前庆升守来章办理善后事宜，给有汉夷断牌。内载：'汉民不应承买夷地，如有已经承买者，准原主付价取回'等语。"④

四、允许少数民族低价回赎已转让土地

虽然清政府禁止买卖苗地，但对于已经交易且耕种多年的土地，一概

① 贵州省黔西南自治州史志征集编纂委员会编：《黔西南布依族苗族自治州志·文物志》，贵州民族出版社1987年版，第120—121页。

② 《清宣宗实录》，卷316，页25—26，《清实录》（第三十七册），《宣宗实录五》，中华书局1985年版，第934—935页。

③ 《清宣宗实录》，卷316，页26，《清实录》（第三十七册），《宣宗实录五》，中华书局1985年版，第935页。

④ 宣统元年三月初十日《炉霍屯员吴庆熙详拟变更旧章改订垦务简章》，见四川省民族研究所《清末川滇边务档案史料》编辑组编《清末川滇边务档案史料》（中册），中华书局1989年版，第317页。

勒令退回，对汉民似嫌不公。而且在很多地区，土司剥夺了原由苗民耕种的土地，高价租卖给汉民耕种，在这种情况下，汉民也是无辜的受害者。此外，一些少数民族群众明知土地不能买卖，因贪图价银而承诺交易，也存在一定的过错。针对上述现象，清政府采取务实、公正的态度，作出了酌令汉民退还土地，并允许少数民族群众抵价回赎土地的规定。在执行这一规定时，清政府一再指示要兼顾双方利益、务使双方获得公平对待的原则。值得注意的是，这些措施明显参照了保护旗地及《理藩院则例》对蒙古地区的做法。

乾隆时期的重要工作是回赎土司、俍兵的土地。由于土司、俍兵土地是其生活的基本保证，必须赎回，因此清政府规定了回赎的年限和价格原则：十年以下照原价赎回；十年以上每十年递减一分，五十年以上半价赎回。乾隆十六年（1751年），廉州知府周硕勋在《规划俍瑶士兵议》中规定了俍兵回赎土地的方式："其有典当在民者，照民典旗地例，如在十年以内者，俱照原价取赎，十年以外者，每十年以次递减，如十年以外减一分，二十年以外减二分，三十年以外减三分，四十年以外减四分，至五十年以外则概行减半取赎，如此数年则俍瑶尽反汶阳，庶田在而兵亦在。"[①] 乾隆十九年，两广总督班第《清俍瑶军田》中也作了相同的规定，并指出俍瑶兵在交易中也存在过错，即明知该土地不能买卖却仍然从事交易，因此应当照顾双方的利益：广东廉州府属合浦县之永平司巡检所辖地方与广西横州、贵县、兴业、郁林、博白等州县壤界，"悉心察核册内典出之田共五十七顷二十二亩零止存田八十六顷九亩零，现存兵二百一十一名，其近年典出者或每亩价至数两，若康熙雍正年间则每亩不过数钱，两许之价皆系土人明知此田不许转售，欺其违例私典，轻价兼并，但管业既久，纳粮有限，获息已多，今酌议以十年为率，十年以内者照原价取赎，十年以外者减原价十分之一，每十年遁减一分，五十年以外均照半价以赎"。[②]

嘉庆年间，政府尤为重视土司典当土地的回赎问题。嘉庆四年（1799年）六月二十五日壬子，广西巡抚台布奏请"广西土司典出地亩，未便即令备价回赎，请开设官当以济土司缓急"，但皇帝认为典卖已久的土司

---

① （清）何御主修：（乾隆）《廉州府志》，卷20下，艺文·条议，页64—65，故宫珍本丛刊第204册，海南出版社2001年版，第472页。

② 《廉州府志》，卷20上，艺文·奏疏，页9—10，故宫珍本丛刊第204册，海南出版社2001年版，第391页。

田地回赎问题应由交易双方自行协商处理，官方不便干涉："汉民占种土司田亩，为日已久。如概令备价赎回，则土司疲惫无力，若欲分别查办，悉数追还，则汉民资本全亏，必致失所。……试思客民占种土司地亩，重利准折，尚干例禁，今乃欲官为开设典当，岂非朝廷欲贪土司之利而为此盘剥之事乎？"[①] 嘉庆五年，广西巡抚谢启昆奏请，对于土司以借贷抵押方式出让土地的，应准许土司逐步赎回："广西土司四十有六，生计日拙，贷于客民，辄以田产准折，启昆请禁重利盘剥，违者治罪。田产给还土司，其无力赎回者，俟收田租满一本一利，田归原主，五年为断。"[②] 嘉庆时期，政府对于普通贫苦少数民族群众回赎土地也作了非常优惠的规定。无论以何种方式交易的土地，都准许赎回，如果本人无力赎回，还允许族邻协助回赎。《桂阳禁令碑》规定："令地方官按季造报，所有买得苗瑶田地，无论统买活当，以及辗转易各胜业，概令瑶备价归赎。如原买主人亡户后或贫难无力，尔听戚族里党备价赎取。"[③] 嘉庆时期还出现了官府动用公款帮助少数民族赎回土地的感人事例，经理湘西苗疆的傅鼐"赎苗质民万余亩，曰'官赎田'"。[④]

道光时期，政府对土地回赎价格太低的问题予以了纠正。道光元年（1821 年）五月辛亥，四川总督蒋攸铦奏："汉民在夷地垦种，所在多有，其将熟地典卖，系土司土目所为，非汉民白占。今屠戮者不可胜纪，存活者家业荡然……如此则肇衅之土司转为得计，滋事之夷匪更获便宜，殊不足以伸国法而服人心。闻地价止给二成，现尚无人肯领；并恐他处夷人闻风效尤，不可不虑。清饬查办。"皇帝指示必须制定务使苗汉双方都能满意的方案："永北夷匪滋事，其衅端由于典卖地亩，此时剿办安抚，事竣后必须剖断公平，俾汉夷永远相安。"[⑤] 同年五月癸酉，皇帝根据呢玛善

---

① 《清仁宗实录》，卷 47，页 22—23，《清实录》（第二十八册），《仁宗实录一》，中华书局 1985 年版，第 582—583 页。

② 赵尔巽等撰：《清史稿》，卷 359，列传 146 · 谢启昆传，中华书局 1976 年版，第三十七册，第 11358 页。

③ 黄钰辑点：《瑶族石刻录》，云南民族出版社 1993 年版，第 16—18 页。该碑未刻时间，从内容推断，应为乾隆之后。

④ 赵尔巽等撰：《清史稿》，卷 361，列传 148 · 傅鼐传，中华书局 1977 年版，第三十七册，第 11389 页。

⑤ 《清宣宗实录》，卷 18，页 2—3，《清实录》（第三十三册），《宣宗实录一》，中华书局 1985 年版，第 326 页。

等奏《会筹善后事宜，先清理汉夷典卖地土，酌拟章程》一折，规定了具体退还、回赎土地的期限和程序，使双方都能在合理的期限内，获得公平的补偿和保障："除汉民现居夷地者，自愿退地归籍外，余俱暂令照原典买之地土，耕种户口。饬令土司等，将历年典买折准地土，分晰清查，造册呈送到官，遴派公正明干之员，会同该厅按寨确勘，分别等差，责令依所定初限、二限、三限，设法取赎，以便汉民陆续归籍；如过期不能取赎，则将原地断归汉民执业。……务令汉夷两得其平，不可互相欺压，各安生理，永息争端。"[①] 道光元年六月丁亥，呢玛善等会奏："汉民典买夷地，定以初、二、三限，令夷人收赎，如逾期不赎，将原地断归汉民执业，兹据御史张圣愉奏，原议固属持平，但汉民重利盘剥，夷民折准田地，夷民穷苦，设不能依限取赎，夷地竟成汉业，必又积怨成仇，请将不能依限取赎之地亩，或割半均分，或给还十分之三，仍严禁嗣后汉典夷地，如违加等治罪。"上谕军机大臣等："汉人夷人，同系编氓，此次田土构衅，惩创之后，总当秉公定议，使之两得其平……务使汉夷俱各心服，不启争端，方为久安之策。"[②]

但是，很多汉民是通过不公平交易和欺诈手段获得土地的，在这种情形下，适用兼顾双方公平的原则就对苗人不利了。道光也意识到了这一点，及时对上述原则进行了修正，规定以非正常价格侵占苗民田土的，必须照原价赎回，不得加利。道光元年六月庚子，皇帝指示："有典质夷田利过于本者，即令夷民照原借之数赎还田亩，不准计利。"[③] 对于民人按正常价格购买的少数民族土地，则依据公平原则核准价银，允许双方退银赎地。同年八月辛卯，史致光等奏《参酌原议汉民典买夷地章程略为变通》一折，皇帝指示："俟限满不能取赎，应断归汉民执业时，再行奏明，将原议量为变通。查明系盘剥折准有据者，无论杜卖典押，核计汉民所出本息，将应得田土，分予执业，余田给还土司与夷民耕种；其系平价交易者，除杜卖无庸议外，典押之田，令该管流土各官，公同勘估，核计

① 《清宣宗实录》，卷 18，页 30—31，《清实录》（第三十三册），《宣宗实录一》，中华书局 1985 年版，第 340 页。

② 《清宣宗实录》，卷 19，页 14—15，《清实录》（第三十三册），《宣宗实录一》，中华书局 1985 年版，第 352—353 页。

③ 《清宣宗实录》，卷 20，页 13，《清实录》（第三十三册），《宣宗实录一》，中华书局 1985 年版，第 365 页。

汉民原典价银，将应得田土分予执业，余田给还土司与夷民耕种。固不可使汉民剥削夷民，亦不可使夷民以焚掠为得计，长其构乱之心，总使两得其平，方能日久相安。至此后汉民典押夷地，必当严行查禁，毋使仍蹈故习。”[①] 道光二年八月庚午，上谕：“汉、苗交涉田土事件，或因借欠准折，或因价值典卖，历年既久，积弊已深。请查明实系盘剥准折、利过于本者，令苗人照原借之数赎回；其出价承买，如田浮于值，以汉民应得田土若干，划分执业，余田断还苗民耕种，俟备价取赎时，全归原户。该地方官将审断过起数，按月册报，以杜衅端。”[②]

道光时期也非常重视土司土地的回赎问题。道光三年十二月壬寅，据成格条陈，广西“庆远等府，设有土司控驭，乃土官往往典卖田产，久未撤归，遂至土官日贫，土民日刁，兼之汉奸从中主唆，控案纷繁，亦应酌中定断，以杜讼端”。上谕军机大臣等必须“清厘土官田产”。[③] 在经历了道光十一年的瑶民大起义后，政府更加注重以合理的价格准许少数民族赎回自己的土地。道光十二年闰九月庚寅，上谕内阁：“瑶民山田地亩，从前售卖民人者，听其照旧执业，契限已满，仍准瑶户备价收赎。”[④] 道光十三年五月，皇帝对于讷尔经额所奏《复查湖南瑶地善后事宜》中的“准赎项当山场田土”等事项，予以“均属妥善”[⑤] 的批复。道光十三年的《治瑶胪列六条》详细记载了少数民族回赎土地的章程：“至于从前瑶人与民人交产，有顶契当契及永批之契，并非售卖可比，均准瑶人取赎。若瑶人无力取赎，准其按年月之远近，分定取赎之章程。凡契在十五年以外者，酌令减原价三分之一；二十年以外者，准其半价取赎。若原主实在赤贫无力，又无田可种者，令典主佃种，酌分一半与原主佃种分租。俟其有力时，再照规定章程取赎。至此之后，如有不遵令仍交产者，应请广东

---

① 《清宣宗实录》，卷22，页14—15，《清实录》（第三十三册），《宣宗实录一》，中华书局1985年版，第399页。

② 《清宣宗实录》，卷40，页21—22，《清实录》（第三十三册），《宣宗实录一》，中华书局1985年版，第721页。

③ 《清宣宗实录》，卷62，页11，《清实录》（第三十三册），《宣宗实录一》，中华书局1985年版，第1088页。

④ 《清宣宗实录》，卷222，页4—5，《清实录》（第三十六册），《宣宗实录四》，中华书局1985年版，第308页。

⑤ 《清宣宗实录》，卷237，页3，《清实录》（第三十六册），《宣宗实录四》，中华书局1985年版，第539页。

善后章程，将田继续归原主，不准追价，仍将两造场照，违令律责惩。”[①] 这些规定合情合理，使被剥夺了土地的穷苦少数民族，能无偿或以较低的代价分期分批逐步赎回自己的土地，也使苗疆因土地问题引发的尖锐民族矛盾，得到了一定程度的缓解。

五、严格苗疆官员对土地管理的法律责任

苗疆土地问题愈益严重，一个重要的原因是地方官员执法不严，听之任之，在办理土地案件时，不能秉公剖断。“其历任地方大小官员，任听客民欺凌苗人，肇衅滋事。”[②] 因此，统治者还专门针对苗疆地方官员及土官对于土地侵占、买卖行为不履行职责或违法法令的行为规定了行政责任，以期能扭转局面。

雍正五年（1727 年），湖广总督傅敏奏《苗疆要务五款清折》，其中规定：“兵民与苗借债卖产尤宜禁绝……失察官弁严加参处。”[③] 乾隆六年（1741 年）三月，署贵州按察使宋厚奏：“黔省命案为田土伤毙者十七八，皆有司玩视所致。请于府、司解审时，将州县曾否速审、如何定案查明，如有玩不审理及剖断不公酿成人命者，随招附参。”乾隆批复：“此属更定，尚应细酌。朕意汝等先示州县以意，若仍然玩纵，再奏请以此例行。”[④] 乾隆十二年，湖广总督塞楞额奏《请严汉民置买苗产等事折》，提出：“臣现已饬令地方官禁止，汉民不许再买土苗田地，并不许微员擅给批禀，令入苗疆在案。……如地方官不行查察，滥准买卖者，将失察之地方官照黔省买人滥用印信例量减为罚俸一年，该管知府罚俸六个月。遇有外来民人或贪图苗土，或假称买有田房，携带眷口前往者，不许地方官给照，其无照私行前往之人，凡经过塘汛不准放行，如地方官并不查明，混行给照，以致夹带无籍之徒冒入为匪者，发觉之日，除犯人治罪外，将该

① 黄钰辑点：《瑶族石刻录》，云南民族出版社 1993 年版，第 65—67 页。

② 《清高宗实录》，卷 1470，页 25，《清实录》（第二十七册），《高宗实录十九》，中华书局 1985 年版，第 634 页。

③ （清）但湘良纂：《湖南苗防屯政考》（二），卷 3，页 11 上、下，台北成文出版社 1968 年版，第 547—548 页。中国方略丛书第一辑第 23 号。

④ 《清高宗实录》，卷 139，页 40—41，《清实录》（第十册），《高宗实录二》，中华书局 1985 年版，第 1016 页。

地方官照失察民人擅入苗地例降一级调用，该管知府罚俸一年。如该汛弁兵丁不行拦阻、私放入境省，除兵丁责革外，将该专汛武弁亦照失察民人擅入苗地例降一级调用，兼辖武官罚俸一年。其余湖南之镇棹、永绥、城步等各府州县所属苗疆，均请照此一例办理。如此严定处分，各官畏顾考成，自必实力稽查，则苗地无虞日削，匪类无自潜踪，庶新旧苗疆均可永远绥靖矣。"① 这份奏折全面阐述了各级地方官员在处理苗疆土地问题中渎职所应承担的具体责任，并论证了规定这些责任所起的重要意义。乾隆四十二年三月初一日，从吏部议："嗣后粤西官荒地土，自立石定界后，遇有争控未清案件，其从前查勘不实之州、县官降一级调用，该管上司罚俸一年。"②《桂阳禁令碑》印证了上述规定："如有地方官不行查究，滥准买卖者，量减为罚俸一年，该管知府罚六个月。"③

道光也多次指示地方官员在审理苗疆土地案件时，要公正廉明，详细查明案情，秉公处理，杜绝纠纷。道光元年（1821 年）六月庚子，上谕内阁："汉夷民人争角之案，地方官原应速为剖断，并随时稽查奸宄，以静边圉。嗣后，饬令各土司认真查察，如有田土、命盗及奸徒煽惑之事，立即申报地方官查办，不得自行颟顸了结，如土司迟延讳饰，或已禀报，地方官不即查办，立予严参究惩。"④ 道光三年二月乙丑，上谕内阁："如呈控（汉苗）典卖田产之事，该管官秉公讯断，仍严禁汉民引诱侵欺。"⑤ 道光四年奏定："广西庆远等五府所属土目、土民，不准典买土司官庄田亩，有不遵者将违禁典卖之土司降一级留任，田给原主，价追入官，该管知府失于查察，罚俸一年，若该土司有倚恃势力，抑勒土目、土民承买情事，降一级调用，该管知府罚俸二年。"⑥ 同年又奏定："贵州汉苗错处，自嘉庆

---

① 《宫中朱批奏折》，见中国第一历史档案馆编《清代档案史料丛编》第十四辑，中华书局 1990 年版，第 176—177 页。

② 《清高宗实录》，卷 1028，页 1，《清实录》（第二十一册），《高宗实录十三》，中华书局 1985 年版，第 779 页。

③ 黄钰辑点：《瑶族石刻录》，云南民族出版社 1993 年版，第 16—18 页。该碑未刻时间，从内容推断，应为乾隆之后。

④ 《清宣宗实录》，卷 20，页 13—14，《清实录》（第三十三册），《宣宗实录一》，中华书局 1985 年版，第 365 页。

⑤ 《清宣宗实录》，卷 49，页 33，《清实录》（第三十三册），《宣宗实录一》，中华书局 1985 年版，第 880 页。

⑥ 《清会典事例》第二册，卷 120，吏部 104 · 处分例 · 边禁，中华书局 1991 年版，第 558 页。

三年清查田地以后，汉民不许典买苗田，苗人不得承买汉地，如地方官不行查察，将该管之员罚俸一年。”[①] 道光六年，上谕内阁：“至田土案件，汉人侵占苗业及夷、苗诬控平民，均有应得之罪，惟在承审官细心研究，务归平允，则民、苗自可悦服也。”[②] 道光十八年十一月戊午，上谕军机大臣等：“至田土案件，如有汉人霸占苗业，及夷苗诬控平民，务当公平听断，治以应得之罪。毋得任听胥役诈索，客民唆讼，以杜侵越而靖边陲。”[③] 光绪十一年（1885 年）谕：“垦荒地亩，自以招集流亡业归土著为最善，如有客民承种情事，亦应分析查明，持平妥办以息争端。”[④] 应当说，认识到政府官员在其中应承担的责任，是清代苗疆土地政策一个值得肯定的方面。

必须承认，苗疆官吏对土地问题的认识是有一定远见的，而这种远见也是建立在他们对苗疆生存环境充分了解基础上的。这些官员长期在苗疆任职，对苗疆土地资源的稀缺性有切身的体验。乾隆二年（1737 年）贵州总督张广泗奏：“黔省地土硗瘠，民鲜富饶，家有水田数亩或十余亩者即称有力之家，列为上户；其次或有水田三五亩更间有山土数亩，堪以糊口者即为中户；贫窭者无力买田，止觅山坡荒土播种杂粮，借以度日，此为最下户。”[⑤] 乾隆五年云南巡抚张允随奏：“滇省山多田少，当丰稔之年，本地所产仅足供一岁民食，一遇少歉之岁，穷黎即仰屋兴叹。”[⑥] 乾隆六年署广西巡抚杨锡绂奏：“臣查粤西地处极边，山多田少，土瘠民贫。”[⑦] 乾隆十四年云贵总督张允随、云南巡抚图尔炳阿奏：“滇省跬步皆山，既无平原广野足供垦辟，亦无大川巨浸可资灌溉。民夷地亩多系依山傍麓开挖成田，形如梯磴，自播种、播秧以至收获全赖雨泽长养，故有雷鸣之号。间有山泉溪水可以接引灌注者即为上则水田。至于昆池、洱海虽

---

① 《清会典事例》第二册，卷 120，吏部 104・处分例・边禁，中华书局 1991 年版，第 558 页。

② 《清宣宗实录》，卷 101，页 27，《清实录》（第三十四册），《宣宗实录二》，中华书局 1985 年版，第 656 页。

③ 《清宣宗实录》，卷 316，页 26，《清实录》（第三十七册），《宣宗实录五》，中华书局 1985 年版，第 935 页。

④ 《清会典事例》第二册，卷 167，户部 16・田赋・开垦二，中华书局 1991 年版，第 1128 页。

⑤ 中国科学院地理科学与资源研究所、中国第一历史档案馆编：《清代奏折汇编》（农业、环境），商务印书馆 2005 年版，第 13 页。

⑥ 中国科学院地理科学与资源研究所、中国第一历史档案馆编：《清代奏折汇编》（农业、环境），商务印书馆 2005 年版，第 40 页。

⑦ 中国科学院地理科学与资源研究所、中国第一历史档案馆编：《清代奏折汇编》（农业、环境），商务印书馆 2005 年版，第 57 页。

为蓄水之区，然四周俱有堤埂闸坝层层拦截，无从占垦。”[①] 乾隆二十一年云贵总督爱必达奏：“云南跬步皆山，不通舟楫，田号雷鸣，民无积蓄，一遇荒歉，米价腾贵。”[②] 苗疆山多而平原少、气候变化大等特点，使得其荒地虽多然可堪耕种面积却非常狭小，大部分是无法耕种的石山和丘陵。在如此匮乏的耕地资源下，苗人生计本已十分艰难，一旦汉苗之间发生土地争夺，其后果不堪设想。苗疆官吏看到了内地民人大量涌入与苗疆有限的土地资源之间的尖锐矛盾，也看到了这种矛盾将带来的社会不稳定因素与国防隐患。《黔南识略》就认为要及早纠治汉占苗地的行为：“其耕种土地，颇为汉奸朘削，虽目前尚可无虞，治必防之于渐我。”[③] 因此，他们提出的以遏制为主的政策也就不难理解了。

清代在苗疆土地问题上，能站在苗民的立场上考虑问题，并切实采取措施限制汉民的迁入和侵占，尽量照顾少数民族的权益，和明代采取侵占的政策相比，实在是不小的进步。从世界范围来看，这不禁令人联想起美国 19 世纪中叶的“西进运动”，当时也爆发了印第安人与西迁白人的土地争夺战，但当时美国政府的政策却是保护白人的利益，剥夺印第安人的土地。而无论是出于军事目的还是政治利益考虑，从整体上看，清代治理苗疆土地问题的基本趋势是“抑汉护苗”，遏制汉民在苗疆的过度扩张，或者说，清政府对苗疆土地资源的保护政策是在与内地移民风潮斗争的过程中“逼”出来的。但在生态学意义上，清代的苗疆土地政策应给予充分的肯定和认可。客观地说，清代在治理苗疆土地问题上所采取的一系列措施，在一定程度上减缓了汉民侵占的速度和规模，这对于防止苗疆土地被过度开垦，导致生态环境恶化具有一定的积极意义。更值得注意的是，在治理苗疆土地问题的过程中，统治者还采取了一些保护苗疆生态环境的措施，这些措施，虽然是在解决苗疆土地问题时附带提出来的，但对于保护苗疆的山林、矿藏等自然资源和生态环境不被掠夺和破坏，具有不可估量的作用。在今天看来，仍有其借鉴意义。

---

① 中国科学院地理科学与资源研究所、中国第一历史档案馆编：《清代奏折汇编》（农业、环境），商务印书馆 2005 年版，第 108 页。

② 中国科学院地理科学与资源研究所、中国第一历史档案馆编：《清代奏折汇编》（农业、环境），商务印书馆 2005 年版，第 152 页。

③ （清）爱必达：《黔南识略》，卷 1，页 3—4，台北成文出版社 1968 年版，第 10 页。中国方志丛书第 151 号。

第三章　清政府对苗疆森林资源的保护

森林资源是重要的生态要素，森林的保护程度直接关系着其他生态要素，如土地、水、物种多样化等的保护程度，因而森林资源保护也是生态保护的重中之重，它包括育林和护林两个方面。中华文明本身是一种生态的文明，讲求天人感应，讲求人与自然的和谐发展。在传统文化中，树木有着非同寻常的地位，它是人与自然交流的媒介，是人类体面生活不可或缺的象征与背景。晋陶渊明曾有“榆柳荫后檐，桃李罗堂前”之句，宋代著名文学家苏东坡也有“宁可食无肉，不可居无竹”的说法。全盘吸收中原文明的清朝统治者，在治国过程中，也非常注意树木的栽植与保护。难能可贵的是，他们在治理少数民族杂居的边远苗疆地区时，也能注意在当地植树造林，保护森林资源，这对于维护苗疆脆弱的生态系统具有至关重要的作用。

第一节　明政府对苗疆森林资源的采伐

苗疆由于特殊的地理条件及人为破坏因素较少，生长着丰富的森林资源，各种奇珍木材应有尽有，成为中国古代著名的林区。明朱孟震《西南夷风土记》载：“山多巨材，皆长至数百尺，木至四五十围者。所可识者，杉、楠、樗、栎、榆、枫数木而已，余皆人眼平生未曾见者也。”[①]但丰富的森林资源也给苗疆带来了深重的灾难。中央政府在营建宫殿城池

① （明）朱孟震：《西南夷风土记》，台湾广文书局1979年版，第8页。

时，往往将苗疆作为主要的掠取对象，这其中以明代的“采木之祸”最为酷烈。《遵义府志》记载了明朝历代皇帝采伐苗疆森林资源的情况：“采木之役自成祖缮治北京宫殿始，永乐四年，遣尚书宋礼如四川，礼言有数大木一夕自浮大谷，达于江，天子以位神，名其山曰神木山，遣官祠祭，十年复命礼采木四川……正德时采木湖广川贵……嘉靖二十年宗庙灾，遣工部侍郎潘鉴、副都御史戴金于湖广四川采办大木，二十六年复遣工部侍郎刘伯跃采于川湖贵州，又遣官核诸处遗留大木，郡县有司以迟误大工逮治递黜非一例，河州县尤苦之。万历中三殿工兴，掺楠、杉诸木于湖广四川贵州，费银九百三十余万两，征诸民间，较嘉靖年更费。”①

明代大量采伐苗疆木材，主要集中在两个时期，一个是初期的洪武、永乐年间，另一个是政治最为腐败的嘉靖、万历时期。洪武、永乐年间，为了兴修南京和北京两个都城，朝廷大兴土木，长期派员在四川、贵州、云南等苗疆产木区域搜刮木材。“四川建昌产杉木，马湖永播而下产楠木，历代南中不实斧斤，无得而入焉。明洪武初年建置城郭都邑，册封蜀王，营建藩府，皆取蜀材。永乐四年，诏建北京行宫，敕工部尚书河南宋礼督木，前后凡五入蜀监察，御史顾佐亦以采木至，而少监谢安在兰州石夹口采办，亲冒寒暑，播种为食，二十年乃还。”② 云南省盐津县龙塘湾岩刻清晰地记载了洪武八年（1375 年）与永乐五年（1407 年）朝廷在该地采伐珍稀森林资源以营建宫室的数量：

> 大明国洪武八年乙卯十一月戊子上旬三日，宜宾县官部领夷人夫一百八十名，砍剁宫阙香楠木植一五四十根。
>
> 大明国永乐五年丁亥四月丙午日，叙州府宜宾县，县主簿陈、典史何等部，领人夫八百名，拖运宫殿顶木四百根。
>
> 大明国永乐五年六月，夷人百长阿奴领夫一百一十名，在此拖木植。
>
> 大明国永乐五年六月，八百人夫到此间，山溪崛峻路艰难；官肯

① （清）黄乐之等修：《遵义府志》，卷 18，木政，页 2 下—3 下，道光二十三年修，刻本，桂林图书馆藏。

② （清）黄乐之等修：《遵义府志》，卷 18，木政，页 2 上，道光二十三年修，刻本，桂林图书馆藏。

用心我用力，四百木植早早完。[①]

嘉靖年间政府对苗疆木材的采伐可谓登峰造极，纯粹出于统治者的腐化贪欲："史册中惟唐开元间澧西山竹木，至明嘉隆乃屡下蜀中采木之议，而遵义木场遂与马湖等处并受其厄，力役之费动数百万，劳民伤财极矣。虽择近水者乘潦而下，而百千中仅一二达京师，督采官且有老死于山箐中者。噫！非无益之酷政欤！"[②]《明实录》载：嘉靖二十二年（1543年）七月丁未，"以采木免四川叙州、马湖、夔州三府及铜梁县，湖广荆州府及澧靖二州、贵州思州、铜仁、镇远、黎平、都匀五府各正官来朝"。[③]《遵义府志》载："嘉靖二十六年，奉天殿火，遣工部侍郎刘伯跃开府江陵总督湖广川贵采办大木，旋以忧去，以左副都御史李宪卿代之，乃分派参政缪文龙入播州踏勘播州之木，有儒溪、建昌、天全、镇雄、乌蒙、龙州、兰州之木，历属四川，巡抚督率采运。"[④]万历《贵州通志》载："嘉靖三十六年坐派贵州采运楠杉木枋共四千七百九根块，用过价值并各项费用共银七十二万四千六百六十一两七钱五分六厘，彼时库存堪动之银，止有一万四千九百七十六两，不敷应用。议详总督抚按衙门会题，行令广东等省解银协济。"[⑤]统治者的穷奢极欲不仅给苗疆少数民族带来了沉重的生态负担，也给苗疆的森林资源带来了灭顶之灾。

万历时期，明政府对苗疆大木的采伐不仅没有收敛，反而变本加厉。从万历十二年（1584年）贵州巡抚舒应龙、巡按毛在所奏《大木疏》可以看出，在当时苗疆森林资源已濒临枯竭的情况下，朝廷仍然逼迫苗疆地方官深入深山老岭开采木材，并严格限定了木材的具体数量和尺寸："今奉派采木枋共一千一百三十二根块，内楠杉大木原未注定若干根块，今照先年则例，定拟价值，其长径厚薄少者照例递减，又栢木先年原未派取，

---

① 云南省地方志编纂委员会总纂、云南省林业厅编撰：《云南省志·林业志》，云南人民出版社2003年版，第862页。

② （清）黄乐之等修：《遵义府志》，卷18，木政，页1上、下，道光二十三年修，刻本，桂林图书馆藏。

③ 《明世宗实录》，卷276页，页1下，《明实录》第四十四册，李晋华等校，上海古籍书店1983年版，第5406页。

④ （清）黄乐之等修：《遵义府志》，卷18，木政，页1下，道光二十三年修，刻本，桂林图书馆藏。

⑤ （明）王耒贤、许一德纂修：（万历）《贵州通志》，卷19，经略志上，页21—23，书目文献出版社1991年版，第429—430页。日本藏中国罕见地方志丛刊。

今查与三号杉木围圆略同，会计约用银十万两，合用运木水手等项，该银一万余两，又先年拽运夫役派各卫所土司协助……但称木产山箐深阻，近水者采括已尽，今搜索愈深，拽运益苦，先后难易，恐难尽同宜舟行……大木奇材，多产土夷豁洞，仍行文晓谕土官土报国恩，多方踏采……照大木采办异材，悉该连云干宵之质，积累岁月，逾数百年，非深藏山谷险僻之区，何能早免斧斤之患，以待今日之用。自嘉靖三十六年采运至今，仅止二十余年，新长者培养未巨，旧有者搜索已穷，所据司道踏行所属各官召商访采各称寻觅之艰，拽运之费，百倍往昔，委非饰词。”[①] 在没有起重机、卡车的时代，运送这些巨大的木材也成了地方面临的一道难题，除了耗费大量的人力、财力外没有其他办法，而这成为加在百姓身上的又一道重负。万历《铜仁府志》也记载了当地民众被采木、运木之役所折磨的苦状：“万历甲申采办鲜中程者，皆鬻产倍价买之荆州，今采买之令又下矣。当事者亦知山童路险，召商输买，而帮价之谗因缘而起，夫各项木植民间交易才什四五，而官价已居倍蓰，何所困苦而索民相帮?”[②]而一些苗疆土司为了讨好朝廷，也助纣为虐，成为破坏苗疆森林资源的帮凶：“万历十四年，播州宣慰使杨应龙献大木七十，材美，赐飞鱼服”，“万历二十三年，播州宣慰使杨应龙谕斩得赎，输四万金助采木”。[③]由于苗疆交通落后，地形复杂，路途遥远，木材的采伐、运送惨烈程度不亚于秦代修筑长城之役。万历二十五年，吕坤奏《陈天下安危疏》云：“即以采木言之，丈八之围，岂止百年之物，深山穷谷，蛇虎杂居，毒露常多，人烟绝少，寒暑、饥渴、瘴疠死者无论已，乃一木初卧，千夫难移，倘遇阻艰，必成伤殒，蜀民语曰：入山一千出山五百，哀可知也。”[④]但此疏却“入不纳”，没有引起统治者的丝毫注意和木课的减少。

“采木之祸”一直延续到明末。在社会动荡不安，民不聊生的情况

---

① （明）王耒贤、许一德纂修：（万历）《贵州通志》，卷19，经略志上，页21—23，书目文献出版社1991年版，第429—430页。日本藏中国罕见地方志丛刊。

② （明）陈以跃纂修：（万历）《铜仁府志》，卷3，物产，页15—16，书目文献出版社1992年版，第147页。日本藏中国罕见地方志丛刊。

③ （清）黄乐之等修：《遵义府志》，卷18，木政，页3下—4上，道光二十三年修，刻本，桂林图书馆藏。

④ （清）黄乐之等修：《遵义府志》，卷18，木政，页3下，道光二十三年修，刻本，桂林图书馆藏。

下，朝廷仍没有停止对苗疆森林资源的压榨，甚至比嘉万年间有过之而无不及。崇祯年间贵州官员所奏《议略》反映了朝廷对苗疆木材的征收："该本司左布政使汤自昭、右布政使王应麟，会同署印按察司刘禹谟，看得今次采办大木通共二万四千六百一根块……遵义一道原系产木之区，但新疆甫定，物力空虚，似难独任……今次派采大木数倍往额，且鸿巨异常，如一号楠杉，连四板枋，此等巨木，世所罕有，即或间有一二，亦在夷方瘴疠之乡、深山穷谷之内，寻求甚苦，伐运甚艰……查得嘉靖二十六年间以三殿采木共木板一万五千七百一十二根块，万历二十四年以两宫采木其万千六百根块，以今日所派较之嘉靖年间几于一倍，较之二十四年多至四倍矣。……查万历二十四年奉文采木，至二十五年起解头运，二十六年到京，二十七年起解二运，二十九年到京，今次木巨数多，尤为不易。"①

上行下效，朝廷不顾民力的采伐，也引发了地方官员的滥砍滥伐，苗疆的森林资源在层层剥削中几乎消耗殆尽。如《永州府志》载嘉靖二十四年周子恭著《古杉记》曰："舜陵有古杉十五，左十一，连理而三者一，连理而二者二，各植者四；右四，连理而二者二，各植者二。围可八尺，稍次六七尺，高可三百尺，势俱参天。先是凡十六，宁远以修孔庙伐其一，伐之日田地昏黑，雷风震怒，声闻数十里，工师奔仆欲绝。呜呼！杉亦灵异哉！夫舜孔德相似，以舜杉用孔庙切且不可，况其他哉。是杉宜与天地同寿不朽矣。"② 广西容县真武阁是明万历元年（1573年）建造，全阁用近3000条大小珍贵格木。③ 一些地方官员也纷纷向百姓勒派木料，原存于广东省乳源瑶族自治县大布区牛婆洞村崇祯十六年（1643年）的《察院苏瑶官碑》载："近被神棍动辄欺瑶，遇懦妄捺，混派浮桥桅杆、城楼各项木料，祭猪诸税，生禽等物，众人不平。"④

---

① （清）黄乐之等修：《遵义府志》，卷18，木政，页4上—7下，道光二十三年修，刻本，桂林图书馆藏。

② （清）刘道著修、钱邦已纂：（康熙）《永州府志》，卷20，艺文，页3，书目文献出版社1992年版，第562页。日本藏中国罕见地方志丛刊。

③ 广西壮族自治区地方志编纂委员会编：《广西通志·林业志》，广西人民出版社2001年版，第193页。

④ 黄钰辑点：《瑶族石刻录》，云南民族出版社1993年版，第6—7页。

第二节 清政府在苗疆的植树造林政策

《汉书·货殖列传》开篇道："昔先王之制……办其土地、川泽、丘陵、衍沃、原阴之宜，教民种树畜养，五谷、六畜及至鱼鳖、鸟兽、雚蒲、材干器械之资，所以养生送终之具，靡不皆育。"① 可见，"教民种树"是君王的职责之一。清代历任政府在治理苗疆的过程中，都较为重视植树造林。无论是经济繁荣的康乾盛世，还是国运衰微的清末，无论是中央皇权，还是地方小吏，都采取各种措施在苗疆营造林木，保护生态。

一、清初政府在苗疆的植树造林政策

清代建国伊始，百废待兴，清初的皇帝均以休养生息作为主要政策。"司厥命者，又其本也，繁庶滋植，斯本厚而休养生息之功昭。"② 而这一政策中的重要内容就是鼓励民间广为种植树木。《清会典事例》记载了顺治与康熙时期朝廷发布的一系列植树造林谕令。顺治十二年（1655 年）覆准："民间树植以补耕获，地方官加意劝课，如私伐他人树株者，按律治罪。"顺治十五年覆准："桑柘榆柳，令民随地种植，以资财用。"康熙十年（1671 年）覆准："民间农桑，令督抚严饬有司加意督课，毋误农时，毋废桑麻。"③ 雍正时期颁布的植树造林的谕旨最多，可见雍正皇帝是一位极重视植树的皇帝。雍正二年（1724 年），上谕直隶各省督抚等："再舍旁、田畔以及荒山旷野，度量土宜，种植树木。桑柘可以饲蚕，枣栗可以佐食，柏桐可以资用，即榛楛杂木亦足以供炊爨，其令有司督率指画，课令种植，仍严禁非时之斧斤，牛羊之践踏，奸徒之盗窃，亦为民利

---

① （汉）班固撰：《汉书》，卷 91，（唐）颜师古注，中华书局 1962 年版，第十一册，第 3679 页。

② （明）钟添等修：《嘉靖思南府志》，卷 3，户口，页 3 上，明嘉靖间成书，上海古籍书店据宁波天一阁藏明嘉靖刻本 1962 年影印，桂林图书馆藏。

③ 《清会典事例》第二册，卷 168，户部 17·田赋·劝课农桑，中华书局 1991 年版，第 1130 页。

不小。"[①] 雍正五年议准："直隶州县闲旷之地，令相其土宜，各种薪果。如各处河堤栽种柳树，陂塘淀泽，许种菱藕，蓄养鱼凫，其地宜桑麻者，尤当勤于栽种，令地方官查其勤惰，分别奖惩。"同年又谕："修举水利、种植树木等事，原为利济民生，必须详谕劝导，令其鼓舞从事，不得绳之以法。"[②] 这些政令对于刚刚征服的苗疆也同样适用，其对迅速恢复苗疆因连年战争而导致的荒芜和破坏具有重要的意义。除此而外，政府还专门针对苗疆已收服地区颁布了植树造林的谕旨。如雍正非常重视在湖南新辟苗疆沿河种树以培育风土。雍正五年议准：楚省官民有于堤外捐栽柳荻者，照河工例分别议叙。[③] 雍正六年正月，湖广总督迈柱奏湖南地区堤工八事，其中包括在堤坝上插柳种树之法，不执行的官员将论罪处罚："护堤插柳，以一弓一株为准，连种芦荻，如所司奉行不力，以设工论。"皇帝嘉许之。[④] 雍正十三年议准：湖南益阳、沅江二县"遍栽杨柳苇荻，以护堤身"。[⑤]

苗疆连年战事，对生态造成较大的破坏，因此清代一些地方官员在治理苗疆时，将植树造林作为一项重要的措施。如前所述，清初政府对苗疆的政策以恢复经济为主，这一时期苗疆各地官员颁布了大量植树造林的奖惩法令，其中以康熙时期两份地方法令最为典型。这两份法令的共同特征是，甫被征服的苗疆满目疮痍，为了改善环境，发展地方经济，镇守苗疆的官员往往采用刑事、军事化的刚性手段强制民间植树造林。虽然这些措施稍嫌急功近利，却显示出苗疆地方政府推行植树造林的急切心情。

康熙年间，镇守广东连阳瑶族地区的官员李来章就发布《劝谕瑶人栽种茶树》的地方性法令，详细列举了种植树木的重要价值、种植种类、数额、面积、种植方法、管理、成活率验收与考核、奖赏、责任追究、惩罚、免税优惠等各项政策，是一份较为重要的清代地方性植树法令。其主要内容如下：

---

① 《清世宗宪皇帝圣训》，卷25，种农桑，页1上，《大清十朝圣训》（2），台北文海出版社1965年版，第295页。

② 《清会典事例》第二册，卷168，户部17·田赋·劝课农桑，中华书局1991年版，第1131页。

③ 《清会典事例》第十册，卷931，工部70·水利·各省江防，中华书局1991年版，第689页。

④ （清）蒋良骐：《东华录》，卷29，雍正五年七月至雍正六年十二月，中华书局1980年版，第479页。

⑤ 《清会典事例》第十册，卷930，工部69·水利·湖南，中华书局1991年版，第677页。

今于农隙合行劝种植为此示仰阖邑民瑶人等知悉：兹值冬日稍暇，正宜栽种树木，各当努力无失机会。仰于所居村寨前后左右闲地内除顽石漫沙不堪树艺外，其余概种茶树暨桑柘椒椿等木，或间以竹杉楮构柑橘榛栗之项，务令东西南北无尺土之抛荒……每村头保瑶目千长人等开报所管灶丁，每户种茶几亩，种诸项树木几株，不拘种类。其有勤紧种植倍于他人者，花红奖赏。或本县省耕劝农筍輿所至，验其树木果系茂密，再当另行破格给扁（匾），并免门差。倘仍前怠惰听将附近山场荒废，挨查居民，定行究责。至如尔等民瑶或有余力，愿于官山处所承种树木，报明四至，赴县投递，即准管业，不起租科，并给印照以杜后来加派……所有条件开列后项须至告示者：

一每户灶丁一名遵谕种食茶一亩，油茶一亩，桑四十株，杉四十株，竹五十竿，其余杂木不拘多寡。

……

一自本年十一月初一日起，到明年二月三十日止，陆续种植，每月朔望先行开报，某村某人某排某人种过每项树木若干株，土名某某，坐落某处附注于下，以凭本县不时单骑查验。

一每户灶丁种植如数者，许其本身亲具手本详开亩数科数赴县报明，或地方遥远，本人不便赴县，许头保瑶目千长人等注册汇报，以便传唤给赏，或户内灶丁一株不种，习懒如旧者，将灶丁责二十板仍镌惰民二字于本家门首以示儆戒。

一头保瑶目千长人等能劝谕本管灶丁十名以上如数种植者，花红奖赏，五十名以上给扁（匾）风励并赏袍帽。或所管灶丁无一户种植者，即系催督不力，劝谕无术，将头保瑶目千长人等各责二十板，仍行革退，不许充役。①

这份地方法令没有将种植树木作为一个值得鼓励的行为，而是将其作为当地少数民族必须履行的重要法律义务，或者说硬性行政指标加以规定。对于不能完成指标，不种或少种的行为直接处以严厉的刑事处罚，虽然有过于严厉之嫌，却体现出政府官员推广植树的决心。无独有偶，康熙

① （清）李来章：《连阳八排风土记》，卷 7，约束，页 20—26，台北成文出版社 1967 年版，第 239—252 页。

五十八年云南巡抚甘国璧也发布《劝民植木通论》，与上面那份政令不同的是，该政令最大的特征是按照树木的用途将树木分为若干类，并阐明每种树木的种植环境、种植方法和经济价值，鼓励民间种植。另外一个显著的特征是，这份政令以奖励为主，且奖励的额度和标准也较高：

> 云南省分虽连属皆山而天气温和，源泉滋润，是处皆可种植。乃城市相近之山，往往俱无树木，且村庄堡寨一望童然。巡行所及，每为忧心。夫民生财用，竹木为多。现有山场，岂肯□□□？或因地棍兵丁恣行砍伐所致，不然，边民习赖地方官，未有□□之法也。本都院念切民生，特行劝谕尔汉彝军民，除原种旱稻荞稗等山外，其余一切荒山，悉听栽种。开辟之后，年为木业，不过岁月之勤，可教子孙之利，其亦何惮而不为乎？所有可种树木，分晰条列，惟吾民酌宜而栽种之。
>
> 一打油之树：如桐、如茶、如柏。凡松润之土宜种桐，敝荫塘岸宜种柏，其倚天绕岩之处，俱宜种茶，此类树止五年而收其利。
>
> 一造纸之树：如構、如楮、如桑。随处山麓皆可种植，三年而皮可用。
>
> 一养蜡之树；如冬青、如蜡条。于田埂沟塍皆可种之。购觅蜡窝，养成可致□□。
>
> 一放丝之树：如桑、如椿、如柘、如椒。皆亦是处可种，养蚕放丝收为土绸，今广西龙江染织有法可以仿行。
>
> 一食物之树：如柿、如栗、如茶、如椒。阳陂可种柿栗，阴陂可种茶椒。
>
> 一材用之树：如槐、榆、松、檀、竹、棕以及椅、桐、梓、漆等树。山源清堑无不发生以俱匠什。
>
> 一柴薪之树：如柳、如楝、如橡、如槲，一切树木或山陂路侧或沟畔墙阴随手栽之，三年而供樵采。
>
> 以上诸项树木，皆滇省所有，听民相度土宜酌量栽种。非惟足供材用，而且落叶足以肥田，须根可以固岸，村庄有所得□□□免于荒颓。无处不宜，无所不益，该地方官力为劝督，有能种植三百株以上者，准将本户本年赏免，夫一并以示奖励。倘有豪棍兵并厮将所辟之山希图霸占，□及牧放牛羊、砍伐条肆者，指名告官，从重治罪。该

> 地方官查明境内如无桐、蜡、柏、茶等种，即于他处捐购、分发以肇利端。果能劝谕遍栽，□有成数，定行卓蓏以酬贤劳。倘敢借事生风，□抑扰累，并不亲行督劝，乃敢擅自差佐集等官头役、乡保等人指借害民者，查出官弁役毙决不姑宽，此事大有裨益，惟在官民奉行勤慎以期不负本都院一投为民兴利之心可也。①

在中国古代社会，农业是国民经济的基本保证，因此地方官颁布的所有法令，都是围绕保护农业、发展农业的角度而言的。就上述两份法令来说，都带有明显的经济性，其鼓励民间种树的直接目的显然是恢复和发展当地的农业经济，拓宽收入渠道，夯实统治的基础，但在间接上也改善了当地的生态环境。正如李来章所说："崇山峻岭，触目生厌"，"荒草连天，苍蓬满目"，② 通过大规模种植树木，可使当地的农业获得可持续发展的良好环境。

中国古代的官吏皆是文人出身，浸淫于儒学文明中的他们，充满了浪漫的"文人情怀"，这其中就包括亲手植树，享受自然的田园情趣。而树木大多高直独立，又象征着气节，因而一些心志高洁的官员常将其喻为自己的人生参照物，这使得许多文人士大夫都具有较高的生态情操和生态修养，而他们在西南少数民族地区任职时也充分发挥了这一良好的素养。唐代著名诗人柳宗元被贬至广西柳州时，就留下了亲手植树的佳话："柳语称瘴乡，无柳。柳子厚任柳时，曾种之，有柳州柳太守种柳柳江边之句。"③ 政府官员的这种做法，无疑起了极大的表率作用。虽然他们个人种植的树木有限，但带来的巨大社会效应是显而易见的。清代苗疆也倍有这样的官员出现。如《兴义府志》载："招公堤，康熙三十三年游击招国遴筑，堤侧多古柳。"④ 这些官员在带领民众种树后，还往往撰写诗文记述这一行为的重大意义。康熙《灌阳县志》载邑令牛兆提的《种桑曲》

---

① （清）李月枝纂修：（康熙）《寻甸州志》，卷8，艺文·宪檄，页15—17，故宫珍本丛刊第227册，海南出版社2001年版，第71—72页。

② （清）李来章：《连阳八排风土记》，卷7，约束，页21—22，台北成文出版社1967年版，第242—243页。

③ （清）王锦总修：（乾隆）《柳州府志》，卷12，物产，页13，故宫珍本丛刊第197册，海南出版社2001年版，第98页。

④ （清）张瑛纂修：《兴义府志》，卷14，津渡，页5上，咸丰三年成书，贵州省图书馆，1982年复制，桂林图书馆藏。

道出了该官员想通过带领百姓种桑扶助贫困，提高生活水平的美好愿望："救穷无药羡天孙，织锦光华岁惠存，指点金丝丹不远，仙农陌上是灵根。枝枝树树挂丝罗，万样经纶未足多，业杂荆榛来白眼，秋空黄叶岁蹉跎。图王定霸倚君材，衣被苍生计日来，六筐星暗无人采，冷落江皋伴绿苔。汉天管乐寓隆中，八百桑株无旷工，治国如家香火遍，零陵汉郡意神冯。"[①] 地方官员对树木的爱护与栽培，使得苗疆的官署衙门也呈现出生机勃勃的生态景象。许多文献记载了苗疆地方官署被古树所环绕和包围的情形，有的甚至成为当地的重要景观之一。康熙《龙泉县志》载邑令阎光甫所书《龙泉八景诗·衙齐五桂》："官阁年年五桂芳，从兹世子近瞻光。"[②]

雍正时期，一些苗疆地方官也颇重视种植树木。雍正十年（1732 年）五月二十七日署理广东巡抚杨永斌奏："至附城陆地及山麓偏坡，虽不能播种粮食，尚可栽植树木……臣现在购买桐子，令地方官倡率指画，劝民栽种，可以获利。别项木植随地土之宜，听民酌种，禁饬兵民践伐。"皇帝批复："所办各务皆属是当，嘉悦览焉，勉之。"[③]

二、清代中期政府在苗疆的植树造林政策

经过清代前期康熙、雍正时期的军事征服和改土归流，至乾隆时期，苗疆各地渐次纳入清朝版图并呈现出经济恢复的局面，对苗疆的各项治理也达到了鼎盛阶段。而在苗疆诸项治理政策之中，要求苗疆官吏种树植树，鼓励民间种植树木是重要内容之一。这一时期清政府在苗疆的植树造林运动达到了高潮。

1. 中央政府在开辟苗疆的过程中鼓励植树造林

清代中央政府对苗疆积极栽种树艺的措施予以明确的支持和嘉奖。乾隆曾多次在批复中鼓励植树造林。乾隆三年（1738 年），河南巡抚奏称：

---

① （清）单此藩总修：（康熙）《灌阳县志》，卷 10，艺文，页 64，故宫珍本丛刊第 198 册，海南出版社 2001 年版，第 449 页。

② （清）张其文纂修：《龙泉县志》，不分卷，艺文，页 11 下，康熙四十八年撰，贵州省图书馆据浙江图书馆藏本 1965 年复制，桂林图书馆藏。

③ 《世宗宪皇帝朱批谕旨》，卷 209 上，杨永斌，页 20，见（清）纪昀等总纂《文渊阁四库全书》第 424 册，史部 182 册，诏令奏议类，台湾商务印书馆 1983 年版，第 671 页。

"种树为天地自然之利，臣经钦奉谕旨，随饬地方官多方劝谕，桑柘榆柳枣梨桃杏，各就土性所宜，随处种植。一年之内，成活之树共计百九十一万有余。"皇帝批复认为这种植树造林的做法可以在他省推广，"朕御极以来，轸念民依，于劝农教稼之外，更令地方有司化导小民，时劝树植，以收地利，以益民生"，并称"安见豫省之法，不可仿行于他省耶?"[①] 在乾隆皇帝与贵州、湖南、广西等苗疆官员的奏折往来中，有大量关于在苗疆植树造林的记载，可见苗疆官员都积极致力于在当地植树造林，而中央政府对这些行为一律予以嘉奖。乾隆四年贵州古州镇总兵韩勋奏报："自安设屯军之后，督臣张广泗……檄令文武设法劝谕播种粟、麦、杂粮，并令种植树木，以为屯军厚生之计。……并令于堡内及山上空地多栽茶、桐、蜡柏等树，务使野无旷土，军无余力。"[②] 乾隆五年遵旨议准：湖南"峰巅湖泽之隙，尚有不成坵段之处，亦听民栽树种蔬，并免升科"。[③] 乾隆五年十一月癸酉，大学士九卿会议贵州总督张广泗、将署贵州布政使陈德荣奏黔省开垦田土、饲蚕纺织、栽植树木一折，针对苗疆官员提出的"树木宜多行栽种"等治理措施指示："查黔地山多树广，小民取用日繁。应如所议。令民各视土宜，逐年栽植，每户自数十株至数百株不等；种多者量加鼓励。"[④] 乾隆六年三月甲午，署贵州布政使陈德荣奏："省之上游旧无杉木，臣捐募楚匠，包栽杉树六万株于城外各山。"乾隆嘉许道："得旨：欣悦览之。至蚕桑树艺尤为政之本，所当时时留心，而教民务本足用之道，均不外此也。"[⑤] 乾隆六年七月癸酉，大学士议准云南巡抚、署贵州总督张广泗奏称黔省开垦田土、饲蚕纺织、栽植树木一折："黔中无地非山，尽可储种树木，乃愚苗知伐而不知种，以致树木稀少，应劝谕民、苗广行种植。"[⑥] 乾隆

---

① 《清会典事例》第二册，卷168，户部17·田赋·劝课农桑，中华书局1991年版，第1133页。

② 中国科学院地理科学与资源研究所、中国第一历史档案馆编：《清代奏折汇编》（农业、环境），商务印书馆2005年版，第34页。

③ 《清会典事例》第二册，卷164，户部13·田赋·免科田地，中华书局1991年版，第1090页。

④ 《清高宗实录》，卷130，页16—17，《清实录》（第十册），《高宗实录二》，中华书局1985年版，第900页。

⑤ 《清高宗实录》，卷139，页40，《清实录》（第十册），《高宗实录二》，中华书局1985年版，第1016页。

⑥ 《清高宗实录》，卷147，页17，《清实录》（第十册），《高宗实录二》，中华书局1985年版，第1119页。

七年湖南巡抚许容奏："湖南为山水奥区，臣饬地方官不必强民树非所宜，惟相其高下，因其土性，其时候，勤加劝谕。若……茶树、桑树、桐树等类广为种植，务使地无遗利，民有余资。"[①] 乾隆九年署贵州布政使陈悳荣奏："种树、养蚕亦渐有成效。"[②] 乾隆十年，两广总督策楞针对两广地区耕地少，"亦有仅堪种植芋、薯、竹、木、瓜果者"的情况奏曰："臣伏思粤省之民所患无田可种，今既有此数万亩之地，纵使不能尽树五谷，而芋、薯、竹、木等项，亦何莫非可以资民用而阜财者，垦辟之方，自应亟为筹办。"[③] 乾隆十二年议准："湖南省各处堤堰，遍栽柳树以挡风浪，每堤种柳若干，册报稽考，严禁纵放牛马及居民侵损。"[④]

这些奏折表明，苗疆各地的官员能够考虑苗疆特殊的地理环境，因地制宜，积极开展植树活动，将栽种树木作为一个重要的治理目标。苗疆地区积极植树造林的措施很快就显露出成效，栽种树木的数量、规模、种类都有了很大的改观。乾隆七年，贵州总督张广泗奏："所栽树木上年据各属具报共种树一百三十六万七千七百余株。本年复经臣督率劝导，据各属悉心劝课，就山土所宜，购买树秧，共栽种各色树木七十七万四百余株。"[⑤] 这个数目如果没有虚报的成分在里面，应是相当可观的。最能说明苗疆植树造林成果的，是成都将军明亮写的《新疆事宜诗》："降番散处垦荒陂，已看树艺欣作息。"[⑥] 这首诗对苗疆已渐成规模的植树活动给予了由衷的赞许和感叹。

2. 地方政府积极鼓励植树造林的政策

这一时期苗疆地方政府仍针对本辖区内的植树事宜发布政令，但与清初相比，这一时期的植树造林措施更具有专门性和针对性，较为注重因地

① 中国科学院地理科学与资源研究所、中国第一历史档案馆编：《清代奏折汇编》（农业、环境），商务印书馆2005年版，第64页。

② 中国科学院地理科学与资源研究所、中国第一历史档案馆编：《清代奏折汇编》（农业、环境），商务印书馆2005年版，第84页。

③ 中国科学院地理科学与资源研究所、中国第一历史档案馆编：《清代奏折汇编》（农业、环境），商务印书馆2005年版，第88—90页。

④ 《清会典事例》第十册，卷930，工部69・水利・湖南，中华书局1991年版，第678页。

⑤ 中国科学院地理科学与资源研究所、中国第一历史档案馆编：《清代奏折汇编》（农业、环境），商务印书馆2005年版，第71页。

⑥ 《平定两金川方略》，卷首，天章六，页16，见（清）纪昀等总纂《文渊阁四库全书》第360册，史部118册，纪事本末类，台湾商务印书馆1983年版，第54页。

制宜的原则。而且从手段上来讲，也更为柔性化，往往采用劝谕的方式。乾隆《柳州县志·艺文志》记载了乾隆二十七年（1762 年）柳州官员王锦向上级官员奏陈的《请栽通省路树议》，该疏议称：

> 粤西惟全州入境以来，乔松林列，苍蔼肃穆，甲于各省。其余诸郡大道，俱未种有表树。昨本道奉委赴安南交界办公，自柳郡起程，所历俱系官塘大路，数郡通衢，直接安南，但见濯濯数百里，并无棵树表道，似为地方缺事。仰恳宪台通饬各州、县，派令佐杂等官，分以段落，督率地保，一律办理。除宾州以南间有两旁尽属水田中间迳涂窄狭者免其种植外，其余宽阔大路，悉令普栽。至种树之法，俟春初草木萌动时，砍取长大柳条，围圆二三寸，长五、六寸者，于大路旁刨坑一尺余深，将柳条栽入，培土坚牢，不使歪倒。每株相隔二丈，勿致疏密参差。务于正月内种艺齐全。各州县将列树株数汇选清册，报明道府或委员点验，或遇便亲查察共种植之齐否、成活之多寡，即为将来劾举之一端。如此实力办理，不数年间，可观厥成矣。惟是，粤西柳条未必到处皆有，应请不拘何树，凡木之易生者，俱堪种植，即如筱簜之属，亦可备数，其有歪倒枯干者，随时补栽。事非难办，而收效实多一得之。愚是否可采，仰祈鉴核施行。①

这份疏议请求在广西全省范围内发布饬令，要求各级官员亲力督责种植树木，同时还详细说明了种植树木的品种、方法、绩效考核及社会效果，最为重要的是，该官员要求在省路旁种树，不是出于经济目的，纯粹是为了保护生态和美化环境。乾隆《廉州府志》记载了乾隆癸酉年（1753 年）间，地方官为适应当地热带环境，教谕百姓种植树木方法的《种植（宜山场）》文告："种菠萝：秋九月，例坑入橡子四五粒，以土掩之，春后发芽，防火烧及牛羊践食，六七年成林。种椿树：交春锄地，将椿子去瓣分行，撒入地内，俟出土四五寸，分移排列，高二尺许，遂掐去稍尖，使交椏四出，长不过四五尺，随时掐

① （清）王锦总修：（乾隆）《柳州府志》，卷 35，艺文，页 37，故宫珍本丛刊第 197 册，海南出版社 2001 年版，第 330 页。

之，勿令过高，两年成林。”[①]《熙朝新语》载：“乾隆五十二年，贵筑李尚书世杰督蜀，令民沿城皆植芙蓉垂柳。今皆合抱，花时灿若云锦，人比之召伯甘棠云。”[②] 云南省宜良县蓬莱乡万户庄立有一块乾隆五十四年的《植树碑》，上刻有“十年之计”的字样。[③] 这反映出苗疆官员浓厚的生态保护意识及其在执政中对生态保护问题的关注。

这一时期还有一个重要现象，即苗疆官员非常注重在河堤种植树木以培育水源，保护水土。这一先行在康雍时期即已出现，到乾隆时期则蔚然成风。乾隆《续编路南州志》载知州罗之熊《堰成偶赋》：“沿堤栽柘柳，绕屋种桑麻。”[④] 乾隆《石阡府志》载《塘法》，要求在河堤上种植树木以涵养水源：“筑塘者堤脚布木桥，弗若堤上植柳。枝叶可荫塘水，盘根可固堤脚。”[⑤] 乾隆《永北府志》载当地沙河“沿河惟插柳护田”。[⑥] 乾隆《蒙自县志》载乾隆五十四年李焜摄县事，“筑堤种树，壅培三山”。[⑦]

苗疆官员的植树造林政策，极大地改善了苗疆的环境。许多苗疆官员个人带头栽植树木，使得各地呈现出树木繁茂的局面。乾隆《蒙自县志》记载了知县李焜在县署栽植冬青的事迹：“冬青、榕树：在县署二堂东，原有冬青一株，历百余年。至乾隆五十六年春，焜又植小冬青一株，原官斯邑者，爱惜栽培，无负前人培植意。”[⑧] 乾隆《直隶靖州志》记载了乾隆年间湘西苗疆官员张开东的《鹤山种树记》：“张子居鹤山之二年六月，将归，乃置茶于门阶，召诸生及守院者，总计春所植花木及

---

① （清）何御主修：（乾隆）《廉州府志》，卷9，农桑，页23—24，故宫珍本丛刊第204册，海南出版社2001年版，第117页。

② （清）余金辑：《熙朝新语》，卷12，上海古籍书店1983年版，第17页。

③ 宜良县志编纂委员会编：《宜良县志》，中华书局1998年版，第684页。

④ （清）郭廷偰、吴之良、杨大鹏、萧世琬纂辑：（乾隆）《续编路南州志》，卷4，艺文·诗，页31，故宫珍本丛刊第226册，海南出版社2001年版，第316页。

⑤ （清）罗文思重修：（乾隆）《石阡府志》，卷2，渠堰，页47下—48上，故宫珍本丛刊第222册，海南出版社2001年版，第316—317页。

⑥ （清）陈奇典纂修：（乾隆）《永北府志》，卷5，水利，页11，故宫珍本丛刊第229册，海南出版社2001年版，第19页。

⑦ （清）李焜续修：（乾隆）《蒙自县志》，卷1，山川，页4，故宫珍本丛刊第229册，海南出版社2001年版，第379页。

⑧ （清）李焜续修：（乾隆）《蒙自县志》，卷1，古迹，页11，故宫珍本丛刊第229册，海南出版社2001年版，第382页。

竹，凡二百七十五，本悉注于簿。"[①] 在专制时代，上层人物的一举一动都会对下层百姓产生极大的影响。苗疆地方官员以身作则，身先士卒地带领群众种树爱树的行为，对苗疆形成良好的生态保护意识和社会风气起到了较好的表率作用。乾隆《泸溪县志》载："地多山少平地，悬崖陡壁，皆栽桐榆。"[②] 乾隆《南笼府志》载，当地"木有松、柏、杉、楸、白杨、青柳、香火、皂荚、槐、柘、冬青之类，皆植之为取材之资，至山箐杂木，又难以名状矣"。[③]

3. 沿边种筋竹案

"沿边种筋竹案"是清代中期政府鼓励在苗疆植树造林的一个典型事例。筋竹，又名簕竹、刺竹，是一种多刺的草本植物，南方地区多有，可以保护家园，西南边疆少数民族常用之为屏障。《岭表录异》载广西南宁地区少数民族曾种竹为城防御外族侵犯："其竹枝上有刺，南人呼为刺勒。自根横生枝条，展转如织。虽野火焚烧，只燎细枝嫩条。至春复生，转复牢密。邕州旧以刺竹为墙，蛮蜒来侵，竟不能入。"[④] 宋代广西柳州官员也曾种竹护城："黄齐，字义卿。摄新州逾年，种刺竹围城一千二百余丈。"[⑤] 光绪《郁林州志》也有相同记载："小簕竹，俗谓刺为簕，故名簕竹，多刺，如鸡爪，极锐，枝小稠密，一丛成林，种作藩篱，人物不能越村，四周有此可当栅垒御寇。"[⑥]

乾隆时期，曾发生了"沿边种筋竹案"，这一事件的初衷是为了边防军事目的，虽然以不成功而告终，但在苗疆生态建设史上却留下了重要的一笔。乾隆十六年（1751 年）四月丙申，已调任江西巡抚的前任粤官舒辂奏请在广西沿边种植筋竹："臣前在广西……去冬知粤西边地产有筋

---

① （清）吕宣会纂修：（乾隆）《直隶靖州志》，卷 13，艺文五 · 文类 · 记，页 25—26，故宫珍本丛刊第 162 册，海南出版社 2001 年版，第 106—107 页。

② （清）顾奎光总裁、李湧编纂：（乾隆）《泸溪县志》，卷 8，风俗，页 2，故宫珍本丛刊第 163 册，海南出版社 2001 年版，第 247 页。

③ （清）李连溪辑：（乾隆）《南笼府志》，卷 2，地理 · 土产，页 14，故宫珍本丛刊第 223 册，海南出版社 2001 年版，第 23 页。

④ （唐）刘恂：《岭表录异》，鲁迅校勘，广东人民出版社 1983 年版，第 16 页。

⑤ （民国）柳江县政府修：《柳江县志》，刘汉忠、罗方贵点校，广西人民出版社 1998 年版，第 161 页。

⑥ （清）冯德材等修、文德馨等纂：《郁林州志》，卷 4，页 21—22，台北成文出版社 1967 年版，第 72 页，中国方志丛书第 23 号。光绪二十年刊本。

竹，实心坚劲，外多棘刺，民间不适于用。前令该府等于滋扰处遍为栽种，数年后排列成林，俨如城障。臣现已调任，恐事中止，请敕新任抚臣即令栽种。”① 这一建议得到皇帝的首肯和支持。同年六月辛酉，上谕军机大臣等：“据巡抚定长奏报广西沿边栽插筋竹一案，经护理左江镇范荣，太平府知府平治前后禀报：……为今之计，种竹不宜中止，而界址不可不清。臣现在会商抚臣定长，拟俟司道等确勘到日，一面将照界种竹缘由明白知会夷官，并饬令沿边汉、土州、县照依原议，除高山峭壁不能栽种外，其余照界栽种，不得丝毫侵越夷界，亦不可尺寸退让。”得旨：“所办甚妥。”② 于是，广西沿边开始大规模种植筋竹。

但是，在广西沿边种植筋竹并没有达到预期的边防效果，反而滋生了诸多弊端。于是当地官员纷纷上奏要求停止种竹。乾隆十六年十一月庚午，署两广总督、广东巡抚苏昌奏称，“（凭祥）土目张尚忠等越界栽竹以致夷民拔竹毁栅”，大学士等议覆：“安南素称恭顺，沿边划界相安已久，不藉种竹以固藩篱，应即停。”③ 乾隆二十年（1755 年）二月，廉州知府周硕勋《再陈边疆事宜》曰：“查得乾隆九年东兴街演变栽种勒竹建立栅栏……原议簕竹令峒长随时补栽，但沿路挨查，新旧簕竹百无一活，乃流弊相沿，每年尚有科排派峒丁补竹修栅之陋规，徒滋扰累。应请永行停止，以恤边民。”④ 乾隆二十年八月两广总督杨应琚上奏《停沿边种竹》：“奏为请停钦州沿边之种竹酌改要路之汛防以节虚縻以收实效事……经前署督臣策楞等议请将钦州与安南接壤之竹山村东兴街各设栅栏一座，又自竹山村至东兴街沿边三十里栽种簕竹以为藩篱。交易民番奏奉朱批允行，嗣经委员确查复请于松柏隘罗浮峒各设栅栏一座，种竹六千一百七十株，造册咨部核销在案。在当日定议原为慎重边防起见，惟是中外民番联界之处，防闲固需严密，而处置尤贵合宜。察缉固应周详，而办理须有实济，兹臣自抵任后，体察该地情形，大都皆系潮卤砂碛之区，簕竹未能生发，往往随种枯而遁

① 《清高宗实录》，卷 387，页 20—21，《清实录》（第十四册），《高宗实录六》，中华书局 1985 年版，第 88—89 页。

② 《清高宗实录》，卷 393，页 14—15，《清实录》（第十四册），《高宗实录六》，中华书局 1985 年版，第 163 页。

③ 《清高宗实录》，卷 402，页 5—6，《清实录》（第十四册），《高宗实录六》，中华书局 1985 年版，第 286 页。

④ （清）何御主修：（乾隆）《廉州府志》，卷 20 下，艺文・条议，页 83—84，故宫珍本丛刊第 204 册，海南出版社 2001 年版，第 481—482 页。

年补栽，边民亦以为苦迨。上年三四月间，因靳竹开花，所种之竹百无一活，其原设栅栏亦因沿历多年，风雨剥蚀，现俱朽坏无存，伏思种竹建栅，如果有益于边防，自未便因循而中止，无如该处沿边一带壤地相错，非有关隘可守截然中外之民。"① 乾隆二十年十月十四日甲寅，兵部议准两广总督杨应琚奏："广西钦州东兴街所辖松柏隘、罗浮峒，接壤安南，向设栅种竹为藩篱，其地潮咸砂碛，竹枯栅朽，修补虚糜，请改设墩汛。"② 至此，"沿边种筋竹案"虽以不成功告终，却留下了一笔重要的生态遗产。这些筋竹虽然没有起到防卫边防的作用，却成为重要的森林资源。至今存留于广西沿边茂密的筋竹，是对历史最好的见证。

4. 贵州遵义的植槲运动

相对于功能未能充分发挥的"沿边种筋竹案"，清代中期的另一个苗疆植树造林事例——贵州遵义的植槲运动则是非常成功的案例，其效果之好，影响之广，持续时间之久，是历代植树活动都不能及的。"富国之本，在于农桑"，③ 位于清代苗疆核心区域的贵州遵义地区，在生态建设史上具有不可磨灭的地位。而这一地位，源自清代历任当地官员孜孜不倦的种树育林活动及对周边地区和后世产生的巨大影响力。《黔记》载："遵义、贵阳以乌江为界，乌江之西山色秀润，树木葱茏"，"遵义蚕事最勤，其丝行楚、蜀、闽、滇诸省，村落多种柘树"。④ 遵义如此良好的生态环境，是与当地官员努力倡导民间种树分不开的。

（1）起源

遵义地区大力植树造林发展蚕桑事业起源于清代。其最早的植树养蚕运动，起倡于雍正末乾隆初贵州的一位下级官吏徐阶平，他首次开创橡树养蚕发展遵义的蚕桑事业："徐阶平，雍正十三年任正安吏目，悯州贫无蚕桑利，购浙种教树饲，数年蚕利遍州境。"⑤《郎潜纪闻四笔》载："遵

---

① 《廉州府志》，卷20上，艺文·奏疏，页14—15，故宫珍本丛刊第204册，海南出版社2001年版，第396页。

② 《清高宗实录》，卷498，页26，《清实录》（第十五册），《高宗实录七》，中华书局1985年版，第271页。

③ （清）张廷玉：《明史》，卷77，志第53·食货一，中华书局1974年版，第七册，第1877页。

④ （清）李宗昉撰：《黔记》，卷2，页11下—12上，嘉庆十八年撰，线装一册四卷，桂林图书馆藏。

⑤ （清）黄乐之等修：《遵义府志》，卷30，宦绩，页22下，道光二十三年修，刻本，桂林图书馆藏。

义蚕织之利，大之者陈公，而倡之者则嘉兴徐君阶平。君以乾隆初官贵州正安州吏目，悯其地瘠民贫，生计迫窘，偶见橡树中野蚕成茧，因自以携来织具，织成绸匹。”① 而真正使遵义大规模种植树木，蚕桑业闻名于天下的则是乾隆年间在遵义任职的山东官员陈玉壂。他经过多次试验，创造性地以当地盛产的槲树代替桑树养蚕，从而使遵义大量种植槲树。槲树，又名栎树，其他的名字还有橡树、青棡树等，广泛生长于我国的北方及西南地区。陈玉壂的创举使西南地区的槲树发挥出巨大的经济效益。“乾隆七年春知府陈玉壂始以山东槲茧蚕于遵义……迄今几百年矣，纺织之声相闻，槲林之阴迷道路。”②《黔语》记载了陈玉壂在遵义创办槲茧的艰难历程：“遵义食槲茧利自太守陈公始。公名玉壂，字韫璞，山东历城人，以任为光禄署正出同知江西赣州府。乾隆三年来守遵义，地故多槲，仅供爨薪，公曰：此吾乡登莱间树，可蚕也，遂自山东购山蚕种，且以蚕师来，中道蛹出而罢。六年复遣人归，期以冬至，蛹不得出。明年乃蚕，蚕大熟，乃遣蚕师四人教四乡蚕，又筑庐于城东水田坝，命善织者教民以手经指纬之法，授以种，资以器，八年得茧至八百万，自是郡人户养蚕，今百余年，为黔富郡。”③ 徐阶平、陈玉壂因此被当地民众广为传颂：“流闻徐阶平以一吏目植桑养蚕于正安，以大启播人衣食之源，陈玉壂知遵义府，更扩而充之，播人至今称美二人不衰者，夫岂其偶然哉。”④ 遵义植槲运动的成功，还反映出一个问题，即中国古代的官员许多出身农民阶层，他们自身具有较好的农业素养和经验，因而在苗疆任职时，可以将中原地区先进的栽培种植技术传授给苗疆人民，这对苗疆生态环境的保护是大有裨益的。

（2）示范效应

陈玉壂在遵义种植槲树的成功及遵义蚕业的蓬勃发展，带来了巨大的示范效应。人们发现槲树不仅非常适宜贵州的地理环境，而且对发展养蚕业极其有利，其后贵州各地的官员都纷纷仿效这一做法，开

---

① （清）陈康祺：《郎潜纪闻四笔》，卷4，中华书局1997年版，第63页。

② （清）黄乐之等修：《遵义府志》，卷16，农桑，页18上，道光二十三年修，刻本，桂林图书馆藏。

③ （清）吴振棫：《黔语》，卷上，页3下，上海书店，1994年影印本。

④ 王左创修：《息烽县志》，卷21，植物部·木类，页16下—17上，民国二十九年成书，贵州省图书馆据息烽档案馆藏本1965年复制，桂林图书馆藏。

始在本地大力提倡种植槲树（栎树、青杠树、橡树、青棡树），而这些行动也都得到了朝廷的嘉许与支持。乾隆七年六月，署贵州布政使陈德荣奏："至载桑育蚕，惟大定、威宁地气寒冷不宜，其余各属，均设官局试养……又黔山栎树，今年饲养春蚕亦已结茧有效，似较树桑为便。"得旨："此事论之似迂，行之甚难，而若果妥协办理，则实有益于农民者也。"① 乾隆八年十一月，上谕军机大臣等批准四川按察使姜顺龙请求推广椿蚕山蚕之奏："臣在蜀见有青杠树一种，其叶类柞，堪以饲养山蚕，大邑县知县王隽曾取东省茧数万散给民间，教以饲养，两年以来已有成效。仰请敕下东省抚臣，将前项椿蚕山蚕二种作何喂养之法，详细移咨各省。如各省现有椿树青杠树，即可如法喂养，以收蚕利。"② 这一时期贵州的许多志书都收录了官府发布给民间的种植槲树的手册，详细介绍了种植的时间、地点、土壤、株距、方法、培植、施肥、修剪等。如道光《遵义府志》载《种槲》："槲实九月拾之，掘坑埋其内，令芽二月出而种之。必相距三尺毋已密。其生也，明年耘之，三年稍杀之，四年五年可蚕也。或生二年尽伐之，俟蘖又杀之，则速成树，凡下种能和以猪血者易生，且他日叶美宜蚕。槲生一二年，行间可种收麦，三年则止。"③

贵州其他地方仿效种树养蚕也颇有成效并取得了巨大的经济社会效益。如乾隆二十四年修纂的《绥阳志》载："绥邑栽桑饲蚕、植茶种蜡，以及桐树漆林，种麻植楮，牧畜养鱼，纺绩织纫，士也敦诗说礼，农也深耕力作，民有恒产，男女勤俭，皆母公之教为之也。其溥美利于民也，岂浅鲜哉！"④ 道光初年，程恩泽《橡茧诗序》反映了贵州各地方官倡导种植橡树的情形："道光三年冬，泽试遵义，旋过橡林间，风策策然，叶鳞鳞然，记所历郡，皆有橡不以茧，今过平越、都匀，土益沃宜橡，因叹曰：处处有橡，处处可茧也，富独遵义乎？过镇远，见方伯吴廉访宋颁令甲劝

---

① 《清高宗实录》，卷179，页29，《清实录》（第十一册），《高宗实录三》，中华书局1985年版，第154页。

② 《清高宗实录》，卷204，页13—14，《清实录》（第十一册），《高宗实录三》，中华书局1985年版，第630—631页。

③ （清）黄乐之等修：《遵义府志》，卷16，农桑，页33下—34上，道光二十三年修，刻本，桂林图书馆藏。

④ （清）陈世盛修：《绥阳志》，艺文，页32下，乾隆二十四年撰，贵州省图书馆据北京图书馆藏本1964年复制，桂林图书馆藏。

民种橡，词恳恳，著街亭，时夕阳烂如，驻马读之。过思南，遻万校官世超骅笞，出则方伯廉访督、使、巡上下游，购橡子教播种，期三年成，食茧利……”[①] 这其中，以黔东北铜仁一带成绩最为突出。道光四年（1824年），贵州铜仁地区官员吴荣光、宋如林发布《种橡养蚕示文》，由官方到遵义购买橡子免费发给民间种植，并刊印手册宣传种植方法：“兹本藩司筹办经费，委员前赴遵义定番一带采买橡子，收贮在省，各府厅州县酌量多寡赴省领回散之民间，晓谕居民毋论山头地角广为种植，二三年后即可成树，俟到可以养蚕之日仍由省收买蚕茧散之民间，令其蓄养于树，凡收买橡子蚕茧无须民间资本，不过自食其力而已。至种橡育蚕之法，现亦刊刻条款先行发交各府厅州县随同橡子分给该属居民遵办，并免一切税银。”[②] 吴荣光还特写《和程春海学士橡茧十诗》以说明：“种稻三年劳，种橡一锄力。况土不宜禾，硗瘠橡可植。植成叶泥泥，用以供蚕食。”[③]

植槲运动以燎原之势，迅速以贵州北部为中心，向西北、西南、东南蔓延，甚至传到了云南、广西地区。同治《毕节县志稿》记载了杨树之《种青棡》诗，描述了在黔西北毕节地区种植槲树（青棡树）的情形：“肥土宜种桑，瘠土喜种栎，叶皆可饲蚕，蚕成辛苦历，太守来历城，敦劝树嘉绩。刘郑图谱传，法良少匹敌。我从遵义来，睹此心戚戚，边城乏蚕桑，四山多沙砾，允宜种橡槲，课民为解晰，成茧如扶桑，枝头任攀摘。”[④] 清末著名诗人郑珍《巢经巢诗集》中也吟道：“滇黔山多不遍稻，此丰民乐否即瘥。尔来樗茧盛溱播，程乡帛制传牂牁。”[⑤] 说明种植槲树、椿树等桑树的替代树种生产蚕茧的运动已经遍布整个云南、贵州地区。

---

① （清）黄乐之等修：《遵义府志》，卷46，艺文五，页43下—44下，道光二十三年修，刻本，桂林图书馆藏。

② （清）敬文等修、徐如澍纂：《铜仁府志》，补遗·示，页11上—12下，道光四年成书，贵州省图书馆据该馆、中国科学院南京地理研究所、南京图书馆藏本1965年复制，桂林图书馆藏。

③ （清）黄乐之等修：《遵义府志》，卷46，艺文五，页47下，道光二十三年修，刻本，桂林图书馆藏。

④ （清）王正玺纂修：《毕节县志稿》，卷17，艺文下，页13上，同治十年撰，贵州省图书馆据南京大学图书馆藏本1965年复制，桂林图书馆藏。

⑤ （清）郑珍：《巢经巢诗集》，卷2，见《四部备要》，中国社会科学院历史研究所清史研究室编《清史资料》（第七辑），中华书局1989年版，第87页。

三、清末政府在苗疆的植树造林政策

乾隆之后的历任统治者都沿袭了这一政策。即使在风雨飘摇、内忧外患夹攻下的清末，朝廷仍没有停止对苗疆植树事业的关注。

1. 道光时期政府在苗疆的植树造林政策

清末政府为挽救濒临绝境的统治，大力提倡发展地方经济，创办实业。苗疆的一些官员也积极响应，出台了相关措施，其中就有大量种植经济林木的内容。如云南省大理白族自治州立于道光二年（1822年）的宋湘《种松诗碑》就记载了这样一个感人的事例。宋湘，字焕襄，号芷湾，嘉庆十八年（1813年）至道光五年（1825年）任云南曲靖知府，兼管迤南、迤西道职。碑文记述了嘉庆二十一年（1816年），宋湘以迤西官员的身份至大理，曾购得三石松子托人播种于崇圣寺后之苍山。六年之后，有人告知松树已长高丈余，郁然成林，他喜而赋诗三首。碑文云："摄迤西道篆日，买松子三石，课民种于三塔寺后，为其濯濯也。今日有报，松已寻丈，其势郁然成林者。"后题诗曰："古雪神云看几回，十围柳大白头催，才知万里滇南走，天遣苍山种树来。一粒丹砂一鼎封，一枚松子一株松，何时再买三千石，遍种云中十九峰。"① 最后一句的植树造林气魄令人动容。云南省永昌县立于道光五年的《永昌种树碑记》也记载了当地政府官员陈廷黻植树的事迹："余乃相其土，宜遍种松树，南睚自石象沟至十八坎，北自老鼠山至磨房沟。斯役也，计费松种二十余石，募丁守之，置铺征租，以酬其值。"并指明，植树是为了加固当地的河堤，保持水土："堤坚则河流清，利而无砂碛之患。"② 这说明苗疆官员对植树与水土保持的关系即植树的生态效应认识非常深刻。他们亲力亲为，率领民众在荒山植树造林，为改善苗疆脆弱的生态环境发挥了积极的作用。一些苗疆官员还将垦荒与植树结合起来，在安置外来流民的时候，鼓励他们在荒山种植果木等经济林木，既保护了环境，又解决了流民的生计问题。清末名臣林则徐在驻守云南保山时，就鼓励民间在荒山种植树木："保山所辖

① 云南省地方志编纂委员会编：《云南省志·文物志》，云南人民出版社2004年版，第435页。

② 云南省地方志编纂委员会总纂、云南省林业厅编撰：《云南省志·林业志》，云南人民出版社2003年版，第870页。

距城二百余里之官乃山一座……其自半山腰，下至临江间，有平旷地土，堪以垦种，因而外来无业客民，单身赴彼，或种包谷杂粮，或植大小果树……查该处去秋包谷杂粮均称丰熟，果树亦皆获利。”[①]

苗疆官员在鼓励、提倡植树造林的同时，还注意对幼苗的培育与保护。这说明他们鼓励植树的政策并非停留在表面。云南省祥云县立于道光五年的《劝谕植树禁伐林木碑》是一篇少有的保护公山树木幼苗的禁令。针对当地“县属山场松株树木，竟有贪利之徒，混将松株砍伐售卖，且有贫民盗伐松株枯枝”的现象，将植树与禁伐结合起来，警戒民众：“凡有隙地广为栽种，勿得将已发之松株砍伐，并严查盗伐松株枯枝。”[②] 云南省丽江立于道光二十八年的《丽江象山护林植树石碑》是一篇禁伐与植树相结合的禁令。地方官员在规定“永禁挖石取土，采樵放牧”的同时，劝谕民众“于各地界种植松柏，殊足培形势而壮观瞻。唯培植之初，尤当护惜培养”，“山岗一带公种松柏成树之日，仍公行管理，勿得争竞”，并“设立看山二人，每人给麦子三石”。[③] 这篇法令不仅要求保护幼树，还制定了对幼树的公共管理制度及专人看管培护制度，对幼树的保护可谓周备矣。

然而，道光年间苗疆最为成功的植树造林运动，还是贵州遵义秉承乾隆年间的“植槲运动”而发展的“植桑运动”。尽管种植槲树的经济效益非常可观，但其与桑树相比，仍有难以克服的缺点，因此在道光十九年，遵义知府黄乐之又在当地发动了植桑运动，提倡民间广为种植桑树，并发布《劝民种桑示》列明奖励标准：“照得遵义橡茧始自东莱陈公，百年之间获利甚薄，民实赖之，然伊古以来，尽以桑蚕作茧，盖取诸室而有余，不类橡茧需时资于山而后成也……至栽桑节候及饲蚕抽丝一切事宜，蚕桑实要一书论之最悉，本府正在刊印以备分给，俾得周知……本府拟设奖赏以示激劝，其有活桑百株者，本城由经厅衙门报验各属由该县报验，如果属实，本府即赏一两重银牌一面，花红一副，以次递增，活千株者赏二两

---

① （清）林则徐：《保山县城内回民移置官乃山相安情形折》，见（清）林则徐《林文忠公政书》，《云贵奏稿》卷10，商务印书馆1936年版，第286页。国学基本丛书。

② 云南省地方志编纂委员会总纂、云南省林业厅编撰：《云南省志·林业志》，云南人民出版社2003年版，第870页。

③ 云南省地方志编纂委员会总纂、云南省林业厅编撰：《云南省志·林业志》，云南人民出版社2003年版，第873—874页。

重银牌五面，花红一副，通计活至五万株则其势已成，无用本府再行奖劝矣。倘有潜伏人桑株偷摘人桑叶者，一经查出定行严惩以示明罚，各宜争先踊跃，务使桑荫茂盛。”① 次年黄乐之又发布《再劝种桑示》，重申奖励条件：“出示后，只有绥阳县报称种活数万株，自行奖赏。遵义、仁怀、桐梓三属并无一人报验领赏，岂皆视若罔闻，抑种之不得其法而不活耶？现在贺中丞有种桑捷法刊刷分布……俟明年四月径行报府查验，如果栽活，按计株数照前赏数以次递增，由府发给，尔等务须认真栽植，期于必成。”② 逾年黄乐之发布《三劝种桑示》：“兹届清明，新条渐发，尔等果有新种即可陆续报府，候委员查验，如系属实，即照前赏数按株发给，以示鼓励。除绥阳自种多株、正安久惯养蚕无庸查办外，其遵、桐、仁三属准其一体报验，以所报先后为次，随报随验，随即领赏，核算至五万株而止。”③ 黄乐之为此还专门印发《蚕桑实要》广散民间，其《跋》曰：“乐之来守播州，亟欲劝众植桑饲蚕，谓宜示以成法，爰询郡中茂才晋生廷荣得《蚕桑实要》一书，盖为先务而育蚕之事，宜避忌器用次第纪焉，言简事赅，条分缕晰，洵树桑之典要，蚕妇之规维矣。”④ 道光《思南府续志》也记载了当地官员徐近光的《桑园好》诗，说明种桑的诸多好处：“桑园好，桑园好，满园青青长嫩苗，一尺二尺弱且娇，三尺四尺东风摇。春宜植，夏宜浇，明年丈二抽新条。提篮蚕妇笑还语，甘棠虽好无过此。”⑤

2. 光绪时期政府在苗疆的植树造林政策

（1）苗疆官员捐俸领导植树造林

光绪时期，苗疆地方官员在当时政治衰弱、经济衰退、社会动荡不安的情况下，仍积极办理种树事宜。在政府财政非常紧张的情况下，苗疆政府官员通过捐俸捐廉来保证植树经费。云南省会泽县立于光绪四年（1878

① （清）黄乐之等修：《遵义府志》，卷16，农桑，页51下—53上，道光二十三年修，刻本，桂林图书馆藏。

② （清）黄乐之等修：《遵义府志》，卷16，农桑，页53上—54上，道光二十三年修，刻本，桂林图书馆藏。

③ （清）黄乐之等修：《遵义府志》，卷16，农桑，页54上、下，道光二十三年修，刻本，桂林图书馆藏。

④ （清）黄乐之等修：《遵义府志》，卷44，艺文三，页44上、下，道光二十三年修，刻本，桂林图书馆藏。

⑤ （清）夏修恕等修：《思南府续志》，卷12，艺文·诗，第45页下，道光二十年成书，贵州省图书馆据四川省图书馆藏刻本1966年复制，桂林图书馆藏。

年）的《会泽县老厂植树碑》就是典型例证："本部院当经捐廉发交该县官绅银二百两，令其多买松种，严行种植"，并"饬该县邓令清查此项松价，赶紧催令绅民，分种四山"。并规定："嗣后，凡有官种民植树木，如需应用，必照市价买卖，不准藉办铜称，任意减伐。"① 云南省麻栗坡立于光绪三十四年的《大王庙后杉树系罗起云栽培成效故勒以志》以四字一句的简约方式记载了当时的地方官罗起云植树造林的情况："庙后杉树，介然成路。酸苴一棵，麻栗十株。培植风水，原非无故。压粪挑水，工程难诉。光绪壬辰，仲冬栽固。"从碑文的记载看，购置树苗都是官府动用公款："万本支钱，陆续挂簿。所需筹款，由公所付。"并告诫后人要悉心保护这些树木："谕尔后贾，留心保护。无容砍伐，免遭败路。"② 民国《独山县志》也记载了光绪年间该县令杨世祚捐资植桑的事迹："世祚患实业不增必至贫困，捐廉购桑种教民栽植为蚕织地，署后桑百株，均手植。"③

亲自带领民众植树，已成为苗疆官员的一个惯例。清末这一优良传统仍得以坚持。广西桂林有两处石刻皆记录了光绪年间当地政府官员亲手植树的事迹。光绪己卯年（1879 年）立于桂林的《宝积山栽树记事碑》记载了官府带领群众连续两年在该山栽种的树木种类、株数和时间："宝积山老树参天，佳木葱蒨，丁丑年十一月新栽松六十四株，己卯正月复栽松四十四株，桂十五株，又松四株，山顶栽松五株，二十六日庚午记。二月十五日山顶下坡栽松六株，再西土岭上栽松三十六株。"④另一块存于桂林市的碑刻《曹谨堂植树题名》仅寥寥数字，记载了当时曹姓官员亲手栽植榕树的事迹："光绪十六年（1890 年）庚寅八月曹谨堂手植榕树。"⑤一些政府官员还将植树造林事宜纳入当地的经济发展规划当中。光绪三十一年（1905 年）十二月丙辰，

① 云南省地方志编纂委员会总纂、云南省林业厅编撰：《云南省志·林业志》，云南人民出版社 2003 年版，第 875—876 页。

② 云南省麻栗坡县地方志编纂委员会编：《麻栗坡县志》，云南民族出版社 2000 年版，第 1111 页。

③ 王华裔创修：《独山县志》，卷 22，宦绩，页 15 上，民国三年成书，贵州省图书馆据独山县档案馆藏本 1965 年复制，桂林图书馆藏。

④ 桂林市文物管理委员会编：《桂林石刻》（中），1977 年编印，内部资料，第 352 页。

⑤ 桂林市文物管理委员会编：《桂林石刻》（中），1977 年编印，内部资料，第 403 页。该摩崖在桂山味易岩口。

署贵州巡抚林绍年奏："遵将黔省制造、树艺、缉捕、交涉、储才、察吏各事宜悉心筹画，认真办理。"[①]

（2）广西的植桑运动

光绪时期苗疆办理植树事宜最为得力的恐怕要数广西的植桑运动了。在政治衰弱的清末，苗疆依然在生态建设上闪现出一抹亮光，那就是光绪年间轰轰烈烈的广西植桑运动。这次运动自光绪初年开始，一直持续到民国时期，时间长、影响大，是清末苗疆植树造林运动的典范。

（a）产生背景

广西的气候条件非常适宜桑树的生长，"五岭以南，绝无霜雪，最宜树桑"。[②] 但遗憾的是，广西的蚕桑业一直未能发展起来。清代末年，困于国力衰微的清政府提倡发展实业以振兴地方经济，在这样的历史背景下，广西一些官员曾尝试发展蚕桑业，但多不成功。"桂人惰于农桑。咸、同间，涂宗瀛任桂抚时，议劝蚕织，以课吏治，黠者乃购买野茧绸献之，得优奖，桂人传为口实。"[③] 直至光绪年间，广西的蚕桑业才开始有所发展。光绪初年，已有部分地区种植成功，"清光绪初年，知县全文炳捐廉提倡在街尾野鸭渡船头西边大沙洲种桑数十万株"。[④] 光绪七年（1881 年）三月初十日壬申，上谕军机大臣等："广西地方，于蚕织之功概置不讲。现陕西、甘肃、贵州等省均经办有成效。广西桂林、梧州亦时有种桑饲蚕之事，但民不习为恒业，须官为经理，设局招匠，以间阎之勤惰，课牧令之等差，庶地无余利，有益民生等语。蚕桑关系民间生计，如果物土相宜，自宜广为劝办。着庆裕按照所奏各节，斟酌情形妥筹具奏。原片着抄给阅看。将此谕令知之。"[⑤] 这道上谕，是广西发展蚕桑业的最高指示和依据，也是其正式发端。光绪九年，广西巡抚推广种桑育蚕，有凌云等 33 个州县兴办桑蚕业。[⑥]

---

① 《清德宗实录》，卷 553，页 4，《清实录》（第五十九册），《德宗实录八》，中华书局 1985 年版，第 334 页。

② （清）张心泰：《粤游小志》，卷 4，页 4 上，1884 年清光绪年间排印本，桂林图书馆藏。

③ （清）徐珂编撰：《清稗类钞》（第五册），中华书局 1984 年版，第 2268 页。

④ 佚名：《贺县志》，卷 4，页 6，台北成文出版社 1967 年版，第 219 页，中国方志丛书第 20 号。民国二十三年铅印本。

⑤ 《清德宗实录》，卷 128，页 7—8，《清实录》（第五十三册），《德宗实录二》，中华书局 1985 年版，第 841—842 页。

⑥ 凌云县志编纂委员会编：《凌云县志》，广西人民出版社 2007 年版，第 11 页。

（b）实施情况

广西大规模发展蚕桑业，则要归功于光绪中叶的广西巡抚马丕瑶。马丕瑶，字玉山，河南安阳人，光绪十五年七月十九日至光绪十八年正月二十九日在广西任职。他自光绪十五年开始，竭尽全力，采取各种措施在广西推行种桑，并获得了朝廷的嘉许。《清实录》记载，光绪十七年六月十三日乙巳，广西巡抚马丕瑶等奏："创办蚕桑，已著成效，强将桂林、梧州、庆远、柳州四府出力官绅，先行酌保，以资激劝。"得旨："览奏兴办蚕桑，尚属认真。着俟通省著有成效，核实保奖。"① 在该奏折中，马丕瑶还通过奏报朝廷为捐助者修建父母坊的方式，鼓励民间大力捐助植桑经费："以捐助蚕桑经费，予署广西梧州府知府志彭等各为其故父母建坊。"② 同年九月三十日辛卯，朝廷"以捐助蚕桑局经费，予广西梧思恩安定（今属都安瑶族自治县）土司潘承熙为其故父母建坊"。③ 同年十一月初八日戊辰，朝廷再次"以捐助蚕桑经费，予安定（今属都安瑶族自治县）土司潘承熙为其父母建坊"。④ 马丕瑶还将种桑的好处及种植办法编写成著名的《马大中丞蚕桑歌》在民间广为传唱，以灵活多样的手段宣传种桑："养蚕先养桑，无桑空自忙。山脚水旁，下湿平岗，城市村庄，近岸沿墙，凡有空地，植桑皆良。岭南和暖，一年六七造，较北省尤强。男三棵女四棵，急早种桑，水旱无伤常收胜稻粱……劝我民，快种桑，莫将本业等寻常。富丽从来说苏杭，多靠养蚕金满囊。粤西贫瘠何难富，家家丝茧，户户筐箱，只要桑株百万行。"⑤

马丕瑶的种种努力，像一股激流在广西平静而贫瘠的土地上掀起了巨大的植桑浪潮，各州县官员纷纷响应巡抚的号召种桑养蚕，广西出现了全民种桑的局面。几乎所有清末至民国编纂的广西地方志都记载

① 《清德宗实录》，卷298，页4—5，《清实录》（第五十五册），《德宗实录四》，中华书局1985年版，第946页。

② 《清德宗实录》，卷298，页4—5，《清实录》（第五十五册），《德宗实录四》，中华书局1985年版，第946页。

③ 《清德宗实录》，卷301，页15，《清实录》（第五十五册），《德宗实录四》，中华书局1985年版，第991页。

④ 《清德宗实录》，卷303，页9，《清实录》（第五十五册），《德宗实录四》，中华书局1985年版，第1012页。

⑤ 黄旭初修、吴龙辉纂：《崇善县志》，台北成文出版社1975年版，第53—54页。中国方志丛书第203号。

了马丕瑶在广西发动的植桑运动及各州县的响应措施。如光绪十八年编纂的《镇安府志》载："现奉檄劝办蚕桑，颁给蚕桑各书，劝民种植，今春各属共种二百五十七万余株，芳山官局植十八万余株，府县官舍皆种植，称丝献茧不下东粤，每年可得六造。张籍诗所谓'无时不养蚕也'。其桑株来自粤东者，甚小，绿阴沃若柔荑婀娜，殆即《豳风》所谓柔桑也，与浙西树株高大者异现，又给葚子种秧，从此遍地皆桑丝茧厂，出或亦富庶之基与。"[①] 光绪二十年编纂的《郁林州志》载："桑蚕近年官为设局倡率，多有饲者。"[②] 民国《来宾县志》载："清季光绪十六年，安阳马玉山侍郎丕瑶巡抚广西，令所属州县创兴蚕业，购运桑秧蚕种颁布民间。知县张明府师厚谕，委绅士在县城甘公祠设局，聘东省蚕工育蚕缫丝为之倡，刊布《蚕桑实济》、《蚕桑实要》诸书，劝募有捐资助局费者。"[③] 民国《迁江县志》记载的《咏后圃桑》描述了植桑的巨大生态效应："使君留意种桑麻，遗爱甘棠在旧衙，移种黄州三百尺，覆同杭郡万千家。"[④]

据一些县志来看，许多州县在资金、机构、技术、人员等方面作了精心的安排以发展种桑事业。首先，在资金上，采取股份制这种新型的现代集资方式募聚资金，政府官员带头购买股份，极大地提高了民间参与的积极性，扩大了募集资金的范围。其次，设立专门的机构，引进先进的技术和人员帮助民间种桑。再次，在实施手段上，广为发布专门告示进行宣传推动。民国《迁江县志》载："光绪十六年，知县颜嗣徽奉省抚宪马大中丞饬令，通省举办蚕桑，奏明在案，发下刊刻告示《劝民蚕桑歌》、《蚕桑实际条件》，均经遍贴晓谕，又奉督办蚕桑泗城府宪黄刊发蚕桑四法，均经一律贴示，存案在卷。县中集股筹办，以一千钱为一股，知县颜嗣徽先捐兼二百股，以为之倡，两学典吏、城守、绅商等，筹集有股份，赴梧采买桑秧四十晚株，在本城义勇祠旧地（即今难民栖留所等处）、太平社

① （清）羊复礼修、梁年等纂：《镇安府志》，卷12，页11，台北成文出版社1967年版，第244页，中国方志丛书第14号。据光绪十八年刻本复制。

② （清）冯德材等修、文德馨等纂：《郁林州志》，卷4，页24，台北成文出版社1967年版，第73页。中国方志丛书第23号，光绪二十年刊本。

③ 宾上武修、翟富文纂修：《来宾县志》（二），卷下，页108，台北成文出版社1975年版，第422页。中国方志丛书第201号。

④ 黄旭初等修、刘宗尧纂：《迁江县志》，台北成文出版社1967年版，第97—98页。中国方志丛书第136号。

各处荒地栽种，并发往外十四墟一律栽种，择在印山书院设立总司，雇募工匠，教民学习，实力开办，务期收效也。此为实业行政之始。”① 民国《崇善县志》载：“光绪十六年，知府李世椿奉省抚宪马大中丞丕瑶饬令通省举办蚕桑，奏明在案。发下刊刻告示，劝民蚕桑歌实际等件，均经遍贴现晓谕。县中集股筹办，以三千钱为一股，当时集有千余股，分赴梧州采买桑秧，在城内外各处荒地开垦栽种。又在考棚设立蚕桑局雇募工匠，教民学习，实力开辟，务期收效也。此为实业行政之始。”②

（c）历史评价

遗憾的是，与乾隆盛世时期循序渐进的贵州植槲运动相比，清末广西“大跃进”式的植桑运动在黑暗腐败的政治之下最终因收效甚微以失败告终。失败的原因是多方面的，但总结起来，主要有如下几个因素：第一，未能充分调动民智，民众对植桑的经济价值缺乏认识；第二，资金短缺，被迫中止；第三，管理不力，后继无人；第四，自然灾害及病虫害破坏。民国《思恩县志》就全面总结了这些原因：“光绪初年，巡抚马丕瑶提倡蚕业，知事陈廷桢奉令举办筹集地方款设立蚕桑局，购运桑秧二万株，饬各甲团总分给人民栽植，甚合土宜，桑梓沃若。奈当时民众对于此项作业只事敷衍官厅之督饬，未能明其即为人民自身谋利益之途径，终陈任后，芟夷始尽，以致此项实业行政计划终成泡影。清末知事王家锦设立林业公会，购采最多桐子，分给各甲督率民间下种，民间仍是奉行不力，成绩毫无。王令亲相渡头之西岸坡旁，垦辟种桐子千株，督令监狱囚犯日事芟草工作，颇有美观，乃后任不能继续努力，旋复鞠为茂草。时有典吏刘壁美劝导种植桐茶，周历各区宣传，购备茶子分给，今惟下甲、思烂二处尚有小许茶树之保存，其他各处概归乌有。刘公又亲在望峰山侧栽植杉林，葱苍遍地，嗣后公家复不悉心经理，任民间自由斩伐，几同牛山之木矣。”③ 民国《信都县志》载：“前清光绪十五年，贺县知县全文炳奉抚宪马丞瑶劝县内各处创设养蚕织造局，奖励民间种桑，端南区在星议孰，铺门区在

① 黄旭初等修、刘宗尧纂：《迁江县志》，台北成文出版社 1967 年版，第 97 页。中国方志丛书第 136 号。

② 黄旭初修、吴龙辉纂：《崇善县志》，台北成文出版社 1975 年版，第 53—54 页。中国方志丛书第 203 号。

③ 梁杓修、吴瑜等纂：《思恩县志》，第三编，页 11，台北成文出版社 1975 年版，第 122—123 页，中国方志丛书第 216 号。

墟尾下灵楼庙各设局一所，业已成事，织帛解省，旋因桑少，不足供蚕，又因天时寒旱，少一糙，蚕运费亦多，故未成效……光绪末年前厅丞董大培督饬民间种树，各姓宗祠山业多者，集赀种植松柯等木，因人民放火烧山，故未成林。"[①] 民国《柳城县志》载："前清光绪中叶，广西巡抚马丕瑶劝令各府州县种桑养蚕并购桑种分发各县知县，陈师舜劝导尤力，嗣因蚕病难医，颇受损失，以致停顿。"[②] 民国《凌云县志》载："清末季，前抚马丕瑶曾厉行种桑，旧日府县署附近辟作桑林，是为公有林之先河。后因继任人员不能接续维持，遂至荒废。"[③] 2007 年《凌云县志》亦载："清代末期，县署提倡种桑，境内有桑林 40 公顷，后因管理不善而荒废。"[④] 由此可知，植树造林运动与政治的兴衰息息相关。马氏植桑运动虽然在经济上失败了，但在生态上却是有功效的，正如《思恩县志》所载："今则有萌药之生，尚为畅茂。游人栖息其间者，尚宜作召公甘棠观也。"[⑤]《东兰县志》亦载："清末，民间已尚造林，种植杉、松等。"[⑥]

（3）光绪末年苗疆植树造林运动的法律化

广西植桑运动虽不成功，却推动了苗疆植树造林政策的成文化和法制化。光绪末年苗疆地区的植树造林往往制定有相对正式的章程，并设立专门的机构和技术人员，有步骤、分阶段地依法植树。受马氏植桑运动余波的影响，这一时期广西的植树造林仍是最为突出的。光绪二十二年（1896 年），广西政府拟议了垦荒植树章程，稍后又制定了杉、桐、茶、漆、杜仲等树种栽培技术章程，并从贵州购进林木种苗一批，分发给农民试种，对植树有功的实行奖励，这是广西省级政权倡导人工造林的最早年代。[⑦]

---

① 玉昆山纂：《信都县志》，台北成文出版社 1967 年版，第 225—226 页，中国方志丛书第 132 号。民国二十五年刊本。

② 何其英等修、谢嗣农纂：《柳城县志》，台北成文出版社 1967 年版，第 48 页。中国方志丛书第 127 号。

③ 何景熙修、罗增麟纂：《凌云县志》，台北成文出版社 1974 年版，第 231 页。中国方志丛书第 202 号。

④ 凌云县志编纂委员会编：《凌云县志》，广西人民出版社 2007 年版，第 296 页。

⑤ 梁杓修、吴瑜等纂：《思恩县志》，第三编，页 11，台北成文出版社 1975 年版，第 122—123 页。中国方志丛书第 216 号。

⑥ 东兰县志编纂委员会编：《东兰县志》，广西人民出版社 1994 年版，第 298 页。

⑦ 广西壮族自治区地方志编纂委员会编：《广西通志·林业志》，广西人民出版社 2001 年版，第 2 页。

光绪三十二年，广西省巡抚林绍年发布《招商垦荒折》，其中有多条涉及种植树木的条款。如第十条规定，种植树木可享受税收优惠："垦地种果植树木等类数年后方能收息者，比耕种地迟两年升科，科则与田亩同。若山地只种树木者，按段数长短阔狭酌纳出租，亦给照为凭。"第二十二条要求在垦荒的同时，务必注意植树："认垦地段，种粮食之外，宜注重于种树畜牧两端。"[①] 广西还为种植林木设置了专门的机构，并培养相关人员。光绪三十二年，广西省设置劝业道，省下属的各府、厅、州、县皆设劝业员，负责督办农林业务。其后，还创办了广西农林学堂、广西农林试验场。[②] 光绪三十三年，广西巡抚张鸣岐派黄锡铨赴日本北海道调查农、林、牧业，年底回国，在临桂县东乡同和村开办广西省城农事试验场，场内附设省农林讲习所，培养农科人员。[③]

3. 宣统时期政府在苗疆的植树造林政策

宣统时期植树造林事业仍有建树。据《清史稿》记载，宣统初，"部上农林推广二十二事，始于筹款办荒，而坦区宜辟田，山陇畸零边地宜林木，责所司各于其境测验气候土性……复订种树行水奖掖专例"。[④] 苗疆地方官员仍竭尽全力部署植树造林事宜。宣统元年（1909 年）正月十五日丙申，广西巡抚张鸣岐奏："广西开办农林试验厂，业于光绪三十四年七月奏报在案，惟交通不便，民智尤陋，试验所得，无由家喻户晓。现拟明年开办中等农业学堂，先设预科，以试验场并入学堂，俾资实习，一面派员前赴德国选聘教习，以期取法乎上。查奏定直省新官制，劝业员一项，可用本籍人。中等农业学生毕业，照章以直州判、府经历等奖励，拟俟此项学生毕业，即专用为劝业员，此为治本至计，所需经费，由臣督饬司处竭力筹措，冀底于成。"下部知之。[⑤] 同年九月乙丑，广西巡抚张鸣岐奏："遵办农林要政，其垦荒地、兴地利、课蚕桑、辟矿产，均办有头

① 广西壮族自治区地方志编纂委员会编：《广西通志·土地志》，广西人民出版社 2002 年版，第 698 页。

② 广西壮族自治区地方志编纂委员会编：《广西通志·林业志》，广西人民出版社 2001 年版，第 566 页。

③ 广西壮族自治区地方志编纂委员会编：《广西通志·土地志》，广西人民出版社 2002 年版，第 685 页。

④ 赵尔巽等撰：《清史稿》，卷 120，志九十五·食货一，中华书局 1976 年版，第十三册，第 3525 页。

⑤ 《宣统政纪》，卷 6，页 18—19，《清实录》（第六十册），中华书局 1985 年版，第 118 页。

绪。现在设立中等农业学堂，并派员赴欧洲访聘农学技师，更饬提学司筹设实业教员讲习所，以储多数教材。”得旨：“着即随时切实筹办。”[①] 同年十二月初八日癸未，广西巡抚张鸣岐奏：“开办第二中等农业学堂蚕业科。”下部知之。[②] 在辛亥革命爆发的前夜，《高峣志》节录《雪生年录》载当地官员在公务之余种植茶花树的事迹：“壬子秋西事既竣，解兵入昆明，住碧鸡山华亭寺者，逾月，余出赀千圆稍葺寺之废坠，植茶花百株。”[③]

综上所述，清政府在苗疆的植树造林措施，虽然有成功有失败，但客观地评价，这些措施对苗疆生态环境的改善功不可没，为后世留下了一笔宝贵的财富，并在民间形成了植树造林的良好风尚。《黔南识略》曾曰：“土产纸木，多松、杉、樟、杨柳。”[④]咸丰《兴义府志》记载了多处官府署衙的古树情况：“古桃在府署，古皂荚树在府署，古桂在总兵署，古杉在总兵署，古构二，一在总兵署，一在岔河寨。古核桃树在总署，古梓在中营游击署。古槐在中营守备署。古冬青树在府署之右街。古栗一在城东北之大栗树汛，一在城北之巴林汛。古柳在城西之柳树井汛及城北之招堤。古杉在司署。”[⑤] “府称之总兵署有杉六，安南之都司署有杉三，并大数围，数百年之物。”[⑥]光绪《镇安府志》也载：“府署碧城山馆有榕树四五株，皆百余年，物老干离奇。”[⑦] 笔者在参观贵州省榕江县清代古州总兵衙门遗址的时候，看到里面有几株参天古木，都有几百年的历史，可见清代苗疆对植树的重视和保护。

---

① 《宣统政纪》，卷22，页11，《清实录》（第六十册），中华书局1985年版，第402页。

② 《宣统政纪》，卷27，页9，《清实录》（第六十册），中华书局1985年版，第497页。

③ （清）由云龙修：《高峣志》，卷下，页39上，清癸亥年成书，昆明王燦民国十二年（1923）年排印，桂林图书馆藏。

④ （清）爱必达：《黔南识略》，卷3，广顺州，台北成文出版社1968年版，第21页。中国方志丛书第151号。

⑤ （清）张瑛纂修：《兴义府志》，卷28，古物，页5下—7下，咸丰三年成书，贵州省图书馆，1982年复制，桂林图书馆藏。

⑥ （清）张瑛纂修：《兴义府志》，卷43，货属，页40上，咸丰三年成书，贵州省图书馆，1982年复制，桂林图书馆藏。

⑦ （清）羊复礼修、梁年等纂：《镇安府志》，卷12，页13，台北成文出版社1967年版，第245页。中国方志丛书第14号。清光绪十八年刊本。

第三节　清代中央政府限制在苗疆滥砍滥伐的政策

清初的统治者为了缓和阶级矛盾和民族矛盾，吸取明亡的教训，在各方面都采取较为宽和的政策。对于苗疆的森林资源，清代中央政府不仅大大减少了采伐数量和程度，而且通过了许多严禁滥砍滥伐的法律，采取严厉的措施保护苗疆的森林植被不被破坏。

一、适度减少对苗疆森林资源的征集

在苗疆采木一项上，虽然刚刚建国的清初中央政府也需要大量的木料兴建宫室陵墓，但统治者却注意不过分榨取，适度减少对苗疆森林资源的征集。顺治十六年（1659 年）给事中杨雍建言粤民困苦之情状，其中就有“砍柴之害”和“采木之害”，请求“救粤民疲困”，皇帝命令下所司议。[①] 以“仁孝”治理天下的康熙皇帝就曾屡次下令停止在苗疆采木修建宫殿，而以普通的木料代替：“圣祖冲年践阼，与天下休养，六十余稔，宽恤之诏，岁不绝书。”[②] 康熙六年（1667 年），起补户科给事中姚文然疏言：“四川、湖广诸省官吏，借殿工采木，搜取民间屋材、墓树，宜申饬禁止。”[③]《清会典事例》记载，康熙六年修建太和殿，令“江西、浙江、湖广、四川督抚访有采就大材木”，但规定“凡产于民间住屋内，及坟茔之木，不得采，非楠木及楠木长径尺寸不中度者，不得采”。[④]《遵义府志》载：“康熙六年，工部议建太和殿，需用大楠木，请敕下四川、

① （清）蒋良骐：《东华录》，卷 8，顺治十四年正月至康熙元年十二月，中华书局 1980 年版，第 129 页。

② 赵尔巽等撰：《清史稿》，卷 143，志一百十七·刑法一，中华书局 1976 年版，第十五册，第 4181 页。

③ 赵尔巽等撰：《清史稿》，卷 263，列传 50·姚文然传，中华书局 1977 年版，第三十三册，第 9904 页。

④《清会典事例》第十册，卷 875，工部 14·物材·木仓，中华书局 1991 年版，第 142 页。

湖广等处督抚稽查现有采就木植或山中出产木植，长径尺寸根数需用钱粮确估，限文到两月内报部酌议。七年四川巡抚张德地亲至遵义等处踏勘，云木虽有，山险无江滩于挽运，先后题报三疏，备陈艰险。康熙八年二月内奉旨，修造宫殿所用楠木不敷，酌量以松木凑用，已经有旨，令著停止采取，该抚速回省城料理地方事务，乃罢。”① 康熙八年上谕：“修理宫殿，所用楠木不敷，量将松木间用，停止各省地方采取。”② 康熙二十一年八月庚子，上谕大学士等曰：“建太和殿拽采楠木，恐致贻累地方，其严饬差员及地方官，慎勿生事扰民，有不遵者，从重治罪。”③《遵义府志》载：“康熙二十二年奉部文采楠杉二木，郎中齐穑会同四川巡抚杭爱踏勘，部议令各官捐俸采运，会马湖知府何源浚署下南道条陈五事，部议杉木免运，楠木仍运一半。会新抚姚缔虞悉蜀情形，陛辞面陈难状，上谕令亲查可否，缔虞至蜀，与穑检率本省干员，减从裹粮，身历险阻，据实以闻，适松威道王骘升口北道，入觐屡陈山险箐深，水微沟曲，累民费帑，终无实际情由，奉旨停免。”④ 康熙二十五年二月辛亥，九卿等议覆入觐四川松威道王骘条奏，四川楠木采运艰难，应行停减，上曰：“蜀中屡遭兵焚，百姓躬苦已极，朕甚悯之，岂宜重困？今塞外松木材大可用者甚多，若取充殿材，即数百年可支，何必楠木。着停止川省采运。”⑤《石渠余纪》亦载：“康熙初定楚蜀三江采办楠木，借端累民，亦减照时价。二十五年停四川楠木，谕以：‘蜀中屡遭兵燹，岂宜重困？’”⑥ 康熙二十六年奉旨：“四川酉阳楠木，产于崇山悬崖，若必令其（车免）运，恐致有累土司，着免解送。”⑦ 康熙

---

① （清）黄乐之等修：《遵义府志》，卷18，木政，页12上，道光二十三年修，刻本，桂林图书馆藏。

② 《清会典事例》第十册，卷875，工部14·物材·木仓，中华书局1991年版，第142页。

③ 《清圣祖实录》，卷104，页12，《清实录》（第五册），《圣祖实录二》，中华书局1985年版，第53页。

④ （清）黄乐之等修：《遵义府志》，卷18，木政，页20下—21上，道光二十三年修，刻本，桂林图书馆藏。

⑤ 《清圣祖实录》，卷124，页21，《清实录》（第五册），《圣祖实录二》，中华书局1985年版，第321页。

⑥ （清）王庆云：《石渠余纪》，卷4，纪采办，北京古籍出版社1985年版，第166页。

⑦ 《清会典事例》第十册，卷875，工部14·物材·木仓，中华书局1991年版，第143页。

三十五年题准："桅木、杉木、架木存储者足用，停其办解。"[①] 这一系列命令大大缓解了对苗疆森林资源的破坏，与明朝政府的横征暴敛相比可谓天壤之别。

当然，皇帝的"仁心大发"也要归功于苗疆基层官员强烈的生态保护意识。民国《柳江县志》就记载了清初一代廉吏、著名桐城派文人江皋刺柳州时运用巧妙的计策迫使朝廷终止采木的事迹：

> 江皋，字在湄，号磊斋……移刺柳州……粤西山峻削，柳尤邃险，万石离立，斤斧所不及，颇多巨木。时上方修太和殿，使者采木且及柳。柳人大恐，言："长老闻往代采木，南荒震天岋地，缘冈峦出入豁谷，万人谔哗，头颅僵仆，横藉不可数，是将奈何?"公曰："毋然，奉上旨，臣子孰敢匿讳。"亡何使者至，公即呼柳民问所产巨木地，令前导，公骑偕使者往视木。行数里至绝巘下。山石嶙峋，木森森挺出，拗奥下临岩谷，嵚崎崩岁，马不能前。公解鞍踞地稍憩，徒步，邀使者登。使者有难色。公曰："上命也，木苟可出，守当先以身殉。"遂短衣持筇，扶两小吏先登。使者强随之，半岩路绝，无置足所。公仰视木，顾使者曰："何如?"使者咋舌大呼亟返，曰："是不可取。"公曰："木具在是，赖使者为上言不可取状。"使者遂还奏免。[②]

康熙皇帝的做法为其后的清代统治者提供了良好的榜样，中央政府在遇及苗疆采木事宜时，都能以宽省为原则。例如雍正就曾下旨要求以松木代替楠木修建陵墓，不得骚扰地方采办楠木："雍正四年建造万年吉地，需用楠杉木植等项，奉工部查照旧例启奏，朕不便改换例，但楠木难得，如果不得，即松木亦堪应用。其备办此等木植，自京城差遣官员未免骚扰地方，即交与总督巡抚，着动正项钱粮，地方官果系实心料理，如不克漏钱粮，事情自然有济，钦此。"[③]

---

① 《清会典事例》第十册，卷875，工部14·物材·木仓，中华书局1991年版，第143页。

② （民国）柳江县政府修：《柳江县志》，刘汉忠、罗方贵点校，广西人民出版社1998年版，第167页。

③ （清）黄乐之等修：《遵义府志》，卷18，木政，页15上、下，道光二十三年修，刻本，桂林图书馆藏。

乾隆时期，曾批准苗疆沿海一带以普通的松杉木代替较为珍贵的栎木修造战船。如果必须向苗民购买木材，也必须征得其同意，坚持自愿原则。乾隆八年（1743 年）七月丙戌，工部议覆署两广总督策楞奏："广东通省外海战船，向分四厂。内高、雷、廉三府属战船，在高州芷了地方设厂成造。嗣因木植稀少，另设子厂于龙门地方，专造龙门协战船。其高、雷两府战船仍在芷了成造。惟是芷了地处偏隅，所产木植有限，自设船厂，迄今已二十年，不独附近水次木植无余，即深山邃谷亦渐无可采……又调任总督庆复奏：修造战船，不必定用栎木，不如松杉等料更为驾驶便益，且料易购买。亦应如所请，嗣后不必采用栎木，以致扰民误工。"从之。[①] 乾隆十二年议准："其桅杉二木，如必须在苗境购觅，令地方官询问苗民情愿，然后照依时价买砍，如有混买抑勒，指名题参。"[②] 嘉庆十九年（1814 年）重申了这一禁令。[③]

二、发布严禁在苗疆滥砍滥伐的谕令

中国古代自周始就有关于不得滥砍滥伐的法律规定："育之以时，而用之有节。山木未落，斧斤不入于山林。"[④] 清代法律也完全继承这一优良传统。《大清律例・户律・田宅・弃毁器物稼穑等律文》就规定："凡弃毁人器物及毁伐树木、稼穑者，计赃，准窃盗论。"[⑤]《户律・田宅・盗卖田宅律文》规定："近边分守武职并府、州、县官员，禁约该管军民人等，不许擅自入山将应禁林木砍伐、贩卖，违者，发云、贵、两广烟瘴稍轻地方充军。"[⑥] 除此而外，皇帝还制定发布了一些禁砍树木的特别谕令。

① 《清高宗实录》，卷 196，页 10，《清实录》（第十一册），《高宗实录三》，中华书局 1985 年版，第 520 页。

② 《清会典事例》第十册，卷 878，工部 17・物材・禁令，中华书局 1991 年版，第 168 页。

③ 《清会典事例》第十册，卷 878，工部 17・物材・禁令，中华书局 1991 年版，第 170 页。

④ （汉）班固撰：《汉书》，卷 91，（唐）颜师古注，中华书局 1962 年版，第十一册，第 3679 页。

⑤ 马建石、杨育棠主编：《大清律例通考校注》，中国政法大学出版社 1992 年版，第 440 页。

⑥ 马建石、杨育棠主编：《大清律例通考校注》，中国政法大学出版社 1992 年版，第 432 页。

如“雍正元年，令自小暑至立秋亡故之人，禁火化焚纸钱、砍伐青树”。[①]雍正时期议定法律：“放火烧山者充军烟瘴。”[②] 乾隆七年上谕：“至于竭泽焚林，并山泽树畜一切侵盗等事，应行禁饬申理之处，转饬地方官实力奉行，该督抚不时稽查。”[③] 除这些适用全国的法律外，中央统治者还专门针对在苗疆砍伐林木的问题发布了多道谕旨，在征服苗疆及镇压少数民族起义时，都注意保护林木。清初平定云南吴三桂之乱时，“重励我兵，无杀降，无诱子女，无掠马牛，无坏墙屋、树木，各奉令不敢有违”。[④]雍正三年（1725 年）朝廷在查处年羹尧大逆案件时，其罪状之一就是盗砍倒卖苗疆木材：“贪黩之罪十六：遣庄浪县典史朱尚文赴湖广、江、浙贩卖四川木植。”“侵蚀之罪十四：砍取桌子山木植，借称公用，存贮入己。”[⑤]

嘉庆二十四年（1819 年）正月乙卯，有大臣提出为了方便稽查和镇压少数民族起义，应尽行砍伐苗疆山木，但皇帝却没有采纳，而是允许民间照旧生活，上谕内阁：“伯麟等奏《筹办临安江外善后事宜条款》一折……其‘砍伐山木，以杜藏奸’一条。夷地山林丛杂，易于藏奸，应听夷民樵采，以供日用，该土司等不得私行禁止。仍于农隙时，严行搜查，以绝奸宄。”[⑥] 同年十二月庚寅，朝廷定江广三省粮船跨带木植限制：“嗣后江广出运粮船跨带木植，着即照天蓬竹木之例，宽不得过二尺，以示限制。各帮运弁于未开行之前，先行查禁，到关时，该监督随时查验，如有违例多带者，分别参惩，以杜隐漏。”[⑦] 道光元年（1821 年），针对汉民纷纷涌入苗疆，圈占土地砍卖树木的行为，皇帝指示严厉禁止：

① （清）萧奭：《永宪录》，卷 2 上，中华书局 1997 年版，第 121 页。

② 广西壮族自治区地方志编纂委员会编：《广西通志·林业志》，广西人民出版社 2001 年版，第 175 页。

③ 《清会典事例》第二册，卷 168，户部 17·田赋·劝课农桑，中华书局 1991 年版，第 1132—1133 页。

④ （清）蔡毓荣：《平南纪略》，见中国社会科学院历史研究所清史研究室编《清史资料》（第三辑），中华书局 1982 年版，第 218 页。

⑤ （清）蒋良骐：《东华录》，卷 27，雍正三年五月至雍正五年四月，中华书局 1980 年版，第 446—447 页。

⑥ 《清仁宗实录》，卷 353，页 20，《清实录》（第三十二册），《仁宗实录五》，中华书局 1985 年版，第 661 页。

⑦ 《清仁宗实录》，卷 365，页 1，《清实录》（第三十二册），《仁宗实录五》，中华书局 1985 年版，第 820 页。

“其无业汉民，溷迹生事者，概行递籍管束。至山箐地土，严禁砍卖树木。”[①] 道光二年五月，皇帝谕军机大臣等：“前因恭修裕陵、隆恩殿，需用黄松大件木植，当经开明柱柁各项丈尺，降旨交晋昌派员于不碍风水之边门以外采办。”[②] 道光十三年五月，皇帝对于讷尔经额所奏《复查湖南瑶地善后事宜》中的“严禁巧占树木、劝种木棉”等事项，予以“均属妥善”[③] 的批复。对在苗疆滥砍滥伐的内地民人加强户籍管理，严格控制其行为。道光《威远厅志》记载：“道光十六年奉文稽查流民，造册详报……云南地方辽阔，深山密箐未经开垦之区，多有湖南、湖北、四川、贵州穷民往搭寮棚居住，砍树烧山，艺种苞谷之类。此等流民于开化、广南、普洱府为最多，请仿照保甲之例，一体编查。”[④] 在即将爆发辛亥革命的宣统三年（1911 年），清廷还发布命令禁止在西南改流地区随意砍伐森林：“至森林一项，准民间取其不成材者以作柴薪。如修造房屋，仍须报明地方官勘明，指定根株，始准伐用。该员系为保护森林以备公用起见，准予立案，并出示晓谕民间遵照可也。”[⑤]

第四节　清代地方政府对苗疆森林资源的保护

中央政府对林木的保护毕竟是较为粗放的，要使苗疆林木真正得到保护，还需要地方官员的细心筹划关注。从文献来看，清代官员对树木有着极其强烈的保护情结，这种情结来自他们对“天道”“自然”的敬畏，如康熙时期的《粤西偶记》记载：“梧州府署内榕树一株，大八十围，枝叶

① 《清宣宗实录》，卷 18，页 31，《清实录》（第三十三册），《宣宗实录一》，中华书局 1985 年版，第 340 页。

② 《清宣宗实录》，卷 35，页 11—12，《清实录》（第三十三册），《宣宗实录一》，中华书局 1985 年版，第 624—625 页。

③ 《清宣宗实录》，卷 237，页 3，《清实录》（第三十六册），《宣宗实录四》，中华书局 1985 年版，第 539 页。

④ （清）谢体仁：《威远厅志》，卷 3，户口，道光十八年（1838 年）编，见中国社会科学院历史研究所清史研究室编《清史资料》（第七辑），中华书局 1989 年版，第 93—94 页。

⑤ 四川省民族研究所《清末川滇边务档案史料》编辑组编：《清末川滇边务档案史料》（下册），中华书局 1989 年版，第 1049 页。

蟠曲。下垂荫数亩，望之阴气惨惨，不透日月，时有鬼物作祟，官此地着皆畏之，另筑墙如小城围之，下设小祠，人莫敢犯。"[①] 清代苗疆官员运用他们良好的生态涵养，在苗疆颁布了一系列保护林木的地方性法规，并灵活运用司法判例保护森林资源。

一、保护苗疆公山森林资源

在"普天之下，莫非王土，率土之滨，莫非王臣"的时代，虽然没有现代意义上公有的财产观念，但清代私人之外的山林均称为"官山林"，包括荒山、风景山、宗教山等上的森林资源，类似于今天的公有山林。清代苗疆的地方官员非常重视对官山林木的保护，苗疆各地遗存的许多文献、碑刻等记载了当地官府专为保护公山林木而发布的告示、晓谕、禁约等。当时的时代，还没有"国家自然保护区"的概念，但从苗疆政府官员发布的禁止滥砍滥伐公山林木的地方性法规来看，他们的意识中已存在类似的观念，即将某一公山或风景名胜区作为专门区域划分出来，加以特殊保护，尤其是对植被的保护，这种观念是中国古代官方生态法律意识的重要体现。

1. 乾隆时期苗疆地方政府对公山森林资源的保护

乾隆时期，苗疆出台了大量保护公山森林资源的地方禁令。据《滇南新语》记载，乾隆十六年（1751 年）五月，云南剑川发生强烈地震，当地官员为了民众抗震救灾的需要，"乃急划民居，弛官山禁，令民伐木，开窑造砖"，[②] 这说明除遇到特殊自然灾害外，当地一直存在"官山禁令"，官山森林资源处于官方严格的保护之下。云南省通海县立于乾隆二十一年的封山信碑也反映了苗疆官员对保护树木与水土保持之间辩证关系的认识。碑文显示，该地有一处山庄"荒理无定，恃有山上树椿草木盘结"，但"近遭六村并西乡不法人等，肆行砍伐开挖，以致山势倾颓，田地荒芜"，临安府河西县林姓县官因此给牌严禁："嗣后毋得再行砍伐开挖，倘敢仍蹈前辙，除密防严拿重究外，许该村火头立即报经田产扭

① （清）陆祚蕃：《粤西偶记》，见劳亦安编《古今游记丛钞》（四），卷 36，广西省，台湾中华书局 1961 年版，第 82 页。

② （清）张泓：《滇南新语》，见劳亦安编《古今游记丛钞》（五），卷 39，云南省，台湾中华书局 1961 年版，第 16 页。

禀，以凭按法处治。该火头亦不得借票滋事，并偏徇容隐等弊，如违，疫病重究。”①

在乾隆时期，广西灵山地区出现了一系列保护公山森林资源的地方性禁令碑刻。乾隆十七年八月广西灵山知府周硕勋下令严禁砍伐官山树木，并为此发布《蓄禁官山议》。这份文告具有较高的历史价值，它反映出苗疆官员保护沿海地带公山林木的全局性观念和系统性观念。从文告可以看出，当地因沿海，已形成了一条砍伐—收购—走私公山林木的犯罪链，奸民借口垦荒大肆砍伐公山林木，交由奸商收购，奸商又与当地海关官员勾结，大肆走私林木到海外，周硕勋针对这一情况，将整个犯罪链作为整体加以治理，规定了严格的奖惩制度，标本兼治，一体严究：

> 一则本地衿棍以官山为己业，坐厂招商，旦旦伐之，视为固有，一则奸民藉报垦名色，胆敢放火烧山，小树截作柴薪，大树锯板货卖，迨树尽而人亦散，何曾垦有尺寸之田……一则海关胥役勾连作奸，衿棍以关胥为护法，关胥以衿棍作爪牙，城狐社鼠，无人过问，似此积弊种种，虽有牛山，岂堪如此剥削……嗣后出洋私料人赃并获者，本犯按律治罪，并究主使砍山之人，兵弁应破格犒赏，将所获木料船只全数给予该兵充赏。其专汛千把外委获私料一起，准记功一次，二三起至三四起酌量拔补以示鼓励，敢有仍前纵放视同秦越者，重惩无宥。该管官亦严定处分，如此庶责任专切赏罚严明兵弁咸知用心，奸宄自能敛戢，不独山木得资培蓄，即一应偷运木谷及硝磺铜铁等违禁物件俱可肃清。②

如果说上一禁令是出于保护国家海关和财政利益所发，则乾隆三十九年（1774年）同在灵山县发布的《康基田文》则是纯粹出于保护风景名胜的生态环境而出台的地方性禁约。该年，广西廉州主政康基田视察灵山县，为保护六峰山风景区而专门撰写了禁示，严禁砍伐该山林木。需要指出的是，该山具有宗教意义，虽然中国古代的政府官员大多是无神论者，

---

① 云南省地方志编纂委员会总纂、云南省林业厅编撰：《云南省志·林业志》，云南人民出版社2003年版，第863页。

② （清）何御主修：（乾隆）《廉州府志》，卷20下，艺文·条议，页76—78，故宫珍本丛刊第204册，海南出版社2001年版，第478—479页。

也不一定信奉宗教，但在他们的心目中，广泛存在着对“天”与“天命”的敬畏，这种敬畏也是促使他们保护生态的重要心理因素：

《康基田文》

特授廉州府正堂加三级纪录五次康

为培植山林，以肃庙貌，以妥神灵事。照得六峰山现经该县绅士等建造庙宇供奉真武大帝，理宜培养林木，务使畅茂，务达以照严肃。近访有愚夫愚妇时往山间喧扰樵采，非所以妥神灵而肃庙貌，合行出示严禁。为此示仰附近居民及练保、住持人知悉，嗣后毋许男妇上山喧扰、砍伐柴草，如敢故违，许住持、练保扭禀地方官以凭治。倘系妇人登山砍伐，许即查明夫男姓名具禀拘究。如该练保视为具文漫不经意，或借端索扰，一并严处，决不姑宽，各宜凛遵毋违。特示。[①]

苗疆的一些司法案例表明，无论案件事由如何，如果牵涉砍伐公山林木的情况，司法官员都判决必须照数赔偿以弥补损失，并对砍伐者予以人身处罚。四川省档案馆保存的《清代巴县档案汇编·乾隆卷》记载了当地两起与砍伐公山林木有关的案件。第一起案件发生在乾隆二十四年十一月初九日。原告马文学与被告赵世祥因土地发生争议，赵世祥竟然“统领伊弟赵世仲来小的西界内，将小的护蓄坟山柏树砍去十一根”，双方因此发生斗殴并致伤。县正堂判词曰：“应请将赵世祥重责十五板，所砍树木，应照霍行吉处议赔还。当饬赵世祥限十日内，缴钱二千文给马文学具领，取具限甘结存案。”[②] 另一起案件则是发生于乾隆三十五年的“王仲一等砍伐风水树案”。“八月二十七日节里七甲民唐应坤告状：王仲一听讼棍王连山主唆，统率伊子王大中等砍伐蚁祖坟后千百年护蓄风水大黄连古树一根。”后在邻人主持下，“蚁等苦劝王仲益，将所砍之黄连树逐一退还唐应坤。至于两造界址，各照红契耕管，均皆心悦诚服，不愿拖累”。县正堂批示：“准息。”[③] 这表明，即使双方当事人愿意自行调解结

① 陈秀南、苏馨主编：《灵阳石刻选注》，灵山县政协文史资料委员会、县志编写委员会办公室1989年编印，第277—279页。

② 四川省档案馆编：《清代巴县档案汇编·乾隆卷》，档案出版社1991年版，第11—13页。

③ 四川省档案馆编：《清代巴县档案汇编·乾隆卷》，档案出版社1991年版，第291—292页。

案，砍伐者也必须先退还所砍树木，并具结悔过方能获得官府认可。

存于云南剑川金华山麓岩场口古财神殿大门右山墙下的《保护公山碑记》则是云南地区较为珍贵的保护公山的地方性法规。该文告首先记述了一起严重破坏公山生态的案件，并以此案中的问题为诫，发布了若干条保护公山林木的禁规，是较为典型的判例法与成文法的融合产物：

特授丽江府剑川州正堂加六级纪录十次金为

据□严禁保护公山，以垂永久事：据贡生赵有蔺等呈称："剑西老君山为全滇山祖，阖州要□□□□□颜仁□、李万常等，盘踞其下，沿山砍伐，纵火烧空，以致水源枯竭，栽插为艰。前经阖州士民扭禀，蒙前□任州主恩主勘审严，遂给有谳语曰：审得颜仁等与贡生赵有蔺等□□□□□□老君山，滇省诸山之祖。州志、府志俱载其说。是□唯颜仁等不得占，即剑川州不得□私也。□颜仁等□□住其地，砍伐树木，开挖田地，盘踞数十年之久，践踏及数十里之宽，究其实据则捏造禾芃子卖□纸及木土官□给《遵照》一张。查原契纸色墨迹亦非五十年之物，显系伪造，且该□将官山□□何□得有其地？况毫无来历，而契载四至之外，仍系官山，并无业主地邻，岂中间一派□□□禾芃子之产而可以擅卖乎？且契内只许放牧牲畜，并未载有起房居住、砍树开地□□□□□□并无其人，明系颜仁等捏造假契，始则借放牧为名，久之无人过问，遂肆行□□□□□□□□□土官遵照吏属可恶，伊并非守土之官，乃敢串通村民擅将隔境官山给照开□□□□□□□属难恕。本应从重究治，姑念事历多年，伊等现知罪，具给立限迁徙，姑免深究"等由。□□□□□绝迹他处诚昧之后，乘间窜入，任意侵踏，均未可定。合将公山应禁得规□□□□□□□□□批饬禁，勒石永遵，并祈给予赵□□□□□看守公山，遵照免其门户等情据此□□照与□□人等外，合行批示严禁。为此示仰州属士民人等知悉。查老君山为阖州来脉，栽种水源所□□宜将为保全为自己受用之地，安容任意侵踏，以败万姓养命之源？自示禁之后□□□□□□□全公山，如敢私占公山及任意砍伐、过界侵踏等弊，许看山人等扭禀□□□□□□□□勿违□

计开公山严禁条规：

一、禁颜仁等现留公山地基田亩不得私占；

一、禁岩场出水源头处砍伐活树；

一、禁放火烧山；

一、禁砍伐童松；

一、禁挖树根；

一、禁各村过界侵踏；

一、禁贩卖木料。

右仰遵守

（题名不录）

乾隆四十八年十月十二日示①

2. 嘉庆、道光时期苗疆地方政府对公山森林资源的保护

运用司法判例保护生态环境是嘉庆、道光时期苗疆司法的一个重要特色。这一时期，大批内地汉民涌入苗疆，承租荒地，批垦荒山，给苗疆生态资源造成了极大的压力，也因此引发了大量生态纠纷和诉讼。苗疆地方政府在秉公处理这些案件后，当地群众自发将判决结果作为官方法律文件勒碑示众，以示警戒，这是官方司法判例发挥作用的表现形式之一。生态案件通常具有较大的示范效应，如果政府处罚不力，听之任之，则会对其他社会成员产生负面示范效益，给生态环境造成灾难性的后果；反之，如果政府能合理处理案件，罚一儆百，则能对其他社会成员起到正面的教育、警示和预防作用。在这方面，清代苗疆的司法提供了较好的范例。苗疆官员在处理破坏生态，尤其是破坏森林资源的案件时，并不局限于案件本身，而是在公布案件处罚结果的同时，将案件中蕴涵的法律原理和处罚规定作为判决书的一部分公之于众，使民众在了解案情的过程中也获悉了与此相关的生态信息，这样的法制宣传比生硬抽象的法律条文更易为民众接受，也更易达到保护生态的目的。在现存的嘉道年间的苗疆碑刻文献中，有很大一部分是这样的判例式禁令，即以某个案例为核心延伸出的禁止滥砍滥伐的禁令。

云南省立于嘉庆十七年（1812 年）的《砚山棺林山半边寺护林碑》就是这方面的典型例证。该碑将一个砍伐盗卖公山林木的案件作为规约刻在石上，以案立法，以案释法，教育人们不得再从事此类行为。碑文显

---

① 云南省编辑组编：《白族社会历史调查》（四），云南人民出版社 1991 年版，第 101 页。

示，该村之西“有一联山，纵横数十余里，清嘉庆十年培养群木，于今发荣滋长，渐成巨观”，但该寨村民梁老栋“私将此山之树卖给王墁三十余株”。村民具控到县衙后，县官判决：“将梁、王二人各杖三十，复于罚梗枷号示众，并令当堂出结，永不许迁此山侵占私砍。”并要求村民保证：“日后寨中汉夷不准私砍，即有公用亦须公议，方可砍伐。”① 这一碑文将案例判决本身作为法规立于山上，对人们保护公山林木有极大的引导和规范作用。广西猫儿山发现的清代地方官员发布的保护森林资源的禁令也较具代表性。2001 年，广西桂林漓江源头猫儿山发现两块 180 年前的石碑，一块为官府文书《奉宪示勒石永禁》，一块为乡民记事《陆洞土民封禁水源公山案发始末节略》。2006 年，猫儿山自然保护区再次发现第三块《奉宪示勒石永禁》的禁山古碑。三块石碑记载的是同一起生态案件：嘉庆年间，湖南人尹洛川勾结兴安县差王成等人，在猫儿山龙潭、中洞、界版等江开窑烧炭，严重破坏了漓江水源林。经龚锡绅等 24 位乡民联名控告，在督、抚、县等各级官府的责令下，当地政府对肇事人进行了严肃查处，并将此案的审理和判决结果勒刻石碑，立牌公示，加强了对猫儿山漓江源头地区森林资源的保护。现将此碑文抄录如下：

奉宪示勒石永禁

署广西桂林府事候补府正堂加五级记录五次郎

为示谕封禁事案，照兴安县副贡龚锡绅举人蒋迪元、张凤仪，禀生龚锡绂，生员龚秉理、彭元善，监生龚锡纯、秦友梅、龚秉琬、龚秉瑹、龚秉瑛、耆老潘功珰，民人蒋迪修、龚秉琏、蒋体孝、施元勋、李文相、杨秀德、梁铭玖、罗映河、侯裕琳、张绍儒、刘大伦、粟荣宗、赵荣祖等具控尹洛川、萧服周、艾麓亭、县差王成等在猫儿山龙潭、中洞、界版等江开窑烧炭一案。先奉督阁部堂阮藩、巡抚部院赵泉、宪张继批饬查勘封禁，当经饬委灵川县王令会同该县余令，前诣该处勘明猫儿山龙潭、中洞、界版江等处崇山峻岭，界在边隅。易于聚匪藏奸，详情封禁，不许再行开窑烧炭。以免聚集匪徒滋事等情在案。犹恐日久生懈，复有违禁私开情弊，兹据龚锡坤等呈请，藩

① 云南省地方志编纂委员会总纂、云南省林业厅编撰：《云南省志·林业志》，云南人民出版社 2003 年版，第 867 页。

究批行到府，合行出示封禁。为此示谕：该处地保及附近居民等人知悉，嗣后猫儿山龙潭江、中洞江、界版江并三地梯子江、杉木江、江头江等处一带水源山场，永行封禁，不许开窑烧炭。如敢抗违，许即指名禀报拿究。倘敢扶同隐匿，一经访闻或被告发，定一并究惩，决不姑宽。各宜禀遵，毋违。特示。

道光元年七月十一日发兴安县西乡六洞勒石晓谕

道光元年辛巳岁季秋月吉日合洞士民公立

罗明、杨信近主刻字

碑文不仅公布了案件的处理结果，最后一段文字还明确规定了漓江源地区生态保护的范围，这已经完全超越了司法判例本身，可以看作是通过判例升华而成的、针对漓江源生态保护所颁布的一个地方性法规。判例的约束力和适用范围由此被拓宽，性质也因此发生了转变。值得注意的是，上述碑刻文献还呈现出清代苗疆司法的一个重要特点，即司法官员在就某起生态纠纷作出判决后，往往将该案件的事实经过及判决详细刻写在石碑上，并“一式多份”，放置于交通要道等人员来往频繁的地方，以此引起人们的高度重视，从而起到教育、引导、警戒的作用。这种方式不仅固化了生态判例，还扩大了判决的影响力，即使是那些仅解决案件本身、不再做效力衍生的判例，也因此取得了一般预防和特别预防相结合的效果。苗疆地形复杂，人民居住分散，以石碑这种具有永久保存性及威慑力的形式勒刻司法判例，宣传生态保护，对于提高群众的生态意识起了极大的促进作用。

道光时期苗疆以案立法的护林碑文数量非常多。许多政府官员接到民众关于砍伐公山林木的报案后，以此为契机，发布禁砍公山林木的法令。云南省元江哈尼族彝族傣族自治县立于道光元年（1821 年）十一月初一日的《元江直隶州（广裕）告示》就记载了当时元江州官广裕应当地百姓的报案发布的禁止砍伐庙后公山树木的告示：“据大哨监生刘遇清暨合村民等呈称：缘大哨离城九十里，有关圣宫一座，庙宇广阔。因人烟稀少，缺乏功德，众会合村人等将庙后一山，用功栽树，培植多年以期成材，以作岁修之资，理合禀请示禁居民人等不得砍伐，俾殿宇不致颓废。”州官为此告示当地汉夷各族民众：“自示之后，凡所禁树木，若非修理庙宇及公馆塘房等项，不得擅自砍伐，如敢故违，许该村会首指名禀报，定行拿究，决不姑宽。”[①] 云南省立于道光三年的《泸西石勒示遵碑》记载的也是政府官员基于当地山寺僧人关于盗伐林木的报案发布的一篇告示，“兹据僧正具禀，广福寺本山树木，面前屏山附近佛照村，常有不法顽徒，纵放牲畜践踏，盗伐树株等情”，县官借机规定，“如有不法顽徒再行纵放牲畜践踏山场、盗伐树株”，准许“该住持僧，刻即指名禀报，以凭严拿惩究，决不稍宽”。[②] 贵州省兴义县城南布依族聚居的安章村梁子背水塘边立于道光五年的《梁子背晓谕碑》针对“梁子背居民人等互相控争牧牛公山一案”，规定“不准砍伐别人山林树木……在彼若不遵规，经地□□□三千六百文入公，报信者赏银六百文”。[③] 现存于广西钟山县的《永禁大由、龙骨等山碑》也是一个典型例证。大由、龙骨二山是当地南村、大由二村所有的公山，为了谋取非法利益，个别无知村民将大由山私自批发给外来人员开垦，并砍伐山上树木。二村村民通过向官府集体诉讼维护了公山权益，惩罚了不法分子之后，还将该案的判决结果刻碑公示，要求保护公山树木，这对今后的同类案件起到了警示和预防作用。政府司法判例和民间力量融合在一起，共同发挥作用保护生态环境。

永禁大由、龙骨等山碑

为严禁山岭遵宪吩谕刊碑以杜后累事，南村、大由二堡皆属平乐县之地所，历来余等二堡并无异端之人。突加（嘉庆）道光年间偶以无知射利，瞒将大由山批发砍伐树木种地，余等齐心鸣究案稽。切（窃）思宪谕不刊碑勒石，日后又生异心之徒，当□言定永将大由山等处并后背等山永远封禁。大由山等处堡内有人伙串瞒批私发，公同驱逐鸣究。后山岭等处不许放火有坏各木，且系余等来脉之紧要。各种各管树木，更不得乱砍盗伐越规，但将各种及公共树木私行窃伐，一经捕获，重罚香油不贷。□成例永不讳于今日之议，请匠刊碑三桶

① 元江哈尼族彝族傣族自治县志编纂委员会编：《元江哈尼族彝族傣族自治县志》，中华书局 1993 年版，第 894 页。

② 云南省地方志编纂委员会总纂、云南省林业厅编撰：《云南省志·林业志》，云南人民出版社 2003 年版，第 869 页。

③ 贵州省黔西南自治州史志征集编纂委员会编：《黔西南布依族苗族自治州志·文物志》，贵州民族出版社 1987 年版，第 118 页。

入监□龙骨岭大由庙每监一桶后学，不许毁坏留传。

道光八年十一月二十六日南村大由二堡人等同立[①]

从上述碑文记载的内容来看，当发生外人无视本地原有约法破坏生态的案件时，群众无法制止，只得求助于地方官员，要求他们发布禁止滥砍滥伐的命令，以便能更有效地约束生态破坏行为，惩治不法侵害。难能可贵的是，地方官员能体察下情，如民所请，发布相关命令，这极大地激发了群众保护生态的积极性和主动性，为调动社会各阶层力量保护生态创造了条件。

对本身是风景名胜的公山森林进行严格保护，也是这一时期清代司法的重要特色。其中以梵净山最为典型。梵净山是贵州重要的风景名胜和佛教圣地，现已被辟为国家级自然保护区，但对梵净山地区生态的保护，自古以来就没有停止过，清代尤盛。仅道光时期，当地官府就先后发布三道禁令保护梵净山。首先是道光四年编纂的《铜仁府志》记载的知府敬文发布的《梵净山禁树碑记》。从碑文序言来看，敬文出台保护禁令不仅因为该山为佛教名山，而且因为该山为黔东北两条重要河流的发源地。为了保护水源长流不竭，地方官员发布禁令保护该山林木。显然，清代官员对于生态要素之间的内在联系是有深刻认识的。

梵净山何为禁树也。余守石阡郡，即知其地为仙佛胜境，说法拜佛之有台，定心九龙之有池，前人之述备矣。自守铜仁之明年，观城南双江合流处，询之邦人士曰：斯二水发源于梵净山之分水岭下，一支出大江省溪司江口达于城，一支出小江平头司瓮洞达于城。余喟然叹曰：尝观吕氏祖谦释禹贡，随山之义谓随山脉络，相其水势以浚其川，是知水源所自即山脉，所发斯山固铜郡祖山也，不亦杰哉。……适邦人以无知民某某近于斯山积薪烧炭具状来白余，止之曰：十年之计树木，况兹崇山茂林，岂可以岁月计，宜止焉，戒勿伐弗若焉未可也。嗟乎!! 草木者，山川之精华，山川者，一郡之风气。自兹以往峨峨而丛丛者，其山也，郁郁而葱葱者，其树也，尔雅曰：梁山，晋望也，梵净山为郡治祖山，不当作如是观乎？后之君子以为何如，因

① 钟山县志编纂委员会编：《钟山县志》，广西人民出版社1995年版，第782页附录。

书与邦人勒诸石。[①]

竖立在梵净山金顶附近滴水岩的“敕赐碑”两侧分别刊刻清道光十二年（1832年）十二月护理贵州巡抚麟庆、贵州布政使司按察使李文耕所出通告。麟碑在左，李碑在右。两碑内容大同小异，都是为了严禁砍伐梵净山山林，掘窑烧炭。从下列文献中可以看出，风水观念在官吏的生态意识中占有非常重要的地位，但这一观念更多地表现为一种对生态的积极维护，而不是保守落后的迷信思想，因此我们应当辩证地看待。

（一）

名播万年

护理贵州巡抚部院麟　为

灵山重地，严禁伐木掘窑，以培风脉事。照得铜仁府属梵净山，层峦耸翠，古刹庄严，为大（小两江）发源，实［思］铜数郡（保）障，粮田民命，风水攸关。自应培护，俾山川□□，□静无伤。斯居其地者，咸享平安之福。护院访得该处有外来炭商，勾串本地刁劣绅民及坝梅寺僧私卖山树，掘窑烧炭，只图牟利，不顾损伤风脉。屡经士庶呈控，地方官虽已查禁，而奸徒阳奉阴违，至今积弊未除。除扎饬铜仁府亲往查勘封禁，妥议具详外，合行出示严禁。为此，示仰军民僧俗人等知悉：嗣后毋许将该山树株私行售卖，亦不容留外来奸商，掘窑烧炭。如敢故违，一经查获，或被告发，定即从重究办，尚差役乡保得规包庇及借端滋扰，一并严惩。各宜凛遵勿违。特示。

右谕知悉

大清道光十二年十二［月］初十日示

（二）

勒石垂碑

署贵州等处承宣布政使司按察使兼管驿传事加三级纪录十次

① （清）敬文等修、徐如澎纂：《铜仁府志》，卷9，艺文·碑记，页99上、下，道光四年成书，贵州省图书馆据该馆、中国科学院南京地理研究所、南京图书馆藏本1965年复制，桂林图书馆藏。

李为

严禁采伐山林，开窑烧灰，以培风水事。照得铜仁府属之梵净山，层峦耸翠，林木翳荟，为大小两江发源，思铜数郡保障，其四至附近山场树木，自应永远培护，不容擅自伤毁。前于道光三年，因寺僧私招奸徒梅万源等，在彼砍伐山林，开窑烧［炭］，从中渔利，据府属贡生万凌雯等呈控到司。当经前司饬府提讯究办，并出示严禁在案。今复据府属生员腾行仁等具控楚民郑大亨等，贿串寺僧普禅等，将山场售卖，砍木烧炭等情到司，实属藐玩。除饬铜仁府查拿讯究详报外，合行再出示严禁。为此，示仰梵净山寺僧及该地方乡保军民等一体知悉：嗣后该处山场及附近四围一切山秣木石，务须随时稽查，妥为护蓄，毋许僧再渔利，私招外来匪徒砍树烧炭，以靖地方而护风水。尚敢故违，许该地方乡保人等，立即指名赴府呈请拿究。如敢互相容隐，于中分肥，别经发觉，或被查出，定行一并照知情盗卖管民山场律治罪，决不宽贷。各宜凛遵勿违。特示。

右谕周知

大清道光十二年十二［月］初一日示①

正是在历任官员的精心努力下，梵净山才得以保存完好的生态环境，并给今天的人们留下了一笔重要的文化和自然遗产。1986 年，联合国教科文组织将梵净山接纳为全球“人与生物圈”保护区网的成员单位（中国只有五个成员单位），对此，清代苗疆官员的保护作出了重要贡献。道光十三年刊印的《粤西琐记》中记载的事实更让人震惊：广西的地方官员为了保护公山森林，竟然将树木编号挂牌，以防止滥砍滥伐。这种只有现代环保部门才有的做法，出现在清代，可见当时已有了非常发达的保护公山森林资源的制度：“兴安、灵川二县间，古松夹道，黛色参天，清阴弊地，惟恐有人斩伐，乃县牌编号以记之，约计万余株，绵亘几二十里。”② 要对长达二十余里的几万株野生树木逐个挂牌编号，在没有计算

① 铜仁地区文管会、铜仁地区文化局编：《铜仁地区文物志》第一辑，铜仁地区印刷厂 1985 年印，第 115—118 页。注：（）内的文字，为原碑残缺，收集者据残笔或上下文意增补的。［］内的字系漏字，为收集者所增。标点为收集者所加。

② （清）沈日霖：《粤西琐记》，见劳亦安编《古今游记丛钞》（四），卷 36，广西省，台湾中华书局 1961 年版，第 103 页。

机技术的古代，其工作量之大是可想而知的，当地县政府竟然不厌其烦地完成了这项工作。即使在今天，笔者在兴安、灵川沿线见到的松树林，也未逐一编号保护，可见清代苗疆基层官员先进的生态保护意识。虽然笔者不敢断定这是中国最早的关于编号挂牌保护树木的记录，但这一历史记载的生态价值是毋庸置疑的。

3. 同光宣时期地方政府对苗疆公山森林资源的保护

即使是政权连续遭受太平天国起义、鸦片战争沉重打击的清末，苗疆官员仍不辍对公山林木的保护。虽然这一时期政府的调控和保护能力明显下降，却出现了一种新型的保护公山林木的方式，即政府对保护生态的民间乡规民约予以认可，赋予其法律效力，直接将其提升为保护生态的政府法令。现存于广西永福的《奉示禁碑》就是典型的例证。当时的临桂西山（现属永福）是著名的宗教名山及风景胜地，在咸丰年间的太平天国运动中，西山的庙宇及树木全部被毁。生活在西山的群众自发组织起来恢复和保护西山和生态环境。为了提高保护的效力和范围，他们将保护西山的生态环境的内容制定成乡约呈送给县政府，要求赋予其官方法律效力并加以公示，当时的县政府应民所请，将这份乡约提升为具有官方效力的法律文书四处张贴公告，对西山生态环境予以保护，尤其是其后所列的条款中，特别指出不得乱砍滥伐山上树木：

奉示禁碑

钦加同知衔调补临桂县正堂加五级，纪录五次鹿口

为给示严禁，以儆地方事案，据西乡德服团西山村木村山民人等具呈录。朝廷有律法，乡党有禁约，原以保卫地方而靖小人也。咸丰四年以来，临邑惨被贼扰。凡庙堂公所，尽被贼毁蚁等。西山一带自嘉庆二十四年（1819 年），曾经请示严禁。凡一切田间禾苗、圃内瓜蔬以及山上茶油、桐子、竹木、瓜果，各有条款勒碑严禁。近年已被贼毁。今蒙各大宪剿抚兼施，宇内肃清，理合将乡约呈请给示，勒碑严禁，以免滥恶之徒滋扰地方。为此粘抄禁约、条规、赏准、给示等情到县。据此，当批查粘呈禁约各条系。为保护地方起见，事尚可行候即给示晓谕，一体遵行可也。粘抄附除批悬示外，合行出示晓谕。为此，示仰该村人等知悉。自示之后，尔等务要各安本分，辛勤农业，并照后列各条禁约实力举行，毋□再行妄为。倘敢故违不遵，一

经拿获或被告发，本县嫉恶最严，定即提□严惩律究，决不稍宽。各宜凛遵毋违。特示。同治五年岁次丙寅十一月□四日告示。

……

一禁山上茶子、桐子、瓜蔬、竹木各有其主，不得乱砍。犯者重□□□□□□□。

同治六年岁次丁卯九月廿七日立□每□□□□□□□□□□□□□□。[①]

桂林市光绪年间的《宝积山禁止毁树告示》也是一份典型的清末保护公山林木文告，该告示言简意赅，仅四个字：

宝积山禁止毁树告示

按察使司长　　　示

禁止毁树。

光绪五年（1879年）正月吉日[②]

一些文献还显示，政府对涉及文物古迹保护的案件，在处理完案件本身后，还将判决结果发展成一份保护文物古迹附近林木的禁令予以公布。现存于广西贺州的《严禁（毁坏）山石树林碑记》即是一份罕见的保护文物古迹周围林木的政府禁令：

严禁（毁坏）山石树林碑记

署理贺县正堂李均琦为谕饬事案。据职员莫广机、耆老陈日奇、陈步云、陈斗亮等禀控莫启诗等挖取石城山石，毁硐寨等情。据此出示严禁外，合行谕饬。为此谕，仰该职员，耆民等遵照。即便会同铺门团绅，速将石城原有硐寨刻日修理完固。如有不肖之徒胆敢再行挖取该处山石，并周围石山树木，准即指禀，以凭拘案究办毋违。特示。

---

① 黄南津、黄流镇主编：《永福石刻》，广西人民出版社2008年版，第149—150页。

② 桂林市文物管理委员会编：《桂林石刻》（中），1977年编印，内部资料，第352页。

光绪三十年（1904年）仲冬吉旦立[①]

碑文中提到的石城位于贺州铺门镇中华村，建于明代隆庆五年（1571年），具有历史、军事和游览价值，为原信都县“八景”之一，历来政府都很注重保护。该判例虽然制止的是滥挖石城山石的行为，但司法官员并没有停留在解决案件本身，而是将保护的范围扩大至今后对“周围石山树木”的保护，无论是在时间效力还是空间效力上，判例的法律强制力都得以提升。这样的司法判例在还没有“文物保护法”的时代，显得尤其可贵。

清末对滥砍滥伐公山树木案件的处罚，在刑罚种类和处罚方式上都发生了一定的变化。云南省昆明县立于宣统二年（1910年）的《昆明观音寺封山育林告示牌》就是一篇因毁林纠纷发展而成的禁令。该地两个村子的民众因“屡次聚众越界估砍树木”酿成纠纷，在呈报地方政府后，地方官员查明案件事实后，将对此案的判决制定成六条禁砍树木的条例，勒石警戒民众，其中规定“凡界内山场树木，只准按年护蓄，不准私相砍伐”，“界内新种树株，不准彼此牛马互相践踏，并禁放野火”。最后还规定了对滥砍滥伐公山树木的罚则：“越界砍树者按树株大小议罚，每大树一株罚银元十元，中等之树罚银元五元，小树罚银元三元。所罚之银仍交绅管购买秧种补种隙地。”“牧童私放野火，不严加管束者，按照毁伤之树议罚，每株罚银元五角，即将所罚之银另贸买秧种补种。”[②] 其罚则重点不在罚银，而在于以所罚之银补种树木。这一碑文表明，对滥砍滥伐公山案件的处罚，已从清初及清中叶的人身处罚为主转变为以经济处罚为主。这一变化不仅体现出清末法制的人性化改革，也说明了苗疆官员对养护树木务实观念的更新。清末的发展实业运动对苗疆生态环境也造成了一定的冲击，但在此类案件中，地方官员仍能够从维护生态的角度出发，做到既保护森林资源的原状，又不妨害实业运动的实施，将发展实业对生态环境的破坏控制在尽可能小的范围内。宣统年间的广西《临桂县告示碑》就是这样一份司法判例：

---

① 贺州地方志编纂委员会编：《贺州市志》（上卷），广西人民出版社2001年版，第1018页。

② 云南省地方志编纂委员会总纂、云南省林业厅编撰：《云南省志·林业志》，云南人民出版社2003年版，第878页。

临桂县告示碑

钦加同知衔署理临桂县事特授崇县正堂记大功三次龚为出示晓谕事

案据西乡褚村民人褚宗绘等呈称，缘民村与浪浒村互控骝头岭树木一案，蒙恩堂讯令民村削平壕基，所有树木仍归民村管业，各具遵依完案。民回村后随将壕基削平，嗣于前月内复禀请出示保护奉批此案。现据梁自玉等具控，民村并不遵照前断，将壕基毁去，各管各业，已经谕查，应候该团明白禀覆，如果确已遵照办理，实系民村界内树木，准即出示保护可也等。因民等伏思，既已遵断，自应各管各业。前蒙谕团查明，迄今日久，想已禀覆，迫得续恳恩施。俯念恳务为重，迅赐出示保护，勿俾林场有损，则不独民村受开垦之益，亦不失各大宪劝民开垦之本旨也。为此续叩台前作主赏准施行等情到县。据此出批示外，合行出示严禁，为此仰该处居民人等知悉，自示之后，尔等须知骝头岭地方所种树木，系属褚村公业，务宜共守禁约。浪浒等村不得任意剪伐以及放牛践踏，倘敢故违，一经查出或被该村民指名禀控，定即拘案。

宣统二年（1910 年）七月初八日[①]

值得肯定的是，清代前期和中期政府通过鼓励植树，严禁滥砍滥伐等措施，有力地保护了苗疆的生态环境。与其他朝代相比，这是在少数民族地区建设当中一个不小的贡献。至清代末年，政府衰弱至极，但仍然注意保护苗疆的森林资源。现在在贵州、云南、广西等原清代苗疆的核心区域仍留存着大量清代地方政府刻立的禁山护林碑。这些饱经历史风雨的护林碑以有力的证据说明，清政府即使在政权即将走向衰亡的情况下，仍没有放弃对苗疆森林资源的保护。以云南省为例，各地目前留存的，自康熙年间至辛亥革命爆发的宣统末年由各级官府亲立的大大小小的禁山护林碑就有 30 多处，可以看出对苗疆森林资源保护的努力。见表 3－1：

① 桂林市文物管理委员会编：《桂林石刻》（中），1977 年编印，内部资料，第 463—464 页。该碑在桂林中医院（原临桂县署）。

表 3－1　清代云南省地方政府所立禁山护林碑一览

时间	地址	立碑者	碑文名称
康熙四十一年	禄丰县罗川乡捏茨村	广通县令杨银藻撰，捏茨村民立	腻资森林山界碑
乾隆四年	南华县大智阁乡见性寺山响水河龙潭	官府(知州)立	响水河龙潭《神民永庇》封山碑
乾隆二十一年	通海县	官府立	封山信碑
乾隆四十年	大理市凤仪镇	举人陈振齐撰，乡绅立	《仪山种树记》碑
乾隆四十六年	思茅县刀官寨西南山坡上	官府特示立	《勒石遵守》碑
乾隆四十八年	剑川县城西景风公园财神殿大门右山墙下	剑川州合州绅士贡生赵有兰等立	《保护公山》碑记
乾隆五十七年	文山县洒龙(今德厚乡)	官示，董姓家族立	文山县洒戛龙护林碑
乾隆六十年	南华县响水河龙潭仙龙坝外	官府立	仙龙坝外封山碑(南华封山碑)
乾隆年间	屏边县大围山水围城风景区	进士赵冀撰	树海歌
嘉庆十三年	大理凤仪镇西街上	合州绅民耆志书，吏人等同立	永护凤山碑
道光元年	元江县大哨村井边	元江直隶州广裕签署	元江县修庙馆而立之乡规碑
道光三年	泸西县广福寺	官府令广福寺住持勒石	广福寺告示(住持遵举泸示严禁两山树木牲畜)碑
道光五年	祥云县祥城镇王家山办事处文峰村	大理府云南县正堂饬合村老幼人等立	劝谕植树禁伐林木碑
道光五年	保山市	知府陈廷焴撰立	永昌种树碑记
道光五年	麻栗坡县豆豉店	开化镇中衡总府	禁汛卡弁兵勒收杉板捐碑记
道光八年	镇源县买迷河肖家梁子	镇源直隶州官示意民村民立	永垂不朽碑
道光三十年	双柏县原(石咢)嘉县古西城门墙内	(石咢)嘉分州官特授，阖里立	哀牢山《永定章程》护林碑
咸丰二年	丘北县锦屏镇城东青龙山文笔塔	县令金台选撰立	文笔塔护林碑
同治十年	江川县后卫乡后所村寺内	阖营公立	永存久远禁伐碑
光绪四年	会泽县卡龙梁子	会泽县晋宁州官发黑露甲士民等遵立	老厂乡《永垂不朽》植树碑

续表

时间	地址	立碑者	碑文名称
光绪初年（1875—1879）	昆明	官府立	省会各河堤植树，始于赛典赤
光绪二十八年	江川县右卫乡白池古村	江川县官发村民立	山林场权执照碑
光绪二十九年	弥勒县红星乡	官示民立	大三村封山告示碑
光绪二十九年	鹤庆县城郊乡柳绿河村公所大水漾自然村	官府特授合村公众立	大水漾护林石碑
光绪二十九年	彝良县龙安瘦石山摩崖	邹毅洪书写	新桃园林栽树法
光绪三十年	昆明市官渡区瓦角村	官府授瓦角村立	禁止砍伐公山树木碑
宣统二年	昆明市西山区碧鸡乡观音山村观音寺	府县官示杨林古村立	昆明观音山封山岩示碑
宣统三年	江川县伏家营镇摆寨村	官府示三营众立	永远遵守护林碑

资料来源：云南省地方志编纂委员会总纂、云南省林业厅编撰：《云南省志·林业志》，云南人民出版社 2003 年版，第 842—857 页。

二、保护苗疆水源林

水源是农业社会必不可缺的生产要素，而只有保护好森林资源，才能涵养水源。古代官吏对此有非常清醒的认识，因此在古代保护森林资源的禁令中，有一类特殊的禁令是专门保护水源林的，下面这份明代的《禁砍水源林木碑》就较为典型：

明万历二十九年淋田源禁砍水源林木碑（节录）

萧推爷禁示榜谕

七排公占天仙庵水源一带，被九甲吴才录父子兄弟，恃恶占夺源山田，纠众强割。经鸣按察司批本府萧刑廉，将成举发配自良绎，成学毙狱，从禹、从舜等各责罚有差。怙恶不悛，复盗卖源木于蒋文备挖窑烧炭。除给照毁窑外，仍着仰约甲地方勒石垂成——

桂林府理刑厅　萧，为禁护水源林以资灌溉，以裕征纳事。淋田一源，出自天仙而来。分派下灌，何啻千百余亩。然山阴则源润，虽有旷旱不竭，故培养山林滋润源头亦至理也。曾经吴成举赴州告给示禁伐，第彼意在利市，假公济私，以一人禁，以一人伐，而数十年巨木欲卖尽矣。此本厅之所亲而目睹者，今七排复呈禁伐，固不得以成举概，疑众排间而有之。所有水源林木，务在培养茂盛，则源不期裕而自裕矣。系国课民命，敢有违禁，擅取一木一竹者，许七排指名呈究，定行严治不贷，特禁示。(下略)

万历二十九年（1601年）七月二十九日六排同立

(此碑今存龙水乡龙水村旧祠堂)①

清代政府官员保护水源林的思想也非常浓厚。乾隆《富川县志》作者的一段议论就体现了清代苗疆官员朴素的生态思想。他们对破坏林木行为感到深深的忧虑，因为这种行为导致的直接后果就是水源的短缺和枯竭，而这最终会影响人类的正常生产与生活：“所可虑者，山溪之水全仗林木荫翳蓄养、泉源滋泽乃长，近被山主招人刀耕火种，烈泽焚林，雨下荡然流去，雨止即干，无渗润入土，以致土燥石枯，水源短促，留心民瘼者，固宜尽力沟洫，尤当严禁焚林划土以保泉源也。”②

水源林的保护必须持之以恒，否则很难见效。苗疆的一些碑刻文献表明，清代地方官员对水源林的保护政策是具有连续性的，并非偶然之举。往往一个水源会出现不同年代的护林碑。如云南省南华县龙滩的两块石碑就反映了苗疆官员的这种保护意识。立于乾隆四年（1739年）的《神民永庇》封山碑显示，该地“有响水河龙潭一溪，水入白龙河，灌溉田畴千有余顷”，但楚雄府镇南州主管官员经州属士民举报，发现“此地龙潭响水，树木茂盛，拥护林泉。今被居民砍伐，渐次稀少”，认为“矧此龙潭，泽及蒸黎。周围树木，神所栖依，安可任民采伐?”因此发布规定：“凡近龙潭前后五十五丈之内，概不得樵采，如敢违禁，斯携斧行入山者，即行扭禀。”③ 这位地方官员虽然神化了水源林，

① 全州县志编纂委员会室编：《全州县志》，广西人民出版社1998年版，第1023页。

② （清）叶承立纂辑：（乾隆）《富川县志》，卷1，舆地·水利，页16，故宫珍本丛刊第202册，海南出版社2001年版，第34页。

③ 云南省地方志编纂委员会总纂、云南省林业厅编撰：《云南省志·林业志》，云南人民出版社2003年版，第863页。

但可见其对水源林重要性的认识是非常深刻的。时隔五十多年后，乾隆六十年，楚雄府镇南州主管官员再次勒刻《南华仙龙坝外封山碑》，规定："仰州属地方人民汉夷人等知悉，嗣后见性山寺周围及仙龙坝前后，四至之内"，"栽植树木，拥护丛林，以滋龙潭。该地诸色人等，不得混行砍伐。倘有不法之徒，仍敢任意砍伐，许尔等指名禀报，以严拿重究"。[①]这块石碑开门见山，简洁明了，明确划定了龙潭周围禁砍水源林的确切方位和范围，较上块石碑更具执行性。

乾隆时期广西全州名宦谢庭瑜的《论全州水利上临川公议》则以知识分子对生态灾难的警醒立场，论述了"培水之法在于树"的哲理，其深刻程度不亚于当今的生态学者。这篇《公议》最可贵的地方在于，它反映出古代官吏不再是简单地维护原有的生态资源，而是积极地利用各生态要素之间的普遍联系，"培育"生态环境。

论全州水利上临川公议

郡之资灌者多沟涧细流，其源发于山溪。往者山深树密，风雨暴斗，雷滂云泄，旱干无虞，惟苦汎溢。比岁以来，流日狭浅，弥旬不雨，土田坼裂。农夫愁叹，水讼纷纭。则全郡今日水利，诚宜急讲哉。夫全之地，长江大河陂池蓄溪之利，至少也。（矢引）天时不齐，夏秋之间，雨泽愆期，欲施补救，贻利久远，莫如培水之源。培之之法，不浚而深，不浚而流，去所以涸其源之害而已矣。涧水之源，虽由山发，实藉树而藏——木竹交互，柯叶蓊蔚，连阴数里，日光不到，泉涌湍飞，渟泓洄伏，天泽下施，阴云上接，降为时雨，非直其流，足润百里也。迩来愚民规利目前，伐木为炭，山无乔材，此一端也。其害大者，五方杂氓，散处山谷，居无恒产，惟伐山种烟为利。纵其斧斤，继以焚烧，延数十里，老干新枝，嘉植丛卉悉化灰烬，而山始童矣。庇荫既失，虽有深溪，夏日炎威，涸可立待。源枯流竭，理固宜然，又安望其泽于天，蒸为云雨哉？野有石田，室无盖藏，烟草虽多，饥不可啖，而其害一至于此，此阖郡士民痛心疾首莫能禁抑者也。其他湘、罗诸江，水清而驶，鱼虾之利缺焉。濒江之

① 云南省地方志编纂委员会总纂、云南省林业厅编撰：《云南省志·林业志》，云南人民出版社2003年版，第865页。

> 田，不忧灌溉，然涛冲波激，亦足为患，则其利害亦均矣。谨条其略，以资采择。①

在苗疆地方政府发布的有关保护水源林的文告中，有很大一部分是应地方群众的恳请而发布的，例如广西金秀瑶族自治县大樟乡九个村寨共同立于嘉庆十八年（1813 年）的《禁示龙堂碑》。从该碑的记载来看，当地群众为了保护水源林，主动请求地方官员发布制止滥砍滥伐的禁约。《禁示龙堂碑》是清代地方官员系统性生态保护理念最突出的体现：

> 窃为木有本则不绝，水有源则不站（枯）。三江龙挖瓮口冲山场，乃九村水源，源流田禾之山，上应国课数十余石，下养生命万有余丁。前罗国泰六（大）肆大（伐）山地，曾经呈控于前任沐、瑞三府主在案。今有不法地棍，复行砍伐树木，断绝水源，九村不已，禀恳龙州主出示永禁，刊碑于圩，以朽（永垂）不朽。
>
> 告示一保护水源，以资灌溉也。查州属大河，上通雒容，下至来宾，有自然水利，其余环绕港全资山，水源流注。山水须借树木荫庇保存，须滴源灌溉田禾，是树木即属水之本，岂可任意砍伐，致碍水源，且系中难容私占。兹闻地棍，但图眼前之利，行招租批佃，或自行开垦，樸伐树木，放火烧山，栽种杂粮，日久踞为己有，公然告争，以致水源顿绝，田禾没涸，大为氐害其余。官荒树木，概不许私佃自垦，伐树烧山，以蓄水源，如还（犯）依律重究。
>
> 义路村、古陈村、大泽村、六龙村、花覃村、凤凰村、花芦村、厄树村、婆保村。②

从碑文来看，当地的政府官员至少意识到两个方面的问题。其一，对于一条河流来说，整个流域的保护应当是一体的。要保护整条河流，就必须保护好水源；要保护好水源，就必须保护好水源区的森林。河流的各自然要素之间是一个紧密联系的系统，保护河流也就成为一项系统工程。其二，河流流经区域的人们的利益是不可分割的，其所承担的生

---

① 全州县志编纂委员会编：《全州县志》，广西人民出版社 1998 年版，第 1016 页。

② 黄钰辑点：《瑶族石刻录》，云南民族出版社 1993 年版，第 49—50 页。

态保护义务也是共同的。因此，保护河流的生态系统不遭破坏，不是哪一个村子的事，而是上下游所有村寨的公共事务。大家只有团结起来，才能保护好整个流域的生态。

至清末，在洋务运动的影响下，苗疆的木材业也发展了起来，但苗疆官员在管理木业的过程中，非常注意对水源林的保护，禁止砍伐河流沿岸及上游的水源林。云南省砚山县立于光绪十八年（1892 年）的《阿舍乡水库护林碑》就是一块清末保护水坝沿岸树木的禁令。该地方官在“沟坝工竣”后，指示“海边左右树木，照旧蓄养，不许附近村民私砍盗卖”。[①] 贵州省锦屏县河口乡河口村立于光绪二十二年的《河口木业碑》，系黎平知府俞渭就禁止木商掠买河流上游水源林发布的告示：

> 上河山客不能冲江出卖，下河木商不能越江争买。向例严禁，谁敢故犯。近来三江行户，多有领下河木商银两径上河头，代下河木商采买。山客之资本有限，谁能□与伊等争买？山客于前二三年在各衙具控有案。奈上河贤愚不一，不能认真，以行户代客采买者，愈由（来）愈多。前此犹有顾忌，互相隐瞒。今则人夫骄马，搬运下河木商之银，径上落里、弄彦、地里一带坐庄收买，深山穷谷，一扫罄尽，独不思利为养命之□（源），公取而不可独占。彼既据其全，此必流于歉，况设江行之意云何？而任其如此行为，上自深山穷谷，下至江南上海，利皆归下河商矣。于是颁给告示，禁止代（带）下木商越江争买，使上下交易皆归江行，则不独为山客除争夺之害，实于国课大有裨益。[②]

除了直接保护水源地的林木外，清代还出现了一些保护特殊水流区域，如滩涂、湿地、洲岛等地森林资源的禁令文诰。这些区域是河流生态环境的重要组成部分，发挥着特殊的涵养水源的生态功能。民国《岑溪县志》就记载了一则雍正时期岑溪知县何梦瑶发布的《花洲示》，要求保护当地风景名胜——河流中花洲上的森林资源，不得滥砍滥伐或放火烧

---

① 云南省地方志编纂委员会总纂、云南省林业厅编撰：《云南省志 · 林业志》，云南人民出版社 2003 年版，第 876 页。

② 黔东南苗族侗族自治州地方志编纂委员会编：《黔东南苗族侗族自治州志 · 文物志》，贵州人民出版社 1992 年版，第 104—105 页。

毁。据《岑溪县志·秩官志·知县》记载："何梦瑶：广东南海人，庚戌进士，雍正十三年任知县。"① 洲，一般指水中的小块陆地，《尔雅·释水第十二·水中》解曰："水中可居者曰洲。"②《诗经》中"关关雎鸠，在河之洲"的诗句早已流传千古，可见"洲"在古代中国社会中占有重要的地位，保护好洲一类区域的生态环境，对于保护水源，营造和谐的人类生存环境具有重要意义。何梦瑶发布的《花洲示》是保护此类特殊水源性生态环境地方禁令的典范：

花洲示（何梦瑶等）

为照百花洲者，南仪胜地，岑邑灵区，载在志书，冠乎诸景，秋涛夜月何殊？白鹭洲也，古树寒山，恰似姑苏城外，渭滨环翠，同吟夏彩之词，泗水嫣红，共识春风之面，珠江花药差可方之，汉渚琵琶瞠乎后矣。盖缘明季，儒学钟公孝廉廖李两公，迭胜搜奇，追訾家之芳，执寻幽剔异陋，马退之新亭莲社，斯开花宫爰，启既构兰若以栖缁索，复捐寺田以供伊蒲维时。六祖谈禅，一心与幡风俱静，生公说法，百奔皆花雨争香。无何劫火洞燃，禅灯乍暗，魔高一丈，世甫几更，乃有无耻之徒、敢冒三家之后，任情蹂躏，肆意凭凌，遂使翠竹黄花悉成灰烬，长松细草日就凋零，本县目击心伤，废兴颓举，南山定判，黎邱之鬼，方潜茅屋题诗，妙高之台如旧，惭无玉带可镇，空门虑有山魈重侵净土，合行示禁为此示仰：寺僧居屋民人等知悉，嗣后仍有冒称山主，吞占寺僧田产及盗伐洲中竹木者，许该寺僧立即禀官究治，该僧更当恪守清规，随时修葺寺宇，培植花木，以壮胜观，毋得招邀匪类，玷污佳境，庶山清水秀永怀前哲高风，松茂竹苞，长树千秋，嘉荫各宜凛遵，毋违特示。③

从该文诰中可以看出，何梦瑶作为一县父母官，本身具有非常良好的

① 佚名纂：《岑溪县志》，台北成文出版社1967年版，第52页。中国方志丛书第133号。民国二十三年本。

② （晋）郭璞纂：《尔雅》，卷7，页11上，（宋）邢昺疏，见杨家骆主编《尔雅注疏及补正附经学史》，中国学术名著第六辑，十二经注疏补正第十六册，台北世界书局1963年版。

③ 佚名纂：《岑溪县志》，台北成文出版社1967年版，第187页。中国方志丛书第133号。民国二十三年本。

文学修养。这虽是一则法规性告示，却写得语句优美、意境深远、言辞恳切，通过对美景的描绘和对破坏林木行为的谴责唤起人们内心深处对美好生态环境的向往，从而自觉地去保护花洲林木，达到涵养水源，长久维护生态的效果。何梦瑶为此还专门撰写《春泛花洲诗》阐述林木对花洲景观的重要性："柳条织翠惊穿浪，花影摇香蝶拜风，更欲雨边添晻霭，课绘移竹护新桐。"[①]

三、维护少数民族专属森林资源

清代苗疆地方政府还注意保护少数民族专有的生存环境和生态利益，为此，政府颁布了许多严禁汉人深入少数民族聚居区滥砍滥伐、偷盗树木等的文诰，并规定了杖、徒、罚款、包庇犯罪等严格的法律责任。

在瑶族聚居的湖南、广西交界处，清代地方政府对瑶族专属森林资源的保护尤为突出。据当地瑶族群众保存的记述瑶族历史的《先皇安瑶碑记》记载，对于中央政府划分给瑶族生活的山区，汉民不得与之争夺："不许民姓争山，砍伐树木，捡拾香草、木耳，不得乱法，不得乱动盗偷。如有乱为乱盗，扭拿赴官，急究充差，尽行绑打。"[②] 在这一地区，一旦发生瑶汉之间的森林纠纷和诉讼时，地方政府一般都能够维护瑶民的利益作出公平判决。康熙四十八年（1709 年），广西荔浦县知事许之豫与当地的瑶民约定，山中的森林资源都归瑶民所有，山外汉人不得侵占："予每当进见时，谕以山之畜牧、牛、马、竹、木之类任尔取，惟约以山内毋得侵良藏奸，干犯国法；山外之民亦毋得期取于内。"[③] 湖南兴宁永安堡立于康熙六十一年的《颁示严禁文告》规定，汉民不得私自踏入或霸占瑶族居住的山区，更不得入山砍伐树木，否则将受到严惩："湖南直隶郴州兴宁县署事正堂缪……蚁瑶仰淋风化，移风易俗，安耕乐业。近被邑民以及恶棍盘踞蚁瑶地方，非籍户族，伸衿则视友世宦，刁唆播客，或造大厦，或茔冢墓，或伐树以生木耳，或斩木以方（繁）香菌，或砍山造纸，陷绝水源，强占官山，客瑶无资

① 佚名纂：《岑溪县志》，台北成文出版社 1967 年版，第 190 页。中国方志丛书第 133 号。民国二十三年本。

② 黄钰辑点：《瑶族石刻录》，云南民族出版社 1993 年版，第 4 页。

③ 荔浦县地方志编纂委员会编：《荔浦县志》，三联书店 1996 年版，第 918 页。

生之策……嗣后不许民人擅入瑶峒，占伐官山，如有违禁入瑶峒者，此照。民人擅入苗地，例杖一百，徒三年；占伐官山及盗葬者，照强占官民山场律，拟流险另行刊示。分□（发）各近瑶各村庄，通行晓谕，仍严着落抚瑶把总督率一十二峒千保，不时巡查。”① 官方允许瑶民将其聚居区周围的森林资源一概划入其利益范围，乾隆《富川县志》载：“瑶所居之处，则前后左右邱埠林麓，皆为所据。”② 当地汉族民众甚至有“隔岸瑶山草木肥，惭愧为儒无短纫”的感叹。③

清代中后期依然维护这一地区瑶族的专属森林利益。广西恭城县西岭瑶族乡新合村发现的嘉庆四年（1799年）的两块石碑——《恭城县正堂给照碑记》和《棉花地雷王庙碑记》内容相同，都记录了嘉庆二年，八角岩村陈旮、卢先成，冒充山主，将瑶山土岭“私批与异省民人邹用元、邓显荣、朱化龙、毛万里等开挖耕种杂粮，而伊等不顾一乡良田，竟将树木尽行砍伐，伤坏山源，有关国赋，又将蚁等已耕种熟地强夺”。在瑶民具控官府后，官府判决：“嗣后采买谷石及香菌并一切杂项夫役等事，概行豁免，永无苛派。其瑶山土岭，尔等仍照旧在于四至界内，永远耕营，不得侵越他人地土，以靖瑶疆。尚有附近强族及不法乡保人等，借端私派苛索或冒充山主，将尔等山场私批异民，许即指名具禀，以凭以重严究。”④ 在这一案件中，地方司法官员除了判决禁止擅自强占瑶民土地砍伐树木外，还借机永久性地免除了瑶民的生态徭役负担。这种对瑶族专属森林资源的保护一直延续到清末。湖南省郴州所属瑶区立于同治十三年（1874年）的《郴州奉令安瑶碑记》规定：“倘有民姓进山，砍伐树木，摘捡香菌、木耳，守法谨遵，不许乱法（伐）滥盗。不依律例，急拿送官究治。”⑤ 从上述文献可以看出，当地政府将山林划分为瑶族的“专属经济区”，山林中的树木、植被可由瑶族任意支配，但汉民却不能进山伐取，否则将被视为对瑶民利益的侵犯而受到法律制裁。这主要

① 黄钰辑点：《瑶族石刻录》，云南民族出版社1993年版，第9—12页。

② （清）叶承立纂辑：（乾隆）《富川县志》，卷12，杂记，页3，故宫珍本丛刊第202册，海南出版社2001年版，第130页。

③ （清）吴九龄、史鸣皋纂修：（乾隆）《梧州府志》，卷23，诗赋，页21，故宫珍本丛刊第201册，海南出版社2001年版，第475页。

④ 黄钰辑点：《瑶族石刻录》，云南民族出版社1993年版，第38—43页。

⑤ 黄钰辑点：《瑶族石刻录》，云南民族出版社1993年版，第100页。

是因为，树木是瑶民赖以生存的基本生活资料，而且瑶民出于自然禁忌，对木材的取用以需用为限，因此树木数量与瑶民人口之间总能维持稳定合理的比例，而汉民则无此禁忌，一旦容许其染指，则以砍伐砍卖为能事，苗疆官员深习此理，因此严禁汉民出入瑶民山林。

苗疆其他地区也存有许多此类内容的禁令，以嘉庆、道光年间的居多。主要是这一时期中原经济凋敝，大量汉民为生活所迫涌入苗疆，极大地侵害了少数民族的生存权益，苗疆的森林资源等生态环境都面临极大的威胁，地方政府发布的禁令在一定程度上遏制了苗疆生态环境被破坏的速度和程度，保护了苗疆的森林资源。四川冕宁彝族地区颁于嘉庆十二年的《宁远府札》规定："准刑部咨，商民偷越生番地界……偷越深山伐木等项，杖一百，徒三年。"[①] 贵州省兴仁县城北大桥河乡海河寨立于道光三至四年（1823—1824 年）的《奉示勒石齐心捕盗》碑规定："盗窃粮食、竹木，无论当场拿获贼赃，或过后查知，盗□□贼□□私隐匿者，同□亦不许借故磕索。"[②] 广西融水苗族自治县立于道光二十四年的《严禁碑》记载了外来不法之徒扰害山区苗民，苗民向地方政府控告，地方政府由此发布文诰，严禁不法之徒骚扰祸害苗民，尤其是不得盗砍当地林木和物产：

特授融县正堂加五级纪录五次刘

为出示严禁以靖地方而安苗疆事

照得本县莅任，首在除暴安良为要务。兹据背江林洞头人蒙老赏等县呈词称：该处界连怀远，罗城并贵州黎平府永从县接壤，俱系苗民居住，山僻村烟□散，离城遥远，官长□于□余，以致外来游匪易于匿迹，近有不□土棍勾结，三五成群，假扮兵差，吓索油火，以乞食为名，窥伺门户，掳窃滋事，无所不为，理合列款清禁等，到县据此除批示以外，合行出示晓谕为此示，仰该处苗头人等知悉，自示之后，如有前项不法棍□，勾引外来游匪，吓索滋事，许该苗头协同苗民擒拿解赴本县，以凭尽法惩究，该苗头等亦不得

① 四川省编辑组编：《四川彝族历史调查资料、档案资料选编》，四川省社会科学院出版社 1987 年版，第 268 页。

② 贵州省黔西南自治州史志征集编纂委员会编：《黔西南布依族苗族自治州志·文物志》，贵州民族出版社 1987 年版，第 117 页。

□同勾隐，借示吓索良苗。一经查出或被告发，定即并究，决不宽贷，各宜凛遵毋违，特示遵。

计开：

……

——禁不许私人出口盗锯砍竹木、杂粮、菜果、田禾；

……

——禁不许重利盘剥物产，恃横强占。

道光二十四年四月二十二日①

贵州省台江县立于光绪二十二年（1896年）的《禁封滥放木材碑》记述了政府禁止汉族木商深入台江苗族聚居的山地砍伐森林并沿江放运木排的禁令：

知府衔　特授台拱清军府加五级纪录十二□（次）袁为

为禁止开江事。案据南市等寨□□张有才、张成信、李□文、王□□、□□□□□□□以台拱□□□□□□□□□

商人入山采买，放运出江，冲坏桥梁堰坝，以及田亩。蒙前署府张禀奉大宪批示，查明一律出示封禁，现拟勒石刻碑，永远垂禁。□□□□□□□□□府核卷批示：准即如禀勒碑示禁在案，合再出示晓谕。为此，示仰合□□□□□□□（材），许尔绅民及沿河一带居民，连人连木一并拿送衙门，以凭尽法惩治。在尔商民□本系出门求利，具有资材。须知此举事在必行，如其犯道必惩，慎毋以身试法，甘蹈不值也。凛遵毋违，特示。遵。

右谕通知

光绪二十二年五月二十二日立

告示　实贴晓谕②

① 乔新朝、李文彬、贺明辉搜集整理：《融水苗族埋岩古规》，广西民族出版社1994年版，第227页。

② 黔东南苗族侗族自治州地方志编纂委员会编：《黔东南苗族侗族自治州志·文物志》，贵州人民出版社1992年版，第105页。

四、革除不利于保护森林资源的陋习

在清代，由于生产力水平较为落后，苗疆少数民族还保留着一些对森林资源保护极其不利的陋习，如刀耕火种的生产习俗。雍正《贵州通志》记载苗族“面山背水，创百雉雄图；刀耕火种，仍夜郎故习”。[①]《皇清职贡图》记载：“苗居多依山岭，刀耕火种。”[②] 清代苗疆官员的奏折中也称：“查苗民赋性颇懒，从不习耕水田，惟刈其山上草莱，候日色曝干，以火焚之，锄去草兜，而撒种杂粮，历代相传，名曰刀耕火种。”[③] 刀耕火种对森林资源的破坏较大，因此一些地方政府颁布了严禁放火烧山的禁约，革除陋习，这些文诰对于苗疆的生态保护具有特殊的意义。乾隆三十八年（1773 年）立于今广西象州县运江镇麻子村的《除陋蔽》规定：“禁未交十一月乱火烧山。”[④] 乾隆四十七年广西岑溪知县李宪乔发布的《批发上化乡天星塘张挂晓谕的告示》也是劝诫当地民众戒除沿袭已久的滥砍滥伐及放火烧山陋习的禁令：

> 特授岑溪县正堂加三级记录五次李，为严禁强砍树木并放火烧山，以安民业，以靖地方事：照得岑邑人烟稠密，山多田少，民食所赖，大半资山。是以力田农民栽植竹木，原为得利息以谋生，兼可荫水源以灌田，有益于民生，实非浅鲜。而恃强砍竹木之弊，放火烧山之习，地方村民自应尽早为戒止，共相保护。本县到任以来，据控聚众强砍竹木及放火烧山，业经出示严禁在案。兹据，苏有芬、邓广志、李耀锦具禀契受土名天星塘四周山场、木摇冲公容塘各山场，屡次强砍竹木等情到县，随经饬拘集强砍竹木之人，俱已严加惩治在案，合再出示严禁。为此示仰阖邑士人民人等知悉：凡属山场栽有

---

① （清）鄂尔泰等监修、靖道谟等编纂：《贵州通志》，卷 39，页 22，见（影印）《文渊阁四库全书》第 572 册，台湾商务印书馆 1986 年版，第 360 页。

② （清）傅恒等奉敕纂：《皇清职贡图》，卷 3，页 50，见（清）纪昀编（影印）《文渊阁四库全书》第 594 册，台湾商务印书馆 1986 年版，第 490 页。

③ 军机处录副奏折，见中国第一历史档案馆编：《清代档案史料丛编》第十四辑，中华书局 1990 年版，第 151—152 页。

④ 象州县志编纂委员会编：《象州县志》，知识出版社 1994 年版，第 701 页。

茶、桐、松、杉、竹、木，各寨分界，无得恃强混砍，须用父教其子，兄诫其弟，倘有故违，必定执法严究，再行估计所损之物，逐一追赔。若因强砍竹木以致逞凶斗殴，更加按律从重究拟，断不姑宽。至于身充保正头人，无论地方大小事件，均有稽查之责。此番出示后，该保正等再不实力稽查，地方仍有强砍竹木情事，以至讦讼到县，定先将该保正等重究，再行审讯两造是非。各宜凛遵无违。特示。

乾隆四十七年九月十九日示[①]

立于嘉庆八年（1803 年）的广西靖西县武平乡立录村《乡规民约》碑记记载，该碑为“特授广西镇安府归顺州正堂加五级记录十次蔡为准立乡规民约，以敦民风”，其中规定“山水生灵不得浇药，丘木树林不得砍伐”，“以上犯者古例委置深潭，今例火烧”，[②] 将严禁砍伐树林作为新的乡规民约加以倡导。道光《广南府志·风俗》记载了林则徐废除云南广南地区春节插松的陋习，有力地保护了当地的森林资源：“旧俗庆岁前，伐松二株，径四五寸，长丈余，连枝叶栽插门首，无论官廨士民之家皆然，云‘摇钱树’，鄙俚可笑。愚守郡后，绅耆言此恶俗多不便，曰：久干枯既虞火烛，排街树木槎枒，遇吉凶事亦多挂碍。且每岁取，不于山村民受害无穷，若一年留数千松，十年有数万松，则材木不可胜用。予闻而佩服，当示禁革，土民亦莫不称美者。……至此风则论著于志，使后之临者知有所害而自禁焉。夫，官斯土者，不能为民生材，若之何纵焉而寻斧斤也?”[③] 《滇黔志略》也记载了云南少数民族“元旦贺岁，庭中植小松树，设灯香祀之”[④] 的习俗，林则徐对这一习俗的革除，对云南的森林资源保护起了一定的作用。

值得注意的是，对于某些不利于保护森林资源的陋习和陋规，苗疆地方政府不是单纯地废除了事，而是采用较为灵活的司法手段将其加以变

---

① 岑溪市志编纂委员会编：《岑溪市志》，广西人民出版社 1996 年版，第 1024—1025 页。

② 广西壮族自治区编辑组编：《广西少数民族地区碑刻、契约资料集》，广西民族出版社 1987 年版，第 225 页。该碑存靖西县武平乡立录村，李明辉收集提供。

③ （清）林则徐等修、李希玲纂：《广南府志》，卷 2，风俗，页 3—4，清光绪三十一年重抄本，台北成文出版社 1967 年版，第 48—49 页。中国方志丛书第 27 号。

④ （清）谢圣纶辑：《滇黔志略》，古水继点校，贵州人民出版社 2008 年版，第 73—74 页。

更，使其向有利合理的方向转变。湖南省江华瑶族自治县立于道光十三年（1833年）的《治瑶胪列六条》第三条规定："严禁巧占树山，以保山利也。查瑶山之不能开垦荒场，系种植杉木、松、桐茶等树，卖与民人抵偿贷债。议明年限砍伐，及至砍伐之时，内有滋生小树，名为脚树，向归买主管业，瑶不得过问。及至脚树长成，砍伐之时，又有脚树，仍归买主管禁。脚脚相生，借以巧占山场，殊属狡诈之尤。应令地方官出示晓谕，嗣后民人承买瑶山树木，至远近之期，以二十五年为限，只准砍伐一次，即将契据涂销，山场付还原主，以免瑶累。"[①] 这一关于"脚树"的惯例既不利于生态保护，也侵害了瑶族群众的利益，但地方官员并没有将其直接废除了事，而是作出了变通和限制性解释，将其转变为既保护生态又符合双方利益的条规。这些做法对我们今天在民族地区的司法实践中应否及如何适用习惯提供了很好的范例，习惯与法律的融合可以通过多元的、柔性化的方式完成。只有这样，法律才能在少数民族社会找到立足点、渗入点，并进而利用其中有效的资源。

五、限制苗疆政府人员对森林资源的需索

在清代苗疆的碑刻文献中，还有一类数量庞大的"禁革碑"，其主要内容是禁止官府和驻扎兵弁向当地群众摊派各种人力、财力、物力。苗疆自然资源丰富，物产独特，往往导致一些贪官污吏对群众残酷榨取："今之瑶僮与汉人无异，所不同者，饮食、言语、衣服耳。其蛮长已世其州县长官之秩，衣租食税意自足无他求也。所患者，豪强之吞并，贪吏之诛求耳。"[②] 为此，许多地方官员不得不颁示禁革事宜，明确规定不得向群众科索生态资源，尤其是林木资源，以减免群众的生态负担，从而间接地保护了环境。

对森林资源摊派的禁革，主要体现在"禁革碑文"中的"竹木""木植""薪米""柴薪""柴炭""柴草""柴火""茶竹""木料"等项。禁止官府对这些物资的勒索与摊派，是保护森林资源的重要方面。

---

① 黄钰辑点：《瑶族石刻录》，云南民族出版社1993年版，第65—67页。

② （清）李文琰总修：（乾隆）《庆远府志》，卷9，艺文志上，页27，故宫珍本丛刊第196册，海南出版社2001年版，第303页。

早在苗疆刚刚平复的康熙、雍正时期，苗疆地方官员就在各地发布了多份严禁摊派林木资源的禁革令。康熙《上林县志》记载的一份壬午年（1702年）十一月二十五日具详摄府焦发布的《详革派团积弊文》中明确规定："禁革供应薪米、蔬菜、马草等费。"[①]《广西通志》载："潘明祚：山东进士，康熙四十一年藤县知县。县旧例……有供应柴炭、查封民船、挨点户册、取办祭品以及蛋户鱼税、民夫帮钱种种苛累。明祚至，悉禁革之，民困以苏。"[②] 雍正《平乐府志》载平乐府知府胡醇仁发布的《永安陋规议》规定："永安衙门应用柴炭，向系派累里民，并新官到任里下预备执事什物，俱经调任吴牧通详禁革，现在勒石永禁，应严饬州牧永行遵守。"[③] 广西恭城县加会乡白羊老村立于雍正十二年（1734年）的《奉旨优免碑记》规定："恭城县正堂□恳一视同仁，赏给印照，豁免柴薪等项……然而柴薪等项，蒙发现价，并无科取，每月离送□□□□□□□衙砍□来保□送□孙优民，有力粮户之家，例不能及……嗣后应送柴□□□□□□，倘有无知棍役，借事滋扰，仍行派取，□许□□头人执照呈明，以□□□□□□□□照者。"[④]

乾隆年间，苗疆的官衙、兵署、防卫数量增多，对百姓的压榨也开始加强，这一时期发布的禁革摊派林木地方法令数量较多、范围也较广。乾隆六年（1741年）贵州总督张广泗会同湖北、广西督、抚议定楚、粤两省苗疆善后事宜，其中"禁滋扰"条规定："各署中需用薪米等物，非抑价强买，即分厘不给，致苗人吞声，酿成大衅，应禁绝诸弊。"从之。[⑤] 乾隆七年六月乙卯谕："朕闻得粤西地方……分防塘汛之兵丁，每驱使近村民人，薙草取水……此种弊端，系朕得之风闻者，该省督、抚、提、镇皆当加意访察，共同整刷，以除积习，毋得视为具文。他省或似此者，封

---

① （清）张郜振、杨齐敬纂修：（康熙）《上林县志》，卷下，土风，页43，故宫珍本丛刊第195册，海南出版社2001年版，第37页。

② （清）谢启昆、胡虔纂：《广西通志》，卷253，宦绩录十三·国朝，广西师范大学历史系、中国历史文献研究室点校，广西人民出版社1988年版，第6430页。注引自《金志》。

③ （清）胡醇仁重修：（雍正）《平乐府志》，卷19，艺文，页32，故宫珍本丛刊第200册，海南出版社2001年版，第588页。

④ 黄钰辑点：《瑶族石刻录》，云南民族出版社1993年版，第14—15页。

⑤ 《清高宗实录》，卷139，页14，《清实录》（第十册），《高宗实录二》，中华书局1985年版，第1003页。

疆大吏亦应一体留心办理。"从之。[①] 乾隆十一年上谕，广东琼州府属牛薪等项税银内有无着者，着加恩永行豁免。[②] 广西大新县太平公社安平大队，即旧安平土州治所境内立于乾隆十二年的《安平土州永定规例碑》规定："八化折柴炭银永革。"[③]《铜仁府志》记载的乾隆二十七年所立《禁革碑文》规定："各属文武官役家人乡保里长土司土目人等或借供应各名色派取猪、鹅、鸡、鸭、柴炭等项，一概永远禁革，如有不肖书差仍敢指十派百，折收肥己者，尽法究处。各属从前派令民苗裱糊公馆、监墙、盖茨或需用木植或修理旗杆需用麻斤等项，悉行禁革，嗣后务照市价平买，违则定行严参。"[④] 乾隆《续增城步县志》所载湖南巡抚阿思哈尼所发《严禁派买教文》规定："米粮、绸缎、竹木、茶酒、鱼肉、柴炭之类，不给一文，先行取用，责令当值行户送入，既送后屡月经年，始行给价，仍是短亏。……自示之后，务宜尽改，前款一切购买，以官势压雇，一经察实，定即严参重究，决不姑宽，受害行匠饭店人等亦许据实呈控，以凭查明，分别究惩。"[⑤] 广西大新县全茗公社立于乾隆五十一年的《茗盈土州奉批详定应办额规款项碑》也有相同记载，还规定"免官钱官柴"，"免本州取勒竹、青竹、桂竹、金竹"。[⑥] 龙胜泗水乡周家村白面寨立于乾隆五十七年的《奉府示禁碑》也公布了官府的规定："各衙门采买米粮柴炭，茶叶鸡鸭、猪羊鱼肉菜等物，均应在城市圩场，照实价公平采买"，"修理衙署监仓，所用竹木料物砖瓦片，均应照实价向圩市公平采买，毋得派累乡民"。[⑦] 这些禁革事宜大大降低了对当地自然资源的破坏程度。

一些禁革碑还显示，当群众不堪重负控告到官府时，地方官员往往能

---

① 《清高宗实录》，卷169，页20—21，《清实录》（第十一册），《高宗实录三》，中华书局1985年版，第150页。

② 《清会典事例》第四册，卷268，户部117・蠲恤・免科，中华书局1991年版，第53页。

③ 广西民族研究所编：《广西少数民族地区石刻碑文集》，广西人民出版社1982年版，第19页。

④ （清）敬文等修、徐如澍纂：《铜仁府志》，卷9，艺文・碑记，页86上，道光四年成书，贵州省图书馆据该馆、中国科学院南京地理研究所、南京图书馆藏本1965年复制，桂林图书馆藏。

⑤ （清）贾构修、易文炳、向宗乾纂：（乾隆）《续增城步县志》，附石牍，页139—140，书目文献出版社1992年版，第421—422页。日本藏中国罕见地方志丛刊。

⑥ 广西民族研究所编：《广西少数民族地区石刻碑文集》，广西人民出版社1982年版，第26—27页。

⑦ 黄钰辑点：《瑶族石刻录》，云南民族出版社1983年版，第32—33页。

体谅群众的疾苦，站在群众的立场上考虑，判决豁免生态赋税义务。乾隆《续增城步县志》载湖南宝庆府城步县县丞曾天用所发《禁派柴草》规定："县需柴薪一项，旧例在市现买，自吴逆蹂躏，遂有采买之弊，差役坐落团保，团保分派各烟，读书无力之士，寡妇老羸之家，俱有肩运之苦，其远隔四五十里者，一限柴薪，荒误农工……卑职察知情弊，到邑即大书告示，遍贴城市乡村以及苗瑶峒寨，县署所需柴薪先发足色时价，令朴诚殷实承充买办，务于县前陆续现买应用，如有不照时价及扣落入己更换银色者，许即认识扭禀以凭大法惩处。禁止催差下乡采买鱼肉穷民，行未一月民苗称便，又恐后来更张，因连名呈请详伏恳宪台赏电舆情严批下县，永勒诸石以除钴弊。"[①] 广西兴安县华江瑶族乡立于乾隆四十三年的《永禁官差勒索茶笋竹木等项碑》记载："（瑶）民等住居兴邑西隅，山多田少，惟赖茶、笋、竹、木各项，上供国课，下资衣食。近因采买山货，夫差繁重不已。于本年二月内，居民刘定国、龚玉盛、周文杞等，合词由县控府豁免。""并饬嗣后采买茶竹各项，不得仍用官价名包，擅差下乡勒买，苦累小民，有干功令。"地方官在严禁官差勒索茶笋竹木等项并立碑示谕后，感叹道："山区瘠苦，陋弊日滋，荷蒙陈藩宪洞烛民隐，严批查禁，更荷。"[②] 广西龙胜各族自治县平等乡广南旧城址立于乾隆四十四年的《禁革碑文》记载，当地苗瑶"赴府具控广南汛千把外委兵兵丁食鸡鸭鱼物、柴火马草、围圆竹签，均令广南、庖田两村族用输供"，主管官员作出判决："嗣后毋许砍伐民间山场竹木，以及派累苗瑶。"[③]

清中期以后，苗疆官员也发布了一些零星禁革摊派林木令，如嘉庆二年（1797 年）十月《两广总督觉罗吉禁革陋弊告文（录碑文）》规定，"有盖造房屋及红白事件，辄派良民馈送木料、布匹、银谷等物"，规定"保正把事盖造房屋，每向村民索取物料，今永远禁革，违者从重究办"，"衙门需用马草、豆料及造马房圈马等项目，应官为发价采买盖造，毋许勒派乡民，如违者严究"。[④] 云南省立于道光六年（1826 年）的《禁汛卡

① （清）贾构修、易文炳、向宗乾纂：（乾隆）《续增城步县志》，附石牍，页 147—149，书目文献出版社 1992 年版，第 425—426 页。日本藏中国罕见地方志丛刊。

② 黄钰辑点：《瑶族石刻录》，云南民族出版社 1983 年版，第 26—28 页。

③ 黄钰辑点：《瑶族石刻录》，云南民族出版社 1983 年版，第 29 页。

④ 黄旭初修、岑启沃纂：《田西县志》，第四编，页 211—212，台北成文出版社 1975 年版，第 243—244 页。中国方志丛书第 199 号。

弁兵勒收杉板捐碑记》记载了开化镇标中衙总府发布的一篇禁止汛弁兵丁向民众勒索杉木的禁令。当地民众举报汛弁兵丁有勒收杉板钱文一事，虽然主管部门“密差确查，实无勒收之事”，但认为“不可不防”，因此下令：“嗣后遇有杉板经过，不许阻挠。”[①] 道光二十三年广西贺县韦归顺州正堂《革弊端以扶正供事碑》规定：“下乡稽征差役饭食各项，均应自行捐给，一草一木并不得丝毫扰累民间。”[②] 贵州省锦屏县新民乡新民村立于光绪五年（1879 年）的《永垂不朽》禁革碑，记载了黎平府正堂西林巴图鲁世袭云骑都尉邓禁革官府向当地少数民族摊派“柴灰”“原木”等项的规定：“查本署所需茶油、牛烛、柴灰、肉菜、原木、器具等项，闻向例或由行户俱应，或转司寨采取，或令书差承办，奉于官者十之一，取于民者十之九……自示之后，如有本署差役及不肖之徒假冒名色，或假造票据，胆敢下乡婪（勒）索撞骗，准该团甲人等捆送来辕，以凭严究。”[③] 这些禁革需索令对遏制清末因社会动荡不安及政府黑暗而造成的对苗疆森林资源的破坏起了至关重要的作用。

---

① 云南省麻栗坡县地方志编纂委员会编：《麻栗坡县志》，云南民族出版社 2000 年版，第 1109 页。

② 玉昆山纂：《信都县志》，台北成文出版社 1967 年版，第 303 页，中国方志丛书第 132 号。民国二十五年刊本。

③ 黔东南苗族侗族自治州地方志编纂委员会编：《黔东南苗族侗族自治州志·文物志》，贵州人民出版社 1992 年版，第 92 页。

第四章 清政府对苗疆矿产资源的保护

第一节 清代以前政府对苗疆矿产资源的开发

一、明代以前西南地区的矿产贡赋

苗疆所在的西南地区，自古以来就是我国矿产资源蕴藏最为丰富的地区之一。历代的典籍均记载这一地区盛产金、银、铜、铁、锡、铅、汞、丹（朱）砂等矿藏。《史记·货殖列传》载："巴蜀亦沃野，地饶卮、姜、丹沙、石、铜、铁、竹、木之器……豫章出黄金，长沙出连、锡。"[①]《汉书·货殖列传》多处记载西南地区的开矿史实："巴寡妇清，其先得丹穴，而擅其利数世，家亦不訾"，"蜀卓氏之先，赵人也，用铁冶富"。[②]《后汉书·西南夷传·哀牢夷》载："出铜、铁、铅、锡、金、银、光珠、琥珀、水精、瑠璃……"[③] 刘渊林注西晋《蜀都赋》曰："永昌有水出金，

---

① （汉）司马迁撰：《史记》，卷129，列传69，中华书局1959年版，第十册，第3261—3268页。

② （汉）班固撰：《汉书》，卷91，（唐）颜师古注，中华书局1962年版，第十一册，第3686—3690页。

③ （宋）范晔撰：《后汉书》，卷86，列传9·西南夷列传·哀牢夷，（唐）李贤等注，中华书局1973年版，第十册，第2849页。

如糠在沙中，兴古盘町山出银。”[①] 明《广志绎》载：“贵州土产则水银、辰砂、雄黄，人工所成，则缉皮为器，饰以丹朱，大者箱柜，小者筐匣，足令苏、杭却步。雄黄一颗重十余两者佩之宜男，土官中有为盘为屏以镇宅舍者。砂生有底如白玉，台名砂床，箭头为上，墙壁次之”，“滇产如铜、锡，斤止值钱三十文，外省乃二、三倍其值者”。[②] 《续黔书》载：“银有十七种，美者有黄银，出蜀中，其天生牙状，如乳丝。”[③] 《西江情形》载：“中国西南诸省，如广西云南贵州等处，矿苗极富，五金皆备。”[④]

如此丰富的矿藏，也引来了历代统治者对这一地区的征赋。“滇黔在西南隅，金火之气最盛，禹时银镂之贡宜矣。所以历来泉府皆取足于此。”[⑤] 早在夏代，西南地区就需向中央缴纳名目繁多的矿产贡赋。《尚书·禹贡》载，“华阳、黑水惟梁州……厥贡璆、铁、银、镂、砮磬”[⑥] 等等。随着中央政权对西南地区的渗透，西南地区矿产贡赋的品种和数量也日益增多。“广西、云南、贵州产黄金、白金、赤金、锡、铅、铁、水银、丹砂、雄黄，皆招商试采，矿旺则开，竭则闭，赋入视出产之多寡，岁无常数。”[⑦] “贵州多产水银、朱砂、雄黄、金银、铜铅，以备国家之用。”[⑧] 《遵义府志》引《唐书·地理志》《元和郡县志》等书，记述了唐代中央政府通过贡赋制度对西南地区石蜡、丹砂等矿产资源的征收：“播州土贡斑竹（唐书地理志），元和贡蜡二十斤（元和郡县志），珍州开元贡蜡，溱州土贡文龟、斑布、丹砂（唐书地理志），开元贡茄子、楮皮布、宁

---

① （清）袁嘉谷修：《滇绎》，卷 1，页 21，清癸亥年成书，昆明王燦民国十二年排印，桂林图书馆藏。

② （明）王士性：《广志绎》，中华书局 1981 年版，第 134、121 页。

③ （清）张澍：《续黔书》，卷 1，页 11 上、下，台北成文出版社 1967 年版，第 37—38 页。中国方志丛书第 160 号。

④ 厥名：《西江情形》，载王锡祺编录《小方壶斋舆地丛钞三补编》（下），第七帙，第十一辑，辽海出版社 2005 年版，第 556 页。

⑤ （清）王粤麟主修，曹维祺、曹达纂修：（乾隆）《普安州志》，卷 24，物产，页 4，故宫珍本丛刊第 223 册，海南出版社 2001 年版，第 185 页。

⑥ 《尚书·禹贡》，见陈成国校注《尚书校注》，岳麓书社 2004 年版，第 27 页。

⑦ （清）谢启昆、胡虔纂：《广西通志》，卷 161，经政略十一·榷税，广西师范大学历史系、中国历史文献研究室点校，广西人民出版社 1988 年版，第 4500—4501 页。注引自《会典》。

⑧ （清）蔡宗建主修，龚传绅、尹大璋纂辑：（乾隆）《镇远府志》，卷 16，物产，页 1，故宫珍本丛刊第 224 册，海南出版社 2001 年版，第 345 页。

布、黄蜡。元和贡蜡四十斤（元和郡县志），夷州土贡犀角、蜡烛（唐书地理志）。”[①]

宋、元时期中央政府对西南地区的矿产征赋无论在范围还是数量上都有所增加。“唐志载溱州土贡丹砂而采冶无闻焉。宋坑冶在川湖者数十所，元岁课朱砂、水银于四川思州，铅锡于湖广靖州。”[②]《宋史·蛮夷列传》有多处西南少数民族进贡矿产资源的记载：开宝九年（976年）“奖州刺史田处达以丹砂、石英来贡”，咸平三年（1000年）“上溪州刺史彭文庆来贡水银、黄蜡”，天禧二年（1018年）“富州刺史向通汉率所部来朝，贡名马、丹砂、银装剑槊、兜（鍪）、彩牌等物”。[③]嘉靖《南宁府志》记载宋代中央政府对广西南宁地区金银矿的征收范围和数量已远远超过唐代：“南宁府唐贞观八年有金银坑户一千八百九十二口七千三百令，是年横州贡金银户一千七百七十八口八千三百四十二。宋开宝五年横州贡银县二：宁浦、永定。元丰间贡银县三：宜伦、昌化、感恩……宝祐元年贡银县二：宣化、武绿。熙宁十年商税岁额五千贯以下邕一务，十二年邕江右镇乃峒得金计钱二十五万。”[④]乾隆《庆远府志》记载了宋代对广西银、朱砂矿的掠夺：“宋建炎三年，诏福建、广南，自崇宁以来岁买上供银数浩大，民力不堪，岁减三分之一。四年，罢宜州岁市朱砂二万两。”[⑤]南宋乾道年间，廖颙《上供银表》反映了当时的统治者对广东连州地区银矿的疯狂采掘以及民众不堪银赋的惨状：“窃惟广东不便于民者，莫大于每岁买发上供银。一路十四州之中，上供银额最重者，五州曰韶、曰连、曰惠、曰英、曰南雄。盖以大观间，五州境内各有银坑发泄，银价低少，每两只六百或七百文，易于买纳，所以分得银额最重。后来银坑停废，又累经盗贼残扰，价增数行，每两至三贯。陌绍兴前，诸州并无

---

① （清）黄乐之等修：《遵义府志》，卷13，赋税，页1上—2上，道光二十三年修，刻本，桂林图书馆藏。

② （清）黄乐之等修：《遵义府志》，卷19，坑冶，页1上，道光二十三年修，刻本，桂林图书馆藏。

③ （元）脱脱等撰：《宋史》，卷493，列传第252·蛮夷一，中华书局1977年版，第四十册，第14173、14174、14177页。

④ （明）方瑜纂辑：（嘉靖）《南宁府志》，卷3，贡赋，日本藏中国罕见地方志丛刊，书目文献出版社1991年版，第380页。

⑤ （清）李文琰总修：（乾隆）《庆远府志》，卷3，税课，页46，故宫珍本丛刊第196册，海南出版社2001年版，第182页。

银本钱，其他州岁计优裕，银价不多，官司自能买发，不及于民。惟此五州银额既多，岁计窘乏，不得已白科于民，细民凋瘵之余，极以为苦。”①

二、明政府对苗疆矿产资源的征收

与其他朝代相比，明代对苗疆矿产资源的征收是较多较重的，苗疆各处的矿产都被大量开采：“明矿冶在川、湖、云、贵者几于无处蔑有，然皆不及播。”② 明代苗疆的矿产税负曾经构成了历史上著名的“矿税之祸”。从文献的记载可以看出，当时对苗疆征收的矿产资源主要是金、银、宝石、黄蜡、水银、朱砂、炉甘石、硫磺、雄黄、铜、铁等，数量都较大，“年年下番哄诱宝石，月月设计欺骗金银”，③ “坑治之课，金银、铜铁、铅汞、朱砂、青绿，而金银矿最为民害”。④ 据《明史·食货志》记载，永乐间，“遣官湖广、贵州采办金银课，复遣中官、御史往核之”，“设贵州太平溪、交趾宣光镇金场局，葛容溪银场局，云南大理银冶”。⑤《广志绎》载：“滇中矿硐，自国初开采至今以代赋税之缺，未尝辍也。”⑥

自明初至明末，历代统治者逐步增加苗疆的矿产赋税。如英宗“下诏封坑穴，撤闸办官，民大苏息，而岁额未除。岁办，皆洪武旧额也。闸办者，永、宣所新增也”。天顺四年（1460年）命中官“罗珪之云南”，课额“云南十万两有奇，四川万三千有奇”，成化中，“开湖广金场，武陵等十二县凡二十一场，岁役民夫五十五万，死者无算，得金仅三十五两，于是复闭”。⑦《新纂云南通志》载：“银课之额亦始元代。

---

① （清）杨楚枝、谭有德重修：（乾隆）《连州志》，卷9，艺文·表，页25，故宫珍本丛刊第171册，海南出版社2001年版，第452页。

② （清）黄乐之等修：《遵义府志》，卷19，坑冶，页1上，道光二十三年修，刻本，桂林图书馆藏。

③《何孟春复永昌府治书（巡抚）》，见（明）顾炎武《天下郡国利病书》，卷32，云贵交趾，页37下，台湾商务印书馆1966年版，上海涵芬楼影印自昆山图书馆藏稿本，四部丛刊续编081册。

④ （清）张廷玉等撰：《明史》（第七册），卷81，志第57·食货五，中华书局1974年版，第1970页。

⑤ （清）张廷玉等撰：《明史》（第七册），卷81，志第57·食货五，中华书局1974年版，第1970页。

⑥ （明）王士性：《广志绎》，中华书局1981年版，第121页。

⑦ （清）张廷玉等撰：《明史》（第七册），卷81，志第57·食货五，中华书局1974年版，第1970—1971页。

当时产银之所，即威楚、大理、金齿、临安、元江，课银七百三十三锭。至明，每年征差发银八千九百九两五分，定为常例。”[①] 其中最为酷烈的时期是嘉靖、万历年间，“世宗以后，耗财之道广，府库匮竭。神宗乃加赋重征，矿税四出，移正供以实左藏”。[②] 明末顾炎武《天下郡国利病书》载，云南贡金“原无正额，嘉靖十三年始派解二千两，每年春夏办足色金一千两，价银六千三百六十三两，秋冬办成色金一千两，价银五千五百六十七两，俱于布政司济用库秋粮差发各项银内措处动买。万历二十二年奉旨每年加足色成色金三千两，共五千两”，[③] 后在云南历任抚臣的力谏下罢免。同年，云南巡抚陈用宝为偿还协借四川兵饷，“于山泽矿盐未尽之利，督令各官尽行开挖煎验，于旧额五万二千七百二十二两之外，增出三万八百八十三两，共计八万三千六百余两”。结果导致“滇南民力竭矣”。[④]《嘉靖思南府志》载：“国朝贡赋：黄蜡九百六十斤二两，水银一百九十斤八两。”[⑤] 万历《贵州通志》载：“（贵州省会）贡额一年一贡，朱砂共三十三斤，水银共四百四十四斤，黄蜡共二千九百一十斤。”[⑥]《浪迹丛谈》曰：“贵州有葛溪银场，云南（有）大理银冶，万历间岁有进矿税银三百余万两。”[⑦] 直至明末，各种矿赋仍然有增无减。乾隆《阳山县志》载：“炉甘石：明初每岁有甘石课银一百两，后革，然考彭宪安去思碑，犹有甘矿开采之文，则此课崇祯初犹在也。”[⑧] 嘉靖《南宁府志》详细记载了南宁地区及其各个属县的矿产资源贡赋数额，见表 4 - 1。

---

① 周钟岳等：《新纂云南通志》，卷 145，矿业考 1，页 2，见中国人民大学清史研究所、档案系中国政治制度史教研室合编《清代的矿业》（下册），中华书局 1983 年版，第 582 页。

② （清）张廷玉等撰：《明史》（第七册），卷 77，志地 53 · 食货志一，中华书局 1974 年版，第 1877 页。

③ （明）顾炎武：《天下郡国利病书》（十二），卷 31，云贵，页 20 上，台湾商务印书馆 1966 年版，上海涵芬楼影印自昆山图书馆藏稿本，四部丛刊续编 081 册。

④ 《陈用宝陈言开采疏（巡抚）》，《天下郡国利病书》（十二），卷 32，云贵交趾，页 46 上，台湾商务印书馆 1966 年版，上海涵芬楼影印自昆山图书馆藏稿本，四部丛刊续编 081 册。

⑤ （明）钟添等修：《嘉靖思南府志》，卷 3，贡赋，第 2 页上，明嘉靖间成书，上海古籍书店据宁波天一阁藏明嘉靖刻本 1962 年影印，桂林图书馆藏。

⑥ （明）王耒贤、许一德纂修：（万历）《贵州通志》，卷 1，民赋，页 12，书目文献出版社 1991 年版，第 22 页。日本藏中国罕见地方志丛刊。

⑦ （清）梁章钜撰：《浪迹丛谈》，卷 5，中华书局 1997 年版，第 71 页。

⑧ （清）万光谦重修：（乾隆）《阳山县志》，卷 6，矿冶，页 21，故宫珍本丛刊第 171 册，海南出版社 2001 年版，第 165 页。

表 4－1　明代嘉靖时期南宁地区的矿产资源贡赋数额一览

品种 地区	硫磺	雄黄	熟铁	生铜
南宁府	一十斤	四十斤	二千三百八十斤一两五钱八分	五十五斤
	共该银四十一两四钱二分			
宣化县			三百六十七斤八两五钱	一十四斤
横　州			一千二百七十二斤五两六钱八分	一十五斤
武禄县			二百八十七斤一十四两五钱	一十三斤
隆安县	一斤一两六钱	四斤七两		
来淳县			四百五十三斤五两一钱二分	一十三斤

资料来源：（明）方瑜纂辑：（嘉靖）《南宁府志》，卷 3 · 贡赋，日本藏中国罕见地方志丛刊，书目文献出版社 1991 年版，第 380—382 页。

苗疆的许多特有矿产如大理石，也成为明政府主要的征收对象。朝廷不仅对大理石的数量有规定，而且对尺寸、长宽都有严格的定制和要求，而依当时的交通条件，把沉重巨大的大理石从地形崎岖、舟车不通的云南运送到京城，其艰难程度可想而知，因此开采运送大理屏石成为云南人民的一项沉重负担："屏石奉勘合尺寸，于大理苍山采进。六七尺者，采挖运解俱艰，议照先年以五尺以下折算充数，然物重途远，即太平犹难，况今日乎？"[①] 嘉靖时期云南巡抚蒋宗鲁的《奏罢屏石疏》叙述了朝廷征收云南大理石的情况：

> 臣准工部咨照依御用监题奉钦，依事理依式照数采取大理石五十块，见方七尺五块，六尺五块，五尺十块，四尺十五块，三尺十五块等。因案行金沧道，分委大理卫太和县督匠采取，据耆民段嘉琏等告称：嘉靖十八、九年，会奉勘合取大屏石难寻，崖险坠伤人众。及至大路，行未百里，大半损缺，众复采补，沿途丢弃所解石块。二年外方得到京，至三十七年，取石六块，见方三尺五寸，自本年六月至十一月始运至普淜小孤山，因重丢弃在彼。且自大理至小孤山止，有三百余里，自六月以半年行三百里，未免有违定限，徒劳无功，乞转达奏请量减数目尺寸等因。又据石匠杨景时等告称，原降尺寸高大石料

① （明）顾炎武：《天下郡国利病书》（十二），卷 31，云贵，页 20 下，台湾商务印书馆 1966 年版，上海涵芬楼影印自昆山图书馆藏稿本，四部丛刊续编 081 册。

> 难寻，且产于万丈悬崖，难以措手，纵使采获，势难扛运等因，俱批行布政司会议为照，云南地方，僻在万里，舟楫不通，与中州平坦不相同，先年采取三尺石，自苍山至沙桥驿，陆运抵五程，劳费逾四月，供给不前，所遇骚扰，军民啼泣。令复取六七尺者，其难十倍，况值上年兵荒，民遭饥窘，流离困苦，实不堪命，应请量减尺寸，通详巡抚蒋宗鲁、巡按孙用，会题议照锡贡方物。为臣子者，均当效忠民瘼艰难，凡守土者，尤宜审度。前项屏石，臣等奉命以来，催督该道有司，亲宿山场遵式取进匠作，耆民人等俱称产石处所，山洞坍塞，崖壁悬陡，三四尺者设法可获，其五六尺者，体质高厚，势难采运，且道路距京万有余里，峻岭陡箐，石嶝穿云，盘旋崎岖，百步九折，竖抬则石高而人低，横抬则路窄而石大，难有良策，委无所施令。大理抵省仅十三程，尚不能运至，何由得达于京师，是以官为忧慌，计无所出，议将采获三尺四尺者先行进用，五尺者，一面设法采取，六七尺者或准停免以苏民艰，实出于军民迫切之至情，万非得已，冒罪上闻。①

特别需要指出的是，明代的宦官专权干政与“厂卫之祸”也影响到了明代的矿政。皇帝为了更为方便和直接地掠夺矿产资源，往往指派自己的亲信内侍和太监到苗疆采办矿产，“前明中使借采金采宝并以虐滇，往往至于兆乱，亦可以鉴也”。②《浪迹丛谈》曰：“今人无不言开矿有害者，大都鉴于前明之用宦官监收矿税耳。”③ 这些内监打着钦差的旗号，到地方后颐指气使，飞扬跋扈，大肆掠夺矿藏，地方官员只能执行他们的命令，不得有丝毫的怠慢和抗议。“历考载籍，云南之厂肇自明时，管理者为镇守太监，其贴差小阉皆分行知厂，今迤西南北衙厂，尚其遗也。初亦不立课额，以渐增至三万有余。逮硐老山空，矿脉全断，凶阉以此课款，迫令摊于民田，厂俱封闭。”④ 乾隆《庆远府志》载：“明永乐十五年有

---

① （清）黄元治、张泰豪纂修：（乾隆）《大理府志》，卷29，艺文上，页38—40，故宫珍本丛刊第230册，海南出版社2001年版，第322—323页。

② （清）师范辑：《滇系》，卷4之1，赋产系，页33，见中国人民大学清史研究所、档案系中国政治制度史教研室合编《清代的矿业》（下册），中华书局1983年版，第554页。

③ （清）梁章钜撰：《浪迹丛谈》，卷5，中华书局1997年版，第71页。

④ （清）倪蜕：《复当事论厂务书》，载（清）师范辑《滇系》，卷2之1，职官系，页74—76，云南通志局清光绪丁亥十三年刻本。

言，广西南丹州孟英山矿发者，命内臣开采，岁余得金九十六两，旋变为锡乃止。”[①] 明末顾炎武《天下郡国利病书》载，云南宝石原非额赋，“万历二十七年专敕太监开采”。[②] 万历《铜仁府志》载：“朱砂水银坑场，上命内监刘福、关显忠领开采，以御史陈斌监之，设税课大使一员往来收采，实不知额场丁赔累。”[③] 万历时期编纂的《黔记》载《黔中杂诗》也描述内使到当地频繁采矿的情形：“客货青铅兼白锡，珍奇石绿与丹砂。君王莫据图经看，搜采重劳内使车。”[④] 如有官员敢于出面进谏阻拦开矿，就会遭受弹劾降调甚至罢免。乾隆《玉屏县志》载《郑龙山父母阻矿去思碑》曰：“按靳州志载，郑梦祯，万历中知靳州，时太监陈奉开采银矿，梦祯极言不便，奉劾梦祯降调。”[⑤] 成化时期四川按察使罗安所奏的《谏采玉疏》反映了太监到四川泸州地区勒令地方官采买白玉给当地带来的扰累：

> 伏查十一年五月十八日，有四川布政司承差杨应广齐执纸牌一道，赴臣司内，开四川承宣布政司使为进用事案照：近据本司承差杨应广齐执钦差镇守四川并行都司地方司设监太监房懋揭帖到司内开：近访得泸州小市厢商贾处有白玉四块，大一块重四十斤，一块重三十五斤，次一块重二十六斤，又次一块重二十斤。布政司差人前去着落本府掌印官根要解送，前来办验估价给领，毋容本府推故稽查，有误进用等因，奉此查照先抄奉钦差镇守四川并行都司地方司设监太监房懋。钦差巡抚四川地方兼提督松潘军务都察院右副都御史通行遵依，寻访及行催去后，今照前因，诚恐本州官视为泛常误事，未便或再差人守催，为此差本役前去仰泸州官吏，抄牌查照原行并今牌内事理，即将本州

① （清）李文琰总修：（乾隆）《庆远府志》，卷3，税课，页47，故宫珍本丛刊第196册，海南出版社2001年版，第183页。

② （明）顾炎武：《天下郡国利病书》（十二），卷31，云贵，页20上，台湾商务印书馆1966年版，上海涵芬楼影印自昆山图书馆藏稿本，四部丛刊续编081册。

③ （明）陈以跃纂修：（万历）《铜仁府志》，卷3，物产，页15—16，书目文献出版社1992年版，第147页。日本藏中国罕见地方志丛刊。

④ （明）郭子章撰：《黔记》，卷59，诸夷，页15，明万历三十六年撰，贵州省图书馆据上海图书馆、南京图书馆、贵州省博物馆藏本1965年复制，桂林图书馆藏。

⑤ （清）赵沁修、田榕纂：《玉屏县志》，卷10上，艺文·记，页53上、下，乾隆二十年撰，贵州省图书馆据本馆及北京图书馆藏本1965年复制，桂林图书馆藏。

> 小市厢商贾处有前项白玉，务要用心访取到官，着令识玉人办验堪中，估计明白，同玉主、差人与同差来人役一并星夜随牌伴送赴司，以凭转报，交给官钱收买施行，毋容推故，致误进用，自取罪戾以不便等。……且如泸州商贾，多是邻县富顺、永川、荣昌等处小民，往来贸易，无非布帛米谷松锡之类，去岁荒歉，民多缺食，今年又旱，米价翔贵，臣忧心如焚，虑或饥馑洊臻，盗贼滋炽，以致地方不靖，今又采收玉石，于民臣反复思之，必以为玉石微物，取之未至□人害也。[①]

明代对苗疆矿产资源的征收给这一地区少数民族人民带来了深重的灾难，康熙《鹤庆府志》记载的《张公革北衙陋规记》描述了明神宗万历时期当地官民疲于应付矿产贡赋的悲惨情形："北衙于鹤，利恒什三，害恒什七，盖矿硐盛衰相倚伏而课额无增减。其盛也，恒足以敷额，其衰也，重为取盈困矣。当神宗朝，榷使四出课数，倍当额而矿产日微，问诸炉，炉无以应，问诸鹤吏，亦无以应。于是行税亩法，举郡隶编户中，税粮若干石，派课若干金。鹤土瘠生稀，县官惟正供且虞不给，何以代北衙复重之课役办纳？富人驿骚罔宁宇而穷檐无以聊生。"[②]《广志绎》记载了滇中地区官员对当地琥珀、宝石资源的榨取："琥珀、宝石旧出猛广井中，今宝井为缅所得，滇人采取为难，而入滇者必欲得之，大为永昌之累。余在滇中闻其前两职皆取琥珀为茶盏，动辄数十，永民疲于应命，可恨也。"[③] 崇祯时期蒋克达上陈《轻徭薄赋疏》描述了云南普安百姓应付包括硝黄矿在内的各种苛捐杂税的困境："正供且有瘠田，水旱卖耕牛鬻妻子以完官者，兼以差役繁难，一人之身，运硝黄，运花布、柴炭、马草，输蹄络绎，昼夜不休，其苦更非笔舌所能罄况。"[④] 乾隆《镇远府志》指出，正是明代沉重的贡赋制度，耗尽了这一著名边城的生机："镇郡自宋元以前，未列版图，至明厥制，屡更徭役，未改籍，斯土者既累于贡递，又残

① （清）高自立、蔡如杞主修：（乾隆）《益阳县志》，卷20，艺文·疏三，页9，故宫珍本丛刊第164册，海南出版社2001年版，第386页。

② （清）邹启孟纂修：（康熙）《鹤庆府志》，卷26，艺文，页28，故宫珍本丛刊第232册，海南出版社2001年版，第256页。

③ （明）王士性：《广志绎》，中华书局1981年版，第125页。

④ （清）王粤麟主修，曹维祺、曹达纂修：（乾隆）《普安州志》，卷26，艺文，页28，故宫珍本丛刊第223册，海南出版社2001年版，第203页。

于苗逆，民之生气已亡矣。”[①] 明代甚至允许苗疆百姓用矿产品代替田租，这加重了对苗疆矿产资源的掠夺。而统治者对矿产的需求无度，也激发了民间不法之徒对矿产的疯狂破坏与盗卖，造成了社会秩序的混乱：“万历四十八（七）年（1619年），例坪源盗矿者以千计，为寇掠害居民。”[②]

明政府对苗疆矿产资源的开采和征收，不仅给百姓带来了苦难，也对当地的生态环境造成了较大的破坏，“凿穴椎岩，万死一生，砂脉渐微，悬课益逋”。[③] 最重要的是，矿税之祸不仅没有给明政府带来巨额财富，反而使其国力衰竭，加速了灭亡。“矿税之祸烈于明季，国之富源，为国者不知奖率而反朘削之，明之国脉几何不随之以倾乎？自是以来，地禁开采，人畏采山，银漏于海通而补苴无术，货藏于深秘而望洋徒嗟甚矣。”[④] 由此可见，以掠夺资源和破坏生态环境为代价发展经济是完全不足取的，明代给了后世一个深刻的教训。“自朱明以矿税病民，后世垂为大戒。”[⑤]

第二节　清政府限制在苗疆开矿的政策

一、清初政府限制在苗疆开矿的政策

1. 指导思想

（1）与民休养生息

自清初开始，清代统治者吸取明亡的教训，对苗疆的矿产资源开采一

---

① （清）蔡宗建主修，龚传绅、尹大璋纂辑：（乾隆）《镇远府志》，卷13，户口，页1，故宫珍本丛刊第224册，海南出版社2001年版，第339页。

② 黄钰辑点：《瑶族石刻录》，云南民族出版社1993年版，第381页。《王行化墓碑》，明代崇祯三年刻，原存广西恭城县西岭瑶族乡，为扬溪瑶族九世祖。1984年9月采集。

③ （明）顾炎武：《天下郡国利病书》（十二），卷31，云贵，页19上，台湾商务印书馆1966年版，上海涵芬楼影印自昆山图书馆藏稿本，四部丛刊续编081册。

④ 王左创修：《息烽县志》，食货志·矿业，页1上，民国二十九年成书，贵州省图书馆据息烽档案馆藏本1965年复制，桂林图书馆藏。

⑤ 宋绍锡纂修：《南笼续志》，卷25，经业志·矿业，页14上，民国十年稿本，贵州省安龙档案馆据1921年稿本1986年复制，桂林图书馆藏。

直采取十分谨慎和抑制的政策。"本朝惩前代矿税之害与矿徒之扰，每内外臣工奏请开采，中旨常慎重其事。虽或抽税以充铜铸，亦不设之专官，防滋扰也。"① 这当然与清初政府实行的与民休养生息政策有很大关系，但更重要的是，开采矿产资源，不仅会破坏苗疆少数民族赖以生存的生态环境，还给官吏巧取豪夺打开了方便之门，也给不法分子以可乘之机，从而引发了严重的民族矛盾和社会危机，给中央统治造成极大的威胁："清初鉴于明代竞言矿利，中使四出，暴敛病民，于是听民采取，输税于官，皆有常率。若有碍禁山风水，民田庐墓及聚众扰民，或岁歉谷踊，辄用封禁。"②

（2）开矿须无害于地方

在清代的法律体系中，开矿侵害最大的是田园、庐墓，只要有碍于二者，无论是何种矿产资源都不得开采。这一无害于地方的基本原则是清政府自始至终都坚持不渝的。以"仁厚"著称的康熙皇帝在这一点上更是三令五申，只要开矿"无益于地方"，一律禁止。康熙十八年（1679 年）覆准："如别州县越境采取，及衙役搅扰，皆照例治罪。有坟墓处，不许采取。倘有不便，督抚题明停止。"③ 康熙二十二年谕："开矿无益地方，嗣后有请开采者，均不准行。"④ 康熙四十三年再次上谕："闻开矿之事，甚无益于地方，嗣后有请开采者，悉不准行。"⑤ 康熙五十二年五月辛巳，大学士九卿等遵旨议覆开矿一事："除云南督抚雇本地人开矿及商人王纲明等于湖广山西地方各雇本地人开矿不议外，他省所有之矿，向未经开采者，仍严行禁止，其本地穷民现在开采者，姑免禁止。地方官查明姓名记册听其自开，若别省之人往开及本处殷实之民有霸占者即行重处。"上曰："有矿地方，初开时即行禁止乃可。"⑥

---

① （清）王庆云：《石渠余纪》，卷 5，纪矿政，北京古籍出版社 1985 年版，第 227 页。

② 赵尔巽等撰：《清史稿》，卷 124，志 99 · 食货五 · 矿政，中华书局 1976 年版，第十三册，第 3664 页。

③ 光绪《大清会典事例》，卷 247，户部 · 杂赋，见中国人民大学清史研究所、档案系中国政治制度史教研室合编《清代的矿业》（上册），中华书局 1983 年版，第 5 页。

④ 赵尔巽等撰：《清史稿》，卷 124，志 99 · 食货五 · 矿政，中华书局 1976 年版，第十三册，第 3664 页。

⑤ 《清会典事例》第三册，卷 243，户部 92 · 杂赋 · 金银矿课，中华书局 1991 年版，第 873 页。

⑥ 《清圣祖实录》，卷 255，页 3，《清实录》（第六册），《圣祖实录三》，中华书局 1985 年版，第 521 页。

（3）不可向苗疆需索“金异之物”

以康熙时期为例，政府对苗疆的矿产资源保持非常节制的态度。皇帝就曾多次告诫苗疆的政府官员，不可向苗疆索取“金异之物”。《清史稿》载，康熙二十五年（1686 年）正月甲戌，云贵总督蔡毓荣题“逆苗王腾龙等聚众劫掠，应行征剿”，但康熙认为苗民起义的真正原因是地方官员需索金银过甚所致：“苗蛮赋性朴实，不敢生事，止以地方该管官不克平情抚恤，反需索马匹金银，诛求无已，不能供应，遂生衅端耳。”[①] 他还指出所谓“派兵剿匪”不过是借口而已，掠夺苗疆矿产资源才是问题的根源：“盖因土司地方，所产金帛异物颇多，不肖之人，苛求剥削，苟不遂所欲，辄以为抗拒反叛，请兵清剿。”[②] 并严厉斥责苗疆的官吏残酷剥削苗疆矿产资源的行为：“近见云南、贵州、广西、四川、湖广等处督、抚、提、镇各官，不惟不善扶绥，更恣苛虐。利其土产珍奇资藏饶裕，辄图入己。悉索未遂，因之起衅。”[③] 可见，康熙对苗疆的开矿问题是有清醒认识和远见卓识的。

从文献记载来看，清初的官吏对自然资源的不可再生性及其与人类的关系有非常清醒的认识。他们已经初步具备了现代意义的可持续发展的理念。“顾金与水同性，其气行于地中者，流而不停。焉能汲而不竭，或先无而后有，或昔旺而今微，非可按籍而索也。”[④] 康熙《麻阳县志》认为：“夫天地之生财，不偶也。”[⑤] 康熙中期随云南巡抚甘国璧入滇为幕僚的倪蜕在《复当事论厂务书》中深刻揭示了开矿对生态环境造成的严重破坏：“煎炼之炉烟，萎黄菽豆，洗矿之溪水，削损田苗，此又民之害也。有矿之山，概无草木，开厂之处，例伐邻山，此又民之害也。”[⑥] 清初屈大均

① 《清圣祖实录》，卷 124，页 4，《清实录》（第五册），《圣祖实录二》，中华书局 1985 年版，第 313 页。

② 《清圣祖实录》，卷 124，页 14，《清实录》（第五册），《圣祖实录二》，中华书局 1985 年版，第 319 页。

③ 《清圣祖实录》，卷 124，页 18，《清实录》（第五册），《圣祖实录二》，中华书局 1985 年版，第 321 页。

④ （清）王庆云：《石渠余纪》，卷 5，纪矿政，北京古籍出版社 1985 年版，第 227 页。

⑤ （清）黄志璋纂修：（康熙）《麻阳县志》，卷 5，土产，页 20，书目文献出版社 1992 年版，第 83 页。日本藏中国罕见地方志丛刊。

⑥ （清）倪蜕：《复当事论厂务书》，载（清）师范辑《滇系》，卷 2 之 1，职官系，页 74—76，云南通志局清光绪丁亥十三年刻本。

编著的《广东新语》虽然对清政府颇多揭露与批判之语，但对清统治者禁止在广东开矿而保护了广东的生态环境却充满了赞美之辞：

> 禁凿石矿：广州动有石矿山，在港洲之下，虎门之上。高数十丈，广袤数百顷，其势自大庾而来，一路崇岗叠嶂以千数。如子母瓜瓞，累累相连。人村大者千家，小者数百，自广州治至茭塘。大岭凡数百余里，皆在瓜蔓之中，互相钩带，或远或近，或合或离，血脉一一相贯，以受地灵蜿蜒磅礴之气。山至虎门，则惊为大兽者五，以收海口而控下关。有一浮莲塔，上矗云霄，与赤冈、港洲二塔，东西相望，为牂牁大洋之捍门，南越封疆之华表。盖一郡风水之所系焉者也。比者奸徒盗石，群千数人于其中，日夜锤凿不息，下至三泉，中剖千穴，地脉为之中绝，山气为之不流。一峰之肌肤已剥，一洞之骨髓复穷，土衰火死，水泉渐焦，无以与云吐雨、滋润万物而发育人民。此愚公之徙太行而山神震惧，秦皇之穿马鞍而山鬼号哭者也。崇祯间，尝动有司之禁，所以为天南培植形势，其意良厚，今宜复行封禁，毋使山崩川竭，祸生炎沴，是吾桑梓之大幸也。[①]

2. 主要措施

在上述指导思想的推动下，康熙皇帝多次驳回了要求在苗疆开凿新矿的提议，以尽量不改变苗疆原有的矿产资源占有状况为务。康熙二十一年（1682 年）八月庚子，九卿议准容美土司田舜年请开矿采铜，康熙皇帝批驳道："开矿采铜，恐该管地方官员借此苦累土司，扰害百姓，应严行禁饬以杜弊端。"[②] 康熙四十七年，四川提督奏报："一碗水地方聚集万余人开矿，差官力行驱逐。"谕以"此等偷开矿厂，皆系贫民。若尽行禁止，何以为生？地方文武作何设法，使穷民获有微利，但不得聚众生事"。乃令廷臣集议，谕曰："有矿地方，初开时禁止乃可，若久经开采，贫民借为衣食之计，忽然禁止，恐生事端。总之，天地间自然之利，当与民共

---

① （清）屈大均：《广东新语》上，中华书局 2006 年版，第 56—57 页。

② 《清圣祖实录》，卷 104，页 12，《清实录》（第五册），《圣祖实录二》，中华书局 1985 年版，第 53 页。

之，不当以无用弃之。要在地方官处置得宜耳。”乃定未经开采者，仍行禁止。[①] 康熙五十年题准，湖南省产铅地方，苗瑶杂处，开采不便，永行封闭。[②] 康熙五十一年四川总督能泰奏请开矿，又称江中有银，派官监视捞取，谕曰：“朕为人君，岂有令江中捞银之理！”[③] 康熙五十七年覆准，四川省各厂，通行停止。[④] 康熙六十年题准：“云南省华税箐厂，洞门荆棘，不便开采，永行禁止。”[⑤]

朝廷的禁矿态度对地方起到了一定的示范效应。苗疆地方官员在对待要求采矿的请求时，多采取否定的态度，往往以矿源不确定，“藏奸、害民、遗累地方”等理由严词拒绝，封禁矿源。根据《钦定大清会典·户部·广西清吏司》的规定：“凡矿政，即山置厂，办五金之产而采之，启闭必以闻。各省采矿，由总督巡抚委员会勘，无碍民间田园庐墓者，题请开厂。”[⑥] 嘉庆《郴州总志》记载了康熙时期历年封禁当地刘家塘矿的情况：“圣朝定鼎，严行封禁，民赖以安。及吴逆叛乱，招集砂贼，开挖刘家塘等处，沿乡掳掠，苦难图绘。康熙十七年，征南将军穆恢复郴阳，两军对垒，时砂贼万余，尚潜匿山谷，名为夫役，实属贼党。将军恐其酿乱，将刘家塘严加封禁，害始少除。……二十三年，抚院丁公莅任，州守陈公以请停有限铅锡，恩赐无穷民命，防患未然，以靖地方等事，恺切上达，荷院宪灼知，郴州大害，无逾坑冶，特委衡永郴桂道朱公将外来异棍，视临驱逐，一切无名砂坑，概行封禁。”[⑦]《广西通志》载康熙时广西巡抚郝浴曾禁止当地开采铜矿以免扰民：“郝浴：定州人。康熙二十年巡抚广西。调剂戎务，清理盐政，改折米之令，除采铜之扰。”[⑧]《阳山县

---

① （清）王庆云：《石渠余纪》，卷5，纪矿政，北京古籍出版社1985年版，第228页。

② 《清会典事例》第三册，卷244，户部93·杂赋·铜铁锡铅矿课，中华书局1991年版，第882页。

③ （清）王庆云：《石渠余纪》，卷5，纪矿政，北京古籍出版社1985年版，第227页。

④ 《清会典事例》第三册，卷244，户部93·杂赋·铜铁锡铅矿课，中华书局1991年版，第882页。

⑤ 《清会典事例》第三册，卷243，户部92·杂赋·金银矿课，中华书局1991年版，第873页。

⑥ 《钦定大清会典》（一），卷21，页20，台北新文丰出版公司1976年版，第226页。

⑦ （清）朱偓、陈昭谋：（嘉庆）《郴州总志》，卷19，页13—15，见中国人民大学清史研究所、档案系中国政治制度史教研室合编《清代的矿业》（上册），中华书局1983年版，第250页。

⑧ （清）谢启昆、胡虔纂：《广西通志》，卷253，宦绩录十三·国朝，广西师范大学历史系、中国历史文献研究室点校，广西人民出版社1988年版，第6428页。

志》载："康熙二十六年以后宝华墩等处屡有开采，旋复封禁。"[1] 以贵州遵义为例，当地历年屡屡发现丹砂矿，报请开采，都遭到历届主管官员的坚决拒绝：

> 康熙二十九年，遵义县平水里报产丹砂，请设厂开采，遵义知府蔡毓华往勘，谕之曰：丹砂产于土，厚薄未知，只藏奸害民遗累地方耳，不许。台司已闻之，欲开采，复详止之。[2]
>
> 康熙二十九年，东隅里报产丹砂，求设厂，毓华曰：丹出于土，厚薄未可知，厂额一定，势必取盈，且今日称成，明日匪徒毕集，无论砂给不给，终必累民，随谕封禁，贪民涎利不已，私闻大吏，毓华力详止之。[3]
>
> 康熙四十四年，川楚无业游民复报遵义县产砂之地与产银矿之地，在北乡者大篾坝，西乡者小红关，东乡者曰对插垭，巡抚能□、提督岳钟琪各遣官来遵协同地方文武踏验，以无济止不开采。[4]

康熙三十八年（1699 年），广州府连州阳山县知县王永侯条陈《开矿事宜》，其中第三规定，矿场是否有碍民生，应由矿场周围居民共同讨论决定，一旦发现有碍民生，立即封禁不准开采：

> 山场之无碍务取准于山邻之公论也。大凡开采铜铅之处，必有一处之山主，此何待言。惟是山主官业之山，不必即属本人住家之地，是田庐者，他人之田庐，风水者，他人之风水，坟墓者，亦他人之坟墓也。彼山主者，自贪岁入之租，而急于开采，即有不顾他人之利害而捏称无碍者矣。一偏之词，何可轻信，虽阳邑从前开采各山场，卑职必委捕巡等官亲临勘验，确无妨碍然后出结转报，幸无妨碍，但今

① （清）万光谦重修：（乾隆）《阳山县志》，卷 6，矿冶，页 3，故宫珍本丛刊第 171 册，海南出版社 2001 年版，第 159 页。

② （清）黄乐之等修：《遵义府志》，卷 19，坑冶，页 1 下，道光二十三年修，刻本，桂林图书馆藏。

③ （清）黄乐之等修：《遵义府志》，卷 30，宦绩，页 8 下，道光二十三年修，刻本，桂林图书馆藏。

④ （清）黄乐之等修：《遵义府志》，卷 19，坑冶，页 1 下—2 上，道光二十三年修，刻本，桂林图书馆藏。

者奉行查报诚恐以后开采之处，或系先经开采而复开，或系从未开采而头开，俱未可定，请嗣后凡有招商开采赴县具呈者，即令山主将该山附近某某田庐若干、某某坟墓若干逐一开报，俟卑职或委员或亲勘，务必周历其地，公同相视，如该处山邻现有田庐坟墓坐落该山及附近者，众口同声佥云无碍，并取有各山邻确实甘结递报立案，方行转报开采，倘取有山主无碍结状而各山邻间有言不便者，即为封禁，永不听开。如是，则山邻公论不比山主一人之私言而所开山场尚有碍于田庐风水坟墓者，鲜矣。①

从上述规定看出，是否“有碍民间田园庐墓者”，不由官府决定，而是由山场周围的山邻共同讨论决定，不偏听任何一方之词，这一规定带有明显的现代民主气息，是专制时代立法不可多得的条文。据说瑞士法律规定，如果修建房屋，须在一定时间内征得所有邻居同意无妨碍后方可动工，清代的地方官能够考虑到这一点，具有一定的前瞻性。

康熙四十四年三月，湖南巡抚赵申乔《题参署州王令等私挖铅矿疏》曰：“奉旨：闻开矿事情甚无益于地方，嗣后有请开矿者俱着不准行”，但署桂阳州事常宁县知县王积真、桂阳州州同章锡璋“利欲熏天，藐视法纪”，于康熙四十五年内“擅行采挖挑卖煎铅”，并“设立月规季规名目，婪取赃银，分股肥己”，请求将二人“革职，与有名蠹棍一并提审究拟”。② 康熙四十八年四月，赵申乔再次《题参署县私开锡矿疏》曰：“湖南所属地方，原有铅锡各矿，自奉旨封禁，不许开采”，但署耒阳县武冈州州同林某于康熙四十七年十二月“擅给坑官毛永芳印票，通同山主棍徒郑凌云等，私将岭背湾地方锡矿违禁擅行开采”，请求将林某“革职，与有名蠹棍一并严提究拟，以儆官邪，以肃法纪”。③《清史稿》载：“广东自康熙

① （清）万光谦重修：（乾隆）《阳山县志》，卷6，矿冶，页9—10，故宫珍本丛刊第171册，海南出版社2001年版，第161—162页。

② （清）赵申乔：《赵恭毅公自治官书类集》，卷3，奏疏·参私挖铅矿，页7，见《续修四库全书》编纂委员会编《续修四库全书》第880册，史部·政书类，上海古籍出版社1995年版，第543页。

③ （清）赵申乔：《赵恭毅公自治官书类集》，卷6，奏疏·参私开锡矿，页34，见《续修四库全书》编纂委员会编《续修四库全书》第880册，史部·政书类，上海古籍出版社1995年版，第711页。

五十四年封禁矿山。"[①] 遵义的一些地方官对禁止开矿态度之坚决，即使面对重金贿赂的诱惑及上级官吏的重压也不为所动。"王国忠：（康熙辛未移镇遵义）郡旧产丹砂，有探得其地者，请开采，不许。时有赂以千金，震以走省会、走京师且出怨言，国忠坚执不动，奸黠赴省具诉，卒以国忠持之力，下令封禁。"[②]

"累民"是地方官禁止采矿的主要理由，他们认为，一旦准许开矿，中央政府就会根据矿产数量限定每年的应征税额，而矿产资源是不可再生资源，如果以后矿产数量减少或枯竭，而税额却不会相应降低，这势必造成地方沉重的负担。可以看出，在矿产资源的开采方面，苗疆地方官往往能从长远和全局出发考虑问题，而不拘泥于眼前和短期的利益。文献对这些事迹的记载，都采用肯定和褒奖的态度，并将这些事迹列入"宦绩""忠义"等篇章当中，这与我们今天一些地方官员盲目追求政绩，大干快上的现象形成鲜明的对比。

二、雍正时期政府限制在苗疆开矿的政策

1. 指导思想

（1）禁止需索苗疆物产资源

雍正皇帝完全秉承了康熙时期的政策，且有过之而无不及。从治理矿政的指导思想来看，雍正对于苗疆官员需索摊派物资深恶痛绝，而开矿即意味着给官员的需索大开方便之门，因此雍正皇帝对苗疆开矿一直采取严格的限制措施。雍正皇帝在实施改土归流的上谕中曾指出，开拓苗疆版图，只是为了解除边疆少数民族的疾苦，并非贪图苗疆的土地物利："朕念边地穷民，皆吾赤子，欲令永除困苦，咸乐安全。并非以烟瘴荒陋之区，尚有土地人民之可利，因之开拓疆宇，增益版图，而为此举也！"[③] 这一论述，既体现出一个富庶之邦君主的博大胸襟，也体现出他勤政爱民

① 赵尔巽等撰：《清史稿》，卷124，志99·食货五·矿政，中华书局1976年版，第十三册，第3666页。

② （清）黄乐之等修：《遵义府志》，卷30，宦绩，页36上，道光二十三年修，刻本，桂林图书馆藏。

③ 《清世宗宪皇帝圣训》，卷6，页5下—6上，见《大清十朝圣训》（2），台北文海出版社1965年版，第82—83页。

的思想。为此，他曾多次指示苗疆官员要严于律己，不得需索地方物资。

（2）矿产乃不可再生资源，须严加保护

雍正是专制时代的君主中少有的一位对生态资源性质有深刻认识的人，他的生态理念和可持续发展思想是中国历代帝王望尘莫及的。雍正二年（1724年），两广总督孔毓珣奏请在广东开采矿产资源以济穷民、以靖地方，雍正严厉斥责了这一提议，并借此机会系统地阐述了自己对开矿的看法，指出矿产乃不可再生之资源，见识之深刻，在古代君王中殊属可贵："夫养民之道，惟在劝农务本，若皆舍本逐末，争趋目前之利，不肯尽力畎亩，殊非经常之道，且各省游手无赖之徒，望风而至，岂能辨其奸良？而去留之势，必至于众聚难容，况矿砂乃天地自然之利，非人力种植可得，焉保其生生不息？今日有利聚之甚易，他日利绝则散之甚难，曷可不彻始终而计其利害耶？至于课税，朕富有四海，何借于此？原因悯念穷黎起见，谕尔酌量令其开采，盖为一一真实无产之民，许于深山穷谷觅微利以糊口资生耳，尔等揆情度势，必不致聚众生事，庶几或可若招商开厂、设官征税，传闻远近，以致聚众藏奸，则断不可行。"①　五年，雍正皇帝又重申之，谓："何必谆谆以利为言？"②　在雍正皇帝看来，获取财富的手段有很多种，靠直接略取自然界不可再生性资源是最不可取的，因为它并不能使人类获得长久的生存资本，况且中国作为一个领土辽阔的泱泱大国，何必借此卑劣手段谋取利益呢？事实证明，以破坏生态环境为代价来获取财富不过是饮鸩止渴。雍正的这一思想在今天看来仍具有启发意义。

2. 主要措施

正是在上述基本思想的指导下，雍正成为清代历任皇帝中禁绝官方在苗疆开矿态度最为坚决的一位。他在位期间，不仅严禁在苗疆各省开矿，还下达了一系列封、禁、停苗疆矿场的命令。由于苗疆矿产资源丰富，地方官员为了增加财政收入，屡有请求开矿的奏折上陈，但雍正都以弃本逐末、容易引发社会不稳定因素等理由要求地方官慎重从事，不肯轻易批准。《清史稿》对此有中肯的评价："世宗即位，群臣多言矿利。粤督孔毓珣、粤抚杨文乾、湘抚布兰泰、广西提督田畯、广东布政使王世俊、四

① 《清世宗宪皇帝朱批谕旨》，卷7之1，孔毓珣，页59，见《四库全书》第416册，上海古籍出版社1989年版，第265页。

② （清）俞正燮：《癸巳存稿》，卷9，禁开矿，中华书局1985年版，第265页。

川提督黄廷桂相继疏请开矿，均不准行；或严旨切责。”[①]

据乾隆朝内府抄本《理藩院则例》记载：“雍正元年奏准，见在各处之矿，皆令封禁。”[②] 雍正三年（1725年），皇帝批复贵州大定总兵丁士杰：“至于矿厂一事，即系奉文开采，倘或于地方有不便处，亦当斟酌奏请停闭，私挖者何待言耶。”[③] 雍正五年（1727年）正月上谕：“查黔省地瘠民贫……而开采矿厂，动聚万人，油、米等项少不接济，则商无多息，民累贵食，一旦封闭，而众无所归，则结伙为盗，不可不慎。”[④] 同年驳回了湖南巡抚布兰泰奏请开矿的请示，谕曰：“开采一事，目前不无小利，人聚众多，为害甚巨，从来矿徒率皆五方匪类，乌合于深山穷谷之中，逐此末利，今聚之甚易，将来散之甚难也。至于利之在公在私，尚属细事，尔果欲効忠荩，何必谆谆以利为言，岂不闻有一利必有一害，尔当权其利与害之轻重大小而行之耳。”[⑤] 雍正七年，四川提督黄廷桂请旨在雷波、黄螂一带招民开采，雍正怒斥道：“雷波、黄螂一带地方，与新抚凉山诸彝壤畴交错，第宜示以镇静，胡可兴启利端？”并要求其立刻封禁矿厂：“汝其会同宪德速将金竹坪、白腊山等处，凡出产铜铅矿厂，概行封禁，严加防范。稍有奉行不利，脱至纷纭，黄廷桂、宪德之身家性命未足以偿厥辜也。”[⑥] 雍正十三年上谕：“楚南地方产铁甚广，采取最易，虽历来饬禁而刨挖，难以杜绝，但外来商贩转运递贩以致出洋亦未可定，着湖广督抚与两江督抚会同悉心妥议，本地应否准其刨挖，关口如何严行稽查，务期公私两有裨益。”[⑦] 雍正十三年，粤督鄂必达请开惠、潮、韶、

---

① 赵尔巽等撰：《清史稿》，卷124，志99·食货五·矿政，中华书局1976年版，第十三册，第3664页。

② 乾隆朝内府抄本《理藩院则例·录勋清吏司下·开采》，见中国社会科学院中国边疆史地研究中心编《清代理藩院资料辑录》，全国图书馆文献缩微复制中心1988，第60页。

③ 《世宗宪皇帝朱批谕旨》，卷119，丁士杰，页7，见（清）纪昀等总纂《文渊阁四库全书》第420册，史部178卷，诏令奏议类，台湾商务印书馆1983年版，第154页。

④ 《清世宗实录》，卷52，页25，《清实录》（第七册），《世宗实录一》，中华书局1985年版，第791页。

⑤ 《清朝文献通考》（一），卷30，清高宗敕撰殿本，台北新兴书局1965年版，第5130页。

⑥ 《世宗宪皇帝朱批谕旨》，卷218下，黄廷桂，页34—35，见（清）纪昀等总纂《文渊阁四库全书》第425册，史部183册·诏令奏议类，台湾商务印书馆1983年版，第775页。

⑦ （清）卞宝第、李瀚章等修，曾国荃、郭嵩焘等纂：（光绪）《湖南通志》，卷首二，诏谕·雍正八年至乾隆六十年，见《续修四库全书》编纂委员会编《续修四库全书》第661册，史部·地理类，上海古籍出版社1995年版，第55页。

肇等府矿，下九卿议行。上以妨本务停止："盖粤东山多田少，而矿产最繁，土民习于攻采，矿峒所在，千百为群，往往聚众私掘，啸聚剽掠。故其时粤东开矿，较他省尤为厉禁。"①

对于那些极力建议开矿，却没有达到实际成效的官员，雍正皇帝处以行政处分以示惩戒，并封闭已开矿场，"宪德案"即是著名的例子。雍正六年（1728 年），建昌总兵赵儒奏请于四川宁番等处开采铅砂事，朝廷要求四川巡抚宪德议行，宪德极言可行，于是在当地设厂开矿。但雍正十年三月，当地却发生了紫古哵矿厂商民被儿斯堡生番所杀的恶性案件，此时宪德仍建议"矿厂八处，其获砂多者，请仍开采，少者封闭，以杜衅端"。雍正皇帝非常愤怒，认为当年宪德回奏时过分夸大开矿的利益，结果开矿后非但没有成效，反而惹来开矿商民与当地少数民族的冲突，因此将宪德交部察议，降级调用，所开矿厂也概行封闭："从前赵儒奏请开采，彼时朕即不然此举，详询宪德回奏，极言有利无害，是以交部议行。乃两年以来，并无成效，徒滋烦扰，当日奏请是何意见，宪德着交部察议，所开矿厂概行封闭，寻议降一级调用行。"②

上行下效，在雍正皇帝的影响下，苗疆官员对开矿也采取了保守和限制的政策，多位地方官员上书要求禁止在当地开矿。雍正元年（1723 年），停止黔省开采铜矿，贵州巡抚金世扬疏称："黔省地处荒陬，铜斤原无出聚，间有一二矿厂，久经封闭，若令开采，鼓铸无论，工费浩大，一时难以获效。且贵州汉苗杂处，每逢场市贸易，少则易盐，多则卖银，今使钱文，汉苗商贾俱非情愿，若以配充兵饷，领运既难，流通无时，黔省用银沿习已久，请照旧例停开。"皇帝批示下部知之。③ 雍正二年，川、陕总督年羹尧请川、陕开采鼓铸，四川巡抚蔡铤不畏权势，上疏极言四川不产铅，开采非便。④ 雍正三年至四年任四川洪雅知县的卢见曾到任后也停止了当地的开矿："莅任八月，除不便于民者数事……尤功于地方者，

① 赵尔巽等撰：《清史稿》，卷 124，志 99・食货五・矿政，中华书局 1976 年版，第十三册，第 3664 页。

② 《钦定八旗通志》，卷 186，页 34，见《四库全书》第 667 册，上海古籍出版社 1989 年版，第 396 页。

③ 《清朝文献通考》（一），卷 30，清高宗敕撰殿本，台北新兴书局 1965 年版，第 5130 页。

④ 赵尔巽等撰：《清史稿》，卷 293，列传 80・蔡铤传，中华书局 1977 年版，第三十四册，第 10326 页。

莫如详禁开矿一事。略云：瓦屋山外环雅州、荥经、峨眉、夹江诸州县，内通各洞生蛮。山则确乎有矿，矿则断不可开……大宪善其议，遂止。”[①] 雍正五年，封禁云南中甸铜矿，停止鼓铸钱文，从总督鄂尔泰请也。[②] 雍正八年，四川提督黄廷桂奏请禁止在四川彝族聚居的雷波、黄螂等处开矿，以免引起民族冲突：“臣查开采矿厂，必致聚集流匪，最易滋事，况新抚苗疆，尤宜镇静，诚如圣明洞鉴，不可与之争利，致启衅端，是以上年屡据，各属商民纷纷呈请开采矿厂，经臣严批不准，现俱有案。雷波、黄螂一带，方在改设流官，经理未久，尤不宜先行，此举臣今钦奉谕旨，现已飞行司道转饬，严行禁止。”[③] 同年，四川矿厂扰蛮，起为乱，方进剿，建昌道副使马维翰力陈营兵不戢及各厂病蛮状，请罢厂撤兵，抚各番。[④] 同年，湖广总督孙嘉淦奏请严禁开采湖北宜昌苗疆等地金矿：“会同宜昌金矿及各县矿厂，或属苗疆，或妨田园庐墓，或产砂细微，应严加封禁。”[⑤] 雍正九年，湖广总督迈柱疏言：“黔苗不靖，请停止湖南醴陵、桂东等十二州县矿山开采，以绝藏奸。”允之。[⑥] 同年总督那苏图请求封闭广东金银矿：“粤东鼓铸难缓，见有矿厂可开，兼为抚养贫民之计，宜酌量试采。砂旺即开，砂弱即止。至金、银二矿，民多兢趋，恐转碍鼓铸，应照旧封闭。”[⑦]

雍正禁止在苗疆随意开矿的政策，极大地保护了苗疆的矿产资源和生态环境，以至于后来的咸丰皇帝曾向军机大臣抱怨：“朕闻四川等省，向产有金银矿，自雍正以后，百余年来，未尝开采。”[⑧]历史证明，这并没有影响国家的财政收入，雍正时期国库的充裕程度远远超过了

---

① （清）王培荀：《乡园忆旧》（道光刊本），卷2，齐鲁书社1993年版，第88页。

② 《清世宗实录》，卷53，页18，《清实录》（第七册），《世宗实录一》，中华书局1985年版，第803页。

③ 《世宗宪皇帝朱批谕旨》，卷132下，页4—5，见《四库全书》第422册，上海古籍出版社1989年版，第143页。

④ 赵尔巽等撰：《清史稿》，卷300，列传87·马维翰传，中华书局1977年版，第三十四册，第10436页。

⑤ （清）王庆云：《石渠余纪》，卷5，纪矿政，北京古籍出版社1985年版，第228页。

⑥ （清）蒋良骐：《东华录》，卷31，雍正八年正月至雍正十年十二月，中华书局1980年版，第512页。

⑦ （清）王庆云：《石渠余纪》，卷5，纪矿政，北京古籍出版社1985年版，第229页。

⑧ 《清文宗实录》，卷89，页34，《清实录》（第四十一册），《文宗实录二》，中华书局1985年版，第201页。

前代。雍正皇帝的矿政治理政策证明，发展经济和保护生态环境并非是对立和矛盾的，人类完全可以不必动用自然储备而运用自身智慧解决生存问题，以破坏自然资源的手段谋求发展是一种最低级而愚蠢的生存之道。

三、乾嘉时期政府限制在苗疆开矿的政策

乾隆时期，清政府对苗疆开矿问题态度有所缓和和松动，不再像雍正时期那样进行严格的控制，但从总体上来说，政府对苗疆开矿仍沿袭了谨慎的适度开采政策。

1. 限制开采有碍苗疆民生的矿产

对于清政府来说，保持苗疆各民族之间的和睦共处，维护社会秩序的稳定才是头等大事，如果因为追求开矿的蝇头小利而破坏苗疆社会的整体和谐，是完全得不偿失的。乾隆时期的统治者对此有清醒的认识。乾隆三年（1738 年），皇帝批复两广总督鄂弥达奏开采铜矿事宜曰："地方大吏，原以地方整理，人民乐业为安靖。"[①] 因此在涉及苗疆开矿问题时，政府往往能从少数民族的角度考虑问题，如果对苗疆民生"稍有未便"，则宁愿放弃开矿。乾隆八年定湖南、湖北两省矿厂开闭事宜："沅陵、辰溪、永顺、桑植等县矿厂，并绥宁县铜矿，会同县金矿，宜章县金矿，及湖北施南、兴国、竹山等府州县矿厂，或属苗疆，或有妨田园庐墓，或产砂微细并无成效，无人承采，均应饬令地方官严加封禁。"[②] 乾隆十年二月，湖南巡抚蒋溥奏："郴、桂二州铜矿，出产未能充裕。现于隔远苗疆内地，委员刨采铜场。"得旨："此等事须详酌妥为之，断不可图近利而忘远忧也。"[③] 乾隆十三年二月乙亥，湖南巡抚杨锡绂覆奏："桂东县锡矿，在县城西三十里，旁近民田，山已开残，出砂有限，应封闭。"[④]《乾隆会

① 《清高宗实录》，卷 74，页 27，《清实录》（第十册），《高宗实录二》，中华书局 1985 年版，第 186 页。

② 《皇朝文献通考》，卷 30，征榷考五·坑治，页 32，见（清）纪昀等总纂《文渊阁四库全书》第 632 册，史部 390 卷，政书类，台湾商务印书馆 1983 年版，第 641 页。

③ 《清高宗实录》，卷 235，页 18，《清实录》（第十二册），《高宗实录四》，中华书局 1985 年版，第 35 页。

④ 《清高宗实录》，卷 309，页 17，《清实录》（第十三册），《高宗实录五》，中华书局 1985 年版，第 46 页。

典·户部·杂赋》规定："深山穷谷，资斧不能继及，近民墓宅田地，均不开采。"[①]

在这方面，乾隆时期典型的案例就是封禁湖南、广西交界处的耙冲岭铜矿。它反映出清代统治者对于在苗疆开矿自上而下的审慎态度。乾隆五年，湖南巡抚冯光裕奏："绥宁县之耙冲采试铜矿，系前任抚臣赵宏恩、张渠历委履勘，并无妨碍田园庐墓。讵商人甫经开采，即有高制、雷团二寨苗头杨月卿等，忽捏关碍风水，不容采试。"[②] 由于遭到苗人的抗拒，出于边防安全考虑，清廷下令封闭该矿。同年三月二十八日，湖广总督班弟奏："绥宁县耙冲一厂近于苗地，且经试采无效，已饬停止"。[③] 光绪《湖南通志》也记载，乾隆"四年覆准，绥宁县把（耙）冲铜矿试行开采，嗣因苗众纷争，咨部封禁"。[④] 乾隆十二年（1747年）八月十八日，又有广西方面大臣要求开采耙冲铜矿，乾隆皇帝阐述了自己对在该地开矿的顾虑："据署广西巡抚鄂昌奏称：桂林府属义宁县龙胜以内之独车地方（今属龙胜各族自治县）与湖南绥宁县连界。该处有耙冲岭，坐落楚地，铜矿甚旺，应行开采等语。朕思开采一事，虽有益于鼓铸，每易于滋事，而界接苗疆，办理尤宜慎重。今所奏绥宁一带，即系苗、瑶地方，必悉心详查，彻始彻终，细加筹酌，将来开采之后，万无一失，方可举行。若于苗疆稍有未便，断不可因目前之微利，启将来之患端，不如慎之于始，照常封闭，以杜聚集奸匪之渐。可将此折抄寄湖南抚杨锡绂，令其加意查察，将应否开采之处，据实奏闻。"[⑤] 同年十二月丁丑，军机大臣等议覆："湖南巡抚杨锡绂覆奏：'广西巡抚鄂昌请开采绥宁县耙冲岭铜矿一折，据称出矿山既不宽，刨验铜砂又属低下。且深处苗穴，于田亩民食，俱有

---

① （清）乾隆二十九年钦定：《钦定大清会典》，卷17，页4下，见（清）纪昀编《四库全书荟要》（乾隆御览本，史部，第三十三册），吉林人民出版社2009年版，第157页。

② 《清高宗实录》，卷109，页18，《清实录》（第十册），《高宗实录二》，中华书局1985年版，第628页。

③ 《朱批奏折》，见中国人民大学清史研究所、档案系中国政治制度史教研室合编《清代的矿业》（上册），中华书局1983年版，第229页。

④ （清）卞宝第、李瀚章等修，曾国荃、郭嵩焘等纂：（光绪）《湖南通志》，卷58，食货志四·矿厂，见《续修四库全书》编纂委员会编《续修四库全书》第662册，史部·地理类，上海古籍出版社1995年版，第674页。

⑤ 《清高宗实录》，卷297，页3，《清实录》（第十二册），《高宗实录四》，中华书局1985年版，第885页。

所碍。'应如所请，无庸开采。"从之。[①] 同治《雩都县志》的记载则清楚地说明，推动耙冲岭铜矿封闭的，其实在于基层官吏的努力，而基层官吏的看法，正与最高统治者的看法不谋而合："管乐……壬戌（乾隆七年）成进士……调绥宁，民瑶杂处。旧有耙冲铜矿，前官屡欲开采，乐不可，以为洗矿锈水必损田亩，且洞口开，山腹虚，不能兴云雨，均为民患，乃请封禁。上官韪之，遂寝其事。"[②] 乾隆二十二年十一月二十八日，皇帝再次针对湖南巡抚陈宏谋在耙冲岭开矿一事谕曰："湖南靖州属耙冲地方，产有铜矿，陈宏谋任巡抚时曾与辰沅靖道、黄凝道议令招商试采，旋即封禁……耙冲地方，本系苗疆，自以安静为是，陈宏谋等既令试采，旋复封禁，是否从前试采之举，不无冒昧草率。富勒浑（现任湖南巡抚）于此事相当留心，可即查明据实奏闻。"[③] 正是各级政府强烈的生态责任感，使得清政府在苗疆的矿产开采始终保持一种适度的状态，没有一哄而上。

清代法律规定开采矿产资源不得"有碍民间田园庐墓者"，因为农业乃是国家之根本，而矿业仅为补充和辅助，因此开矿必须首先保证农业生产的顺利进行。乾隆时期的清政府严格遵守这一原则，在批准苗疆开矿时，以是否"有碍田园"作为第一衡量准则，对于那些有碍苗疆民生的矿产资源，以不采为宜。在这一原则的指导下，苗疆地方官也较为关注矿场是否有碍民生问题，如乾隆四年（1739年）八月甲辰署广西巡抚安图奏到任以后，采取了一系列措施，其中就包括"清查矿厂"："安辑苗、瑶，整饬属吏，修整墩台，清查矿厂。"[④] 对于经查有碍民生的矿场，即使对税收有益，仍果断地加以封禁。如《广西通志》记载："思恩府上林县大罗山铅矿，乾隆三十四年开采，三十七年以有碍田园封禁。"[⑤] 而

---

① 《清高宗实录》，卷305，页14，《清实录》（第十二册），《高宗实录四》，中华书局1985年版，第989页。

② 同治《雩都县志》，卷10，仕绩，页17，见中国人民大学清史研究所、档案系中国政治制度史教研室合编《清代的矿业》（上册），中华书局1983年版，第65页。

③ 《清高宗实录》，卷551，页24，《清实录》（第十五册），《高宗实录七》，中华书局1985年版，第1040页。

④ 《清高宗实录》，卷99，页35，《清实录》（第十册），《高宗实录二》，中华书局1985年版，第509页。

⑤ （清）谢启昆、胡虔纂：《广西通志》，卷161，经政略十一·榷税，广西师范大学历史系、中国历史文献研究室点校，广西人民出版社1988年版，第4508页。

《朱批奏折》对此有详细记述。乾隆三十六年四月十五日，广西巡抚陈祖辉奏上林县大罗山出产白铅，要求官方委员开采。但三十七年继任广西巡抚觉罗永德经过实地考察后，发现该铅矿“并无矿苗”，而且对民间田园庐墓有重大妨碍：“山脚有商买民田十二丘，尚有相连民屯田数十丘，虽未伤损，但各矿所出之土泥碎石，在在堆积，一遇大雨，建瓴而下，必以各田为归宿处，且山下尚有坟墓。”最重要的是，开矿已对当地环境造成了重大污染：“其水来自东北大山，借以灌溉民田，兼资汲饮，今沟身已被漕泥垫浅，下流尽成黑色”，因此奏报朝廷要求封禁该矿。[①] 从实际情况来看，清政府所谓的“民生”“田园”等词语，还包含了“生态保护”的内容，地方官员在封禁矿场时，实际上把生态保护的内容也考虑进去了。乾隆《富川县志》记载的这份地方官员发布的晓谕，是一份令人感动的生态性官方文告。地方官员对于当地因明代开矿造成的环境污染及严重影响民生的社会后果忧心忡忡，但他们并没有简单地封闭矿场了事，而是先为百姓找到足以安居乐业的理想移民地点，然后再行封闭矿场，既保证了民生，又维护了生态环境，充分反映了中国古代治国方略中的“敬天保民”思想：

> 谕曰：自白沙以下，望高、岩石、平岭、笠头等处，派分桂岭之麓，涧阔源深，平原广陌，旧为乐土，自明万历时商人诱土人淘洗锡矿，以致洗锡红水冲壅数百顷，膏腴尽为荒芜，此计利一时遗害百世者也。迄今土人竞赴淘采，本有可耕之田，亦任其抛荒，盖剜肉医疮目前权济，岂知山川有必殚之财，耕锄乃无穷之利乎！夫锡矿不宜开采，而终不能禁者，何也？盖不采锡则白沙一带数千烟火无依且逋赋无抵，故只得听民自便耳。为斯计者，下乡之金窝坝，其地平坦肥美，几及千顷，旧垦未成，倘有力者承垦以安白沙一带失业之众，然后禁止开采，开采禁而锡水之害除，则笠头、岩口等数百顷膏腴亦可垦复矣。世运转移之机或尚有待欤。[②]

---

① 《朱批奏折》，见中国人民大学清史研究所、档案系中国政治制度史教研室合编《清代的矿业》（下册），中华书局 1983 年版，第 368—370 页。

② （清）叶承立纂辑：（乾隆）《富川县志》，卷 1，舆地 · 水利，页 18，故宫珍本丛刊第 202 册，海南出版社 2001 年版，第 35 页。

嘉庆时期，政府完全继承了这一原则。《石渠余纪》载：“嘉庆四年，广东于黎地试采石碌铜斤，总督吉庆以地滨海洋，且额已短缺，奏准停止。”① 而吉庆在奏折中清楚地说明请停的原因是因为开采石碌铜斤对当地黎族人民的民生不利：“琼州孤悬海外，瘴地穷黎，以种植稻谷、香料树为生，黎地无盐，捡挖石碌，挑至儋州所属之海头市，易换盐钱，以资糊口。今官为采办，捡挖日久，势必短缩，与鼓铸钱文、黎人生计，均无裨益。地处极边，滨临洋海，多人聚集，砍木煎铜，并恐滋生事端，于海外边防大有关系，似应停止煎采，俾该处民黎俱得相安无事。”② 嘉庆五年（1800年）发生在广西融县的一起开矿案件，反映出地方官员在处理此类案件时，总是把民生、田园放在优先位置，并对不依法执行，准许开采有碍民生矿产的官员予以严惩：

> （嘉庆五年）十二年间商伙李迴然等踩得县属竹筒岭产煤深厚，赴县报明，该署县亲诣履勘，并不传询附近村民有无妨碍，即准令商人开采。回署后复出示居民如果有碍许其赴县呈明。维时村民刘秀琳等因各村田墓有碍，正议具呈禀阻。而李迴然等因该县已谕准开采，即于十二月二十三日雇厂丁林秉日等赴山砍树搭厂，刘秀琳正与村民龙成贵携带竹铳赴山打取野兽，闻信同往阻止，路遇在山砍柴之村民符云高、梁贵、欧近成、龙老四、何球、何明、龙运通、何勇益、何勇学等，刘秀琳告知情由，亦各顺代柴刀扁挑偕往。厂丁林秉日等正在砍树，刘秀琳等喝阻，林秉日声称奉县开采，地棍何得阻拦，恶言辱詈。符云高气忿用柴刀砍伤林秉日偏左，厂丁林老五上前夺刀，并将符云高砍死。村民愈加不服，各自向前混殴……该府徐秉敬闻信驰往该处，勘明竹筒岭产煤之处相离各村不远，实与田墓有碍……臣（广西巡抚谢启昆）查该处煤山既与各村有碍，本属不应开采，乃该署县郭沛霖履勘时并不确访舆情，又不具详请示，率准开采，已属错谬。迨至戕毙多命，又不立将各凶犯按名弋获，实属昏庸不职。且恐尚有徇庇厂商，私受贿嘱情弊，不

① （清）王庆云：《石渠余纪》，卷5，纪矿政，北京古籍出版社1985年版，第229页。

② 《朱批奏折》，见中国人民大学清史研究所、档案系中国政治制度史教研室合编《清代的矿业》（上册），中华书局1983年版，第278页。

可不彻底根究，以示惩儆……理合据实参奏请旨将拣发知县郭沛霖革职，以便提同案各犯严审定拟。[①]

嘉庆十九年八月初二日，两广总督蒋攸铦、广东巡抚董教增奏报要求停止在广西境内开矿，土司辖地内的矿徒全部遣散："现在通饬西省司道府州，遇有呈请添设铁锡等厂之案，概应详驳，不准其私设。在土司地方者，妥为晓谕，勒限散遣工丁之后，即予封禁。"皇帝对此批复："所办甚是，久而不懈方安。"[②]

2. 适度开采苗疆矿产资源的原则

对于官方开采苗疆矿产资源，乾隆时期的政府表现出一种不"涸泽而渔""焚林而猎""杀鸡取卵"的适度开采原则，不过分侵夺。"山泽之利，有旺则有衰，有厂旺铜多之时，即有硐老山空之时，尤当先事绸缪。"[③] 这主要体现在以下几个方面。

（1）有度开采，不得过量掘取，以免伤害矿脉

这充分体现在不增加云南铜矿税额负担的事件上。对于好大喜功的地方官员要求提高云南缴纳铜额的奏报，乾隆皇帝并没有喜形于色，盲目采纳，而是冷静核实，谨慎驳回。乾隆十四年（1749 年）七月丙寅，谕曰："张允随奏称'现在该省办铜各厂，较之乾隆十年、十一、十二等年多获铜二百余万斤'等语。滇省所产铜斤，上供京局鼓铸，下资各省采卖，出产旺盛，固属有益。但天地生财，止有此数，今增至二百万斤，未免过多。若辗转加增，或因开采太过，易致涸竭。不若留其有余，使得常盈不匮，宽裕接济，庶为可久。将此传谕该督知之。"[④] 乾隆十五年正月己酉，军机大臣等奏："大学士张允随前奏滇省厂铜，较前多获二百余万斤，请拨银办贮。经传旨询问，今覆称'请仍照原议拨银一百万两，可多办铜一百余万斤'等语。查每年增铜至一百余万之多，恐采

---

① 《朱批奏折》，见中国人民大学清史研究所、档案系中国政治制度史教研室合编《清代的矿业》（下册），中华书局 1983 年版，第 478—479 页。

② 《军机处录副奏折》，见中国人民大学清史研究所、档案系中国政治制度史教研室合编《清代的矿业》（下册），中华书局 1983 年版，第 498 页。

③ 莫庭芝等：《黔诗纪略后编》，卷 5，页 14—16，见中国人民大学清史研究所、档案系中国政治制度史教研室合编《清代的矿业》（上册），中华书局 1983 年版，第 77 页。

④ 《清高宗实录》，卷 345，页 11，《清实录》（第十三册），《高宗实录五》，中华书局 1985 年版，第 772 页。

取太过，有伤铜苗。应毋庸议。”得旨：“是。”[①] 乾隆皇帝批复中对矿产资源性质的论述，与雍正对矿产资源不可再生性的论述是一脉相承的，可以看出生态保护理念在清代统治者的思想传承中已占有了一定的地位。乾隆三十一年七月初三日，大学士管云贵总督杨应琚奏：“滇省矿厂甚多，各处聚集砂丁人等不下数十万，每省流寓之人，闻风来至，以至米价日昂，请嗣后示以限制，将旧有之老厂子厂，存留开采，只许在厂之周围四十里以内开挖漕硐，其四十里以外，不准再开。”得旨：“如所议行”。[②] 对于百姓赖以为生的矿源，整体矿山仍封闭，只允许百姓拾取面上浮砂。如乾隆年间，湖南桂阳产黑铅，“贫民每拾浮砂易米度日，公［袁守定，乾隆三年知州］筹之，仍禁取铅，浮砂听民便拾”。[③]

（2）有序开采

首先，对于一地同时有多种矿藏资源的，则仅开采国家最急需的矿藏，其余的矿藏封禁不准开。如乾隆二年上谕：“凡产铜山场，实有裨鼓铸，准报开采。其金银矿悉行封闭。”[④] 乾隆三年题准：“广东省产铜山矿，准其开采，金银等矿，悉行封闭。至黑铅即系银母，未便蒙混开采，应严行禁止。”[⑤] 乾隆四年八月癸卯湖南巡抚冯光裕奏：“湖南商人何兴旺等九起，情愿自备工本赴桂阳等州县之马家岭等处试采矿砂，现已准其开采，但此次开采原为鼓铸便民，首重在铜。湖南铅多铜少，若一准并开，必致尽赴采铅，而开铜无人，现饬开得铅矿，即行封闭，如果已费工本，许其另觅有铜引苗，报采成称，以补所费。”[⑥]

---

① 《清高宗实录》，卷356，页5，《清实录》（第十三册），《高宗实录五》，中华书局1985年版，第913页。

② 《清高宗实录》，卷764，页7—8，《清实录》（第十八册），《高宗实录十》，中华书局1985年版，第392页。

③ 蒋士铨：《礼部祠祭司主事易斋袁公墓志铭》，见中国人民大学清史研究所、档案系中国政治制度史教研室合编《清代的矿业》（下册），中华书局1983年版，第363页。

④ 赵尔巽等撰：《清史稿》，卷124，志99·食货五·矿政，中华书局1976年版，第十三册，第3665页。

⑤ 《清会典事例》第三册，卷244，户部93·杂赋·铜铁锡铅矿课，中华书局1991年版，第884页。

⑥ 《清高宗实录》，卷99，页32—33，《清实录》（第十册），《高宗实录二》，中华书局1985年版，第508页。

其次，对于一地同时开有多个矿厂的，则只留一厂开采，其余各厂封闭，待开采殆尽后，再依次启开其他矿厂。如乾隆五年九月，云南总督公度复奏："滇省各厂，惟汤丹最旺，岁产高铜八九百万及千万斤不等。接近汤丹之多那厂，产铜亦旺。但两厂相连，工匠云集，油米腾贵，现酌将多那一厂暂为封闭，俟汤丹硐老，再行议开。"①

再次，需要两种矿藏相互煎炼的矿厂，如一种矿藏不足，则另一种矿藏也封闭。乾隆十六年六月壬寅初一日，户部议准四川巡抚纪山疏称："煎炼白铜，必需红铜有余，方可点拨。建昌红铜各厂，因油米昂贵，夫役寥寥。迤北矿厂，上年四月水淹，出铜较减，每月所获，尚不足川省鼓铸之数，焉有余铜点化白铜。请将黎溪白铜厂，暂行封闭。从之。"②

（3）根据市场行情确定产量

虽然以自然经济占主体的清代社会市场经济并不发达，但在开矿时，政府能根据价格、销量等因素来确定启闭矿场，这对保护有限的矿产资源是有一定意义的。如果矿产品的市场价格低贱，导致销售困难，则暂行封闭矿源。乾隆五十年一月壬申，户部议覆："云南巡抚张允随疏请封闭罗平州属卑浙、块泽二处铅厂。查该二厂，既因外省铅价日贱，客贩不至，炉户运销又难，以致渐次停炉，官课无出。应如所请，暂行封闭。"从之。③ 如果矿藏出现库存积压，也暂停开采。如乾隆六年十二月丁未，工部议覆："湖南巡抚许容疏称，'湘乡、安化二县，于乾隆二年开采煤磺各厂，今解库硫磺外，尚存十二万斤零，销售旷日。请将有磺煤厂，暂行封闭，俟现村硫磺销完后，再请开采。"④ 乾隆三十五年五月十六日，署湖南巡抚德福奏："磺煤并产之矿，出煤本属有限，现在积磺既多，应宜随时调剂，暂行封禁。"⑤ 由于硫磺主要用于军事用途，因此一旦战争结

① 《清高宗实录》，卷127，页35，《清实录》（第十册），《高宗实录二》，中华书局1985年版，第869页。

② 《清高宗实录》，卷242，页1，《清实录》（第十二册），《高宗实录四》，中华书局1985年版，第116页。

③ 《清高宗实录》，卷130，页12，《清实录》（第十册），《高宗实录二》，中华书局1985年版，第898页。

④ 《清高宗实录》，卷157，页3，《清实录》（第十册），《高宗实录二》，中华书局1985年版，第1243页。

⑤ 《朱批奏折》，见中国人民大学清史研究所、档案系中国政治制度史教研室合编《清代的矿业》（下册），中华书局1983年版，第647页。

束，则立即停止硫磺矿的开采。如乾隆三十八年三月十九日，湖广总督暂署四川总督富勒浑奏："如大兵不日凯旋，磺斤敷用，即行封闭，咨部停采。"①《恩施县志》载："乾隆三十八年因施南府属之恩施县出产硫磺，招商采办，至四十四年，省局积存余磺十余万斤，各省所买无几，又经奏明停采。"②

四、清末政府限制在苗疆开矿的政策

清代末叶，虽然政府对苗疆的调控能力大大降低，但对于苗疆的矿政，政府仍能从民生角度出发，努力限制不便于民的项目。道光皇帝就多次强调，开矿如果不便于民，必须停止。道光二十八年（1848 年）十一月乙酉谕内阁："着四川、云贵、两广、江西各省督抚于所属境内，确切查勘……如果不便于民，或开采之后，弊多利少，亦准奏明禁止。"③ 道光三十年五月初三日上谕："开采山矿，原期裕课便民，除贵州一省仍令开采外，其余各省著该督、抚确切查明，如果于民未便，著即遵照前奉谕旨，奏明停止。"④

地方官员也严格遵循这一原则，对于有碍"民间田园庐墓"者，一律不准开采。光绪《湖南通志》就记载了兴宁县山谷垄、大脚岭银矿从嘉庆至同治年间历任各级官员因有碍民生而严禁开采的经过：

> 兴宁县山谷垄、大脚岭皆有银矿，嘉庆二十四年邑监生何添明等具控黄人祥等招徕郴桂匪民在彼处私行开挖，奉批严行封禁。道光四年八月有陈斯圆等赴州禀请开挖，经县通禀各上宪札饬封禁。咸丰三年二月有张二古勾引郴桂民李大光、何华伦、邓大安等聚党私挖，构成巨案，经县通禀，奉札严行封禁。四年邓大安复勾集许光化、李六

---

① 《朱批奏折》，见中国人民大学清史研究所、档案系中国政治制度史教研室合编《清代的矿业》（下册），中华书局 1983 年版，第 644—645 页。

② （清）张家鼎、陶成怀纂修：（嘉庆）《恩施县志》，卷 1，政典四，页 36，故宫珍本丛刊第 143 册，海南出版社 2001 年版，第 178 页。

③ 《清宣宗实录》，卷 461，页 12，《清实录》（第三十九册），《宣宗实录七》，中华书局 1985 年版，第 823 页。

④ 《清文宗实录》，卷 9，页 7—8，《清实录》（第四十册），《文宗实录一》，中华书局 1985 年版，第 163 页。

香等仍前窃挖，复奉大宪札饬封禁。八年又有郴民王永信、何文清、李隆锦等复行聚众窃挖，经县禀本州，札饬严捕匪徒，会同封禁。同治元年八月，有何道平等禀州请试采，经县查报封禁。二年二月，何道平、罗国统等复又朦禀藩司请试开采，经县通禀，巡抚札藩司颁发告示，永远封禁。八月藩司恽世临升任巡抚，复函致前江苏臬司桂阳州人陈士杰派委该州举人夏嵩往县密勘，查得实在情形，大有碍于田园庐墓，万不可开，除士杰函复外，并由县恳切屡陈通禀在案。十二月罗春湖及国统等再敢密赴抚辕窃名捏禀，请试开采。三年正月，阖邑绅耆赴本州具禀，驳陈一十六害，恳请禁止。当由本州禀请本道转禀巡抚在案。二月复有邑绅何邦新等联名三百余人迫赴抚辕奏请封禁，情词惨切，奉巡抚恽世临批，山谷、大脚岭地方实碍田园庐墓，万不可开，昨据兴宁县查明禀复，已批饬严行封禁，永不准开，并拿窃名捏禀之人，严行惩办，仰即查照办理，毋容隐纵，即当遵饬刊碑示禁。①

道光《遵义府志》也记载了两起地方官经过核查后，认为开矿有碍民生而封禁的事例。一例发生在“道光十一年十二月，贵西兵备道周廷授以厂民单永新等呈报遵义县属西沙溪里之通达坪、羊肠沟等处山间露有白黑铅矿，现开漕硐九口，已得矿砂百万余斤，为县役及地棍占据私烧，佯以全行封闭诳县官，札饬遵义府县严查。知府于国琇、知县缪玉成遵勘得通达坪、黄家弯等处山形微小，四至俱于民间田园庐墓有碍，即附近之白银山、九龙岗毗连之马鞍山一带地方，俱曾于嘉庆十五、二十两年先后奉文封禁，应请永远禁闭，仍严私开役棍另案究办”。另一例则发生在道光二十一年九月，“绥阳县奸民熊仕宗等纠集游民于绥阳县正安州接壤之野茶坝、聚宝山、天缘山、新山等处，私采银铅，将置厂，知府黄乐之以多病民间庐墓，且奸宄易藏，滋扰可虑，民食正歉，腾贵堪虞严示禁止。十二月巡抚贺长龄访闻，复严札饬，令封闭。二十二年二月，乐之亲往勘封私漕，并申永禁”。② 现存于湖南省宁远县九疑瑶族乡虞陵殿的两块石

① （清）卞宝第、李瀚章等修，曾国荃、郭嵩焘等纂：（光绪）《湖南通志》，卷58，食货志四·矿厂，见《续修四库全书》编纂委员会编《续修四库全书》第662册，史部·地理类，上海古籍出版社1995年版，第673页。

② （清）黄乐之等修：《遵义府志》，卷19，坑冶，页6上—7上，道光二十三年修，刻本，桂林图书馆藏。

碑，虽然分别立于同治三年（1864 年）和同治十三年，但上面的文字记述的却是同样的内容，都是说有不法矿徒在九疑山一带非法开采，而地方政府认为，九疑山是华夏祖先舜帝的陵寝所在，关系到整个地区的风水，如果私自滥采，会严重妨碍当地民生，因此对山脉进行整体性和永久性封禁，无论有矿无矿，任何人不得开采，并立碑严示：

奉宪禁采碑

批查西江源地方，既据委员勘明开采矿砂有碍虞陵，且历年以来，叠酿臣案。现值有事之秋，自应严行封禁，以靖地方。仰南布政司令同按察司，迅即出示封禁，并移该道，督饬地方官，严密巡查，不准偷挖为要。又奉藩宪石礼开奉抚部院恽，批据禀，已悉西江源开采，既于地方不便，自不可填之，于始应照所议，仍行封禁，仰布政司查扶饬遵。等因奉此，合行出示严禁。为此示，仰合邑土庶及该处团保、瑶总人等知悉。现据李象鼎等禀，请开矿之西江源即癞子山地界，为九疑来脉。一经开采于虞陵民生，均大有障碍。况李象鼎等，系桂阳师籍，原非宁邑生员，胆敢欺朦罔利，业经本县申饬，兹既奉大宪执示封禁，应严行查禁，以靖地方。该民瑶人等，均不得伙串私开窃挖，自干法纪，仍令该处团保瑶总，随时严密巡查。如有外来奸匪，三五成群，入山偷挖，许即捉获，送案或据实指禀，以禀以凭严拿治罪。如敢故违徇隐，一经访闻或被告知发，定即一并拘案究办，决不姑宽。再癞子山地界宽广，除西江源外，别名甚多，与九疑山一带，均为虞陵重地，灵爽式凭之外，且系历来例封禁山，载在老乘，无论有无矿砂，一概严行永远封禁，以杜奸究，而弭弊端，各宜凛遵勿违，特示。

同治三年（1864 年）甲子岁夏月谷旦立[1]

九疑舜殿碑文

大宪札示封禁，亟应严行查禁，以靖地方。该民瑶人等，均不得伙串，私开窃挖，自干治纪。仍令该处团保、瑶总，随时严密巡查。

---

① 黄钰辑点：《瑶族石刻录》，云南民族出版社 1993 年版，第 89 页。原存湖南宁远县九疑瑶族乡虞陵殿前，1980 年 4 月采集。

如有外来奸匪，三五成群入山偷挖，即捉护送案或据实指禀，以凭严拿治罪。如敢故违徇隐，已经访闻或被告发，定即一并拘案究办，决不姑宽。再籁子山地界宽广，除西江源外，别名甚多，与九疑山一带均为虞陵重地灵爽式凭之处，具系历来例封禁山，载在老乘，无论有无矿砂，一概严行永远封禁，以杜奸宄，而弭弊端。各宜凛遵，毋违特示。

大清同治十三年（公元1874年）甲戌岁夏月谷旦立[①]

上述两块石碑，不仅具有对舜帝陵墓等的文物保护意义，而且具有重要的生态保护意义。地方政府分别两次立碑禁示，足见对其的重视程度。对于坟墓的保护也是保护民生的一部分，苗疆政府禁止在坟墓附近开矿，虽然可能出于迷信或敬祖心理，但其对生态环境的保护作用是毋庸置疑的。在桂林市发现的立于光绪年间的《桂林府禁止在岑毓英墓地采石烧灰告示》碑文，也让我们看到了清代末年政府仍对苗疆生态问题予以关注的态度：

桂林府禁止在岑毓英墓地采石烧灰告示

（上缺）翎调署桂林府事（下缺）□衔世袭骑都尉署理（下缺）石岩禁事。照得名臣（下缺）有功典至重也。查临（下缺）襄勤公坟茔所在，前经（下缺），致有干碍，诚恐愚民无（下缺）甲村长遵照一体妥慎，近村民及石匠诸邑（下缺），襄勤公坟茔前后左（下缺）马山白面山寺山（下缺）山，取石立厂烧灰（下缺），决不姑宽。各宜（下缺）光绪三年（下缺）告示。[②]

不可否认的是，清代自初期至末叶长期奉行的限制在苗疆开矿的政策，虽然没有让近代的中国产生发达的工商业，但其对苗疆矿产资源的保护却具有非比寻常的历史作用。据不完全统计，整个清代广西开采矿种计有14种，矿区90处，前后开采108次，其中试采无效的有10次，情况

① 黄钰辑点：《瑶族石刻录》，云南民族出版社1993年版，第107页。原存湖南宁远县九疑山舜陵殿中，1980年4月采集。

② 桂林市文物管理委员会编：《桂林石刻》（中），1977年编印，内部资料，第345页。

不明的有22次，试采成功获准正式开采的仅有49次，占全部开采次数的45.4%，连一半都不到。[①] 从许多地方志来看，直至民国时期，苗疆的许多矿产资源仍处于未开发的处女地状态，如《西江情形》载："广西山岭，矿苗甚旺。金银铜铁煤五者最多。而贵州有此五者之外，另有水银，其盛甲于天下。云南则产铜与食盐，至今各矿山开采者尚无几。"[②]《云贵川蜀商务论》载："近数年来，四川省人渐多徙至云贵居住，但道路辽远，迁运维艰，每苦无捷径可通，兼之矿务未兴，多因此而裹足不前。""云南有金银铜铁锡铅矿，惟开采较邻省尚少。"[③] 民国《阳朔县志》载："矿业：自清代至今无有组织公司开采各种矿产者，一切铁器皆自外省输入。"[④] 民国《息烽县志》载："息烽之南望山随在皆铁矿露见，乃县人之忍置不顾，其日用所需之生熟铁则反由他县取得，货弃于地宁不喟然。"[⑤] 民国三年的《独山县志》详细记载了该县蕴藏的矿产资源，几乎全部为未开采：

者然坡矿　雄黄未采
巴年砦矿　朱砂未采
高砦矿　　朱砂未采
夹河洞矿　硝未采
拉平砦矿　铁品佳，未开
坝延村矿　锑未开
摆略村矿　锑未开
果里坡矿　铁未开
老坝砦矿　铁未开

① 广西壮族自治区地方志编纂委员会编：《广西通志·地质矿产志》，广西人民出版社1992年版，第462页。

② 厥名：《西江情形》，载王锡祺编录《小方壶斋舆地丛钞三补编》（下），第七帙，第十一辑，辽海出版社2005年版，第557页。

③ 厥名：《云贵川蜀商务论》，载王锡祺编录《小方壶斋舆地丛钞三补编》（下），第七帙，第十一辑，辽海出版社2005年版，第572页。

④ 黎启勋、张岳霖等修：《阳朔县志》，卷2，经济·矿业，民国二十五年石印本，第52页，台北成文出版社1968年版，第260页。中国方志丛书·华南地方·第二〇四号。

⑤ 王左创修：《息烽县志》，卷12，食货志·矿业，页2下，民国二十九年成书，贵州省图书馆据息烽档案馆藏本1965年复制，桂林图书馆藏。

龙门山矿　铁未开
塘心村矿　铁未开
旁外村矿　铁未开
核桃树矿　煤，清光绪末年开，令停[①]

第三节　清政府减免苗疆矿税的政策

一、清初政府减免苗疆矿税的主要措施

1. 减免对苗疆矿产的直接征收

为了保民生养，清初政府颁布多项优惠措施直接免除或减少苗疆的矿产征收。“明末，苛政纷起，筹捐增饷，民穷财困。有清入主中国，概予蠲除，与民更始。”[②] 这些措施多是针对某一地区或某一种矿产的。与元代和明代沉重的矿课相比，清代的矿课削减幅度很大，苗疆百姓的矿产负担也减轻了不少。例如，《新纂云南通志》记载：“金之有课，则始自元明，清因之，代有增减。元时金课至一百八十锭，明以银八千余两折买金一千两，曰例金。其后增耗金而减价银，后又加贡一千两，未行，复加贡三千两。清初课金七十余两，递减至二十八两余。”[③]《石渠余纪》载顺治时期曾免除四川盐课并推迟新凿盐井起课：“顺治四年以后，方招抚四川，免盐课一年八月。十七年巡抚张所志奏，四川每凿一井，费中人数家之产。请三年起课，得比田地开荒。”[④] 这些措施对减少苗疆矿产资源的

① 王华裔创修：《独山县志》，卷8，坑冶，页1下—3上，民国三年成书，贵州省图书馆据独山县档案馆藏本1965年复制，桂林图书馆藏。
② 赵尔巽等撰：《清史稿》，卷120，志95·食货一，中华书局1976年版，第十三册，第3479页。
③ 周钟岳等：《新纂云南通志》，卷145，矿业考1，页2，见中国人民大学清史研究所、档案系中国政治制度史教研室合编《清代的矿业》（下册），中华书局1983年版，第558页。
④ （清）王庆云：《石渠余纪》，卷5，纪恤商，北京古籍出版社1985年版，第264页。

开采起了很大的保护作用。

康熙十九年（1680 年），左都御史徐元文请“革三藩虐政”，在滇者四，其中之一为“矿厂”。[①] 康熙二十四年，四川巡抚姚缔虞请免运白蜡，停解铁税，皆获施行。[②] 康熙时期最重要的事件就是免除广西的铜矿征解。康熙十九年，广西新经丧乱，民生凋瘵，广西巡抚郝浴疏陈调剂，请停鼓铸。[③] 康熙时期名臣高熊徵曾上《粤西三大政条陈》要求停止广西铸钱，他指出，广西非产铜区，朝廷却在广西设局铸钱，这对广西百姓是沉重负担：“其一铸钱之局宜停也。夫钱者，泉也，原欲其流通而不息，然粤西土俗则有用钱之处，亦有不用钱之处，且原无产铜地方，故向不设鼓铸，桂平一带用湖南之钱，郁博一带用高州之钱，浔梧则以银交易耳，迩者前院传以贼钱盛行，莫可禁察，故特请开局以收贼钱，疏内原云贼钱一尽即止，不另设官，只以捕盗摄也。今贼钱已尽，而鼓铸不休，甚者发价于民采买铜斤，百姓无处可觅，情愿如价倍出，交银与官前往广东采买，犹不可免，厉民如此，岂当日前院传收完贼钱即止之意乎。故曰利不百不可兴也，此铸钱一事尤所冀亟为题请停止者也。”[④] 为此，中央政府同意广西停止解送熟铁和生铜，并准许其折银解部。康熙四十年四月初七日户部议覆：“广西巡抚彭鹏疏言：旧例广西采买熟铁、生铜，解送京师。康熙三十九年奉旨，熟铁已停解送，今生铜亦请停解，应不准行。”上谕大学士等曰：“广西路遥地险，若令解送，必致累民，可如其所请，折银解部。”[⑤] 对这一重大举措，广西地方志多有记载。如《广西通志》载：“（康熙）四十年奉文：粤西非产铜铁之地，其添解并原征生铜俱停解送。”[⑥]《横州志》载：“康熙四十年，奉文粤西非产铜之地，原征生铜，

---

① 赵尔巽等撰：《清史稿》，卷 250，列传 37 · 徐元文传，中华书局 1977 年版，第三十二册，第 9706—9707 页。

② 赵尔巽等撰：《清史稿》，卷 274，列传 61 · 姚缔虞传，中华书局 1977 年版，第三十三册，第 10049 页。

③ 赵尔巽等撰：《清史稿》，卷 256，列传 43 · 王继文传，中华书局 1977 年版，第三十二册，第 9802 页。

④ （清）吴九龄、史鸣皋纂修：（乾隆）《梧州府志》，卷 20，艺文，页 21—22，故宫珍本丛刊第 201 册，海南出版社 2001 年版，第 410—411 页。

⑤ 《圣祖实录》，卷 204，页 2，《清实录》（第六册），《圣祖实录三》，中华书局 1985 年版，第 79 页。

⑥ （清）谢启昆、胡虔纂：《广西通志》，卷 164，经政略十四 · 土贡，广西师范大学历史系、中国历史文献研究室点校，广西人民出版社 1988 年版，第 4578 页。

停其解送，将原定铜价并折色翠毛、翎毛、黄麻四项，以及铺垫水脚银两，俱逐年列批解部。”[①]

乾隆七年（1742 年）湖南朱砂停解本色，允许折价解部。[②] 乾隆四十五年，上谕：各省督抚“竞以金玉铜瓮纷纷罗列，朕实厌之，即如法瑯一种，必须铜制造而成，耗费铜斤实甚……毋得再有呈进”。[③] 嘉庆十三年（1808 年），上谕：“向来云南土贡例进铜炉……嗣后均毋庸呈进，则铸造者少，而地宝胥归利用矣。”[④] 嘉庆二十三年，上谕：“着通谕直省督抚，除应进土贡，仍循例备进外，所有金珠玉器陈设，仍一概不准进呈。”[⑤]

2. 确定苗疆低额矿税，并不得随意增加

康熙时期政府确定了固定的矿税。康熙十八年（1679 年）规定各省铜铅税额为 20%，并严禁政府官员勒索：“各省采得铜铅，以十分内二分纳官，八分听民发卖，监管官准按斤数议叙；上官诛求逼勒者从重议处。”至于苗疆矿税的额度则在 20% 的幅度内，采取多种自由方式征缴：“今则湖南、云、贵、川、广等处并饶矿井产，而滇之红铜，黔、楚之铅，粤东之点锡，尤上供京局者也。大抵官税其十分之二，其四分则发价官收，其四分则听其流通贩运；或以一成抽课，其余尽数官买；或以三成抽课，其余听商自卖；或有官发工本招商承办，又有竟归官办者。额有增减，价有重轻，要皆随时以为损益云。”[⑥] 和明代沉重的矿税负担相比，这一额度的确减轻不少，而且缴纳方式较为灵活。

朝廷严禁在规定税额之外违例增收矿税。康熙二十五年上谕：“国家设关榷税，原以阜财利用，恤商裕民，必征输无弊，出入有经，庶百物流通，民生饶裕，近来各关差官不恪遵定例，任意征收，官役痛同，恣行苛虐，托言办铜，价值浮多……所有见行例收税溢额，即升加级纪录，应行

---

① （清）谢钟龄等修、朱秀等纂：《横州志》，清光绪二十五年刻本，横县文物管理所据该本 1983 年重印，第 88 页。桂林图书馆藏。

② （清）卞宝第、李瀚章等修，曾国荃、郭嵩焘等纂：（光绪）《湖南通志》，卷 58，食货志四·矿厂，见《续修四库全书》编纂委员会编《续修四库全书》第 662 册，史部·地理类，上海古籍出版社 1995 年版，第 690 页。

③ 《清会典事例》第五册，卷 401，礼部 112·风教·禁止贡献，中华书局 1991 年版，第 483—484 页。

④ 《清会典事例》第五册，卷 401，礼部 112·风教·禁止贡献，中华书局 1991 年版，第 491 页。

⑤ 《清会典事例》第五册，卷 401，礼部 112·风教·禁止贡献，中华书局 1991 年版，第 491 页。

⑥ 《皇朝文献通考》，卷 30，征榷考五·坑治，页 23—24，见（清）纪昀等总纂《文渊阁四库全书》第 632 册，史部 390 卷·政书类，台湾商务印书馆 1983 年版，第 636—637 页。

停止，其采办铜斤定价，既已不敷，作何酌议增加?”[①] 政府还规定不得增加原有厂税：“康熙四十六年户部议增云南厂税，谕以云南年征八万两，兵饷已敷，此外不得增加。”[②] 对于矿苗已枯竭的矿场，免除征税。康熙《安南州志》载：“石羊厂矿课银二十七两四钱四分，遇闰照加。表罗厂课钱一百两五钱二分又商税银八十一两五钱一分二项征银一百八十二两三分，此项厂课商税银两因矿苗断绝，历年俱系本州赔垫，蒙前总督云贵部院王于钦奉恩诏事案内题请除免，业奉部覆奉旨豁免，钦遵在案，今无征。”[③]

对于在明末和清初三藩时期加征的矿产税收，清政府一律予以减免。康熙二十五年，云南巡抚石琳疏言：“云南盐井有九，以各井行盐之多寡为每岁征课之重轻。琅井盐斤征课六厘，白井八厘，至黑井则倍，明末加征，较明初原额不啻数倍。今请减黑、白二井之课如琅井例。”并称：“新平之银场，易门之铜厂，矿断山空，宜尽豁课税。”[④] 康熙二十八年，云南巡抚王继文疏言：“黑井盐课，（吴）三桂月增课银二千两，请豁除。”[⑤]

雍正时期对苗疆也实行同样的减免政策。雍正八年（1730 年）覆准：云南省罗平州之畀浙、瑰泽二厂，产在深山，凡米粮什物器具，较他厂甚贵，又二厂每铅百斤，约费工本银一两七钱九分，交官仅得价银二两，恐致亏本，嗣后每百斤收课十斤，毋庸按二八例数。又覆准广西省河池州属响水铜厂所抽课税照滇省之例办理。[⑥] 对于一些主动归附中央并要求进贡矿产的少数民族土司，朝廷也能酌情减免。据《厂记》记载：“募乃厂孟连土司之东，土司刀氏擅其地，雍正八年刀派夷献此厂，原岁输厂课银六百两，总督鄂尔泰以闻，上嘉之，为减其半。”[⑦]

---

① 《清圣祖实录》，卷 124，页 13—14，《清实录》（第五册），《圣祖实录二》，中华书局 1985 年版，第 317—318 页。

② （清）王庆云：《石渠余纪》，卷 5，纪矿政，北京古籍出版社 1985 年版，第 227 页。

③ （清）张伦至纂修：（康熙）《安南州志》，卷 3，课程，页 8，故宫珍本丛刊第 229 册，海南出版社 2001 年版，第 346 页。

④ 赵尔巽等撰：《清史稿》，卷 276，列传 63 · 石琳传，中华书局 1977 年版，第三十三册，第 10068—10069 页。

⑤ 赵尔巽等撰：《清史稿》，卷 270，列传 57 · 郝浴传，中华书局 1977 年版，第三十三册，第 9999 页。

⑥ 《清会典事例》第三册，卷 244，户部 93 · 杂赋 · 铜铁锡铅矿课，中华书局 1991 年版，第 883 页。

⑦ （清）檀萃：《厂记》，载（清）师范辑《滇系》，卷 8 之 4，艺文，页 84—86，云南通志局清光绪丁亥十三年刻本。

3. 准苗疆折色免解矿产资源

康熙时期实行的一项重要举措，就是改革财政体制，允许各地将应缴矿产税额折成银两缴纳，而无须直接缴纳矿产品，这对苗疆的矿产资源不啻是一把“保护伞”。《平乐府志》记载康熙七年至康熙十年准许将当地应缴生铜、熟铁、砂仁、滑石全部折色银两：“生铜：康熙元年每斤折银一钱二分，有铺垫……熟铁：康熙元年每斤折银二分八毫五丝，有水脚”，“砂仁、滑石……康熙七年三分折二。砂仁一斤九分六厘，滑石一斤三分三毫……本色一分有铺垫，每两三分，于康熙十年全折”。[①]《横州志》也记载当地应缴砂仁、滑石在康熙初期全部被折色免解：“砂仁、滑石……于康熙七年奉文三分改折二分。三十五年五月改征折色解部。三十一年正月，奉文免其解部，贮拨兵饷。三十二年九月，奉文归入地丁起运项下。”[②] 康熙四十年四月初七日甲子，户部议覆广西巡抚彭鹏疏言：“旧例广西采买熟铁生铜解送京师，康熙三十九年春旨熟铁已停解送，今生铜亦请停解，应不准行。”上谕大学士等曰：“广西路遥地险，若令解送，必致累民，可如其所请折银解部。”[③] 康熙《贵州通志》载：“贵州布政使司年额水银一千八百一十八斤五两，每斤折价银五钱，共银九百九两一钱五分六厘二毫五丝，又遇闰年分加征闰月水银一百四十三斤一十两，每斤折价银五钱，共银七十一两八钱一分二厘五毫，无闰月之年例不征解。”[④]通过将应缴矿产品折色银两的措施，极大地保护了苗疆有限的矿产资源。

二、清代中期政府减免苗疆矿税的主要措施

清代中期政府也采取各种措施减免苗疆的矿税负担。乾隆时期，政府经常采纳减免税收负担的建议，减少了对矿产资源的过度开采。乾隆皇帝登基之初，就有大臣上“用人、理财、治兵”三大事，其中理财之目中

---

① （清）胡醇仁重修：（雍正）《平乐府志》，卷 11，赋役，页 11—12，故宫珍本丛刊第 200 册，海南出版社 2001 年版，第 314 页。

② （清）谢钟龄等修、朱秀等纂：《横州志》，清光绪二十五年刻本，横县文物管理所据该本 1983 年重印，第 88 页。桂林图书馆藏。

③ 《清圣祖实录》，卷 204，页 2，《清实录》（第六册），《圣祖实录三》，中华书局 1985 年版，第 79 页。

④ （清）卫既齐主修：《贵州通志》，卷 11，税课，页 83 下，康熙三十一年撰，贵州省图书馆据上海图书馆、南京图书馆、贵州省博物馆藏本 1965 年复制，桂林图书馆藏。

就包括“轻征榷”。[①]《石渠余纪》载：“乾隆初改铸青钱，减贵州白铅五十万斤。”[②] 乾隆三年（1738 年），署云南总督张允随请停铸钱运京。[③] 乾隆五年下旨：“湖南巡抚许客、甘肃巡抚元展成各疏称，查明所属产煤处所均无关碍，请听民试采，免其抽税。”[④] 乾隆九年七月乙酉，户部议覆两广总督马尔泰、署广东巡抚广州将军策楞条陈粤东开采矿厂召商抽课各事宜：“铜矿原本无银，间杂银屑，为数甚微，现酌议何等以上抽课，何等以下免抽。应如所请，俟确查定议。”[⑤] 乾隆十一年二月二十七日，户部议覆四川巡抚纪山疏称：“覆查沙沟、紫古哵二铜厂矿内夹产银星，采炼维艰，与全出金银者不同，已委员试验，详计亏商本，难以照会典四六之例抽课。请照前议，以二八抽收，用纾商力。”应如所请，从之。[⑥] 一些朝廷和地方官员也能为民着想，向朝廷请命免除矿产税课。乾隆《芷江县志》载：“麦金：亦出于石，久为此邑绝产，经御史薛瑄、参政游震先后奏免，民始无累。”[⑦] 乾隆《永北府志》记载的当地官员刘慥所书的《请免金课奏》，言辞恳切地请求朝廷免除永北府已枯竭的金沙矿税课，以解除百姓的无妄负担：

窃惟云南永北府地界金沙江，旧传明季有淘金人户，每户有金床一架，额征金一钱五分，递年约金课十四两五钱零，添平二两零，知府规礼三两，通共一十九两五钱零。迩来金渐不产，从前淘金人户久已散亡。今间有淘金之人，俱系四方穷民，借此糊口，去来无常，或一日得一二分，或三四日竟无分厘，是以额征之数，不能依淘金床上纳，倘课头催紧，淘金者即潜散他方，有司以正课不敢虚悬，督责课头，课头以淘金人尽散，无可着落，只得将江东、江西两岸居住之夷倮按户催缴以完金

---

① （清）余金辑：《熙朝新语》，卷 13，上海古籍书店 1983 年版，第 17 页。

② （清）王庆云：《石渠余纪》，卷 5，纪铜政，北京古籍出版社 1985 年版，第 222 页。

③ 赵尔巽等撰：《清史稿》，卷 307，列传 94 · 张允随传，中华书局 1977 年版，第三十五册，第 10556 页。

④ 《清高宗实录》，卷 110，页 8，《清实录》（第十册），《高宗实录二》，中华书局 1985 年版，第 633 页。

⑤ 《清高宗实录》，卷 220，页 12，《清实录》（第十一册），《高宗实录三》，中华书局 1985 年版，第 835 页。

⑥ 《清高宗实录》，卷 259，页 21，《清实录》（第十二册），《高宗实录四》，中华书局 1985 年版，第 352 页。

⑦ （清）瑭珠纂修：（乾隆）《芷江县志》，卷 5，风土 · 物产，页 22，故宫珍本丛刊第 162 册，海南出版社 2001 年版，第 316 页。

课，间有逃亡一户，又将一户之课摊入一村，相仍积弊，苦累无穷。况二村夷倮，历不淘金，乃至卖妻鬻子赔纳金课，嗟此夷民情何以堪？臣生长永北，知之最悉。近奉特旨，豁免丽江之夷丁课、鹤庆之站丁银，六诏编氓，恩同再造。永北荒金，赔累更苦于夷丁站丁，臣躬逢尧舜，小民疾苦，不敢壅于上闻，为此具实冒昧渎呈，伏祈圣主一视同仁，俯赐蠲免，则沿江两岸夷民永戴皇仁于生生世世矣。[①]

而根据《滇系》的记载，刘慥的上书成功打动了上层，为云南百姓减免了金课："公（刘慥）居永北，三面皆金沙江。江民累淘金课，其来久矣。公为诸生时，伤其累，思有以苏之。及为庶常，因进书次白于上，即为减课之半。夫云南金课之病民，胜国为甚。当其时，大吏争之，群公为论说畅之，卒不能得。公以草茅新进之臣，慷慨直陈于殿陛，数百年之累遂轻。"[②]

嘉庆时期也多次禁止征收铜。《遵义府志》记载嘉庆初年朝廷封闭遵义铅厂免除了当地人民的矿累："国朝以来，丹砂银矿采验无效，白铅则旋开旋停，非明征欤。宋志曰：山泽之利有限，或暴发辄竭，或采取岁久所得不偿其费，而岁课不足，有司必责主者取盈，重为民累，遵义冶场即坐斯病。自嘉庆初恩旨严行封闭，仍罪私开，遵民仰沐深仁，永得聊生安业矣。"[③] 嘉庆七年（1802 年）覆准，广西省怀集县额设铁炉，开采年久，炭矿就衰，嗣后减炉十座，免纳税饷。[④]

三、清末政府减免苗疆矿税的政策

虽然清末政府在财政上承担着巨大的外事赔款和内部亏空，但其仍有不少对苗疆矿税进行减免的政策。《清史稿》评价，道光初年，"其时岁入有常，不轻言利……又旋开旋停，兴废不常，赋入亦鲜……见有蠲除课

---

① （清）陈奇典纂修：（乾隆）《永北府志》，卷 27，艺文，页 12—13，故宫珍本丛刊第 229 册，海南出版社 2001 年版，第 155—156 页。

② （清）檀萃：《永北刘方伯公（慥）传》，载（清）师范辑《滇系》，卷 8 之 6，艺文，页 70，云南通志局清光绪丁亥十三年刻本。

③ （清）黄乐之等修：《遵义府志》，卷 19，坑冶，页 1 上、下，道光二十三年修，刻本，桂林图书馆藏。

④ 《清会典事例》第三册，卷 244，户部 93 · 杂赋 · 铜铁锡铅矿课，中华书局 1991 年版，第 892 页。

税者”。[①] 道光《铜仁府志》记载：“赤金：省提二溪出，奏革。”[②] 道光八年（1828 年）十二月初一日，谕内阁准许减少贵州铅课一折：“黔妈姑、福集等铅厂因开采年久，峒老山空，砂丁采取匪易。新发白岩子厂夏间雨水过多，漕洞被淹，招丁车水，需费不少，炉户倍形疲乏。据该抚查明，恳请调剂，著照所请，所有该厂等应抽二成课铅，准照滇省办铜抽课一成之例，暂减一成，以纾厂力。”[③] 光绪二十五年（1899 年）四月初八日广西巡抚黄槐森奏广西难办鼓铸制钱事宜：“筹议广西鼓铸制钱，体察情形，尚难举办。”朝廷如所请行。[④] 此外，政府还注意对苗疆矿产资源进行有计划的开采，根据税额确定产量，一旦产量满足税额即封闭矿洞，撤走炼炉，停止采伐，而不是疯狂掠夺，咸丰《兴义府志》载：“硝产府辖之观音岩，及册亨之砦年秧窝诸处，凡三年采一……于郡属各州县境开洞采之，数满即将洞封闭，随将炼硝开釜日期，十日一报藩司，核日炼硝足额，即撤炉。虑有私硝漏贩，防制綦严。”[⑤]

第四节　清政府禁止在苗疆私采矿产的政策

在实行榷估和盐铁专卖制度的时代，历代王朝都把矿产资源视为皇家专有财产，采矿是“天地降祥及圣主足国裕民”之举，[⑥] 因此采矿必须经朝廷批准才算合法，否则被称为“私采”“偷采”“盗采”，一律予以禁止。明代也曾禁止私开矿产，但由于执法松弛，因此管理不善，“奸民私

---

① 赵尔巽等撰：《清史稿》，卷 124，志 99 · 食货五 · 矿政，中华书局 1976 年版，第十三册，第 3666 页。

② （清）敬文等修、徐如澍纂：《铜仁府志》，卷 4，土产，页 19 下，道光四年成书，贵州省图书馆据该馆、中国科学院南京地理研究所、南京图书馆藏本 1965 年复制，桂林图书馆藏。

③ 《清宣宗实录》，卷 148，页 1，《清实录》（第三十五册），《宣宗实录三》，中华书局 1985 年版，第 259 页。

④ 《清德宗实录》，卷 442，页 10，《清实录》（第五十七册），《德宗实录六》，中华书局 1985 年版，第 822 页。

⑤ （清）张瑛纂修：《兴义府志》，卷 43，货属，页 27 上，咸丰三年成书，贵州省图书馆，1982 年复制，桂林图书馆藏。

⑥ 广西壮族自治区地方志编纂委员会编：《广西通志 · 地质矿产志》，广西人民出版社 1992 年版，第 462 页。

开坑穴相杀伤，严禁不能止。下诏宥之，不悛”。[①] 清代矿产开采的基本程序是：矿商接受政府招募或自行探寻矿脉，若发现“矿苗丰旺”即具呈报采，当地知县接到呈请后，亲自委派人员到矿区“履勘”，查明开采确无碍他人田园、庐墓，即准先试采。试采期为三年，不纳矿课。试采成功，矿商正式呈请，层层上报直至朝廷，户部受理后向皇帝请旨，皇帝亲笔“朱批”下达生效，布政使司发给牌照，矿商领取牌照后即可进行合法开采（见图4－1）。《黔记》载：“向来产铅之地，土人视其可开，具呈报州县官批准，令其自备赀本开采一年有效，然后州县官申报官办一年有效，然后申请领官本经理，必三五年乃有成局。”[②] 记述云南铜政的《铜政便览》一书记载的《新开子厂取结咨报》条例规定：“凡踩获子厂之日，切实查明，取结报部。”[③] 凡不按照此程序办理并获得牌照的开矿，一律视为私采违法行为，要受到法律严厉的追究和制裁。据不完全统计，清代广西开矿中私采、偷采、盗采被禁的有8次之多。[④]

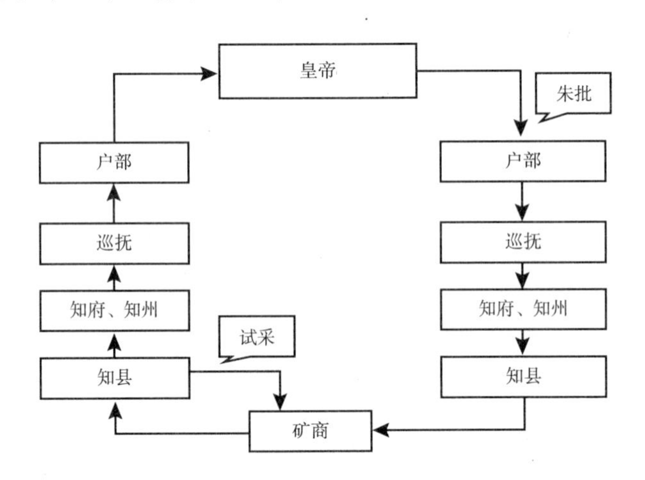

图4－1 清政府开矿审批程序示意

---

① （清）张廷玉等撰：《明史》，卷81，志第57·食货五，中华书局1874年版，第七册，第1970页。

② （清）李宗昉撰：《黔记》，卷4，页6上、下，嘉庆十八年撰，线装一册四卷，桂林图书馆藏。

③ 佚名撰：《铜政便览》，卷2，厂地下，页44，见刘兆祐主编《中国史学丛书三编》第一辑，台湾学生书局1986年版，第171页。

④ 广西壮族自治区地方志编纂委员会编：《广西通志·地质矿产志》，广西人民出版社1992年版，第462页。

一、清初政府禁止在苗疆私采矿产的政策

雍正时期，清政府注重以法律手段打击私采矿产的行为，依据《明律》旧文在《大清律例》中节删酌定、增设了2条惩治私采矿产的罪名及刑罚。惩治的范围包括私采者、场主、保甲、地邻等，分别比照盗窃、引领私盐律、官司追捕罪人而漏泄其事、强盗窝主之邻佑知而不首等罪名论处。主要条文如下：

> 1. 凡盗掘金、银、铜、锡、水银等矿砂，每金砂一斤折银二钱五分，银砂一斤折银五分，铜、锡、水银等砂一斤折银一分二厘五毫，俱计赃准盗窃论。若在山洞捉获，持杖拒捕者，不论人数、砂数多寡及初犯再犯，俱发边远充军。若杀伤人，为首者照窃盗拒捕杀伤人律，斩。不曾拒捕，若聚至三十人以上者，不论砂数多寡及初犯再犯，为首发近边充军，为从枷号三个月，照窃盗罪发落。若不曾拒捕，又人数不及三十名者，为首初犯枷号三个月，照窃盗罪发落；再犯，亦发近边充军；为从者止照窃盗罪发落。
>
> 2. 产矿山，场主违禁勾引矿徒，潜行偷挖者，照矿徒之例，以为首论。若系约练勾引接济，伙同分利者，照引领私盐律，杖九十，徒二年半，得财者，计赃准窃盗，从重论。如因官兵往拿，漏信使逃及阴令拒捕者，俱照官司追捕罪人而漏泄其事者，减罪人所犯罪一等律治罪。保甲地邻知情容隐不报者，均照强盗窝主之邻佑知而不首例，杖一百发落。①

雍正对于官方开矿尚且严禁，对于私人擅自偷挖矿产资源更是毫不留情地予以打击，这虽然在某种程度上抑制了民间工商业的发展，但从生态学的角度来说，却是一种较为合理的政策。因为私人挖矿往往不讲求科学和规范，技术手段也颇为落后，对矿脉造成的破坏难以弥补，因此对于大

① 嘉庆《大清律例》，卷24，刑律贼盗中。盗田野谷麦，页1—2，见故宫博物院编《大清律例》第一册，海南出版社2000年版，第343页。

量不法矿徒流入苗疆聚集在矿山偷采盗挖的行为，雍正时期的清政府往往动用国家机器进行驱逐捕拿，并务求斩草除根以绝后患。虽然维护社会治安、保证物价稳定是其主要目的，但这些措施也在客观上较好地保护了苗疆的矿产资源。

1. 清剿焦木山、芋荚山矿徒案

雍正二年（1724 年）至五年，清政府以果断迅速的手段处理了广西“焦木山银矿案”和“芋荚山金矿案”，反映了朝廷坚决的“禁止私采”立场。当时大量外地不法矿徒潜入瑶族聚居的位于桂、粤、湘边境的焦木山偷挖银矿，在皇帝指示下，三省官员合力出兵驱散了不法矿徒，并永久性封闭银矿，从而保护了苗疆珍贵的矿产资源。

雍正二年八月初四日，广西巡抚李绂奏陈广西贺县大金、蕉木等山有外省矿徒聚集，私挖矿砂：“臣查广西贺县矿山五里外即为广东之梅峒汛，又数里即广东连山县之宿塘寨，皆矿徒蟠踞之所，眈眈于广西之大金、蕉木等山……外省无籍可归之矿徒二百余人流入蕉木山，驱逐不退……梅峒宿塘等处矿徒梁老二聚集多人，汛兵子弟亦往附合，势难防缉……臣思开矿之举甚有关系，目下即幸无虞，将来或恐滋事。臣谨将现在情形奏。”雍正皇帝闻报后批复立即禁采并驱逐解散矿徒：“矿沙之利，穷民私采，犹当禁止，何况明目张胆而行之者，此中利害朕深知之。今既聚众自立头目，是断不可一日姑容少宽禁捕者也。今将批谕孔毓珣之旨抄录示汝，汝等可协力设法严禁，永令地方无此等事方好。”① 李绂带兵驱逐矿徒散回广东后，雍正皇帝又于同年九月初八日谕两广总督孔毓珣要求严格稽查流散矿徒：“此关系地方利害，尔总督全粤，宜协同两省巡抚提督设法驱除解散，毋因前曾奏请开矿，少有回护，以致慢忽因循，且闻所聚矿徒已有名目，将来为害不轻，非比一二穷民偷采或可法外宽宥，断宜速行，严禁解散，无使滋蔓。”② 同年十月初九日，孔毓珣谨回奏已督饬两省营弁清剿不法矿徒及为首之人：“六月初八日有矿徒进蕉木山盗挖矿砂，探系广东宿塘梅峒等村人民，现在督率弁兵乡练驱逐等情，随分饬广

---

① 《世宗宪皇帝朱批谕旨》，卷 22 上，李绂，页 12—14，见（清）纪昀等总纂《文渊阁四库全书》第 417 册，史部 175 卷，诏令奏议类，台湾商务印书馆 1983 年版，第 314 页。

② 《清世宗实录》，卷 24，页 8—9，《清实录》（第七册），《世宗实录一》，中华书局 1985 年版，第 380 页。

西该营县及行广东之三江协连山县各带兵役驱逐，并查拿为首之人解究。"[①] 雍正三年正月二十九日，上谕两广总督孔毓珣饬蕉木山四路汛营严行稽查堵截矿徒："广西蕉木山场常有矿徒骚扰，虽屡经驱禁，而巢窟尚在，广西终难安靖。闻蕉木山路共有四汛，在广西者三，在广东者一。两省汛兵，各宜尽心防缉，不得坐视推诿。嗣后着该管文武官分地查核，以专责任。或矿徒从某地来，不能稽查，或已至某地，不能擒获，或逃入某地，不能堵截，即将该管官弁题参议处。"[②] 同年六月二十八日，孔毓珣复奏已捉拿首犯梁老二（聂维宽）、陈秀华，并"同伙四十二人俱经全获"。皇帝朱批："遇此惟以严缉务获为要，断不可潜消暗灭。"[③] 同年十二月十八日，李绂题聂维宽、陈秀华等依律拟斩监候。[④] 至此，持续一年多的蕉木山矿徒案终于彻底肃清。

雍正四年六月十六日，广西巡抚汪漋又奏报有矿徒在梧州芋荚山挖矿："梧州府属苍梧县有芋荚山，其地连接广东，为开建、贺县、苍梧三县分辖之区，峻岭穷崖，径路歧出，近有广东饥民同苍梧贺县愚民潜往此山偷挖矿砂。臣随饬苍梧县协同武弁严拿驱逐。"[⑤] 同年七月初三日，广西巡抚甘汝来奏报："广东开建地方界连广西梧郡，四月内穷民呼群引类，潜入苍梧之芋荚山偷挖矿砂。经两省弁员分头堵逐，渐次解散。"[⑥] 本着清查到底的精神，雍正五年二月二十九日，皇帝发布上谕，要求桂粤两省官员在两省疆界认真清查，防止矿徒流窜："矿贼盘踞于两广之间，而两省官员互相推诿，以致宵小肆行，良民时受其扰。著李绂、甘汝来会同阿克敦将两省疆界，一一清查，如何分别防范管理，使汛地各有专责，

---

① 《世宗宪皇帝朱批谕旨》，卷 7 之一，孔毓珣，页 61—62，见（清）纪昀等总纂《文渊阁四库全书》第 416 册，史部 174 卷，诏令奏议类，台湾商务印书馆 1983 年版，第 266—267 页。

② 《清世宗实录》，卷 28，页 13，《清实录》（第七册），《世宗实录一》，中华书局 1985 年版，第 428 页。

③ 《世宗宪皇帝朱批谕旨》，卷 7 之一，孔毓珣，页 82，见（清）纪昀等总纂《文渊阁四库全书》第 416 册，史部 174 卷，诏令奏议类，台湾商务印书馆 1983 年版，第 277 页。

④ 《重囚招册》，见中国人民大学清史研究所、档案系中国政治制度史教研室合编《清代的矿业》（上册），中华书局 1983 年版，第 52 页。

⑤ 《世宗宪皇帝朱批谕旨》，卷 61，汪漋，页 9，见（清）纪昀等总纂《文渊阁四库全书》第 419 册，史部 177 卷，诏令奏议类，台湾商务印书馆 1983 年版，第 92 页。

⑥ 《世宗宪皇帝朱批谕旨》，卷 62，甘汝来，页 2，见（清）纪昀等总纂《文渊阁四库全书》第 419 册，史部 177 卷，诏令奏议类，台湾商务印书馆 1983 年版，第 99 页。

匪类无计潜藏，不得仍前怠忽，自干重罪。”① 同年三月二十二日，署两广总督阿克敦奏报芋荚山矿徒已全部清剿：“查李亚展、潘十八系偷挖芋荚山矿砂之巨魁，今两犯先后就擒，余党闻风远遁，现今芋荚山场俱已肃清。”雍正批曰：“好极，朕欣悦览焉。其极力加勉。”② 雍正对案件的彻查态度使地方官也不敢怠慢，对两广交界处的矿徒时刻保持高度警惕。

雍正的强硬措施及跟踪推进、务求彻底解决的政策，使得这一地区的矿产资源再未受到侵害。民国《贺县志》对雍正皇帝处理此案的铁腕手段给予极高的评价：“（焦木山银矿）清康熙间，惠潮满州游匪肆行盗采，屡经封闭，迄不能禁……雍正初年始生擒之，置于重讼，匪众乃散，患除后，矿厂旋闭。”“尖山与连山界并接，楚之江华有银矿，亦经开采成课，缘江华瑶寇越境肆虐，甚于连之八排瑶，楚粤游匪乘之盗采偷砂，亦经严禁不悛，宁立清后至今不复开。”③

2. 解散南丹矿徒案

雍正五年的“解散南丹矿徒案”，是清政府成功办理的又一起解散矿徒事件。雍正五年闰三月，镇守广州将军石礼哈奏报广西南丹“自明季至今约有十余万人盘踞在内，地方文武无计解散”，并备述驱逐解散之难，“南丹州道路丛杂，难以禁绝，即或禁绝，岂肯束手安分”。但雍正皇帝要求地方官必须实力驱逐剿灭：“此事全在地方各官实力奉行……南丹不在世外，出入必有路径，路径多行走易，则官兵胡不入山驱逐，令其解散，道途险隘往返崎岖，则堵塞其必由之门户，彼将自求解散之不暇矣。除此渐消剿灭二法之外，余无良策。”④ 广西提督田畯认为与其驱逐矿徒，不如使开矿合法化：“现在严行驱逐，臣愚以为，不如明令开采，设立廉干文员，驻扎厂地，定议作何抽取，并设弁兵弹压，如矿砂未绝，则照例抽取，至矿尽山空，则利徒不驱自散矣。”但遭到雍正皇帝的痛斥：“斯等大有关系之事，岂可如此轻易乱言？”“今日之不生事，实缘矿

---

① 《清世宗实录》，卷 53，页 35—36，《清实录》（第七册），《世宗实录一》，中华书局 1985 年版，第 811—812 页。

② 《世宗宪皇帝朱批谕旨》，卷 196，阿克敦，页 25，见（清）纪昀等总纂《文渊阁四库全书》第 424 册，史部 182 册，诏令奏议类，台湾商务印书馆 1983 年版，第 221 页。

③ 佚名纂：《贺县志》，卷 4，页 48，台北成文出版社 1967 年版，第 239 页，中国方志丛书第 20 号。民国二十三年铅印本。

④ 《世宗宪皇帝朱批谕旨》（一），卷 8 下，石礼哈，页 30—32，见（清）纪昀等总纂《文渊阁四库全书》第 416 册，史部 174 册，诏令奏议类，台湾商务印书馆 1983 年版，第 425—426 页。

砂未绝，他日之滋生事端必因矿尽砂空。”①

在中央的严厉督促下，广西政府不得不采取措施于雍正五年九月逐步解散了南丹矿徒：“督臣同臣俱差将备会同地方官至厂宣布皇上威德，示谕矿徒等人作速散归，不许逗留，矿徒及买卖人并妇女约有二万，咸遵法纪，于九月内尽行散去，其井口房屋自行烧毁。”② 但与“焦木山银矿案”不同的是，广西南丹地区属于土司管辖，为安抚土司势力，地方政府采取了截然不同的措施，没有动用武力，而是由土司出面，以较为温和的晓谕办法，劝说开矿商民解散返乡，并由土司出具保证书，较为轻松地解除了隐患：“续据差标员回肇禀同前由，并取有土官印结等情。查南丹锡矿界联贵州之独山州及丰宁，上下土司自宋至今，黔楚之民时聚偷挖，虽历来从未生事，亦不便任其聚集，今仰赖皇上德威远播，矿徒尽散，地方自可永靖。除一面知晓黔省并饬行广西文武仍不时查察外，所有南丹矿徒遵法解散。”③《庆远府志》对此记载道：“明南丹州锡矿任百姓开采。本朝雍正七年奉文封禁。”④“不战而屈人之兵，乃善之善者也”，“焦木山银矿案”与“解散南丹矿徒案”采用两种不同的“剿”“抚”方式解决，体现出清政府在处理矿徒案件时能够因地制宜、因事制宜，具有一定的灵活性。

3. 其他禁止苗疆私采矿产的刑事案例

由于官僚主义及苗疆地处偏远等原因，中央的政策往往难于在这一地区得到真正的贯彻执行，一些皇帝的谕旨、官方的禁令很容易沦为具文，但从一些苗疆留存档案中，我们可以看出，在雍正时期，禁止在苗疆私采的禁令即使在较为边远的基层也得到了切实的贯彻执行。四川彝族聚居的冕宁地区保存的清代官方档案中记录的一个刑事案件就证明了这一点。

冕宁档案中，有一份写于雍正四年十月十八日的《宁番卫守御冕山所事建昌卫中前所牒》，该文牒记述了地方军事人员在子古别（即上文的紫古哵）矿厂逮捕5名内地私挖矿产人员及对他们处以监禁的刑罚处罚的事实

① 《世宗宪皇帝朱批谕旨》，卷115，田畯，页6，见（清）纪昀等总纂《文渊阁四库全书》第420册，史部178卷，诏令奏议类，台湾商务印书馆1983年版，第115页。

② 《世宗宪皇帝朱批谕旨》，卷115，田畯，页9—10，见（清）纪昀等总纂《文渊阁四库全书》第420册，史部178卷，诏令奏议类，台湾商务印书馆1983年版，第116—117页。

③ 《世宗宪皇帝朱批谕旨》，卷7之三，孔毓珣，页12—14，见（清）纪昀等总纂《文渊阁四库全书》第416册，史部174卷，诏令奏议类，台湾商务印书馆1983年版，第305页。

④ （清）李文琰总修：（乾隆）《庆远府志》，卷3，税课，页47，故宫珍本丛刊第196册，海南出版社2001年版，第183页。

经过："（上略）据宁番汛千总杨泽厚呈称，军职屡奉宪谕，查拿私挖子古别矿厂铜头，前安抚司土妇米氏将彭见仁等六名拿获，拘在刻妈木，经署宁番卫锁究枷号讫。军职查得子古别厂仍有流棍在彼私挖，是以责令安抚司、通事谢天德前往复逐，拿获客棍五名，湖广人二名：唐思贤、张广先，江右人一名：梁成，云南人一名；李兴堂，本地人一名：徐召吉，解报到职。据此，理合添差呈解，伏乞转报究夺，等情到职。据此，卑职查得私开矿厂，久奉严禁，又经责令汛弁会同有司差役不时稽逐，无如不法流棍藏匿深山，私开私挖，贻害地方，兹据千总呈解私挖子古别矿厂客棍唐思贤等五名前来，除收禁外，相应具文呈报。"① 这份文牒清楚地反映了雍正时期苗疆地方关于禁止私挖矿产行为的执法情况，说明当时对私挖矿产的行为从稽查、逮捕、审讯到处罚，依法办案，程序规范，管理较为严格。

4. *严禁偷越国境私采矿产*

广西、云南等苗疆地域与越南、缅甸等国接壤，常有民众越境到他国私采，因此，为了保护本国民众的人身、财产安全以及国防利益，除禁止在国内私采矿产外，雍正皇帝还下令禁止苗疆民众私自越境到东南亚等地开采矿产。雍正九年七月二十七日上谕："广西道通交趾，闻该地方常有无知愚民，希图意外之利，抛弃家业，潜往交趾地方开矿。其所去之人，有资本用尽乞食而回者，有侥幸获利而回者，有一去而永不回者。……似此违禁妄行之风，渐不可长。著广西巡抚提镇，悉心商酌，于往来隘口及僻路可通之处，酌量拨兵添汛，饬令该管官弁，加谨巡查。倘有私行出口之人，务令押解原籍，照例治罪。如弁兵偷安，稽查不力，或有受贿卖放等弊，日后发觉，一并按律治罪，将该管官严加议处。"② 这一措施，在某种程度上具有生态保护领域的"国际主义精神"和"国际合作"色彩。

二、乾隆时期政府禁止在苗疆私采矿产的政策

1. *严禁私采矿产*

乾隆时期，国力达到鼎盛，社会相对和平稳定，内地人口增长幅度很

① 四川省编辑组编：《四川彝族历史调查资料、档案资料选编》，四川省社会科学院出版社 1987 年版，第 354 页。

② （清）谢启昆、胡虔纂：《广西通志》，卷 1，训典一，广西师范大学历史系、中国历史文献研究室点校，广西人民出版社 1988 年版，第 52 页。

大，于是大批内地人员涌入苗疆偷挖矿产资源。如乾隆《蒙自县志》载："蒙民虽有铜锡之厂，开采者多他省人，邑人在厂地者鲜。"① 对此，乾隆政府和雍正时期一样，一如既往地给予坚决打击。这一时期政府对禁止私采的态度是非常鲜明的。

在中央政府严厉打击私采的政策之下，苗疆各省督抚纷纷稽查私采，认真惩处。乾隆十二年（1747 年）正月二十四日，管川陕总督大学士公庆复、四川巡抚纪山奏惩治川东华银山矿徒："竟有匪棍聚众滋事，密饬道府严拿。现据邻水县将巨魁龚疯子、曹蜂子、彭老五、陈矮子弋获，究出招集匪类，偷挖硝磺，并奸盗淫凶等事。又获伙犯张仕俸等十数名，现在严审究拟。余党闻风逃散。将茅棚尽行烧毁，檄饬文武不时游巡。"② 乾隆十五年十月二十四日，四川总督策楞、四川提督岳钟琪奏惩治重庆府属南川县境内金佛山矿徒："有矿徒一二百人，潜聚偷挖黄矿……随饬两司并檄行该镇道确查严拿去后。兹据重庆镇总兵萨音图、川东道积行详称，遴委游击沈宏谟、巴县□□张兑和前赴该处查拿，聚集之人已多闻风逃散。直上山顶踪迹，搭有茅篷三十余间，黄矿一十三硐，煎挖器具俱已毁坏，随查出为首之苏老五等数人，拿获交县究审等语。臣等现在转饬，将获犯严审，逸犯缉拿，宽其胁从之条，重以为首之罪，以期惩以儆百。"③ 乾隆三十年九月二十九日壬寅，广西巡抚宋邦绥奏其莅任后，认真"稽查平、梧、浔、太、庆等属开采各矿之匪徒"。得旨："诸凡为之以实，要之以久可也。"④ 乾隆三十一年云南总督杨应琚奏："滇省矿厂日开，砂丁聚集，每处数十万人，粮价昂贵。开采无益，请禁老厂子厂四十里外不得私开。"⑤

在上级的带动之下，苗疆基层政府也纷纷颁布禁令，采取各种措施控制私人偷采矿产。乾隆《泸溪县志》载："若夫货之为民害者，则在于铅

---

① （清）李焜续修：（乾隆）《蒙自县志》，卷 2，风俗，页 43，故宫珍本丛刊第 229 册，海南出版社 2001 年版，412 页。

② 《清高宗实录》，卷 283，页 22，《清实录》（第十二册），《高宗实录四》，中华书局 1985 年版，第 697 页。

③ 《朱批奏折》，见中国人民大学清史研究所、档案系中国政治制度史教研室合编《清代的矿业》（下册），中华书局 1983 年版，第 643 页。

④ 《清高宗实录》，卷 745，页 24，《清实录》（第十八册），《高宗实录十》，中华书局 1985 年版，第 205 页。

⑤ （清）王庆云：《石渠余纪》，卷 5，纪铜政，北京古籍出版社 1985 年版，第 222 页。

铁焉。昔年四都地方，掘地出铅，一时狂客豪徒告县请开，时遇署官惟利其课之入，而不虞其害之集，乃给帖许之。卒之，利孔一开，旬日间引惹边夷至数百人，日操戈从事，几成大患。余初莅任，闻之骇甚，即委赵典史多带民兵，驱其众而塞其穴，固封之，仍申详道府严示禁革，而地方颇宁。"① 私人偷采矿产，很容易导致分配不均而发生纠纷和诉讼，这对以"无讼"和"息讼"为仕途目标的清代官员来说，实在是一个无法容忍的社会隐患，因此地方官对于禁止私人偷采矿产态度都较为积极。乾隆《蒙自县志》记载了地方官员对于私采导致的纠纷及社会治安案件采取严厉打击的措施："许龙树一带，旧系荒山，并无村落，初因方连硐兴旺，四方来采者不下数万人。楚居其七，江右居其三，山陕次之，别省又次之。然硐口繁多，匪类易藏，每遇一事，众口嗷嗷，非鸣锣聚众，即结党行凶，打架之风，时时恒有。司厂务者，亦三令五申，谆谆劝谕，严加责惩，示以刑威。""或旧日废硐久不开挖，或有新人采取，一经获矿而厂棍恃强冒认，旧时锅头勒令米分品矿，以致屡控，见行严禁。"②

2. 具体刑事案例

从具体的案例来看，乾隆时期对私采的刑事处罚是非常严厉的。四川彝族冕宁地区保存的清代官方档案中，有一份录于乾隆元年的《刘永成等供状》。从刘永成等人的供词来看，他们本是无辜良民，当地兵弁去捉拿偷挖矿产的矿徒时，误将他们捉拿。但从供状中司法机关审讯的问题及营兵对矿徒营地采取的措施来看，当地对矿产资源的保护是非常严格的，而对于私人偷挖矿产也是严惩不贷：

> 问：刘永成，你是哪里人？于何年到冕宁？作何生理？你同王国瑾、谢才炳三人怎么商量去偷挖砂基厂？在外纠合汉番多少人？叫何名字？从几时挖起？共挖了多少矿？又在何处煎了几次？共煎得多少斤数？怎样分了？谁人运送米粮？二十九日营兵带了你到厂上实在看见多少人？有多少炉火器具？逐一从实供来……供：小的实是去取茶

① （清）顾奎光总裁、李湧编纂：（乾隆）《泸溪县志》，卷7，物产，页16—17，故宫珍本丛刊第163册，海南出版社2001年版，第244页。

② （清）李焜续修：（乾隆）《蒙自县志》，卷3，厂务，页46—48，故宫珍本丛刊第229册，海南出版社2001年版，第436—437页。

账的，并没有伙同他们偷挖。三十日带小的到厂……营兵把厂烧了是实。①

乾隆四十二年十一月二十六日，刑部尚书英廉题奏了一起私采硝土案的拟判决结果：“（湖南）桑植县肖家硐地方产有硝土，[舒宏松] 稔知炼法。四十一年十一月间，该犯无处佣工，起意私煎，随将硝土陆续刨回，十四日，嘱伊兄舒宏奇帮煎，舒宏奇应允。自十五日熬起，至二十五日，共熬获净硝三十五斤。”后来官府接到举报前来捉拿时，舒宏松因拒捕失手将差役殴伤致死，被依法判处斩监候，秋后处决。而舒宏奇也被发附近充军。② 这起案例虽然因为事关人命而量刑较重，但也看出清政府对在苗疆及靠近苗疆地区私采矿产资源是作为犯罪进行处罚的。《清代巴县档案汇编·乾隆卷》中记载了一起发生于乾隆四十六年的“周智安等开挖煤炭案”，从案件的处理审判过程可以看出当时对私采矿产律禁之严格：

> 五月十六日正里三甲民周珩具首状为违案诓挖，首究虚坐事：缘蚁祖应珑与从堂兄周智安之祖应建，元年以业舍与龙车寺。雍正五年，智安将伊祖、舍业一股要回耕种，至乾隆二十年间变卖与人。三十九年，寻僧本悟符谋智安，将蚁等祖坟后山拌与蚁族侄继续纲开挖煤炭。蚁控前曾主，蒙准审讯，将洞封平，不许开挖，案卷可稽。今智安之子思聪、思用，乘蚁隔远，胆又违案将此洞开挖，不顾祖冢未□，寺僧有无局弊。
>
> 县正堂批：久经官断严禁之处，周思聪等胆敢复行开挖，殊属顽梗。准究逐。
>
> 五月周志安（周思聪之父）具诉状：“其大山历来开挖煤炭，离祖坟二里余。蚁子周思聪弟兄见周济安、周玉安、申仕荣俱在山挖煤，蚁子在老峒掘挖。……切此山系蚁祖舍出，若有碍祖坟，先年应该封禁。周济安等不该先挖，况系公共祖坟，蚁何敢犯。此山煤孔六个，蚁子仅开有一，明系唆控独霸，诉拘讯究，恳封六峒，蚁亦不开。”县

① 四川省编辑组编：《四川彝族历史调查资料、档案资料选编》，四川省社会科学院出版社 1987 年版，第 357 页。

② 《刑科题本》，见中国人民大学清史研究所、档案系中国政治制度史教研室合编《清代的矿业》（下册），中华书局 1983 年版，第 648 页。

正堂批："封禁煤洞，私行开挖，罪□有应得。静候讯究。毋渎。"

闰五月族邻周远仁等具息状："蚁等仰体仁宪爱民息讼德意，邀集理剖……蚁等剖令思聪将洞仍旧封塞，勿再开挖，着与周珩服礼，仍全叔侄，永敦和好。彼此均悦，愿甘息讼，各愿具永不滋事结状备卷。今思聪已经封洞搬移，蚁等是以哀吁仁宪赏准息销，以全和睦。均沾。伏乞太爷台前俯准施行。"

县正堂批："官禁煤洞，私行开挖，殊属不法。尔等何得混渎和息？原差即拘齐人证报审，以凭究处。结掷还。"①

从案件审讯过程可以看出，无论是苦主陈述私采事实，还是私采者辩解，抑或是族邻向主审官禀告已通过调解使二比和解，主审官都义正词严地申明私挖矿产是严禁行为，必须由官方追究刑事责任。尤其是从对族邻调解的断然否定态度，可以看出清代禁止私采制度在具体的司法和执法中是何等的严格。一些观点认为，中国古代司法注重调解，"民刑不分"，而上述案例对这一问题作了很好的反注。事实上，在清代，私采矿产的行为与命盗案件同等对待，绝不允许民间私了，必须由国家行使公权力进行惩罚。这虽是以矿产乃国家之"专利"观念为基础的，但也体现出当时的司法官员对矿产资源公共性的认识。

3. 禁止偷越国境私采

乾隆时期清政府还继承了雍正时期禁止偷越国境私采的政策。当时有许多内地民人从云南偷越到缅甸、从广西偷越到越南采矿，乾隆政府予以了严厉的制止。"缅甸卡瓦茂隆山矿案"和"安南送星厂案"都是典型的例证。尽管地方官员认为越境开矿有利于广开财源，但遭到朝廷始终如一的反对。

乾隆十一年六月甲午，针对云南总督张允随奏称，"滇省永顺东南徼外，有彝地名卡瓦，其地茂隆山厂，因内地民人吴尚贤赴彼开采，矿砂大旺"等，议政王大臣等议覆驳斥道："查定例禁止内地民人潜越开矿"，"臣等以卡瓦远居徼外，吴尚贤越境开矿，似属违例，并有无内地民人前往彝地滋事之处，行令该督查明具奏"。② 由于吴尚贤在矿工中有较高威

---

① 四川省档案馆编：《清代巴县档案汇编·乾隆卷》，档案出版社 1991 年版，第 273—274 页。

② 《清高宗实录》，卷 269，页 30—31，《清实录》（第十二册），《高宗实录四》，中华书局 1985 年版，第 505 页。

望，张允随便任命其为茂隆厂课长，协助清政府缉拿偷越边境到缅甸开矿的内地矿徒。乾隆十五年十月，张允随又奏："查茂隆课长吴尚贤颇能压服众心课饷无误。惟查上年矿徒滋事，经原任迤西道朱凤英谕令诱擒，而吴尚贤即带领厂练往拿，殊属孟浪胆大，臣已严饬，并令其自举可以管厂之人协办。俟其人胜任，即令接管，倘不得其人，吴尚贤从此谨慎，或仍听暂管，或再令选报。"军机大臣等议覆后，仍认为境外开矿应予严禁："此等人久居外域，终恐生事，应令该督酌量妥办。"① 乾隆四十二年正月乙酉，上谕军机大臣："所有内地民人出口，定数稽查，及严禁沿边百姓，不许前往茂隆厂生理诸事，已详悉面谕阿桂。"② 由于政府严禁在境外开矿的态度非常坚决，再加之吴尚贤野心膨胀，出于国防利益考虑，苗疆官员最终将吴处死，停止了在境外的开矿："尚贤志渐张，思假贡象得袭守，大吏谩之。随贡行，贡既进，不能如所望，怏怏回。恐其回厂生变，拘而饿死之，厂遂散。"③

乾隆四十年七月甲寅，广西巡抚熊学鹏奏："峒隆隘有安南厂徒拥入，共三百二十名，称系内地广东民人，在送星厂佣工度日。今因厂众星散，奔回逃生，形同乞丐。"皇帝批复："此等游手无籍之徒，擅越外夷地界，日积日多，最易滋生衅端，为患边境。……已屡谕该督抚等，会同商办设法禁防，毋许再有窜越……莫若分起发往乌鲁木齐等处，令其屯种营生。"④ 同年八月乙巳，熊学鹏奏"审讯安南逃回厂犯供情已竣"一折，称"人数多至二千余名"，皇帝谕令"就各犯情节轻重，分别酌留本籍及令隔省安插，并分发伊犁、乌鲁木齐等处令其自赡"，并规定"此等越境谋利之徒，其财产自应查明照例入官"。⑤ 乾隆四十九年奏准，广西省南宁、太平、镇安三府汉、土各属路通安南（今名越南）之处，其有内地

---

① 《清高宗实录》，卷375，页12，《清实录》（第十三册），《高宗实录五》，中华书局1985年版，第1141页。

② 《清高宗实录》，卷1025，页8，《清实录》（第二十一册），《高宗实录十三》，中华书局1985年版，第729页。

③ （清）檀萃：《厂记》，载（清）师范辑《滇系》，卷8之4，艺文，页83—84，云南通志局清光绪丁亥十三年刻本。

④ 《清高宗实录》，卷986，页10—11，《清实录》（第二十一册），《高宗实录十三》，中华书局1985年版，第159页。

⑤ 《清高宗实录》，卷989，页30—31，《清实录》（第二十一册），《高宗实录十三》，中华书局1985年版，第210页。

民人潜越出外开矿者，押回原籍，照例治罪。若兵丁擅离汛地，互相推诿者责革，贿纵者追赃治罪。沿边各官稽查不力，以致民人出口潜越安南者，专汛官降二级调用。如往安南开矿之人，经由全州、宾州、南宁等处，该地方专汛官不行查拿者，各降一级留任。[①]

三、嘉庆时期政府禁止在苗疆私采矿产的政策

嘉庆十六年（1811年）四月十九日，湖南“沅陵大油溪地方出产金矿，奸民私行开挖”，巡抚景安认为“辰州府逼近苗疆，尤关紧要，而大油溪等处，层峦复嶂，最易藏奸，若任其偷挖，则利之所在，匪徒日聚日多，必致滋生事端，自应严行查禁，以靖地方”，因此专门委员前往查禁，并采取了四项严厉的措施：（1）驱逐矿徒：“将所有偷挖矿洞全行封闭，远近人众亦已驱除，一切棚厂拆毁殆尽。”（2）晓谕山主不得再招徕矿徒：“该道府复查传山主人等，严切面谕，并明白出示，晓以利害，群知悔惧，现臻宁谧”，“并严谕阖境居民，毋许容留外来矿徒潜匿滋事”。（3）填埋矿洞：“将私挖各洞，不论砂之有无，洞之深浅，一律用土石实填到底，使不能自行开挖。”（4）官兵严守稽查：“于山巅设卡，由辰州城守营专派弁兵，并与府县各役中择其诚实者，酌量派往协同巡查”，“严饬尽山稽查，并饬该地方文武每月亲赴该处轮流查察，仍按月出具并无私挖印结，申送备查”。同时，政府还明确规定了私挖的法律责任：“倘匪徒人等敢于违禁私挖，立即严拿究办，地方文武或知情徇纵，或失于察缉，照例分别揭参，以示惩儆。”[②]

据光绪《湖南通志》记载：“湖南兴宁县烟竹坪、黄泥坳地方皆有铅矿，嘉庆十八年有首引莽在彼处私挖，经县封禁，二十二、三等年复有石启模、石敏良等私挖，均经县先后封禁。”[③] 嘉庆十九年九月十七日，江

---

① 《清会典事例》第七册，卷627，兵部86·绿营处分例·边禁，中华书局1991年版，第1125页。

② 《军机处录副奏折》，见中国人民大学清史研究所、档案系中国政治制度史教研室合编《清代的矿业》（下册），中华书局1983年版，第569—570页。

③ （清）卞宝第、李瀚章等修，曾国荃、郭嵩焘等纂：（光绪）《湖南通志》，卷58，食货志四·矿厂，见《续修四库全书》编纂委员会编《续修四库全书》第662册，史部·地理类，上海古籍出版社1995年版，第678—679页。

南道监察御史陶澎再次为严禁大油山私采案件上奏："沅陵毗连苗疆，山深水阻，聚此千百无籍之徒于险恶之区，为聚而难散之势，其为害诚非浅鲜。现虽有官驻守，恐员微势弱，难于弹压，应请敕下湖南巡抚转饬该府亲往设法遣散，勿使奸民啸聚，致酿事端，仍将此山永远封禁，以绝希冀之心而杜将来之患。"[①] 同日，陶澎还要求封禁湖南所有逼近苗疆县郡的铁矿，以杜绝私采："湖南所属之安化、攸县、新化、邵阳、武冈、新宁、石门、永定、辰溪、泸溪、桂阳、桂东、临武、东安等处，向产铁矿，有题明开采者，亦有私行开挖者，因系内地，尚无妨碍。但矿洞幽深曲折，最易窝藏盗窃。且穿崖越岭长至一二里至三四里不等，往往洞口开于此山而偷挖彼山之矿。甚者断山截脉，坏及坟茔屋址，残毁可伤，争端易起。聚众械斗，涉讼酿命者，比比而是。窃思此等铁矿，即未能尽行封尽，亦宜严为防范，毋使滋扰。……仰恳天恩，饬令地方官一体恺切出示，严禁偷挖，俾无争斗。如有凿毁坟山及窝藏窃盗者，从严办理，有犯即惩，于以泽枯骨而靖奸薮。"[②] 从其奏折中可以看出，私挖矿藏破坏山体及矿脉的危害性，也是政府严禁私采的重要原因。

嘉庆《郴州总志》记载了嘉庆年间官方屡禁偷采的情形："嘉庆十八年，有首引庵等在烟竹坪、黄泥坳地方私挖矿砂，经前县蔚封禁。二十二年，有石启模等又复在彼私挖，经前县李封禁。二十三年九月，又有石敏良在彼偷挖，现任张饬滁口司岳往行封禁。嘉庆二十四年三月，有监生何添明、张兰庭等与民黄任祥、黄福寿等招徕郴桂两境匪民，在山口银矿垄各私开矿挖砂，现任张查知，概行封禁。"[③]《滇南矿厂图略》记载："矿之初开，但资油米耳，或不可开之处，而游民集众冒禁。谕之则嚣，逐之则顽。但于四面要隘绝其所资，虽十万之众，不旬日而解散矣。"[④] 一些官员还根据乡绅的举报封禁矿场，禁止私人偷采，如光绪《湖南通志》载："兴宁县山谷垄、大脚岭皆有银矿，嘉庆二十四年邑监生何添明等具

① 《军机处录副奏折》，见中国人民大学清史研究所、档案系中国政治制度史教研室合编《清代的矿业》（下册），中华书局1983年版，第570页。

② 《军机处录副奏折》，见中国人民大学清史研究所、档案系中国政治制度史教研室合编《清代的矿业》（下册），中华书局1983年版，第502页。

③ （嘉庆）《郴州总志》，卷19，矿厂，页3—4，见中国人民大学清史研究所、档案系中国政治制度史教研室合编《清代的矿业》（下册），中华书局1983年版，第500页。

④ （清）吴其浚撰、徐金生绘：《滇南矿厂图略》，卷1，页12，见《续修四库全书》编纂委员会编《续修四库全书》第880册，史部，政书类，上海古籍出版社1995年版，第142页。

控黄人祥等招徕郴桂匪民在彼处私行开挖，奉批严行封禁。”[①]《贺县志》载：“开山石板冲有铅矿，嘉庆间商人偷采，乡绅请宪封禁，同治八年湖南人又行偷采，绅莫经邦等复禀准院司永远封禁。”[②]

四、清末政府禁止在苗疆私采矿产的政策

清末政府也秉承前期的政策，禁止私采苗疆矿藏。如《蒙山莫氏族谱》记载了一起祖坟山屡被盗挖采石烧灰的案件，从当事人多次诉讼的结果来看，自乾隆至道光，政府的态度都是非常鲜明的，均判决对坟山予以封禁，严禁盗挖采石烧灰：“雍正十二年，十三世祖妣陈氏葬于西乡龙定里二甲河村尾土名能黎岭。此山龙真，沙水明堂亦颇冠冕。乾隆十五年墓坏换埕，但后龙过脉旁边前被人开挖采石烧灰。经祖含章公、伯父硕士展六等控于州主案下，勘断后封禁。黄姓、关姓学孔，陆姓康等仍前盗挖，复控于州主案下，讯断上控府宪、藩宪。至嘉庆十年州主勘验，断令关学孔、黄等卖与莫姓。祖父辈始用公项与伊买受，永为莫姓祖业，自是封禁安而阴阳获福矣……嘉庆十三年复陆、黄二姓案盗挖，伯父等率辈兄多人登山履看，将伊器具拿回鸣州主杭（喻义）案下。次年履勘回审断，将盗挖人责罚封禁于前。道光七年丁亥冬又被陆、黄两姓盗挖山脚，经请街保登山拿获两人并器具，禀于刘捕爷案下。两次全案俱存公所，交轮值人管理。”[③] 道光二十八年（1848 年）七月，总督裕和泰、巡抚陆费瑔会奏《苗疆善后处理事宜十条》，经部核议奉旨允行，其中规定：“私采硝磺，责成苗官查报。”[④]

但这一时期政府的控制能力已大不如前，对私采行为虽然也追究法律责任，但与前期相比，尤其是与雍正时期相比，无论是追查方式还是处罚手段，都较为宽松。四川彝族冕宁地区的清代官方档案中，有一份道光二

---

① （清）卞宝第、李瀚章等修，曾国荃、郭嵩焘等纂：（光绪）《湖南通志》，卷 58，食货志四 · 矿厂，见《续修四库全书》编纂委员会编《续修四库全书》第 662 册，史部 · 地理类，上海古籍出版社 1995 年版，第 673 页。

② 佚名：《贺县志》，卷 4，页 48，台北成文出版社 1967 年版，第 239 页，中国方志丛书第 20 号。民国二十三年铅印本。

③ 蒙山县国土资源局编：《蒙山县土地志》，广西人民出版社 2008 年版，第 319 页。

④ （清）但湘良纂：《湖南苗防屯政考》（一），卷首，页 56 下，台北成文出版社 1968 年版，第 188 页。中国方略丛书第一辑第 23 号。光绪九年刊本。

十四年六月二十八日的《张升等甘结》，内容是处理一起在彝族聚居区偷采金矿的内地民人与彝族群众发生冲突和纠纷的案件，但官府在审理时，虽然也查明该民人系“私淘沙金”，但最后的处理结果却只要求双方归还财物，并出具保证书，没有追究其“私淘沙金”的责任：

为甘结事。实结得蚁等具控小□呷等招佃掠佃一案，蒙恩审讯，缘蚁在拉姑山淘挖沙金，因蚁李金山、沈兴隆往砍番夷小□呷等坟山树木，被伊等将蚁等木匠器具估拿，复将蚁张升旧火房烧毁，以致呈控。今沐确讯，蚁张升私淘沙金，并无被抢金物情事，不应妄控，已沐免究。至蚁李金山等木匠器具，断令小□呷等还给，蚁等一并领讫，再不滋事。中间不虚，甘结是实。[①]

而冕宁档案中另一份咸丰四年（1854 年）四月，初六日的《张咕噜等供状》更能说明问题。当地政府已捉拿私采砂金的罪犯，而且犯罪人对自己的私采行为也供认不讳，但最后却没有追究犯罪人刑事责任，只是让他们保证回去后不再掏挖而已，这与前文所述的雍正冕宁档案中对私采人员处以枷号和监禁，乾隆冕宁档案中烧毁私采人员营地、没收工具等强硬措施相比，处罚力度大大降低：

问据。张咕噜供：小的在青岗坪开店生理，与夷人当有山场一分，因何聋子、黎老五、周管事、朱瓜瓢、陈宗文、任聋子们先后与小的说知，大家在小的地内掏挖砂金，不料恩主访闻，将小的们唤案的。今蒙审讯，小的不应招留何聋子们掏挖砂金，将小的们责惩，取保回家，日后不敢招留淘挖就是。

问据，何聋子、陈宗文、任聋子同供，小的们都在青岗坪开店生理，黎老五卖瓢生理。又据同供：小的们先后与张咕噜说知，大家在他地内淘挖砂金，不料恩主访闻，将小的们唤案的。今蒙审讯，小的们不应淘挖砂金，均沐责惩。小的们央叶百户保回安分，如日后再有淘挖砂金的事，准叶百户是问就是。

---

① 四川省编辑组编：《四川彝族历史调查资料、档案资料选编》，四川省社会科学院出版社 1987 年版，第 359 页。

问据。叶百户供：张咕噜们都是在土职所管地方居住，因何聋子们邀允在张咕噜的地内淘挖砂金，不料恩主访闻，将他们唤案责惩的。如今土职愿保他们回家安分，若日后他们再有淘挖的事，土职把他们捆缚送究就是。①

这样的处罚对于苗疆矿产资源的保护程度可想而知，这也再次印证了国力之兴衰与生态保护的正比关系。但无论如何，清末政府仍努力利用其残存的政治权力为苗疆矿产资源的保护做了一些工作。如民国《息烽县志》载："（硝磺矿）距流长七里之青岗林左近，当百年前，乡人周姓裴姓作此经营，逾三十年乃为仇家，讦告私开，恐遭官罚，因以辍业。"②可见当时对民间私采矿产处罚还是非常严厉的，并形成了一定的威慑效应。同时，在西方工业强国的冲击下，此时政府开始尝试以近代化的官商合办方式杜绝私采。光绪十一年（1885 年）八月二十九日乙未，谕军机大臣等："据称：广西贵县天平寨（今属覃塘镇）银苗最著，矿徒聚众私挖，易酿事端，尤恐凶徒煽诱贻患。拟为官商合办之法，以辑匪徒而充饷项……聚众私开，肇衅滋事，尤当设法严禁。"③

第五节　清政府及时封闭枯竭矿源的政策

《清会典·户部·广西清吏司》规定："凡矿政，即山置厂，办五金之产而采之，启闭必以闻。"并补充说明："其采矿年久峒老山空，题请封闭。"④及时封禁矿源枯竭的矿场非常有必要，主要存在以下两个方面的意义：第一，免除百姓矿产负担。政府一般会根据矿产资源的产

① 四川省编辑组编：《四川彝族历史调查资料、档案资料选编》，四川省社会科学院出版社 1987 年版，第 361—362 页。

② 王左创修：《息烽县志》，卷 12，食货志·矿业，页 3 上，民国二十九年成书，贵州省图书馆据息烽档案馆藏本 1965 年复制，桂林图书馆藏。

③ 《清德宗实录》，卷 214，页 16—17，《清实录》（第五十四册），《德宗实录三》，中华书局 1985 年版，第 1018—1019 页。

④ 《清会典》，卷 21，户部·广西清吏司，中华书局 1991 年版，第 184 页。

量核定某个地区应纳的矿税额度，但由于矿产资源属于不可再生资源，产量只会随着开采逐年减少，许多矿源已经开采殆尽，但官府的税课额度却没有丝毫减少，这些税课就会转嫁到百姓头上分摊赔垫，而一些地方官员为了谋取非法利益，往往在矿源已经枯竭后，仍然按照税额向百姓征收，成为百姓的沉重负担，因此及时清理矿场，封闭已开采殆尽的矿场，核销税额就显得至关重要。第二，保护生态环境。许多矿场在官方开采殆尽后，一些私人仍利用残渣或碎矿进行烧炼，这种行为对生态环境的破坏很大，而且很容易造成环境污染，因此苗疆地方官员往往在官方试采无效或采挖殆尽后，及时采取措施封闭矿坑，防止私人二次烧炼。正如《铜政便览》载《减额封闭》条例的规定："凡各厂采办铜斤，或应减额，或应封闭者，准厂员据实具报，委据道府勘查属实，督抚批准后，即于详题文内声明题报，不得仅于靠成册内声叙（嘉庆十四年案）。"①

一、清初政府及时封闭枯竭矿源的主要措施

1. 康熙时期

对于已经开采矿厂，如果产量不高、成效不大，只会给人民造成负担，政府也能体谅下情，及时封闭矿厂，免除税负。民国《黄平县志》载："前明于纸房试采朱砂，所得无多，大为民累，国朝康熙六年课程无出，经士民奏请，本州转详题奏永远封禁，将课银六十二两摊于军田完纳，民困以苏，得以尽力南亩，真殊恩也。"② 乾隆《阳山县志》载："阳邑砂矿在宋明前开采已久，今所余者，剩砂而已。康熙二十六年以后，屡开屡封，非特附近瑶排恐滋多事，实亦遗秉滞穗，一取即尽，所获无几也。"③ 康熙四十四年（1705 年）五月二十七日庚戌，户部题："商民何锡奉部文在广东海阳县之仲坑山开矿，聚众几至十余万，强梁争兢，时时

① 佚名撰：《铜政便览》，卷 2，厂地下 · 条例，页 45，见刘兆祐主编《中国史学丛书三编》第一辑，台湾学生书局 1986 年版，第 173 页。

② 陈昭令等修：《黄平县志》，卷 20，物产，页 5 上，民国十年成书，贵州省图书馆据黄平县档案馆藏本 1965 年复制，桂林图书馆藏。

③ （清）万光谦重修：（乾隆）《阳山县志》，卷 6，矿冶，页 1，故宫珍本丛刊第 171 册，海南出版社 2001 年版，第 159 页。

有之，请敕下督抚会查此山，现在开采如何，酌议停止，永为封闭……今据广东巡抚石文晟疏言……诸山场开矿六十四处，见今在厂之人，约计至二万有余，该山开采日久，矿口愈深，所得矿砂价银不敷工费，何锡见在具呈恳罢，似宜封禁。”皇帝批曰：“准其禁止。”① 康熙五十五年，云贵总督蒋陈锡疏请：“石羊绪矿厂硐老山空，课额不足，嗣后硐衰即止，勿制定额。”② 乾隆《阳山县志》详细列举了康熙时期该县境内17处矿场开采并及时封禁的时间，反映出当地政府对矿场的管理是井然有序的，列表4－2如下。

表4－2　康熙时期阳山县政府封闭的部分枯竭矿源一览

矿场	地点	产矿品种	开采时间	封禁时间
黄竹坑	县南三十里	铅铜矿砂	康熙二十五年，四十年五月复开	康熙三十八年五月，四十一年十月复封禁
宝阳墩，一名宝华墩	县东南四十五里	白铅矿砂	康熙二十六年	康熙四十一年
竹子排	县西一百二十里	黑铅矿砂	康熙二十七年十二月，四十年五月复开	康熙二十八年十月，四十一年十一月复封禁
茶山	县西九十里	铜铅矿砂	康熙二十七年十二月，四十年五月复开	康熙二十八年十月，四十一年十一月复封禁
大竹园，一名白花冲	县西七十里	铜铅矿砂	康熙二十九年，四十年十月复开	康熙三十一年，四十一年十一月复封禁
白水带	县南三十里	铜铅矿砂	康熙三十五年十二月	康熙三十八年十一月
橄金凹	县南四十五里	铜铅锡砂	康熙三十五年十二月，四十年五月复开	康熙三十八年十一月，四十一年十一月复封禁
梅子窝	县西南四十里	铜铅矿砂	康熙三十五年十二月，四十年十月复开	康熙三十六年十二月，四十一年十一月复封禁
平头岭，一名羊头岭，小土名会同水、大竹兜	县北二十五里	铜铅矿砂	康熙三十五年十二月	康熙三十六年十二月

① 《清圣祖实录》，卷221，页8，《清实录》（第六册），《圣祖实录三》，中华书局1985年版，第229页。

② 赵尔巽等撰：《清史稿》，卷276，列传63·蒋陈锡传，中华书局1977年版，第三十三册，第10075页。

续表

矿场	地点	产矿品种	开采时间	封禁时间
大丰山	县西南五十五里	铜铅矿砂	康熙三十五年十二月	康熙三十八年十一月
沙冲塘	县西北一百里	黑铅矿砂	康熙三十五年十二月	康熙四十一年十一月
狮子岭	县南三十里	铅铜矿砂	康熙三十八年九月	康熙三十九年十月
□□山	县西九十里	铜铅矿砂	康熙四十年五月	康熙四十一年十一月
宫门巢	县西北一百三十里	铜铅矿砂	康熙四十年五月	康熙四十一年十一月
雷公坑尾	县西南一百二十里	黑铅矿砂	康熙四十年十月	康熙四十一年十一月
观音山，一名鱼山	县西九十里	铜铅矿砂	康熙四十年十月	康熙四十一年十一月
大鸟山，小土名土鱼坑、岭下鬼坑、岭麻竹冲、铜坑坪	县北一百二十五里	铜铅矿砂	康熙四十年十月	康熙四十一年十一月

资料来源：（清）万光谦重修：（乾隆）《阳山县志》，卷6，矿治，页4—5，故宫珍本丛刊第171册，海南出版社2001年版，160页。

2. 雍正时期

和康熙时期一样，雍正时期对于产量微弱的矿场及时下令封闭，以防止对环境进一步的破坏。据《清会典事例》记载：雍正元年（1723年）停止贵州省观音山等厂。七年封闭贵州省威宁州属齐家湾铅厂。八年封闭湖南省墓坪山金矿，贵州省新开水城等银矿，贵州省威宁州属阿都、腻书二厂。十年封闭贵州省大定府属大兴铅厂，毕节县大鸡铅厂，四川省沙基、九龙、公母、黎溪等铜厂，四川省沙沟岭铜铅厂。十一年封闭贵州省威宁州属倮木果铜厂、贵州省滥水厂，并豁除改归该厂抵补修文等县水银额课。十二年停止湖南省大凑山白铅矿厂。十三年封闭湖南省郴州九架夹黑白银铅各矿，广西省宣化县属铙钹山铅厂，广西省临桂县涝江、烟竹枝二厂，怀集县之上富厂。[①]《永宪录》亦记载：雍正二年，贵州巡抚毛文铨奏猴

① 《清会典事例》第三册，卷243，户部92·杂赋·金银矿课，中华书局1991年版，第873—874页。同书卷244，户部93·杂赋·铜铁锡铅矿课，中华书局1991年版，第882、894页。

子厂矿脉衰微，请敕封闭。[①] 对于试采无效的矿场，朝廷果断下令封禁。《广西通志》载："灵川县磨盘山铜矿，雍正七年试采，无效，旋封。"[②] 广西梧州苍梧县芋荚山金厂，雍正九年因出砂微薄不敷工本，旋经停采。[③] 雍正十年十月初十日广西巡抚金铁奏："内金山出产原自无多，工力猛锐，搜采无余，业经封闭。"[④]《遵义府志》亦载："雍正十年开采正安州江里银窍山铅厂无效，旋奉文封闭。"[⑤]

二、清代中期政府及时封闭枯竭矿源的主要措施

乾隆时期也下达了一系列关停封禁枯竭矿厂的命令。《广西通志》载："梧州府岑溪县双松北簕两山铜矿，乾隆三年开采，旋封。又金银湾丰门、昙吉等山铅矿，亦先后详封。庙源山铅矿，乾隆八年试采无效，旋封。"[⑥] 乾隆《毕节县志》载："县属地方出产白铅……此厂已于乾隆二十年十月初一日详请封闭。"[⑦]《广西通志》载："灵川县雷抵山铜厂，乾隆二十七年封。"[⑧] 乾隆四十年（1775 年）正月云南巡抚李湖奏："将衰竭之厂停采封闭，以免亏堕。"[⑨]《思南府续志》载："府辖天庆寺金厂开自乾隆十三年，砂丁采获毛金每一两抽课四钱起解，因洞老山空，于乾隆四十三年详请封闭。""婺川县打蕨沟水银朱砂矿厂水银百斤三七抽课，朱

---

① （清）萧奭：《永宪录》，卷 3，中华书局 1997 年版，第 203 页。

② （清）谢启昆、胡虔纂：《广西通志》，卷 161，经政略十一·榷税，广西师范大学历史系、中国历史文献研究室点校，广西人民出版社 1988 年版，第 4504 页。注引自《县册》。

③ （清）吴九龄、史鸣皋纂修：（乾隆）《梧州府志》，卷 9，盐榷，页 32，故宫珍本丛刊第 201 册，海南出版社 2001 年版，第 195 页。

④ 《世宗宪皇帝朱批谕旨》，卷 202 中，金铁，页 72，见（清）纪昀等总纂《文渊阁四库全书》第 424 册，史部 182 卷，诏令奏议类，台湾商务印书馆 1983 年版，第 383 页。

⑤ （清）黄乐之等修：《遵义府志》，卷 19，坑冶，页 2 上，道光二十三年修，刻本，桂林图书馆藏。

⑥ （清）谢启昆、胡虔纂：《广西通志》，卷 161，经政略十一·榷税，广西师范大学历史系、中国历史文献研究室点校，广西人民出版社 1988 年版，第 4513 页。注引自《县册》。

⑦ （清）董朱英重修：（乾隆）《毕节县志》，卷 4，铅运，页 12，故宫珍本丛刊第 223 册，海南出版社 2001 年版，第 297 页。

⑧ （清）谢启昆、胡虔纂：《广西通志》，卷 161，经政略十一·榷税，广西师范大学历史系、中国历史文献研究室点校，广西人民出版社 1988 年版，第 4504 页。注引自《县册》。

⑨ 《清高宗实录》，卷 975，页 22，《清实录》（第二十一册），《高宗实录三》，中华书局 1985 年版，第 25 页。

砂百斤二八抽课起解，因洞老山空，于乾隆四十三年详请封闭，征收起解。"①《贺县志》记载知县周心传连续封闭两座矿场："新塘铁矿，乾隆二十六年开采，岁课银二十四两，四十八年知县周心传封闭。""大水坑梅花岭等铜矿，清乾隆三十三年试采，未成课，五十六年知县周心传封闭。"②《遵义府志》载："乾隆四十三年贵州巡抚图□题准开采遵义县新寨、绥阳县月亮岩等白铅厂……至六十年遵义府知府嵇承孟以硐老山空具详题奏，奉旨封闭。"③ 乾隆《芷江县志》载："明山石：城北二十里为明山，产石凡二处，曰黎溪，曰五十坡，产黎溪者，带之一色，今已奉文封禁。"④ 乾隆《梧州府志》载："上富山银矿厂、将军山银矿厂、铁屎坪铅矿厂，今俱停采。"⑤ 乾隆《阳山县志》记载的一份当地政府封禁已枯竭矿场的文告，详细说明了民间对矿场残渣余砂进行二次冶炼的生态弊端及封闭的原因：

（乾隆）三十一年请封禁山场详文

广州府连州阳山县知县王永瑛为饬行查议事。查阳山县境之内并无近今新出山场可供开采，止有亘古旧开之山，因无干碍百姓田庐风水坟墓，山主情愿招商采炼借取山租，如宝阳墩、吊水埇二坑数处而已，再查前项山场经开于故明数十百年之前，历今日久岁长，一切矿内铅铜各砂原已罄尽，只因往昔开采之初，山场砂土颇多，彼时各商炼取大块整砂并就中炼铅分两较多者，先行烧炼，其余零星细砂，或出铅差少不中选炼，以及烧过残渣间有抛弃，狼藉于旧开垄口之旁，是致今商又复就此捡洗挑用翻取供炉，实非不竭之藏也。接顶以资炼铅供局一载有余，铅砂滋少，又加开炉，则须异省楚匠挑砂则雇别县

① （清）夏修恕等修：《思南府续志》，卷3，课程，页54上，道光二十年成书，贵州省图书馆据四川省图书馆藏刻本1966年复制，桂林图书馆藏。

② 佚名：《贺县志》，卷4，页49，台北成文出版社1967年版，第239页，中国方志丛书第20号。民国二十三年铅印本。

③ （清）黄乐之等修：《遵义府志》，卷19，坑冶，页2上、下，道光二十三年修，刻本，桂林图书馆藏。

④ （清）瑭珠纂修：（乾隆）《芷江县志》，卷5，风土·物产，页21，故宫珍本丛刊第162册，海南出版社2001年版，第315页。

⑤ （清）吴九龄、史鸣皋纂修：（乾隆）《梧州府志》，卷9，盐榷，页34，故宫珍本丛刊第201册，海南出版社2001年版，第196页。

> 人夫累足并肩不一而足，置之弗问，则杂处堪虞。查之务严则相继逃散，虽下吏身在地方，责无旁贷，检察难宽而往来纠杂，杜渐防微，实为劳瘁，兹幸应停应开接奉宪檄转行查议。卑职管窥愚见，窃谓应将县属前项山场概行停止封禁以绝事端。①

《清高宗实录》多次记载了自乾隆元年至乾隆六十年间，中央政府应苗疆地方官员题请封闭部分枯竭矿源的情况（见表4－3），这些行为对减轻苗疆人民的矿税负担是有重要意义的。从《清实录》整体来看，乾隆朝记载封闭枯竭矿场的内容数量最多，时间最精确，反映出当时政府对苗疆矿场的监督和管理是非常细致的，也体现出当时苗疆矿业管理的规范化和技术化。

表4－3　《清高宗实录》载乾隆时期政府封闭的部分苗疆枯竭矿源一览

时间	封闭矿厂	封闭原因	题请官员	议准部门	资料来源
乾隆元年七月二十八日	遵义县小洪关铅厂	硐老山空，开采无益	经略苗疆贵州总督兼巡抚张广泗	吏部	《高宗实录》卷23，页539
乾隆二年正月二十九日	怀集县银铅并出之汶塘山矿厂	各垄并无砂斤	广西巡抚金铁	户部	《高宗实录》卷35，页658—659
乾隆二年三月二十五日	临桂县属之水槽、野鸡二处矿厂	垄老砂微，不敷课税	广西巡抚杨超曾	户部	《高宗实录》卷39，页702
乾隆二年三月二十六日	黔省大定府属之马鬃岭铅厂	洞老山空，炉民日渐稀少	贵州总督张广泗	户部	《高宗实录》卷39，页703
乾隆二年七月初三日	普安县属之丁头山铅厂	年久采炼无出	贵州总督张广泗	户部	《高宗实录》卷46，页795
乾隆四年五月初四日	粤西恭城县上陡冈、伸家瑶、禾木岭、莲花石等处	矿开日久，垄深砂微，不敷支用	广西巡抚杨超曾	户部	《高宗实录》卷92，页411
乾隆五年三月二十七日	威宁府属之白蜡厂银矿	硐老山空	贵州总督兼管巡抚事务张广泗	户部	《高宗实录》卷113，页660

① （清）万光谦重修：（乾隆）《阳山县志》，卷6，矿冶，页20—21，故宫珍本丛刊第171册，海南出版社2001年版，第165页。

续表

时间	封闭矿厂	封闭原因	题请官员	议准部门	资料来源
乾隆五年十月十二日	苍梧县金盘岭金矿	近年出砂甚少,商本不敷,官课无出	原署广西巡抚安图	户部	《高宗实录》卷128,页877
乾隆七年五月二十九日	怀集县属之荔枝山矿	垄残沙竭,开采不效	广西巡抚杨锡绂	户部	《高宗实录》卷167,页123
乾隆十一年闰三月初二日	天柱县属相公塘、东海洞金厂	矿砂淡薄,厂民工本亏折,日渐散去	贵州总督张广泗	户部	《高宗实录》卷262,页399—340
乾隆十一年十二月十二日	枫香厂	出铅微薄	贵州总督张广泗	户部	《高宗实录》卷280,页660
乾隆十三年四月己卯(二十六日)	阳朔县属石灰窑厂,出产铜砂	无砂可采	广西巡抚鄂昌	户部	《高宗实录》卷313,页139
乾隆十四年四月庚寅(十三日)	遵义府属月亮岩铁星坪厂	硐老山空,炉民星散	贵州巡抚爱必达	户部	《高宗实录》卷338,页668—669
乾隆十四年四月己亥	威宁州大化里新寨地方黑铅矿厂	甫采旋衰,难期旺发	贵州巡抚爱必达	户部	《高宗实录》卷339,页683
乾隆十四年五月己未	阿发厂	矿砂衰竭,难供开采	云南巡抚图尔炳阿	户部	《高宗实录》卷340,页708
乾隆十四年九月丙午朔	广西怀集县将军山银铅铜矿		巡抚舒辂		《高宗实录》卷348,页799
乾隆十五年三月庚午(初一日)	普安州罗明厂	出铅甚少,开采无效	贵州巡抚爱必达	户部	《高宗实录》卷360,页956
乾隆十五年十月己丑(二十一日)	贵州威宁州新寨白铅厂		巡抚爱必达		《高宗实录》卷375,页1140
乾隆十五年十月甲午(二十五日)	贵州威远(宁)州格得、八地铜矿		巡抚爱必达		《高宗实录》卷375,页1144
乾隆十六年四月甲戌(初七日)	黔省水城通判所属倮木底铅厂	已空	贵州巡抚爱必达	户部	《高宗实录》卷386,页70
乾隆十六年十一月庚午	古学厂	矿砂已尽	云南巡抚爱必达	户部	《高宗实录》卷402,页286

续表

时间	封闭矿厂	封闭原因	题请官员	议准部门	资料来源
乾隆二十一年二月二十五日	水城厅茨冲地方白铅厂	开采年久，硐老山空	贵州巡抚定长	户部	《高宗实录》卷507，页405
乾隆二十一年五月初二日	广西思恩县属干岗山（今属环江毛南族自治县）黑铅矿厂		巡抚鄂宝		《高宗实录》卷512，页468
乾隆二十三年六月戊午	云南弥勒州属发杂铅厂		巡抚刘藻		《高宗实录》卷564，页149
乾隆二十三年十一月戊戌	小东界铁厂	砂炭已尽	云南巡抚刘藻		《高宗实录》卷574，页308
乾隆二十七年七月二十一日	都匀县永胜坡铅厂	出铅有限	前署贵州巡抚吴达善	户部	《高宗实录》卷667，页459
乾隆三十年三月初九日	粤西庆远府属河池州响水厂铜矿	开挖有年，地力渐薄。委员查勘，近年产铜衰薄	广西巡抚冯玲		《高宗实录》卷731，页52
乾隆三十四年七月壬寅	通海县逢里铅厂	砂尽矿绝	调任云南巡抚喀宁阿	户部	《高宗实录》卷839，页210
乾隆三十五年七月甲寅	云南建水州黄泥坡银厂		巡抚明德		《高宗实录》卷864，页598
乾隆三十五年九月辛酉	云南通海县属狮子山白铅厂		巡抚明德		《高宗实录》卷869，页650
乾隆三十六年八月初一日	庆远府思恩县属于峒山（今属环江毛南族自治县）铅厂	矿砂荒废	广西巡抚陈祖辉	户部	《高宗实录》卷890，页927
乾隆三十七年六月十六日	恭城县属回头山、山斗冈二厂	年久沙尽	广西巡抚觉罗永德	户部	《高宗实录》卷911，页193
乾隆三十八年五月二十六日	广西恭城县属回头山、山斗冈二场铜铅厂		护巡抚、布政使淑宝		《高宗实录》卷935，页588
乾隆三十八年九月十八日	锣西（今属融水苗族自治县）煤厂	煤已挖尽，无凭煎炼	广西巡抚熊学鹏	户部	《高宗实录》卷943，页757
乾隆三十八年十月二十七日	思恩县属庐架山（今属环江毛南族自治县）白铅厂	开采日久，窭矿空乏	广西巡抚熊学鹏	户部	《高宗实录》卷945，页808

续表

时间	封闭矿厂	封闭原因	题请官员	议准部门	资料来源
乾隆四十年九月辛亥	犍为南部、阆中、西允、遂宁五县盐井三百四十二眼	坍塌	湖广总督署四川总督文绶	户部	《高宗实录》卷990，页218
乾隆四十三年春正月	松桃厅试采之大丰厂	迄今仅获铅二十余万斤，矿竭无成	贵州巡抚觉罗图思德		《高宗实录》卷1049，页25
乾隆五十六年六月壬戌	湖南宜章县羊牯泡沙书锡厂		巡抚冯光熊		《高宗实录》卷1381，页529
乾隆五十七年九月乙卯	云南开化府属三家银矿		云贵总督富纲		《高宗实录》卷1413，页1008
乾隆六十年十一月十八日	贵州普安州连发山铅厂		巡抚冯光熊		《高宗实录》卷1491，页951—952

注：因表格篇幅有限，资料来源一栏仅注明卷数和现代印刷页码，《清实录》（第九至二十七册），《高宗实录》（一—十九），中华书局1985年版。

嘉庆时期也封闭了苗疆多个衰竭矿场。《清会典事例》记载了嘉庆年间中央政府在苗疆封闭的一系列矿厂：嘉庆元年（1796年）封闭广西省思恩县卢架山银铅矿，贵州省都匀县属乐助白铅厂、遵义县属新寨、绥阳县属月亮岩等处铅厂。七年封闭广西省长安、马巩等厂。八年封闭云南省冷水箐、金龙箐二金厂。九年封闭云南省易得岭等铜矿。十一年封闭云南省魁甸厂金矿、永兴厂银矿。十三年封闭云南省普马白铅厂。十五年封闭云南省慢梭厂金矿、募西银矿。十六年封闭云南省马腊底银矿。十八年封闭云南省白沙地银矿。[①]《清实录》也记载，嘉庆五年七月丁亥，以硐老山空，封闭云南永昌府属茂隆银厂，从总督书麟请也。[②] 苗疆地方志则记载了地方政府在苗疆封闭的矿厂。《独山县志》载："纳稼坪矿（产）铁，清乾嘉时开，令停。"[③]《遵义府志》载，嘉庆十一年遵义县民陈正兴等仍

① 《清会典事例》第三册，卷243，户部92·杂赋·金银矿课，中华书局1991年版，第878页。同书卷244，户部93·杂赋·铜铁锡铅矿课，中华书局1991年版，第892页。

② 《清仁宗实录》，卷71，页7，《清实录》（第二十八册），《仁宗实录一》，中华书局1985年版，第946页。

③ 王华裔创修：《独山县志》，卷8，坑治，页1下—3上，民国三年成书，贵州省图书馆据独山县档案馆藏本1965年复制，桂林图书馆藏。

请试采泮水铅厂，嗣无成效，于十二年封闭。十五年二月，遵义知府福宁阿据遵义县民罗大兴等呈请试采泮水白铅，随建官房一炉房二，于十六年三月水败漕硐，全无成效，查实封闭，并距官房十五里之福兴硐、漕硐二口一体封闭，并禁私采。二十年八月，县中游民呈请复开，知府赵遵律亲往察勘，仍行禁止。[①] 嘉庆《广西通志》载："梧州府怀集县将军山铁屎坪、铁帽冈、汶塘、西瓜等山，旧皆有矿，久封。"[②] 需要指出的是，嘉庆时期是清代国力由盛转衰的阶段，就矿政而言，嘉庆朝并无新的建树，只是因循雍正、乾隆时期的做法，如限制开矿，禁止私采，及时封闭已竭矿源等。但由于这一时期政府日益腐败，执法能力和执法效果较雍正、乾隆时期弱化。

三、清末政府及时封闭枯竭矿源的主要措施

清末政府仍然执行对于采炼枯竭矿源及时封闭的制度。道光时期任广西巡抚的梁章钜曾要求设专员加强对已封闭矿场的管理："停采之时，严行封闭，请专设守矿官一员，以正八品佐贰等官主之，就近建置衙署，以便巡查。倘有奸徒私行盗采者，准透漏铜斤律论罪。亦与监采之道府同。"[③]《遵义府志》记载了地方政府对于试采无效的矿场及时封闭的事例："道光十三年十二月，署贵西兵备道史斌复以遵义县人周占先等禀报县属沙溪里之通达坪、羊肠沟、枫香坝、九岭岗、干河坝、白岩沟、茅坪一带，露有白黑铅矿，引苗民已于道光十年内合伙，曾经开挖漕硐九口，接获白黑铅矿八尺余高，六尺余宽，采出矿沙万余驮，遭县役占据中止，请给开牌。斌随详巡抚嵩溥咨部，随札饬遵义府县给牌，令其试采一年有余，所出铅斤几不敷工本，至十五年六月，贵西道周廷授详请咨部，将新厂核销，札饬知府文明、署知县石煦将开牌撤销，所有漕硐永远封禁。"[④]《清宣宗实录》也

① （清）黄乐之等修：《遵义府志》，卷19，坑冶，页5下—6上，道光二十三年修，刻本，桂林图书馆藏。

② （清）谢启昆、胡虔纂：《广西通志》，卷161，经政略十一·榷税，广西师范大学历史系、中国历史文献研究室点校，广西人民出版社1988年版，第4513页。

③ （清）梁章钜：《归田琐记》，卷2，于亦时校点，中华书局1981年版，第25—26页。

④ （清）黄乐之等修：《遵义府志》，卷19，坑冶，页6下—7上，道光二十三年修，刻本，桂林图书馆藏。

记载了若干条道光时期封闭苗疆衰竭矿场的内容，数量虽远远低于乾隆时代，但反映出这一时期及时封闭制度的执行情况（见表4-4）。

表4-4　《清宣宗实录》载道光时期政府封闭的部分苗疆枯竭矿源一览

时间	封闭矿厂	封闭原因	题请官员	资料来源
道光元年十月初六日（癸未）	广西永福县瑶茶山铁厂	硐老山空	巡抚赵慎畛	《宣宗实录》卷24，页9
道光六年四月二十日辛未	武宣县龙华山硝矿			《宣宗实录》，卷97
道光十一年十一月二十三日	广西临桂县金带江等处铁矿		从巡抚祁贡	《清宣宗实录》卷201，页15
道光十四年十二月初九日（己亥）	广西永宁州（今属永福县）铁厂	硐老山空	巡抚惠吉	《宣宗实录》卷261，页18
道光二十二年二月十五日（甲午）	广西雒容县（今属鹿寨县）铁厂	硐老山空	巡抚周之琦	《宣宗实录》卷367，页28
道光二十二年九月十九日（甲子）	广西平乐县硝厂		巡抚周之琦	《宣宗实录》卷381，页4

注：因表格篇幅有限，资料来源一栏仅注明卷数和现代印刷页码，见《大清宣宗成（道光）皇帝实录》（第一册至第十册），台湾华文书局1964年版。

咸丰时期也有一些枯竭矿场被封闭。咸丰元年（1851年）九月初四日，封禁贵州清水站黑铅厂，从巡抚乔用迁请也。[①] 咸丰十一年题准：四川省宁远府属金马厂已开采九十余年，实系年久峒老山空，无矿可采，准其封闭，开除矿额。[②] 咸丰《兴义府志》载："册亨之乐繁水银厂，因烧煎无出，久经封闭。"[③]

另外，一些清末文献记载也表明，道光之后，政府的调控能力严重衰弱，许多矿场包括官矿的封闭完全由民间根据产量、资金、技术、矿场事故自发调节，政府已无暇顾及。如民国《婺川县备志》就记载了三起民

① 《清文宗实录》，卷43，页8，《清实录》（第四十册），《文宗实录一》，中华书局1985年版，第593页。

② 《清会典事例》第三册，卷244，户部93·杂赋·铜铁锡铅矿课，中华书局1991年版，第894页。

③ （清）张瑛纂修：《兴义府志》，卷43，货属，页24下，咸丰三年成书，贵州省图书馆，1982年复制，桂林图书馆藏。

间自发采矿但因各种因素自行封闭的事件。一是由于矿难事故："去木悠场里许，地名大重溪，道光中邑人申一瑢独立开采，正盛时工作者三百人，忽见一女郎负囊前行，众疑其迹，尾随之倏不见，及返而厂已为崩岩所闭，（土人咸称此事为水月宫观音显灵）。光绪中知县吴鸿晏卸任后即开是厂，宦囊耗尽未见成效。"二是由于开采技术落后："檐前沟产朱砂，惟矿洞水深竭泽匪易，道光末湘人某以水车倾之，水涸矿见，挖获朱砂数百斤，而水复至，知其终不可采乃弃之。"三是由于矿产枯竭："官坝产水贡，咸同间乱后，颇见发达，居民有获利近万者，后以矿尽闭歇。"①《施秉县志》记载的民间开矿封闭的原因则是社会动乱和资金问题："施秉向无显露地面之矿苗，更少接近地面易于勘得之矿质，居民无矿学知识，全县之大，只南区胜秉汪家山铅矿于咸丰初年经乡民集资开采，矿质甚富，获利亦丰，旋因苗变停止。光绪初开而复废，因资本无多也。"②

综上所述，清政府在其统治苗疆的各个时期都采取了合理的措施保护苗疆的矿产资源，其在这方面作的历史功绩是不应该被抹杀的。值得注意的是，清代实行矿产资源保护政策的直接出发点并非为苗疆的生态环境着想，而在于：第一，防止因开矿引发各种社会问题和民族矛盾，维护苗疆的社会稳定，保证其在这一地区的稳固统治。第二，秉承历代王朝所奉行的"重农抑商"政策，以农业为"本"，以工矿业为"末"，严厉打击流动性大、追逐浮利、对统治不利的矿徒和商人。正如明代周载所写《谕俗》："尔勿为矿贼，窃矿妨本业，劳费既相当，惊恐无宁刻。利自白手来，用度不只节，一旦犯官利，家破体肤裂，眼前得银铜，日后终是穷。"③ 但从客观上讲，清政府对苗疆矿产资源的开采所持的保守和谨慎态度，对保护苗疆原有的生态环境起了相当大的作用。在以往关于清政府对西南矿产政策的论著中，大多指责其对矿产资源实行官方专卖和管制，严重阻碍了苗疆经济的发展，但换一个角度，从生态保护的领域来看，清政府的做法也不无可圈可点之处。

---

① 婺川县修志局汇辑纂：《婺川县备志》，卷10，经营，页2上、下，民国十一年撰，贵州省图书馆据上海图书馆藏本1965年复制，桂林图书馆藏。

② （清）朱嗣元修：《施秉县志》，卷1，矿业，页52上，民国九年撰，贵州省图书馆据施秉县档案馆藏本1965年复制，桂林图书馆藏。

③ （明）徐栻修、张泽等纂：（隆庆）《楚雄府志》，卷6，艺文，页20下，书目文献出版社1992年版，第91页。日本藏中国罕见地方志丛刊。

第五章 清政府对苗疆水利资源的保护

苗疆虽多大江大河，水利资源堪称丰富，但地区分布严重不均衡。以云南省为例，“滇省水道甚稀，每有一溪一川，皆以江或海名之，大理之洱海，漾濞之漾濞江与澜沧江，不过大山间一百余尺阔之巨流耳，以视江浙之太湖，不知当以何物名之”。[①]《云贵川蜀商务论》载：“云南水源较少，其山谷有高至五千尺。于此种植，则不甚合宜。”[②] 因此，如果不能对水利资源善加使用和管理，也会导致严重的生态危机。从现存的一些地方史料来看，清政府非常注意对苗疆水利资源的治理和保护，“清代轸恤民艰，亟修水政，黄、淮、运、永定诸河、海塘而外，举凡直省水利，亦皆经营不遗余力，其事可备列焉”。[③]

第一节 清政府保护苗疆水资源的指导思想

对水的尊重与保护，是中国传统思想文化的一个重要组成部分。在儒家、道家、法家的论述中，水都是一个重要的自然元素。这些优秀的传统理念对保护生态环境具有较强的认识意义。清代统治者也深受其影响。在

① （清）徐珂编撰：《清稗类钞》（第一册），中华书局 1984 年版，第 113—114 页。

② 厥名：《云贵川蜀商务论》，载王锡祺编录《小方壶斋舆地丛钞三补编》（下），第七帙，第十一辑，辽海出版社 2005 年版，第 572 页。

③ 赵尔巽等撰：《清史稿》，卷 129，志 140 · 河渠四 · 直省水利，中华书局 1976 年版，第十三册，第 3823 页。

以农耕为国家财富基本积累方式的时代，士大夫普遍将水视为国计民生不可或缺的物质基础。在清代的苗疆文献中，随处可见保护水资源的观念。乾隆《弥勒州志》曰："水润下，自然之性也。民生厚利赖之。"[①] 乾隆《沾益州志》曰："万民之命系于耕，万世之利系于水。"[②] 乾隆《新兴州志》曰："国之所重在民，民之所重在耕，而所赖以耕者，又非水不为功。"[③] 由于水是农耕必备的条件，因此重农的清政府自上而下形成了爱护水、保护水、崇拜水的观念。对于泉、井、潭、溪、塘、江、河、湖、海等一切能够产生水的自然事物，士大夫都抱有一种天然的好感与热爱。在清代苗疆许多文献中，都可以查阅到政府官员就某一泉、潭等撰写的赋、颂、文、诗等，以表达他们的欣悦之意。如甘文焜的《喷珠泉记》，田雯、范承勋的《漏勺泉记》，李祺的《圣泉记》[④] 等，其中以程万夏的《福泉》诗最具代表性："双井泉堪掬，因而以福名。寻踪虽近佛，学圣得其清。"[⑤]

对水资源的热爱之情常常转化为强烈的保护责任感。在清代自皇帝至地方基层官吏，一经发现泉水等水源，即建立祠宇、亭庙等予以保护，并作为常规性祭祀之所。雍正十一年（1733 年）六月十九日上谕："据广西巡抚金鉷奏称：郁林州地方现在开垦之时，而富民乡厘坡忽涌瑞泉二穴，味甘色清，足灌田三千余亩等语。朕从来不言祥瑞，今蒙上天福祐边氓，显赐甘泉广润之大泽，朕心不胜感庆。著该抚选择善地，建立祠宇，奉祀泉源之神，以答灵祝。"[⑥] 雍正十二年十一月戊子，"封广西郁林州富民乡泉源之神，曰昭德沛泽泉源之神"。[⑦] 在中央统治者的影响下，地方上形

① （清）秦仁、王纬纂辑：（乾隆）《弥勒州志》，卷 13，水利，页 1，故宫珍本丛刊第 229 册，海南出版社 2001 年版，第 248 页。

② （清）王秉韬纂订：（乾隆）《沾益州志》，卷 2，水利，页 24，故宫珍本丛刊第 227 册，海南出版社 2001 年版，第 126 页。

③ （清）徐正恩纂修：（乾隆）《新兴州志》，卷 10，艺文，页 61—62，故宫珍本丛刊第 228 册，海南出版社 2001 年版，第 406 页。

④ （清）卫既齐主修：《贵州通志》，卷 34，艺文，页 50 上—53 下，康熙三十一年撰，贵州省图书馆据上海图书馆、南京图书馆、贵州省博物馆藏本 1965 年复制，桂林图书馆藏。

⑤ 王正玺纂修：《毕节县志稿》，卷 17，艺文下，页 13 下，同治十年撰，贵州省图书馆据南京大学图书馆藏本 1965 年复制，桂林图书馆藏。

⑥ （清）谢启昆、胡虔纂：《广西通志》，卷一，训典一，广西师范大学历史系、中国历史文献研究室点校，广西人民出版社 1988 年版，第 55 页。

⑦ 《大清世宗宪（雍正）皇帝实录》（三），卷 149，页 11 下，台湾华文书局 1964 年版，第 2078 页。

成了崇拜水的风气。苗疆地方官常在水源之处修建祭祀和祈求水的处所如祠、庙等，以示对水的尊重与保护。乾隆《玉屏县志》载田起图《募修水府祠引》就反映了清代苗疆官员的水崇拜情结："城东水府祠倚山面城，镇江流，控水道，为一卫之大观也。……卫之有祠也，威灵赫濯，每行舟上下遇风涛骤起，奇险不测之际，呼之如平地，然且使阳侯效灵，祝融屏迹，居人安马，饷祀弗绝其来旧矣。余稽古祠典，凡有功烈于人者，则祠之谓其可以捍大灾而御大患也。"①

清代苗疆官员爱护和崇拜水的心理，体现在当地方出现旱涝灾害时，地方官员往往亲自率领百姓祭祀水神，祈祷风调雨顺。雍正《呈贡县志》记载的朱若功的《祭落水洞文》就是典型的例证，该文反映出在发生水旱灾害时政府官员祭祀水神是其应尽的职责："查广南卫一区……向来土力甚肥，居民争相树艺，豆麦等物，历无蓄害。不谓忽尔壅塞，水道不通，竟成堰塘，以有用之土地，为无益之空池也。……为天地间极苦穷民，是则功有不能保障斯民之罪，不容一日立于民上者也。然力所能为者，在功，而力之所不能为者，在神。惟神乖念斯民之苦，鉴功之愚，因天地之利，神疏沦之功，立赐发泄，以苏民困，使功得安其身于民庶之上，是神之赐福于民，即其赐福于功者也。其明德不在神禹下矣。"朱若功的另一篇《板桥造涵洞勒碑序》也记载了当地官员在水患时向水神祈福的情况："辛丑之夏，亢旸为患，昆明旧有潭水傍，列龙神庙几十余处，祈祷多应，各宪委属员代祷。"② 道光《遵义府志》载李铭诗（桐梓岁贡）的《祀盘龙洞记》则是另一份表现苗疆官员祭水的文献："邑城西南六七里为葫芦坝，因地形似葫芦故名。地原而阴，堪种稻，但四山俱乏水，一遇春干则不能布种，夏秋旱有坐视其苗之枯耳，地形尽处为盘龙洞，洞为邑景首观，洞左里许有石穴，长阔未及一丈而葫芦水入焉。值淫雨连朝，溪涨齐集，穴小不能容纳，则洄澜四溢，甚且淹入城中，而苗谷胥属淤朽，是旱涝皆病者，莫葫芦水若也。……丁亥冬，邱侯来令期邑而次年报旱，己丑愈甚，其后因奉功令清楚田粮，侯乃履亩劝首，坐盘龙洞中进居民谕之曰：尔民频年苦淹与旱地实为之也，余为尔民请于上，其定

① （清）赵沁修、田榕纂：《玉屏县志》，卷10上，艺文·疏引，页37上，乾隆二十年撰，贵州省图书馆据本馆及北京图书馆藏本1965年复制，桂林图书馆藏。

② （清）朱若功纂修：（雍正）《呈贡县志》，卷3，艺文，页45—46、51，故宫珍本丛刊第226册，海南出版社2001年版，第239页。

赋悉以下田起科，庶免大困。又谕之曰：斯地之欲免淹旱，非人力可以能为也。观洞之灵秀奇特，必有明神焉，盍祷祀之。岁之仲春，侯乃卜曰：虔诚诣洞首，为民致祭。是岁非不旱也，独葫芦坝一方果多得雨，秋始有获，父老欢欣载道，指所获曰：此洞神之力耶？抑我邱侯之赐也。"① 虽然带有某些封建迷信的色彩，但这也充分展现出古代儒家"敬天保民"的政治理念及对自然敬畏的思想。

第二节　严禁阻塞、破坏水道

一、指导思想

中华民族作为一个对水有严重依赖性的农业民族，很早就对水的自然属性有深刻的认识。在著名的"大禹治水"的传说中，大禹以疏导的方法代替以前鲧堵截的方法，成功治理了洪水。因此历代以来政府在治理水患时，都以疏导为第一要务。苗疆多为岩溶地区，峰林、洼地、洞穴、漏斗、石坑、石围、地下暗河、峡谷比比皆是，很容易导致水源淤塞，晴天易旱，雨天易涝，从而引发严重的水土流失。因此必须采取科学合理的措施，既因势利导疏浚水源，又保护生态和人民生产。清政府在这方面的觉悟是颇高的。从最高统治者到封疆大吏，都具有强烈的疏导意识。雍正皇帝曾谕："自古治水之法，惟在顺其自然之势而利导之，盖水之为害大抵由于故道湮塞，使水不得径直畅流，以致泛滥而为患。"② 现存于广西全州县的《牧伯张公谕令石砌贡陂堰碑记》也认为疏导是治水的关键："水利之兴，顺水性之自然使之，毋壅毋决，适于利济而已。然有由曲而使之直者，亦有由直而导之使曲者。从事修补之方，必相度形势，设为陂堰以防其溢，凿成沟浍以顺其流，虽距江甚远之田，皆足以渥沾汪泽而无干旱

① （清）黄乐之等修：《遵义府志》，卷43，艺文二，页27下，道光二十三年修，刻本，桂林图书馆藏。

② 《清世宗实录》，卷63，页11，《清实录》（第七册），《世宗实录一》，中华书局1985年版，第965页。

之虞。良有司为百姓计长久，因利而利，择劳而劳，其事诚不可缓也。”①

清政府在疏导苗疆水道的过程中，很注重根据当地的地势和水流的自然走向进行引导的原则。这种做法可以把人类对环境的改变压缩在最小限度内，从而最大限度地保护水利资源。这反映出清代官员良好的环境保护意识。鄂尔泰《重修桂林府东西二陡河记》就阐述了治水应顺势利导的理念：“粤西分壤，接荆扬二州之介，山突而童，水峻而旋，中石莹确，多伏流，凡厥川泽陂池沟浍，疏浍修浚之方，物土宜而布其政者，康功、田功、人事殆尤不可后焉。”② 乾隆二年（1737 年），署云南总督张允随疏言：“云南水利与他省不同，水自山出，势若建瓴。大率水高田低，自上而下，当浚沟渠，使盘旋曲折，承以木枧、石槽，引使溉田。偶有田高水低，则宜车戽。又或雨后水急，则宜塘蓄。低道小港水阻恐傍溢，则宜疏水口使得畅流。山多沙碛，水发嫌迅激，则宜筑堤埝，俾护田亩。”③ 乾隆《赵州志》曰：“赵多龙泉，水分南北，灌溉两川，虽大旱不至赤土，独虹潦泛滥，时或有冲城决堤之忧，是在均其力役，因事而利导，先事而防维之。”④ 乾隆《沾益州志》也云：“此沾邑东西北三路多无源之田，南路地卑，往往浸没，欲使无源者享灌溉之益，易浸者免泛滥之虞，因势利导之功可不讲于素乎？”⑤ 这其中以徐樾的《晋宁州水利论》最为精辟中肯：

> 水之为利大矣哉！有泄之以为利者，有积之以为利者。当泄未泄，则淹没之患未去而膏腴之利何由收？当积不积，则停潴之泽无多，而灌溉之功亦未广。是贵因天时相地势，尽人力而豫为之所也。其在晋宁，有泄之以为利者，州西北境夏末秋初之水，是也。其积之以为利者，州东南境秋杪三冬之水是也。州治枕山俯海，东南高而西

---

① 全州县志编纂委员会编：《全州县志》，广西人民出版社 1998 年版，第 1024 页。

② （清）蔡呈韶等修、胡虔等纂：《临桂县志》，卷 11，页 12，台北成文出版社 1967 年版，第 170 页，中国方志丛书第 15 号。嘉庆七年修，光绪六年补刊本。

③ 赵尔巽等撰：《清史稿》，卷 307，列传 94 · 张允随传，中华书局 1976 年版，第三十五册，第 10555—10556 页。

④ （清）赵淳、杜唐纂修：（乾隆）《赵州志》，卷 2，水利，页 1，故宫珍本丛刊第 231 册，海南出版社 2001 年版，第 52 页。

⑤ （清）王秉韬纂订：（乾隆）《沾益州志》，卷 2，水利，页 24，故宫珍本丛刊第 227 册，海南出版社 2001 年版，第 126 页。

> 北下，其河源大小不一而皆出于东南，其河流远近不同而皆归于西北。每自夏徂秋，滂沱屡降，雨水与龙泉山涧之水会合，其势汪洋，河腹不能容，沟道不能纳，泛溢肆行，必有冲决淹溺之患，势当有以泄之。而宜泄之处不一，其大者上有疆场之唐钟洞，下有迎恩之淤泥河，人见两处不泄之患各有别，而不知两处不泄之患常相因。盖疆场泛溢之水不泄，则水势强于西河堤，弱于东东堤。一溃南来之水，尽趋甸永，不但为田畴禾苗之害，且为城郭民居之忧。如昨夏水泛疆场，大桥河决，自城北境直抵安江尽为泽国，其时淤泥河纵极疏浚泄之，亦不胜泄，此可鉴之覆辙也。若豫于疆场，平其阻滞之新埂，开其消纳之旧洞，则水之归于淤泥河者有限而泄之自易。[①]

二、严禁在水道垦殖

水资源是依赖天然水道蓄泄的，如果在水道上开垦，很容易破坏水生态系统，导致水资源枯竭。因此保护水资源，首要责任就是保护好水道。清代法律明确规定，严禁在水道垦田，对违反者和主管官员以相应的罪名论处。《皇朝政典类纂·田制》规定："凡陂泽池塘但关水道，无论官地民业，概禁开垦，如有妄报升科者治罪，该管官滥听者议处。"[②]《清会典事例》记载，乾隆十一年议准："官地民业，凡有关于水道之蓄泄者，一概不许报垦，倘有自恃己业，私将塘池陂泽改垦为田，有碍他处民田者，查出重惩……若地方各官任民混请改垦，查勘不实者，该督抚即题参议处。"[③] 可见清代的立法者对于水道的保护已有极高的认识。此后清代中央政府针对具体案例颁布了多道禁止开垦河道的上谕。乾隆四十七年上谕："河滩地亩，居民开垦日久，必致填塞河身，于河道大有关系。且居民庐舍占据滩地，猝遇水涨之时，势必淹没，于民居亦多未便。因谕令确加履勘，其堤外地处高阜者，仍听照常居住耕种，若占据堤内，于水

① （清）毛、朱阳、冯杰英、刘攜纂修：（乾隆）《晋宁州志》，卷27，艺文上，页46—49，故宫珍本丛刊第226册，海南出版社2001年版，第110—111页。

② 席裕福、沈师徐辑：《皇朝政典类纂》（二），卷2，田赋二·田制，页3上，台北文海出版社1982年版，第37页。

③ 《清会典事例》第二册，卷166，户部15·田赋·开垦一，中华书局1991年版，第1117页。

道有碍，即行明切晓谕，俾陆续迁徙，并令该督抚等妥为经理。”① 乾隆五十三年，皇帝针对湖北荆州“萧姓占垦河道案”上谕：“嗣后凡滨临江海河湖处所，沙涨地亩，除实在无关利病者，毋庸查办外，如有似窖金洲之阻遏水道，致为堤工地方之害者，断不准其任意开垦，妄报升科。如该处民人冒请认种，以致酿成水患，即照萧姓之例严治其罪，并将代为详题之地方等官一并从重治罪，决不姑贷。”② 通过这些事例，我们可以看到清代法律体系中所包含的生态价值观。它标志着中华法系不仅是一个建立在农业文明上的法律文化传统，而且是一个建立在生态文明上的法律体系。

清代苗疆官员完全继承了这一价值观，并将其贯彻于自己的执政过程中。他们对占垦水道的灾难性生态后果有非常清醒的认识，因此往往能从长远利益出发禁止垦辟水道的行为。自清初至清末，都有苗疆官员严禁在水道垦田的案例出现。康熙时期云南省鹤庆地区都多有这样的例证。康熙《鹤庆府志》记载了知府王昂惩治在南供河上伪报开垦的豪强：“南供河：水之源发自山神哨，东抵漾亏江，南甸之田咸资灌溉焉。维时有豪强窥利，伪报开垦，以输赋为名，意欲从中途邀截，不几以数家之利亢千万亩之良，恣一二夫之奸始殆千万人之戚乎。知府王昂得其情，乃追帖削册以杜奸谋，刻石为志。自是而南甸诸民壅流之患绝矣。”③ 鹤庆县水峒寺内立于康熙五十六年（1717 年）的《重开水峒记》记载，该县官员分析漾河河道泥沙淤积的原因，主要在于上游垦殖，下游滥捕：“奈上沟者，不事疏沦，利其地而兼并之，私植麦禾，隐灭泄水石穴近百余孔。其未经漂没者，渔人又于春初时，壅孔置笥不撤，集沙成洲。每当横流暴至，遂鱼鳖我赤子，受灌我城郭，而曾不一动其心，由来久矣。岂知水之故道犹在，而渔人贪几微之利，贻祸田亩；奸夫遂升斗之需，嫁灾里社，使今不理，将来者而为渊且不可郡，是谁之咎?”因此他在疏通河道后，还刻碑告诫后来的继任者，要求他们必须严厉杜绝类似的情况再出现：“故袭□载言以告后之来守者，知水非多其孔，则下流不能泄，隐灭者之宜禁也。

① 《清会典事例》第二册，卷 166，户部 15・田赋・开垦一，中华书局 1991 年版，第 1117—1118 页。

② 《清会典事例》第二册，卷 166，户部 15，田赋，开垦一，中华书局 1991 年版，第 1119 页。

③ （清）邹启孟纂修：（康熙）《鹤庆府志》，卷 7，城池，页 54，故宫珍本丛刊第 232 册，海南出版社 2001 年版，第 170 页。

□□□西北横流之泥沙，则上流不能淤，搜剔者之宜勤也。”[①]

乾隆时期，大批内地人员到苗疆开垦田地，苗疆的江河湖泊也不能幸免，许多人在湖区开垦，严重阻塞了水道，导致水源日益枯竭。其中以湖南洞庭湖区垦殖最为严重。面对这一问题，苗疆官员将保护水资源放在首位，从生态利益出发向中央政府奏报要求制止此类行为。湖南历任官员均能认识到在湖区垦殖的危害性，屡次上疏严禁垦湖。乾隆十年（1745年），湖南巡抚杨锡绂奏言：“湖南滨临洞庭，愚民昧于远计，往往废水利而图田工。……官吏以改则升科为劝垦之功，亦复贪利忘害，沟洫遂致尽废……请饬各省督抚，凡有池塘陂泽处所，严禁改垦。”[②] 杨锡绂不仅严禁在洞庭湖垦殖，还依此类推，请求全国各地均停止在湖区水道垦殖，可谓“先天下之忧而忧”。乾隆十一年正月十九日，杨锡绂进一步奏曰：

> 为请严塘池改田之禁，以广水利以厚民生事。……自滋生日繁，荒土尽辟。愚民昧于远计，往往废水利而图田功。不独大江大湖之滨及数里数倾之湖荡日渐筑垦，尽失旧迹，即自己输粮管业，数亩之塘亦培土为田，一［流］之涧亦截流种稻。即本年湘阴、武陵等邑各有偏灾，此皆滨临洞庭，而去湖稍远即水无接济。臣确加查访，皆由塘多改田之故。又流涧之水远近取资，若徒恃己业截垦为田，则上溢下漫无不受累。现在各属讼案纠纷大半由此，往往争阻斗殴酿成人命。此弊不独湖南，大约东南各省无处不然。水利日废，腴产渐变为瘠，实为民生之患。查乾隆九年（1744年）浙江布政使潘思榘请禁侵占官湖，止指湖荡官地而言，若民业塘池尚未议及。臣愚以为国家生齿日繁，地土固日辟而广，而至于关系水利之蓄泄，则当仍以地予水，而后水不为害，田亦受益。[③]

同年二月初九日，吏部尚书兼管户部尚书事务刘于义议覆杨锡绂奏折时对其意见予以充分的肯定：“查农政之要水利为先，潴水之区湖塘是

① 云南省编辑组编：《白族社会历史调查》（四），云南人民出版社1991年版，第94—95页。

② 赵尔巽等撰：《清史稿》，卷308，列传95·杨锡绂传，中华书局1977年版，第三十五册，第1085页。

③ 中国科学院地理科学与资源研究所、中国第一历史档案馆编：《清代奏折汇编——农业、环境》，商务印书馆2005年版，第92—93页。

赖。必使蓄泄有备，庶得旱涝无妨。倘任其截垦为田，阻塞水道，则旱无灌溉之资，潦有漫溢之虑。”并“通行各省督抚，凡有湖荡蓄水之处，设法禁制不许再行开垦。盖所以广水利而裨田功也”。同时针对这一行为出台了具体而严厉的惩罚措施：“出示晓谕，除从前已经开垦之田毋庸清厘以免滋扰外，嗣后无论官地民业凡有关于水道之蓄泄者，一概不许报垦。倘有自恃己业，私将塘池泽改垦为田有碍他处民田者，查出重惩。如果有可垦之地应改之田，于水道并无妨碍，仍听民间报官勘明，准其开垦，改则升科。若地方各官任民混请改垦查勘不实者，该督抚即行查参议处。”[①] 乾隆十二年议准：“洞庭一湖，为川、黔、粤、楚各省诸水汇宿之区，必使湖面广阔，方足以资容纳，嗣后各属滨湖荒地，永禁筑堤垦田。”[②] 乾隆二十六年至二十八年任湖南督抚的陈宏谋，再次禁洞庭滨湖民壅水为田，以宽湖流，使水不为患。并疏言：“洞庭湖滨居民多筑围垦田，与水争地，请多掘水口，使私围尽成废壤，自不敢再筑。”上谕曰：“宏谋此举，不为煦妪小惠，得封疆之体。”[③] 这些文献表明，在中国古代农业生产为核心的法律体制中，生态利益已战胜了经济利益，成为政府官员处理案件的重要考量因素。

随着苗疆人口的增加，类似的事件不断发生，但苗疆官员多能从保护水资源的角度出发，劝谕百姓停止在水道垦田的行为。据《北流县志》记载，乾隆十三年任北流知县的张允观对当地群众在陂堰中垦田的行为甚为忧虑，要求政府关注这一问题：“陂堰以备旱潦，以资灌溉，从来无税。缘北流山高泉少，民田多涸，或将上流税田筑塍蓄水，则作陂之处即为载亩之区，或砌塞河沟疏分水道，动费民膏，始成小堰，遇有沙积陂旁，豪强者借以奉例，报垦者多起争端，不知陂塘既垦而润泽无资，熟田既荒而国税无借。甚至坐新垦之米于陂中，挖原堰之水以利他渍，利害攸关，官斯土者宜留意焉。”[④] 云南省宜良县草甸乡龙池村关帝庙南墙，嵌

---

① 中国科学院地理科学与资源研究所、中国第一历史档案馆编：《清代奏折汇编——农业、环境》，商务印书馆 2005 年版，第 93 页。

② 《清会典事例》第十册，卷 929，工部 69 · 水利 · 湖南，中华书局 1991 年版，第 678 页。

③ 赵尔巽等撰：《清史稿》，卷 307，列传 94 · 陈宏谋传，中华书局 1976 年版，第三十五册，第 10562—10563 页。

④ （清）徐作梅修、李士琨纂：《北流县志》，卷 5，页 21 上、下，台北成文出版社 1975 年版，第 235—236 页。中国方志丛书第 198 号。

有一块立于乾隆四十一年的《为开河有碍良田碑》，中篆书“永远碑记”。[1] 云南省红河哈尼族彝族自治州石屏县立于乾隆五十三年的《禁凿青鱼湾地硐碑》也是一份重要的严禁在湖区垦殖的官方文献。碑文内容系临安府正堂饬令石屏州出示的一份告示。石屏异龙湖是著名的高原湖泊，有当地豪强陈瑛煽惑无知愚民，在青鱼湾地区围湖造田，“欲求涸出田亩，以求其利”，当时的贺姓知府非常清醒地警告民众“是未得利而先受其害矣”，“是陈瑛非为尔等图利，实为尔等取祸耳”，并下令永远禁止开凿青鱼湾地区：

> 自示之后，尔等恪遵宪示，各安旧业，及早醒悟，慎勿为人所愚，妄费工本，私凿青鱼湾无益之洞，致废时业罗罪戾。本署州一面出示，一面报明上宪存案，尚不遵永禁，日久仍敢私凿，一经绅士查报，则是有心抗违宪批，□亦不改之徒，尚断不宥，定行严拿治罪，决不从宽。各宜凛遵，毋贻后悔。特此勒石，永远禁止。[2]

但令人啼笑皆非的是，据云南通志记载，1971 年，青鱼湾隧洞被凿通放湖造田，湖水迅猛下降，导致当地水利失调，气候异常。1981 年大旱，“青鱼湾畔舟落地，异龙湖中底见天”。惨痛的生态教训，使人感叹200 多年前清代官员的先见之明和生态意识，其可持续发展的思想值得现代的执政者引以为戒。《禁凿青鱼湾地硐碑》至今仍是环境保护的好教材。[3]

由于水道不能开垦，因此在清代凡属江河湖泊之水道，一律不纳税升科。直至清末，这一原则仍在苗疆得到了贯彻实施。光绪三十二年(1906 年)，广西省巡抚林绍年颁布《招商垦荒折》，其中第十一条规定：“永不升科之地如下：公共池塘、水沟、井泉……”[4] 这一规定再次表明了政府不主张在水道垦田的立场。尽管当时国运狼狈，急需发展经

---

① 宜良县志编纂委员会编：《宜良县志》，中华书局 1998 年版，第 684 页。

② 云南省地方志编纂委员会编：《云南省志·文物志》，云南人民出版社 2004 年版，第 433 页。

③ 云南省地方志编纂委员会编：《云南省志·文物志》，云南人民出版社 2004 年版，第 433 页。

④ 广西壮族自治区地方志编纂委员会编：《广西通志·土地志》，广西人民出版社 2002 年版，第 698 页。

济以强国力，且这一奏折的出发点也是积极招垦扩大土地面积，但政府仍然坚持水道不垦田、不升科的制度，确系难能可贵，足见其生态保护意识之强。

三、严禁阻塞水道

水道是水流通的基本渠道，要保护水资源，必须首先保证水道的畅通。如果任由修筑阻碍物，会导致水道的人为淤塞，使水蓄泄无凭，从而引发严重的水土流失。我国《水法》规定：禁止在河道管理范围内建设妨碍行洪的建筑物、构筑物以及从事影响河势稳定、危害河岸堤防安全和其他妨碍河道行洪的活动。中国古代官员对此有很深刻的认识。据《广西通志》记载，宋代平乐县县令林仲贤撰《陇壕二陂水利记》说明壅水利小，浚水利大的道理，并记录了自己拆毁水碓疏通河道以利民的案件："壅水以激碾硙，其利小；浚水所灌田亩，其利大。自夫梏与已见，不知利有大小，而至于争，词讼纷起，州县拘率，予决莫定。郡运都秘撰颜大卿先生一览民词，权衡轻重，立谈而判。至诚感动，争心自弭。于是怙官毁除水碓，就大田亩。令田两开浚水，圳深阔各二尺五寸，通泄江流，迤逦下灌富多堡三十余顷田，此其利大矣。百姓歌舞，鞭石树碑，以识岁月，庸示久远不忘之意。"①

事实上，清代苗疆的官员也一直奉行这样的原则，对于阻塞水道的民间构筑物，一律予以严禁。为了保证河流的畅通无阻，清政府在苗疆的各水道上专门设立了巡防机构和管理人员，不时巡查，防止水道阻塞或遭破坏。康熙《嵩明州志》载吴宝林《重修金马里上枝诸河碑记》记载了在当地河道上设立永久性水利人员维护河道安全："嗣后设水利二人复其差，比年一小修，三年一大修，率以为常，而河自是去患矣。……业经申详上宪，永著为令，以俟后之官斯土者。"②《续修昆明县志》载，为了保护昆明海口的畅通，雍正十年（1732年）议准昆阳州增设水利同知一人，

① （清）谢启昆、胡虔纂：《广西通志》，卷119，山川略二十六·水利三·平乐府，广西师范大学历史系、中国历史文献研究室点校，广西人民出版社1988年版，第3463页。

② （清）汪熙总修：（康熙）《嵩明州志》，卷8，艺文·记，页11—12，故宫珍本丛刊第226册，海南出版社2001年版，第405页。

“驻扎海口，常川巡察，遇有壅塞，不时疏通，设或冲塌，立即堵筑”。[①] 乾隆《蒙自县志》载：“学海：本朝乾隆五十四年（李）焜摄县事，率绅民重修海身，置巡水役防盗泄，设役食。”[②] 这些措施从组织和人员上保证了水道的疏通，加强了对水道的管理。

苗疆各地也代有禁止阻塞水道的司法案例出现。康熙《嵩明州志》载地方官员吴宝林在成功治理了河流淤塞问题后，又采纳熟悉水务的下级官吏孙某的善后之计，禁止民间一切有碍河流流通的不利行为和设施：“其补救之目则又有三：一曰禁冲沙。滨河之民冲沙广地，则河阻。二曰禁土坝，以木易之则不淤。三曰去截泥。河尾交接处必多横截之泥，责令滨河之地之民去之。”[③] 通过这些措施，拆除了民间私自建设的有碍水道畅通的建筑物和构筑物，解除了水患。雍正六年，云贵总督鄂尔泰“开嵩明州杨林海以泄水成田”，[④] 在疏通过程中，他不畏地方恶势力阻挠，果断依法惩罚壅遏水道的地方衿棍，疏浚了水道：“嗣闻嵩明地方之杨林海周围五十余里，其田亩可资灌溉，皆因壅遏，岁受水患。前督高公委官踏勘，被地方衿棍阻挠，遂以中止。公乃委员兴工，果有地棍宦华等阻拒，随批饬枷示河干，限完工日释放。百姓欢兴趋事，不数月告竣。旧有田亩既永免水患，而新涸出一万一百余亩，仍给本主管业生科。”[⑤] 贵州省锦屏县河口乡立于雍正八年的《鄂尔泰为禁筑梁以通水道碑》是一份苗疆官员禁止在江中设立鱼梁的官方法令，其直接目的是疏通水道，并规定了严格的法定责任：“查得沿江一带，设立鱼梁，横截水面，十丈之内，竟居八九……种种危害，不可枚举。本部院欲为尔民兴久远之利，若不先除害（于）利者，利何能兴！合就出□□（示）仰黔属沿江一带汉夷人等知悉，现在江心设立之鱼梁，统限示到十日内悉行拆毁，□□不□□务使渡平岸阔，上下无虞，大舸小舟，往来皆利。如有不法之徒，胆

① 董广布修，陈荣昌、顾视高纂：《续修昆明县志》，卷2，政典志九·水利，页27下—29上，1939年排印本。桂林图书馆藏。

② （清）李焜续修：（乾隆）《蒙自县志》，卷1，山川，页4，故宫珍本丛刊第229册，海南出版社2001年版，第379页。

③ （清）汪熙总修：（康熙）《嵩明州志》，卷8，艺文·记，页11—12，故宫珍本丛刊第226册，海南出版社2001年版，第405页。

④ 赵尔巽等撰：《清史稿》，卷129，志140·河渠四·直省水利，中华书局1976年版，第十三册，第3825页。

⑤ （清）鄂容安等撰、李致忠点校：《鄂尔泰年谱》，中华书局1993年版，第74页。

敢抗不拆毁，或□□□□□严拿究处。倘土官地棍徇庇阻挠，亦即据实详参拿究。”①

一些资料还显示，由于民间私人在河道上各自筑小土坝灌溉，结果导致河道壅堵，水流不畅，于是由政府出面，在水源处修筑一官方总坝，而饬令将民间私坝全部拆毁，以利水道。这种做法很好地保护了水资源，防止了民间对水流不科学的过度开发利用。乾隆《弥勒州志》记载的乾隆元年（1736年）署州王纬的《水利详稿》叙述的就是这样一起案例：

> 为修筑沟坝疏通水道事。据竹菌村绅士庶民何见龙、熊兆文、王震先、张政等呈词踏勘，查得竹菌村即构甸坝平原八九十里，两山对峙，大河环绕其中，河傍尽属田亩。向来村民于附近河边之田，筑坝壅水，制造水车，激水灌田，每遇洪水泛涨，底田尽遭淹没，是以雍正十二年八月内河水涌发，冲决田禾。……总由发源之处未建石坝，山水滂冲，未建石龙。……昔系土坝，水小则漏泄不敷，水大则溃决散漫……殊为民患，是以地方绅士思为一劳永逸之计，议于地龙处所建造石坝石龙，使源泉沟水由地龙经行山水沙沟，从坝上径过，俾雨不侵犯，便可久远无虞。……卑职自行捐给养廉办理，毋庸开销正项。现在水沟宽一丈深三四五尺不等，上中二沟畅行三十余里，东沟畅行六十余里，凡向属干旱地亩，本年俱获栽种全完。至近大河水东田地沟水自上而下，到处遍灌，一切水车均属无用。即于四月内水消时候沿河共计七十二坝，各寨居民自行拆去，既除淹没之虞，永免旱涝之患矣。除水沟到处各寨田亩分水缓急尺寸分数以及枧槽沟道沿路应修应葺，俟秋收之后逐段妥设，按寨分管，另勒石碑遵守。②

清中叶以后仍有禁止阻塞水道案例出现。广西太平土州的《万世永

---

① 黔东南苗族侗族自治州地方志编纂委员会编：《黔东南苗族侗族自治州志·文物志》，贵州人民出版社1992年版，第104页。该碑无立碑时间，晏斯盛《黔中水道考》称，清江水原来舟楫不通，雍正七年，总督鄂尔泰、巡抚张广泗“奉旨清厘，夷人归诚，题请开浚，自都匀至湖广黔阳总一千二十余里遄行无阻”（见乾隆《贵州通志》36卷66页）。据此，碑当立于清雍正八年。

② （清）秦仁、王纬纂辑：（乾隆）《弥勒州志》，卷25，艺文，页31—36，故宫珍本丛刊第229册，海南出版社2001年版，第292—294页。

贻碑》就记载了发生在嘉庆十四年（1809 年）的一起私筑河坝阻塞水道的案件。该州州民控告生员罗世美、李若兰等，私自“拦水源添筑石坝，新开水沟，希图截占水利”，太平州地方官“前往下教水源，传齐乡保居民，将李若兰等添筑石坝、新开水沟，刻行拆填清楚，取具乡保两造”，严肃查处了肇事者，并铭碑晓谕，警戒后人，饬令“遵照旧日管府水利”，“不得复行添筑石坝，刁占水利”。[①] 广西河池地区罗城仫佬族自治县立于道光八年（1828 年）的大梧村《孙主堂断祠记》就记载了当地孙姓官员规定的三条乡约，其中规定不得在水道上截装捕鱼设施：“各坝水沟，春夏秋冬四季，俱要取水灌养禾苗生理，如有不法贪心，私行撬挖戽鱼，截沟装筌，查知，甲长理处责罚，如抗不遵，甲长送官究治。”[②] 道光十二年闰九月，湖南巡抚吴荣光奏：“遵旨查勘濒湖私垸。乾隆年间原定应毁者七十处，尚存十八处；嘉庆年间原定免毁禁修者九十六处，尚存五处；道光七年查出续增一百四十三处，内有碍水道者四十三处，均饬刨毁。此后不准再有增添。”[③]

光宣年间，地方官员仍能严格执行法律，对阻塞水道的行为严惩不贷。宣统元年（1909 年）立于广西恭城县莲花瑶族乡势江村的《判决坝案碑记》是一起地方官禁止放木排阻塞水道的案件。在该案中，由于外来木商利用当地河流放运木排导致河道阻塞，影响瑶族群众灌溉，于是主管官员审时度势后作出判决：“嗣后每年春分以后，霜降以前，正田禾急需蓄水之时，每月只准逢三开坝，一月口口放木排。头圳二圳两坝，限由七点钟起至一点钟止，龙岩坝准放至二点钟止，每次口口口口钱共三千文。……倘敢不遵，一经告发查实，定即拘案严惩，决不姑恕。”[④] 这一判决具有较强的科学性，它合理地保证了水道在农忙时节的畅通无阻。宣统二年（1910 年）立于广西太平土州的《以顺水道碑》则记载了发生在两个村子之间，因为上游设立水车，阻碍水路的纠纷。主管地方官前往查

① 广西壮族自治区编辑组编：《广西少数民族地区碑刻、契约资料集》，广西民族出版社 1987 年版，第 2 页。

② 广西壮族自治区编辑组编：《广西少数民族地区碑刻、契约资料集》，广西民族出版社 1987 年版，第 243—244 页。

③ 《清宣宗实录》，卷 222，页 2，《清实录》（第三十六册），《宣宗实录四》，中华书局 1985 年版，第 307 页。

④ 黄钰辑点：《瑶族石刻录》，云南民族出版社 1993 年版，第 136 页。

勘，见“两村田亩，多半干裂，确是韦安国所立水车，阻碍水路以致之”，遂饬令上游村民“拆去水车，以顺水道”，“永远不准复立”。在拆除水车解决了纠纷之后，还制定了若干条禁止堵塞水道的法规。将法规和案件经过一起勒石刻碑，以诫众遵守。其中规定：（1）无论何人砍伐河边所有的大小树木，必须将枝叶连根收拾上堤，清理干净，“不准丢放沟中，以致壅塞水道。倘有不遵，查出罚钱七千六百文”。（2）私自在河堤上挖掘嗌口或扎拦取水灌己田者，查出罚钱三百六十文。（3）私自扎拦滢水网捕鱼，或放鸭群崽者，查出罚钱七千二百文。（4）以后任何人不得在水道上构筑水车，否则以拆车治罪：“此坝自于排村前面流至科波村，并无人抢（撑）水车者，若有何人妄立人抢（撑）水车以利己至损人者，先砍破其水车，后弃捉拿治罪。”[①] 这些惩罚条例，尤其是罚款处罚，相对于当地贫困落后的经济水平而言，是十分严厉的。而这些规定，不仅阻止了对水道的阻塞行为，还杜绝了对水源的动物性污染，保持了水源的清洁。

上述案例清楚地表明，清代苗疆政府为保证水道，通过地方性法规、司法判例、乡规民约等形成了多重政策、制度、原则，这些政策、制度、原则即使未有明确的法律规定，也深存于司法官员的心中和头脑中，当他们在面对和处理有关水资源的案件时，可随时提取出来作出有利于保护生态的判决。

四、采取措施疏浚水道

在以疏导为主的观念支配下，清政府在苗疆积极采取了多项措施疏浚淤塞水道。在康、雍、乾时期的盛世，苗疆涌现出了一大批不遗余力疏通水道的官员，产生了大量流芳百世的水利疏浚工程。所谓“政通则人和”，社会的动乱和政府的腐朽也会导致环境遭受重大的破坏和损失，明季的动乱致使苗疆大量的水道阻塞，形成严重的水土流失，而清代的官员能够审时度势，巧妙利用各种对自然损害最小的方式疏通水道，较好地保护了苗疆水资源，并改善了苗疆的总体生态环境。

① 广西壮族自治区编辑组编：《广西少数民族地区碑刻、契约资料集》，广西民族出版社 1987 年版，第 5 页。

1. 康熙时期

为了恢复和大力发展刚刚从战乱中解放出来的苗疆农业，清初的官员做了大量疏通水道的工作。康熙时期的疏导工程多建于云南境内。康熙十年（1671 年），“云南省云津河冲溢，增南城外石桥二洞，以杀水势”。[①] 据《宜良县志》记载，境内的黑泥河在康熙二十三年由知县李煜“复加开浚，田畴利泽”。[②] 康熙三十一年，黄元治疏通云南大理州泥沙淤积的白汉新渠：“此水旧沿山直下，载沙石而行，淤填蒲陀崆江口，故三江之水不能下泄于尾闾，以致田地年年淹没。本朝康熙三十一年，通判黄元治另开一渠，导白汉厂之水递折而北至平川，中开一口，并引炼城村之积水入新渠，出于大河，炼城之田地可耕而蒲陀之口可以不塞淤。”[③] 康熙四十五年，云南布政使刘荫枢督浚昆明湖，筑六河岸插。[④] 康熙《嵩明州志》载吴宝林《重修金马里上枝诸河碑记》记载嵩明州金马里上枝有诸多河流，“夏秋间淫雨暴作，洪波迅发，夹老沙积石俱下，倏忽震荡，堤埂尽决，化桑田为鱼鳖之乡势也”，颇为民患，于是地方官员吴宝林委托熟悉水利的下级官吏孙某顺应地势，抓住要害，以科学的方法在较短的时间内迅速清理了该地区淤积百年的河流，畅通了水道：“专委其事于驿厅孙君，督同乡耆、水利及各村历练者董其事，令照式宽一丈二尺，深五尺，按田出夫，择日兴工。未几，孙君报称，西河张官营有废桥一座，阻水以致大树营田禾淹没，今新其桥以润水路，其河尾新开一百三十余丈中东两河，并黑蟆沟、地河、船沟、官渡、小坝河、罗良村河诸水道，次第如式开挖疏通，以百余年之积害，未三月而去之噫！”

2. 雍正时期

雍正时期，清政府专门设立主管河道疏通的官员。雍正十年（1732 年）议准：“云南省昆阳州增设水利同知一人，驻扎海口，常川巡察，遇有壅塞，不时疏通。同年修浚龙盘、金梭、银梭、宝象、海源、马料、明

---

① 《清会典事例》第十册，卷 930，工部 69 · 水利 · 云南，中华书局 1991 年版，第 686 页。

② （清）王诵芬纂：（乾隆）《宜良县志》，卷 1，山川，页 19，故宫珍本丛刊第 227 册，海南出版社 2001 年版，第 222 页。

③ （清）黄元治、张泰豪纂修：（乾隆）《大理府志》，卷 5，沟洫，页 24，故宫珍本丛刊第 230 册，海南出版社 2001 年版，第 139 页。

④ 赵尔巽等撰：《清史稿》，卷 276，列传 63 · 刘荫枢传，中华书局 1977 年版，第三十三册，第 10077 页。

通、马溺、白沙诸河，又疏浚嶍峨、南宁、罗平、新兴、路南、赵州、云南、邓川、浪穹各州县河道，浚嵩明州河口。十二年修浚鹤庆府漾弓河。"[①] 雍正时期出现了大量苗疆官员疏通水道的事例。如张汉疏通云南赵州洱河尾就广受好评："例以三十年一浚，遇期不浚则滨河之田庐必至湮没。本朝雍正三年太和、赵州奉文合浚，委云南县知县张汉董之，处置有方，可为后法。"[②] 雍正四年，贵州镇远知府方显条称治苗十六事，其中之一就是"疏河道"。云贵总督鄂尔泰韪之。[③] 雍正十二年，云贵广西总督尹继善奏云南浚土黄河，自土黄至百色，袤七百四十余里。得旨嘉奖。[④] 雍正十三年，海南道潘思渠浚琼州西湖。[⑤] 雍正《呈贡县志》记载的朱若功《板桥造涵洞勒碑序》记载了政府利用涵洞泄水的巧妙方法疏通水道，反映出苗疆官员较高的水利素养："此处有宝象河，资灌甚广，然沟渠易淤，有老人朱大庸殚力经理，今年八十余矣，可谓有功于人者也。日前捐金，命大庸雇工车往，欲于河内筑一暗沟，使点滴不泄，尽归田亩，然所费不赀奈何。予因促骑往观，果见河面无水，掘地数尺，则源源不竭，若横河筑一涵洞，更浚沟七八尺许，截河底之水，引入沟内，则十余里皆成沃壤。……归即白之各宪，促金君及大庸为之，不逾月而功成。"[⑥] 雍正年间任云南永北郡丞的江峤孙也疏通了当地自明代就淤塞的海河："海河发源程海关，三折流入金江，此七八十里间，村烟鹜列，阡陌云连，郡之田赋，多取给于中。乃明季湮塞以来，渐且淤为平陆，殊可惋惜也。君（永北郡丞江君峤孙）倡率郡人不两月而工告竣，直达江流。向日之悬耒兴嗟者，今皆复故业，且岁必有秋固。"[⑦]

---

① 《清会典事例》第十册，卷930，工部69·水利·广西，中华书局1991年版，第686—687页。

② （清）赵淳、杜唐纂修：（乾隆）《赵州志》，卷2，水利，页1，故宫珍本丛刊第231册，海南出版社2001年版，第52页。

③ 赵尔巽等撰：《清史稿》，卷308，列传95·方显传，中华书局1977年版，第三十五册，第10579页。

④ 赵尔巽等撰：《清史稿》，卷307，列传94·尹继善传，中华书局1977年版，第三十五册，第10546页。

⑤ 赵尔巽等撰：《清史稿》，卷308，列传95·潘思渠传，中华书局1977年版，第三十五册，第10588页。

⑥ （清）朱若功纂修：（雍正）《呈贡县志》，卷3，艺文，页51，故宫珍本丛刊第226册，海南出版社2001年版，第239页。

⑦ （清）陈奇典纂修：（乾隆）《永北府志》，卷27，艺文，页44，故宫珍本丛刊第229册，海南出版社2001年版，第171页。

雍正时期的云贵总督鄂尔泰在疏通苗疆河道方面是最值得称道的一位官员。他在任职苗疆期间，先后疏通了云南杨林海、冉公渠、海口、古水硐等地水道，联通了云南、广西两省的水系，受益面积和人口非常可观，为苗疆的水资源保护作出了卓越的贡献。“自莅任后即檄各属查明详报，以凭疏浚。”[①] 雍正六年，鄂尔泰“开嵩明州杨林海以泄水成田”，[②] “又查自滇至粤，由临安府所属之阿迷州，可以直达粤西。而沿途壅塞，必须大为开通，则两省往来，实称一水之便，利民更大”。[③] 据《宜良县志》载，该地的冉公渠也是雍正七年鄂尔泰下令地方官开渠疏通的：“以县辖高田缺水，洼田受淹，檄知县邢恭先审度形势，新开子渠，高下皆利：一在城东北五里，五百户营之，南长五里。一在城东三里龙王庙，北长四里，以泄积水。一在庙南，长十里，宣泄诸水，使无漫溢，均下入大池江。一在城南二十里干墩子，决大池江之水以灌高田。一在城北二十里，自江头村至前所开浚深通。”[④] 雍正九年六月，鄂尔泰寻奏全滇水利事宜，几乎全部是疏浚河道的措施：“一浚嵩明州之阳林海，周围草塘可开垦；一宜良县开河五，其四灌田，惟江头村旧河形高，自胡家营北另开一道，资灌溉；一寻甸州寻川河有石难疏，另浚沙河十五里；一东川府城北漫海地肥水消，令民承垦；一浪穹县羽河等处加修堤工；一临安等处修筑工程，暨通粤河道、嵩明州河口，据查勘以时兴工。”下部议行。[⑤] 同年七月，鄂尔泰开古水硐，使广西、云南水道得以贯通：“硐在曲靖府界，连南宁、沾益、陆凉、平彝等处。其水所利甚远，名曰古水硐，填塞砂石，水道不通，民甚苦之。屡经开复，不得其源流，皆无成效。公檄令该府同知，相其水源，实因硐中巨石垒垒，填塞盘亘，殊费兴修。公乃捐赀，召工开挖，四州县民咸享其利。”[⑥]

这其中，以鄂尔泰疏浚昆明滇池海口最为功绩卓著，对此《鄂尔泰年谱》浓墨重彩进行了详细记载。鄂尔泰首先对海口淤塞的情况进行了

---

① （清）鄂容安等撰、李致忠点校：《鄂尔泰年谱》，中华书局 1993 年版，第 74 页。

② 赵尔巽等撰：《清史稿》，卷 129，志 140·河渠四·直省水利，中华书局 1976 年版，第十三册，第 3825 页。

③ （清）鄂容安等撰、李致忠点校：《鄂尔泰年谱》，中华书局 1993 年版，第 74 页。

④ （清）王诵芬纂：（乾隆）《宜良县志》卷 1，山川，页 20，故宫珍本丛刊第 227 册，海南出版社 2001 年版，第 222 页。

⑤ （清）鄂容安等撰、李致忠点校：《鄂尔泰年谱》，中华书局 1993 年版，第 138 页。

⑥ （清）鄂容安等撰、李致忠点校：《鄂尔泰年谱》，中华书局 1993 年版，第 101 页。

详细勘查，然后制订了开辟子河疏泄的合理方案："云南之滇池海口，为昆明、呈贡及晋宁、昆阳四州县众水汇聚之区，必开一子河，以资其泄泻，则有水利而无水患。及金汁等六河，均宜实力开通，以为一劳永逸之计。"[①] 雍正八年五月，鄂尔泰按照规划正式"奏请开浚河道，以利民生"。他认为，"海口河道通于寻川河，汇于嵩明、曲寻、马龙州等处之水，以入于七星桥下。泛滥冲激，民田每受其害，多由马龙川河，山高势峻，冲激倒流"，因此，"须另开一河，庶可畅流无阻"[②]，最终朝廷采纳他的意见完成了对昆明海口的疏浚工程。

3. 乾隆时期

乾隆时期，苗疆也涌现出了一批积极疏通河道的官员。乾隆三年（1738 年），署云南总督张允随请浚金沙江，疏言："云南地处极边，民无盖藏，设遇水旱，米价增昂。今开通川道，有备无患。"上谕曰："既可开通，妥协为之，以成此善举。"允随主办其役，计程千三百余里，费帑十余万，经年而工成。[③] 乾隆五年，太子少保、云贵总督庆复疏言："云南府属县引南汁等六河溉田，山溪箐涧水发不常，沙石壅遏，堤埂易决。请以时修治。"上嘉之。[④] 乾隆五年开浚云南省龙盘、金梭、银梭、海源、宝象、马料诸河。[⑤] 乾隆八年，张允随又疏请浚大理洱海海口："臣饬将海口疏治宽深，自波罗甸下达天生桥，分段开浚，垒石为堤，外栽茨柳，为近水州县祛漫溢之患。"[⑥] 云南永北地区疏修河道的成绩较为突出。云南永北府历任知府都尽力疏通因地震而形成的堰塞湖——西山草海，保证了沿海人民的生产生活："周围约二十里，本系平田，前明正德六年地震成湖，历年积水为患。乾隆十一年，知府林绪光动项委教授王仁膺开挖河尾一百余丈以泄潴水，渐可种麦。十八年，知府汪笃详请岁修，议以耕种地亩各户出夫岁修。二十八年，署府唐辰衡委生员许殿桂由坝箐前尾自海

① （清）鄂容安等撰、李致忠点校：《鄂尔泰年谱》，中华书局 1993 年版，第 74 页。

② （清）鄂容安等撰、李致忠点校：《鄂尔泰年谱》，中华书局 1993 年版，第 94 页。

③ 赵尔巽等撰：《清史稿》，卷 307，列传 94 · 张允随传，中华书局 1977 年版，第三十五册，第 10556—10557 页。

④ 赵尔巽等撰：《清史稿》，卷 297，列传 84 · 庆复传，中华书局 1977 年版，第三十四册，第 10395 页。

⑤ 《清会典事例》第十册，卷 930，工部 69 · 水利 · 云南，中华书局 1991 年版，第 687 页。

⑥ 赵尔巽等撰：《清史稿》，卷 307，列传 94 · 张允随传，中华书局 1977 年版，第三十五册，第 10557 页。

中开挖筑堤至观会桥，计长九百余丈，由是沿海地亩稍得耕种。”永北政府还分年度分段有计划地疏通当地的泥河、坝箐河、马军河等，反映出苗疆官员在治理淤积河流方面的长远目光和科学头脑，能够做到有规划、有章程地改善淤塞河流：“泥河每至秋后，雨水泛涨，泥沙壅入阻塞，漫溢为害。乾隆二十七年，知府马淇珣议作三年，分段岁修。乾隆三十年，知府陈奇典查勘得南闸与桥头河二水交处有古沟形迹，久系淤塞，秋后每至害禾，随捐资饬令水委沈富等挑浚十五丈，俾二水疏泄有归，近处田地无淹没之虞矣。由北闸而去为北泥河……秋后小涨壅塞，亦与南泥河相同，马守议作三年分修。”“坝箐河：一遇雨水过多，即漫溢为害。……秋后水冲沙石壅塞，必须挑挖，马守详请分作三年疏浚。”“马军河：河身虽大，沙壅亦多，马守议请岁修。”① 目前，一些政府官员在作出决策时，尤其是关系民生的水利、架桥等事宜时，往往目光短浅，片面追求政绩和轰动效应，出现了一大批短期效益工程，清代官员在修浚河流时，能从民生出发从较为长远的角度考虑问题，确是今天仍值得借鉴的。

云南巡抚刘秉恬是乾隆时期在疏通苗疆水道方面较为突出的一名官员。当时大理府邓川州“独是弥苴之水患，岁以为忧，堤防稍疏而田庐为鱼鳖之窟矣。西成鲜利，东作徒劳，不预绸缪，民困宁有疗乎?”② 乾隆四十七年，刘秉恬率领“绅民倡捐，将湖尾入海处堵塞，另开子河，引东湖水直趋洱海，又自青石涧至天洞山，筑长堤、建石闸，使河归堤内，水田闸出，历年所淹万一千二百余亩，全行涸出”。得旨嘉奖。刘秉恬又奏报“楚雄龙川江自镇南发源，入金沙江。近年河溜逼城，请于相近镇水塔挑浚深通，导引河溜复旧。又澂江之抚仙湖下游，有清水、浑水河各一，浑水之牛舌石坝被冲，汇流入清，以致为害”，因此“请于牛舌坝东另开子河，以泄浑水，并将河身改直，使清水畅达”。上奖勉之。③

4. 清末苗疆的疏通水道工程

清中叶之后，一些苗疆官员仍注意疏通淤塞水道，如道光年间贵州永

---

① （清）陈奇典纂修：（乾隆）《永北府志》，卷5，水利，页11—12，故宫珍本丛刊第229册，海南出版社2001年版，第19—20页。

② （清）黄元治、张泰豪纂修：（乾隆）《大理府志》，卷12，风俗，页5，故宫珍本丛刊第230册，海南出版社2001年版，第196页。

③ 赵尔巽等撰：《清史稿》，卷129，志140·河渠四·直省水利，中华书局1976年版，第十三册，第3834页。

宁州官员疏通本城水道："城东关三水皆由山涧中出，即消于城西落水洞陷窝坑中，向无水患，近因山开沙涌，水洞填塞，夏秋间城西北田亩民居渐苦淹没，营房尤甚。道光三十年州刺史陈谕生员黄有华、姚琳章等雇募民工分三处开挖，每日亲董其事，计木工石工共二千有零，自是水由旧道，民获安堵矣。"[①] 光绪五年（1879 年）浚复贵州省桐梓县戴家沟明河。[②] 光绪年间，南笼知府疏通当地淤水："按新开河有二源，一源出只龙潭入岔河，水势甚大，四时不涸。一源出王先生坝，经沙锅山坝外流入五硐桥会于河，此水较小但亦不竭。在昔此二水皆往东流，汇于陂塘，积为巨浸，周围数十里夏秋之际一望汪洋，因以海名。滨海之田咸被其害，人民苦之久矣。……光绪三十三年知府李祖章又复兴工浚硐。"[③]

在疏通苗疆水道方面，最能体现清政府努力的典型例证是疏通昆明海口工程。因历史上将昆明附近的滇池称为"海"，所谓海口即滇池入水口，是云南水利的咽喉。鄂尔泰曾言："滇省水利全在昆明海口。"[④] 刘秉恬也曾奏："滇池在云南省城之南，周围三百余里，受昆明六河之水，会为巨浸。附近昆明、呈贡、晋宁、昆阳四州县环海田畴资以灌溉者，不下数百万顷。所恃以宣泄者，惟在昆阳州之海口大河，为滇池出水咽喉，疏通则均受其利，壅遏则即受其害。"[⑤] 海口在元代曾被当时云南的执政者赡思丁·赛典赤疏浚，但经数百年后，至清代海口又淤塞。清政府自康熙至同治时期多次采取措施疏通海口，历任云南官员为此作出了巨大的努力。《续修昆明县志》记载了清代执政云南官员前仆后继疏浚海口的情况：

康熙四十八年总督贝和诺、巡抚郭瑮委员重加开窍修浚。雍正三年总督高其倬相继大修，未几复壅。雍正八、九年总督鄂尔泰会同巡

---

① （清）修武谟辑：《永宁州志补遗》，卷 3，页 3 上，咸丰四年撰，贵州省图书馆据四川省图书馆藏本 1964 年复制，桂林图书馆藏。

② 《清会典事例》第十册，卷 930，工部 69·水利·贵州，中华书局 1991 年版，第 688 页。

③ 宋绍锡纂修：《南笼续志》，卷 3，舆地志·水道，页 22 下，民国十年稿本，贵州省安龙档案馆据 1921 年稿本 1986 年复制，桂林图书馆藏。

④ 赵尔巽等撰：《清史稿》，卷 129，志 140·河渠四·直省水利，中华书局 1976 年版，第十三册，第 3826 页。

⑤ 董广布修，陈荣昌、顾视高纂：《续修昆明县志》，卷 2，政典志九·水利，页 27 下—29 上，1939 年排印本。桂林图书馆藏。

抚张允随专委水利道副使黄士杰咨度形势，通浚河流，铲平老埂牛舌洲滩，复以晋宁河水陡急横阻新河每至倒流，并建逼水坝使新河得以畅入大河，又于石龙坝下另开引河一道，诸水畅流，涸出腴田甚广，责成监司丞尉不时查勘疏通。……又乾隆五年议准昆阳海口改建石岸，又十四年议准大修昆阳海口堤岸闸坝桥梁河道。又四十二年奏准修浚昆阳州海口。又五十年挑挖昆阳海口工程。工部议准云南巡抚刘秉恬奏……自龙王庙至石龙坝共长二千七百七十五丈，应挖一二尺至四五尺不等以资宣泄，从之。又道光十六年总督伊里布巡抚颜伯焘粮储道沈兰生率绅民大修海口堤岸闸坝河道，并新开桃源箐子河及各漾塘以泄水势。又兵焚后，年久失修，同治十年大水泛滥。十三年巡抚岑毓英檄粮储道韩锦云、水利同知朱百梅等大修海口堤岸闸坝河道。①

第三节　合理分配水资源

水资源的分配是保护水资源的重要内容之一，只有合理分配水资源，才能节约和合理用水，防止对水资源的滥用和抢夺。清代苗疆大量的司法判例表明，政府在分配水资源方面始终保持公平公正的态度，较好地处理了水资源纠纷，并形成了有益的制度和惯例。

一、尊重民间分水习惯

清代苗疆官员在处理水资源纠纷时，对于民间自发形成的用水惯例、合约、协议等较为尊重，尽量予以维持，基本上遵循“有习惯依习惯，无习惯或习惯被毁则依判决”的原则。这主要是因为，用水纠纷多发生在邻里、乡亲和临近村落之间，如果他们之间能形成友好的用水习惯，予

---

① 董广布修，陈荣昌、顾视高纂：《续修昆明县志》，卷2，政典志九·水利，页27下—29上，1939年排印本。桂林图书馆藏。

以认可既不破坏双方的和睦关系，又有利于对水资源的保护。况且当事人自发达成的习惯，更切合其自身利益。苗疆官员深知这一道理，因此在处理此类案件时，主审官员较少干预或改变当事人之间的用水关系，而是主动认可自发的习惯。另外，经过官员认可的习惯，具有更强的效力，群众能更加自觉地予以遵守，极大地维持了社会秩序的稳定和谐，这也体现出中国古代司法讲求和谐的理念。

康熙时期一个较为典型的例证发生在刚刚征服的广东连山瑶族地区。《连阳八排风土记·向化》中的“军寮放水与小米坪”案就是一起地方官员依照公平合理原则解决水资源纠纷的案件，体现出苗疆官员在处理生态案件时高超的司法技巧及对少数民族群众的尊重。案件起因是：军寮与油岭是当地的两个瑶族排（连山瑶族的社会组织），分处于水源的上下游。双方之间长期以来形成用水惯例：油岭每年付给军寮一定的水费，后者保证油岭的田亩灌溉。但后来二排之间发生仇杀人命案件，导致军寮中止了对油岭的供水。这是一起颇为棘手的案件，但地方官员在处理这起案件时，充分考量和尊重当地沿袭已久的用水习惯，“今本县随酌旧例，自捐官俸，姑给与水价一半尔，其遵依速行放水”。官员自掏腰包践行习惯，收到了良好的社会效果，不仅解决了这起用水纠纷，还化解了两村长久以来的矛盾。最重要的是，受地方官员的行为所感化，两村达成了永久性无偿供水的友好协议：

> 军寮盖世与油岭相仇云。军寮排背有水，小米坪稻田数顷实资溉灌。旧例每年油岭送军寮买水银三两六钱，小米坪隶连州油岭排地也。自两排结怨，干矛相向，军寮将水该移别冲，田干涸者有年矣。油岭唐七婶等又行具控，经理瑶厅唤谕，青菜挺身申理，具述仇杀往事，誓不与水，其辞甚厉。予方侍坐，因呵止之。青菜者，军寮之谋主也，厅因批县行查，予唤军寮瑶目千长，谕曰一山一水皆焉属朝廷疆土，非你瑶人所得专据，今小米坪乏水致荒，田亩彼非私业，乃朝廷地也。今本县随酌旧例，自捐官俸，姑给与水价一半尔，其遵依速行放水。若青菜唱众违拗，当从重治罪。于是瑶人领银叩首，唯唯而退。越一日，排老房一、李十七等约三十余人，年皆八九十矣，传言禀事，予出见之，共叩首曰：后生无知，昨领我侯俸银。蚁等虽系瑶人，亦存天良，自我侯莅任，禁革陋规，不取排中秋毫，蚁等何忍受

此银也。但遵谕放水，以后永不取价，使油岭感我侯鸿恩可耳。因缴原银罗拜堂下。予亦为感动，厚赐酒食，慰而遣之，厅保张公闻之，叹曰：此事大不易，何意二南之化复见于今日乎？厅牌以康熙四十四年四月十三日行县。①

乾隆时期此类案件较多。清代四川巴县档案中记载了一起发生于乾隆五十年（1785年）七月十五日的水资源案件，该案件就反映出对于水资源纠纷尽量由当事人协商的制度。案件起因是，直里一甲民陈文彩等禀状："缘蚁等四家与吴邦泰、吴伦之弟兄四人共在龙塘堰左右分沟取水，灌溉田禾，历管无紊。殊邦泰之子吴龙、吴琥仗豪人强，阻蚁等左边不许放水，与王仕朝吵闹。吴琥自伤，来仕朝家放蛋。前月十九，王仕朝以阻放凶毁告，吴伦之以侄被凶伤互控在案。"后来，案件两造在邻居的调解下，达成了按十日内四六分的用水协议："本月初一，约邻傅朝献、赵文元等剖处，蚁等四家，十日之内放水四日；吴邦泰弟兄，十日之内放水六日，以请息讼，稿作合约，永定成规，请息在案。"县官了解了上述情况后批示，因斗殴引发的刑事案件不能和解，但分配用水的民事部分遵从调解结果："斗殴例不准息，姑念收割农忙，从宽销案。各结存。"②

二、规定强制性的合理分水秩序

对于双方无法达成协议，争议较大的水资源纠纷，就由政府出面规定硬性的分配用水制度，并派专人监督执行，这是苗疆官员处理水资源纠纷的第二种方式。

乾隆《永北府志》记载了政府对当地三条河流的水资源分配情况，从中可以看出，地方政府能够因水制宜确定分水方式：（1）灌溉单位较多的河流，由政府派专门水利人员议定轮班次序，按亩放水灌溉，并登记造册交官府备案，杜绝争水纠纷："石牛箐：箐口一大石，横卧如牛，泉流石上，分二股，一股灌溉方家村田地，一股灌溉大营田地。如得雨稍

① （清）李来章：《连阳八排风土记》，卷8，向化，页3上—4上，台北成文出版社1967年版，第347—349页。中国方志丛书第118号。

② 四川省档案馆编：《清代巴县档案汇编·乾隆卷》，档案出版社1991年版，第306—307页。

迟，农民每至纷争。乾隆二十九年，知府陈奇典查勘设立水委二名，议定班期，按亩分放，造册送印，一存府案，一发交水委遵照。”另一条河也采取了类似的方式：“桥头河：自大河观音箐，水由红石崖至此分作六坝，灌溉坡脚、中洲、梁官等处。查□□米粮全赖中洲，该处田多水少，又全赖现有□泉以资播种，六坝旧分三班，每年二月初二日为始，自上而下十八日一轮，明季以□□有碑记，近以年远碑毁，乡民强弱不等，竟有恃强越班混争之弊。乾隆三十年，知府陈奇典新□六坝，□委专查轮班放水，并议立班期分放。□□□□题册分存，知府及经历衙门并发一本，□□□□铭碑以乘久远。总巡黄君召水委、文斗相经划之功不可泯矣焉。”（2）灌溉受益单位较少的河流，可以按照昼夜划分用水，并派水利人员监督执行：“屯城田亩资观音箐分流灌溉，无需岁修。旧定成规：日则归城，夜则归屯。在城则设有上农稽查，在屯则各设水委分管，此水有利无害，郡民或赖之。”[①]

直至清末，仍有类似的官方主持分配水利碑文出现，如昆明松华坝立于咸丰十年（1860年）的《松华坝下五排分水告示碑》就记述和议定了金汁河下五排按规定的日期轮流放水灌溉的规定。[②] 从案件的效果来看，官员如能秉公断水，判决结果往往能得到百姓的积极拥护并得以在民间长久地执行。桂林市立于光绪三十三年（1907年）的《临桂县布告碑》就记载了一起官员公平处置七村水利的案件，但碑文的重点并非案件本身，而是主审官审结案件之后，主持七村达成了一份今后的水资源分配协议，并要求各方保证执行：

> 钦加同知衔特授桂林府临桂县正堂加五级纪录五次张为
>
> 县遵依甘结毛村人黄新连、黄连四、黄科兑、黄维龙、黄玉延、黄云斌、黄可聪、陇上村人刘佛称、石家渡村人周子玉、桑林村人文六四、钓鱼山村人刘球臣、新宅村人秦发林、大宅江村人马汉甫等，今当大老爷台前，实结得民等七村水利，昨蒙踏勘，谕令大圩团绅廖阳成、李灿基等，督同各村将门板堰、满古辙、油麻圳、黄圳口等处

---

① （清）陈奇典纂修：（乾隆）《永北府志》，卷5，水利，页10—11，故宫珍本丛刊第229册，海南出版社2001年版，第19页。

② 云南省地方志编纂委员会编：《云南省志·文物志》，云南人民出版社2004年版，第303页。

遵断修改完竣，一切详细规条开列结后，勒石刊碑，所有民等七村，均应遵守后开如条，不得违犯，自干重罪。中间不冒所具遵休，甘结是实。

一油麻圳、黄圳口入水口处，业今遵断修改，油麻圳水口宽三尺一寸，黄圳口水口宽四尺，均得正圳之半。两圳底均比正圳高二寸，并将毛村所开之新圳，用石于入水口处筑高一尺，门板堰口折宽一尺，堰底折低五寸，满古辙处崩口亦已修复完固。

一所有以上各处，毛村人等不得擅自行更动及私在正圳堵塞，倘敢故违，拘案严办。

一油麻圳内深潭消水眼，应用大石块筑塞。黄圳口尾由低田开沟放水入河之处，亦应设法堵遏。该毛村均应迅速遵办，不准违延。

一堵塞门板堰仍照旧章，三夜一轮，毛村占第一夜，堵塞灌下鱼田一洞；第二夜大宅江，堵塞灌下布田里一洞；第三夜大宅江，堵塞灌下庙门口一洞。彼此必须按期堵塞，昼开夜闭，不得持强混乱班期。如遇缺水之时，该毛村本在堰头，三夜之中，业已按期堵塞一夜，白日只许车戽，不许堵绝，尤不准因看鸭戽鱼细故，任意在正圳上流遏阻水道，违者重究。

一从前遇年岁稍旱，该毛村人等往往恃强于白昼堵水，三日不使下流，实属横蛮无理。嗣后应痛加竣改，倘再恃强霸塞，定即拘案重办。

一大宅江等村如遇沿圳看水及每年关塞大堰洪口修理水圳，淘汰沙泛，该毛村人等不得挟嫌挑衅，殴打驱逐，违者重究。

一马头堰嗣后如有崩坏应由毛村、大宅江村、钓鱼山村、桑林村、石家渡村、新宅村、陇上村一共七村公同计亩出钱修理。至该堰历年系大宅江管理，关洪口塞堰之事，毛村向不经营。因毛村本在堰头，不塞而水有余，大宅江六村居住在水尾，每年必须公同出力修理大圳方能有水接济，该毛村人等不得恃强干预滋生事端，违者重究。

光绪三十三年（1907年）二月二十六日具[1]

① 桂林市文物管理委员会编：《桂林石刻》（中），1977年编印，内部资料，第459—461页。该碑在桂林中医院。

如果政府官员分配水资源不公正，往往会遭到群众的抵制。广西河池地区罗城仫佬族自治县龙岸乡下地栋村立于宣统二年（1910 年）的《给示勒碑》记述了一起发生了上、下两村之间的水源纠纷案件。当地县级官员在未充分了解历史事实的情况下第一审判决“上村占六、下村占四”，结果群众“不服，具控到府”。知府了解了历史占水情况后，认为县令的判决“殊未允协”，而改判为：水资源所有权归上村所有，但上村要照顾下村用水，应按照以往协议准其放水灌溉，而塘的维修费用则由“上地栋及下地栋两村各占四成，其余两成，由向来有水份各村均匀摊派，而昭公允，以息争端”。二审判决得到了群众的普遍认可：

国朝康熙年间，邱昌葵等始祖迁往该处居住，建筑房屋，取名下地栋村，所有垦置之田，多在该塘之下，遇有干旱，由上地栋村人通融，许其与北略等村一体放水灌润。二百年来，相安无异。光绪三十四年，下地栋村人邱隆飞因旱放水，顺取塘鱼，经上地栋村人看见阻止，并不准其放水灌苗。下地栋村人不依，以伊村人常向上地栋村人买田，包有鱼塘在内，既得公共放水，即可公共取鱼，以致争讼到县。经该县陈令集讯判，以上村占六、下村占四。骆玉书等不服，具控到府。本府饬提到案，讯悉前情，调验两早字据。骆玉书等则有碑文可考，邱昌葵等并无字据可凭。其为上村之业，历来并无割卖，毫无可疑。乃邱昌葵等不感上村通融给水之情，辄以所得之水份，影射希图分占塘鱼，实属不合。该县断以四六分占，殊未允协。惟念乡田同地之义，各有守望相助之责，而下地栋所耕田亩，率在该塘之下，一旦不许占水，田苗心致旱伤。上地栋村人既已给之于前，不宜勒之于后，断令该塘仍归上村管业，鱼归上村打取，外村不得争占。其塘内所蓄之水，仍准下村及向来占水之村照旧开放灌溉，上地栋村人不得抗阻，并不得将塘变卖。遇有培修挖筑之事，必于先三日鸣锣会议，方许兴工。所需经费劳作，十成摊派。上地栋及下地栋两村各占四成，其余二成，由向来有水份各村均匀摊派，而昭公允，以息争端。嗣后应宜各敦和好，不得寻仇滋事。两造遵依，具结完案。除扎行该县知照外，合行给示，勒碑为据，仰该两村及附近村民人等，一体永远遵守，仍将碑文摹榻两分，缴县送府备案，毋违特示。[①]

事实上，上述案件属于我们今天民法上所说的相邻用水纠纷，清代官员的司法判决与我们今天民法关于相邻权的规定不谋而合，其能得到百姓心悦诚服的执行也就不足为奇了。反思今天，现阶段许多关于水资源的判决无法得到执行，是否与判决本身未能根据实际情况公平合理分配水资源有关系呢？这是一个值得思考的问题。在这些案件中，也折射出另外一个问题，即有些观点认为，明清时期的官员多是依靠八股文考取功名的，知识面狭窄，思想保守迂腐，但从他们对众多生态纠纷的处理来看，许多官员不仅深明圣贤之道，而且还具有生态、水利、农业、林业等多方面的知识，在某些领域甚至达到了专业水平，令今人对其刮目相看，这使得我们对明清时期官员的整体素质应当重新审视。

三、严禁盗用水资源

在清代，除官有水源外，大量农业用水，如河、湖、塘、池、溪等的水资源都是属于私有的。为此，政府官员还专门将水资源设定界限，分段划分，确立所有权。所有权一旦确立后，盗用他人水源即构成犯罪。这一方法对于保护水资源也不无益处。清代的法律中明确规定，盗窃他人水资源偷放水灌田的，按其所灌田禾亩数照侵占他人田亩例治罪。《皇朝政典类纂·田制》规定："民间农田，除江河川泽及公共塘堰、沟渠或虽非公共而向系通融灌溉者不在例禁外，如有各自费用工力挑筑池塘渠堰等项，蓄水以备灌田，明有界限而他人擅自窃放以灌己田者，按其所灌田禾亩数照侵占他人田亩例治罪。"[②] 这一规定保证了耕者有其水，防止了因哄抢和争夺而导致的水资源枯竭。法律的明文规定为苗疆官员合理处理水资源纠纷提供了依据。

---

① 广西壮族自治区编辑组编：《广西少数民族地区碑刻、契约资料集》，广西民族出版社1987年版，第246页。碑存罗城仫佬族自治县龙岸村上地栋村骆氏宗祠内，文内骆姓系仫佬族，邱姓为汉族，因鱼塘所有权问题连年争讼，二审判决具勒石为记。

② 席裕福、沈师徐辑：《皇朝政典类纂》（二），卷2，田赋二·田制，页3下—4上，台北文海出版社1982年版，第38—39页。

广西靖西县武平乡立录村立于嘉庆八年（1803 年）的《乡规民约》碑记，记载了当地政府官员“特授广西镇安府归顺州正堂加五级记录十次蔡”规定的几条禁例，其中包括“田间水界不得相争。以上犯者罚钱三千，米口十，酒壶口口”。[①] 这一规定用简约的语言概况了上述法典的内容，同时也说明当地对水资源是有明确的界限划分的。广西龙胜各族自治县和平乡龙脊枫木屯道光二十三年（1843 年）《奉宪照例碑》记载了一起因越界捕鱼引发的案件，司法官判决：“捕鱼河道，各分各节。……查明陈廖二比所管地面，埋石为界，兹照旧章，永远遵行，各管各业，均毋侵占滋事。”[②] 可见对于河道是分段划分所有权的。处于同一地区的龙脊村黄乐（落）寨立于道光二十七年的《盛世河碑示》也记载了相同的司法判决书：“各寨山土、河道，向章分界，各管各业，从无异议……据此，合行出示严禁。为此示仰该团各寨人等知，自示之后，尔等各遵，向分定界，上桥下谷承涔耕植樵捕，各安本业。毋得逾界侵占，任意恃强夺取，致干法网。倘敢再蹈前辙，许该头人山长指名禀赴本厅，以凭按律详惩，定不宽贷，勿谓谕之不切也，各宜凛遵，毋违特示。”[③] 前文提到的立于宣统二年的广西太平土州《以顺水道碑》除记载案件外，主审官员还在碑文中按照各户的田亩多少划分了放水灌溉的噎口数量，各户要严格按照噎口的大小和数量放水，不得随意盗取他人水资源，否则将依法严惩不贷：“凡噎界俱定章程，各有额数，总入多寡。各宜守旧制，毋得借私婪取数外。”“凡有田者，必有噎口，若无噎口之田，而其田近于水沟，且卑于水沟，如妄造取水者，即将其人拉到堂，案报照章治罪，以田归公”，“妄自倒噎偷取水灌，被人撞见，指证或被查出者，罚钱七千二百文”。“凡噎界之下，沟口相连，不得以此沟多下之地，而凿开取水沟之水。”[④]

---

① 广西壮族自治区编辑组编：《广西少数民族地区碑刻、契约资料集》，广西民族出版社 1987 年版，第 225 页。该碑存靖西县武平乡立录村，李明辉收集提供。

② 黄钰辑点：《瑶族石刻录》，云南民族出版社 1993 年版，第 72 页。原存广西龙胜各族自治县和平乡龙脊枫木屯陈姓屋宅旁。枫木屯为壮村，与瑶寨黄落屯毗邻。1964 年采集。

③ 广西壮族自治区编辑组编：《广西少数民族地区碑刻、契约资料集》，广西民族出版社 1987 年版，第 165 页。

④ 广西壮族自治区编辑组编：《广西少数民族地区碑刻、契约资料集》，广西民族出版社 1987 年版，第 6—7 页。

第四节　保护水利设施制度

一、清政府对于水利重要性的认识

“农者生民之本，水利则农之本也。”① 出于对水利重要性的认识，清代中央政府非常重视水利的兴修。乾隆二年（1737年）上谕：“川泽陂塘沟渠堤岸，凡有关于农事，务筹划于平时，期蓄泄于得宜，潦则有疏导之力，旱则资灌溉之利，非诿之天时丰歉之适然，而以临时拯恤为可塞责也。”② 嘉庆二十五年（1820年）九月，上谕兴修营田水利曰：“农田为足食之本，而沟洫之利尤大，使灌溉有资，宣泄有备，即间值水旱，可资救御。”③ 最高统治者的重视对于苗疆兴修水利具有重要的指导意义。

苗疆由于特殊的气候与地理条件，形成了易旱易涝、干湿不均的现象。通过合理兴修水利，可以改善苗疆的水循环系统，形成良好的水资源调节机制，从而保护苗疆的水土。如乾隆《永北府志》载孙人龙《海河记》认为水利可以改善气候条件，化不利为有利，否则相反：“余闻雨者，水气所化。故水利修亦致雨之术也。倘水日干而土日积，山泽之气不通，又焉得而无水旱哉?”④ 为此，苗疆官员都将兴修水利作为任职的头等大事。“凡有水利，无不兴修，盖水利一兴，民田尽灌，商贾皆通，百姓自然殷富，此地方之要务也。”⑤ 他们不仅在苗疆留下了大量贻福后世的水利工程，还留下了大量论述水利重要性的独到见解，从中可以看出苗疆官员先进的水利意识。雍正《平乐府志》曰：“循吏之道，不外利民，

---

① （明）林希元纂修：《钦州志》，陈秀南点校，中国人民政治协商会议灵山县委员会文史资料委员会1990年编印，第35页。

② 《清会典事例》第二册，卷168，户部17·田赋·劝课农桑，中华书局1991年版，第1132页。

③ 《清会典事例》第二册，卷165，户部14·田赋·营田，中华书局1991年版，第1097页。

④ （清）陈奇典纂修：（乾隆）《永北府志》，卷27，艺文，页44，故宫珍本丛刊第229册，海南出版社2001年版，第171页。

⑤ （清）鄂容安等撰、李致忠点校：《鄂尔泰年谱》，中华书局1993年版，第20页。

然非分人以财之谓也，因天地自然之利而经营之民利无穷矣。”[①] 雍正《呈贡县志》载吴宝林《重建永济闸记》云：“水利之有关于民生也大矣。然欲其有利而无害，惟在乎蓄泄之得宜。而蓄泄之方，莫大乎建闸以时启闭，而使之旱涝有备也。”[②] 乾隆十年，湖南巡抚杨锡绂奏言：“捐膏腴之地以为沟洫，诚以蓄泄有时，则旱潦不为患，所弃小，所利大也。”[③] 反映出清代官员对水利较高的认识水平。鄂尔泰也认为：“利民莫要于水利。”[④] 乾隆《永北府志》载：“水利为民食之源，守土者所宜日夕讲求去水之害而全收其利，斯为得其道矣。”[⑤] 乾隆《续编路南州志》载知州吴元孝撰《修浚黑龙潭水利记》曰：“盖水利之为政治要也，国赋民生实根本焉。”[⑥]

苗疆官员重视兴修水利的一个重要的原因在于，清代的地方政府是一个多功能的机构，兴修水利，保证民生，是地方官员重要的本职工作之一，也是当时绩效考核的指标之一。如乾隆二年，命总督尹继善“筹划云南水利，无论通粤通川及本省河海，凡有关民食者，及时兴修”。[⑦] 苗疆的地势和水资源分布状况远比中原地区复杂得多，而苗疆官员能克服环境的不利因素，孜孜不倦地投入大量人力、物力、财力兴修水利，这已不仅仅是在履行他们的行政职责，而更多的是在将儒家“利民”的理想实践化。如乾隆《晋宁州志》编纂官员就表达了对该地水土流失情况的深深忧虑及兴修水利的迫切性：“所可深虑者，濒海而田非不衍沃其灌溉，率取给于堡坝二河，然源远而流细，若天旱雨少，即廞淤野亡生稼矣，以单涓滴能哉？郡自成城后数十里，一望山赭，萌蘖不生，亡论工师，难于取材，即寸薪若炊桂耳，然则豫浚凿以潴水，广种植以蓄材，诚百世居民

① （清）胡醇仁重修：（雍正）《平乐府志》，卷12，水利，页1，故宫珍本丛刊第200册，海南出版社2001年版，第344页。

② （清）朱若功纂修：（雍正）《呈贡县志》，卷3，艺文，页34，故宫珍本丛刊第226册，海南出版社2001年版，第231页。

③ 赵尔巽等撰：《清史稿》，卷308，列传95·杨锡绂传，中华书局1977年版，第三十五册，第1085页。

④ （清）鄂容安等撰、李致忠点校：《鄂尔泰年谱》，中华书局1993年版，第20页。

⑤ （清）陈奇典纂修：（乾隆）《永北府志》，卷5，水利，页15，故宫珍本丛刊第229册，海南出版社2001年版，第21页。

⑥ （清）郭廷偰、吴之良、杨大鹏、萧世琬纂辑：（乾隆）《续编路南州志》，卷4，艺文·记，页5—6，故宫珍本丛刊第226册，海南出版社2001年版，第304页。

⑦ 赵尔巽等撰：《清史稿》，卷129，志140·河渠四·直省水利，中华书局1976年版，第十三册，第3826页。

之大利，今日之所当亟讲者矣。”[①] 出于这种忧患意识和紧迫感，晋宁的官员自上而下都勤于水利，采取各种措施防治水土流失：“今上宪檄催修理水道，州守加意奉行各处，亲临加堤，决壅淤泥河之狭者，广之浅者，深之塞者，通之未雨绸缪之计，可谓得矣。”[②] 即使在统治衰败的清末，兴修水利仍是地方官的首要事务。林则徐道光《广南府志·城池》论曰：“广南地居边徼，僚蛮杂居，既经设官置吏，自宜筑城浚池，非徒邴御边墙已也。因墉作堞，引水成渠，不纂重耶！”[③]《光绪二十一年冕宁抚番分县清册》载地方官勤于水利的情形：“敝分县分驻地方，汉夷杂处，每于因公下乡劝谕开垦、筑堰、修塘，务期民无游惰地无遗利。”[④] 光绪三十二年（1906年）广西省巡抚林绍年《招商垦荒折》第二十二条规定：“垦地成效，必先注意讲求水利，故以凿井、通沟、筑陂、开塘为最要。”[⑤]

在重视水利的思想指导下，清代苗疆政府还形成了根据不同地势兴修水利的政策。中国古代的水利工程种类繁多，有坝、堰、堤、塘、池、沟、渠、陡、涵洞等之分，主要是根据地势和水源的不同而因地制宜修造，发挥不用的水利功用。“顺其利而利之，圣人辅相田地之宜焉。”[⑥] 乾隆《绥阳志》所载当地政府制定的《利民条约》就规定了根据各种不同的水体修筑不同水利工程以防旱涝的方法，足见苗疆官员对水利的细致入微与科学态度：“相水开田，不易之法。有活之地，亦可田也。绥邑山地不尽，有泉洞泾河，可相土之黄白色可田者，就势成田。干田之上筑堰成塘以防时旱，或干田之下凿池注以水车拊兜浇之亦可防旱。”[⑦]

---

① （清）毛嶅、朱阳、冯杰英、刘擕纂修：（乾隆）《晋宁州志》，卷27，艺文上，页26，故宫珍本丛刊第226册，海南出版社2001年版，第100页。

② （清）毛嶅、朱阳、冯杰英、刘擕纂修：（乾隆）《晋宁州志》，卷27，艺文上，页46—49，故宫珍本丛刊第226册，海南出版社2001年版，第110—111页。

③ （清）林则徐等修、李希玲纂：《广南府志》，卷1，城池，页1，清光绪三十一年重抄本，台北成文出版社1967年版，第34页。中国方志丛书第27号。

④ 四川省编辑组编：《四川彝族历史调查资料、档案资料选编》，四川省社会科学院出版社1987年版，第237页。

⑤ 广西壮族自治区地方志编纂委员会编：《广西通志·土地志》，广西人民出版社2002年版，第698页。

⑥ （清）金鉷修，钱元昌、陆纶纂：《广西通志》，卷21，沟洫，页1上、下，桂林图书馆，1964年抄本。

⑦ （清）陈世盛修：《绥阳志》，艺文，页31下，乾隆二十四年撰，贵州省图书馆据北京图书馆藏本1964年复制，桂林图书馆藏。

苗疆在清代建立了大量的坝、堰、堤、闸、渠、陡等。如雍正二年（1724年）署广西巡抚韩良辅奏言："广西土旷人稀，多弃地"，"民朴愚，但取滨江及山水自然之利，不知陂渠塘堰可资蓄泄"，建议"兴陂渠塘堰"。[①]《续修昆明县志》记载，雍正十年议准修浚盘龙、金棱、银棱、宝象、海源、马料、明通、马溺、白沙诸河，增修石岸、闸坝、桥洞。乾隆五年（1740年）议准开浚盘龙江、金棱、银棱、宝象、海源、马料诸河，修建桥、闸、涵洞、堤岸。又十四年议准大修昆明六河堤岸、闸坝、桥梁、河道。又四十二年奏准修浚昆明县盘龙等河。又四十八年奏准筹筑昆明六河堤工。又四十九年奏准筹办昆明河工。[②] 清政府不仅注重兴修水利，还注重保护水利。清代法律严禁破坏公私水利设施，为此产生了大量的司法判例。以下笔者将分别坝、堰、闸、堤、沟渠、塘、陡等进行分析。

二、保护水坝制度

坝，是指截断河流用以拦蓄水流、壅高水位或引导水流方向的挡水或导水建筑物。陈元琳《募修苏村二坝引》曰："坝也，所以据一江驱水入沟洫，由沟洫以溉阡陌而获仓箱之庆者也。"[③] 它的功能在于抬高水位、调节径流、调整河势，可起到防洪、供水、灌溉、保护岸床和河道等作用。"陂塘筑坝可顺流放水者，妙矣。"[④] 中国民间很早就懂得利用河道筑坝来灌溉田亩，如《钟山县志》载："境内水利富江为大，城区所属各乡村多滨江而居，自太平以下沿江之田皆筑坝架车，汲水灌溉，谷数千亩农田收获恒丰。"[⑤] 鉴于此，坝成为清代苗疆官方修筑的重要水利设施。在

---

① 赵尔巽等撰：《清史稿》，卷299，列传68·韩良辅传，中华书局1976年版，第三十四册，第10422页。

② 董广布修，陈荣昌、顾视高纂：《续修昆明县志》，卷2，政典志九·水利，页5下—6上，1939年排印本。桂林图书馆藏。

③（清）李文琰总修：（乾隆）《庆远府志》，卷9，艺文志上，页63—64，故宫珍本丛刊第196册，海南出版社2001年版，第347—348页。

④（清）何御主修：（乾隆）《廉州府志》，卷9，农桑，页3—4，故宫珍本丛刊第204册，海南出版社2001年版，第107页。

⑤ 潘宝疆修、卢钞标纂：《钟山县志》，卷1，水利，台北学生书局1968年版，第45页。民国二十二年铅印本。

苗疆的一些文献中，许多官员亲自撰写筑坝的方法教民修建，如乾隆《石阡府志》记载的《坝法》："水分则势缓，聚则势急，安车之处，必急水方能冲转，非筑坝不可。其法用劲木，长六尺，为椿，将一头刻尖，交叉打入水中，如鹿角肚于逅岸。安车用沙石，壅堆使无动摇其布。"① 乾隆《廉州府志》记载的《筑坝》曰："如有天然水利及平阳处则筑坝为宜。山溪小港，皆足以资灌溉，惟晓筑坝之法，随地可垦，则随地皆膏腴矣。筑坝之法，或垫水石和土筑之，以截下流，或造石闸或造水闸以便启闭，逐处可以潴水，即逐处可以营田。"②

清代在苗疆的筑坝工程主要分两种，一种是在水量不均的河流上修筑新坝，以调节水量，防止水土流失，解除民患。如康熙二十一年（1682年），修云南省城外金汁诸河及旧废闸坝。二十七年修云南省松华坝及金汁等六河闸坝。雍正十年（1732年）增修云南省盘龙、金棱、银棱、宝象、海源、马料、明通、马溺、白沙诸河石岸闸坝，永北府羊保山建筑石坝。③ 康熙《鹤庆府志》载："郡境漾亏江出自丽江，势处最下，旱则不受其益，涝则深受其害。知府马卿巡视水利，村民洪筹山等言，二村田地与丽江相连，惟自丽江筑坝引流而下，庶可灌溉，不致荒芜。知府马卿乃移文丽江，着仓副叶大功会把事和初承率张董二老人，鸠工于漾亏江，湫石筑坝，高丈许，沿山开渠，道深七尺，阔如之坝，名曰新城渠，名曰灵济而水利永矣。"④《续编路南州志》记载了三座雍、乾年间修筑的新坝，主要用于灌溉田亩："呰卜所坝：雍正十二年知府来谦鸣知州于讷增筑堤十余丈，潴蓄更宽。又于呰卜所龙潭下捐建石坝引水遍灌田亩。""润泽坝：乾隆十六年知府张日旻筑堰开渠，灌溉土官村长麦地田六百余亩。""响水坝：乾隆十七年知州张日旻筑坝修枧，灌田五百余亩。知州史进爵接修。"⑤《续修昆明县志》载："永定坝：乾隆间侍御钱丰捐资新筑，光

① （清）罗文思重修：（乾隆）《石阡府志》，卷2，渠堰·书，页48上，故宫珍本丛刊第222册，海南出版社2001年版，第317页。

② （清）何御主修：（乾隆）《廉州府志》，卷9，农桑，页3，故宫珍本丛刊第204册，海南出版社2001年版，第107页。

③ 《清会典事例》第十册，卷930，工部69·水利·云南，中华书局1991年版，第686页。

④ （清）邹启孟纂修：（康熙）《鹤庆府志》，卷7，城池，页54，故宫珍本丛刊第232册，海南出版社2001年版，第170页。

⑤ （清）郭廷偀、吴之良、杨大鹏、萧世琬纂辑：（乾隆）《续编路南州志》，卷1，水利，页31，故宫珍本丛刊第226册，海南出版社2001年版，第274页。

绪六年粮储道崔尊彝重修。”甚至在清即将灭亡的宣统时期，仍有当地官员筑坝：“王家坝：宣统三年兴修。”①

另一种则是对已有的废旧水坝进行修葺加固以达到保护的目的。如《晋宁州志》载：“分水坝，日久淤圮，康熙十年修浚完固。”②《续修昆明县志》载，康熙二十一年修云南城外金汁诸河及旧废闸坝。巡抚王继文为此上《请修河坝疏》：“云南省城外东南旧有金汁等河……自变乱之后，沿河之堤埂坝闸未经修葺，日久倾颓，上年大兵困逆周围壕堑不得不拆毁挑挖以致水利阻塞，灌溉不通，田亩荒芜，居民失业……似当亟议兴修以复民业。”又二十七年修云南金汁等河闸坝，引水资昆明各县灌溉。③一些坝由于受水流冲刷，需要长期的维护和修缮，于是出现了自清初到清末历任官员修坝不绝的情形，如昆明的松华坝：“康熙五年以来，屡次水泛堤决，巡抚袁懋功、李天浴题请岁支盐课银葺之，名曰岁修。二十年大兵平滇，坝已倾毁。二十二年巡抚王继文会同总督蔡毓荣题请捐修。又康熙二十七年修云南松华坝。又雍正八年总督鄂尔泰、巡抚张允随题修。又军兴后，墩台渗漏，堤岸坍塌，沿河壅淤太甚，近村田亩多致淹没。……光绪三年，粮储道崔尊彝督同水利同知魏锡，经委员陈勋，绅士张梦龄、张联森筹款重修墩台闸坝河道，阅四月而功竣。”④而永北板山河坝的修缮则在雍正和乾隆一直持续，直至永固：“因山高水涌，一遇雨水过多，冲压致害。雍正七年知府石去浮委经历张任筑石坝一座以捍之。知府袁德达又捐修一次。乾隆二十四年知府马淇珣详请作四年岁修，二十八年知府陈奇典查勘得坝系散石堆积，难免冲刷，议以嗣后应修处所务垒筑叠砌，一劳永逸，庶可共庆安澜矣”。⑤

---

① 董广布修，陈荣昌、顾视高纂：《续修昆明县志》，卷2，政典志九，水利，第31页下，1939年排印本。桂林图书馆藏。

② （清）毛嶅、朱阳、冯杰英、刘擕纂修：（乾隆）《晋宁州志》，卷13，水利，页71，故宫珍本丛刊第226册，海南出版社2001年版，第40页。

③ 董广布修，陈荣昌、顾视高纂：《续修昆明县志》，卷2，政典志九·水利，页5上、下，1939年排印本。桂林图书馆藏。

④ 董广布修，陈荣昌、顾视高纂：《续修昆明县志》，卷2，政典志九·水利，页30下—31上，1939年排印本。桂林图书馆藏。

⑤ （清）陈奇典纂修：（乾隆）《永北府志》，卷5，水利，页12，故宫珍本丛刊第229册，海南出版社2001年版，第20页。

清末出现了保护水坝的司法判例及地方官员制定的保护水坝的法令。广西罗城仫佬族自治县大梧村立于道光八年（1828年）的《孙主堂断祠记》记载了一起因水坝而引起的纠纷。争议的水坝原系原告吴显麟等的祖坝。道光四年，因被告莫如爵缺水，托人请求原告在大石坝面上开一宽四尺、高一寸许的缺口，以便灌溉被告田亩。原告应允，谁料被告竟然得寸进尺，为了多取水，竟然擅自挖大了缺口，以致双方发生诉讼。县官孙某实地勘察后原想判决封堵所有缺口以绝讼根，但考虑到两方有亲戚关系，且有约在先，因此判决："照依道光四年所开原缺，饬令地保原经人等，照旧用石垫好，使二比相安，免致拖累。其坝任从吴姓等戽水上田，灌养秧苗良田，莫姓不得问阻。"[①] 主审官的判决除允许留存双方约定的缺口外，要求填补新开缺口，恢复水坝原貌，可见对于在水坝上开挖缺口是持严厉禁止态度的。这一案例体现出清政府对水坝的保护。云南省砚山县立于光绪十八年（1892年）的《阿舍乡水库护林碑》就是一块清末保护水坝的禁令。根据该法令，不仅设置专门人员管理水坝，还详细规定了其职责。该地方官在"沟坝工竣"后，专门设立"坝夫一名，水头夫三名。小心看坝，并沟路一切等情"。并告诫"看坝夫小李白等，遵照旧制，小心看守，不许牛马践踏"。[②]

由于政府政策及司法判例的引导，苗疆各地保护水坝的意识蔚然成风。许多村寨形成了保护水坝的规约。在这些规约中，水坝的受益人共同出资，共同劳动，维护水坝的安全。广西荔浦县立于乾隆四十年（1775年）的《筑坝议约碑文》就是典型的例证：

筑坝议约碑文

窃关乡田同井支助，曾昭亲睦之风。井地同沟，势将必有均平之力。我金雷一坝，上自廖潭，下至古架，计数约有二千外工，该粮则占二千余石。人虽异其村，农田则共同水利。天时之旱潦不常，人事之筑防预备，或川必赛而得人，或沟必修而水通。倘无约束之

① 广西壮族自治区编辑组编：《广西少数民族地区碑刻、契约资料集》，广西民族出版社1987年版，第243—244页。

② 云南省地方志编纂委员会总纂、云南省林业厅编撰：《云南省志·林业志》，云南人民出版社2003年版，第876页。

条，当几终有规避之患。今将田分计自力后派定出工，占多工者不厌繁，占少工者则力宜从简。一团稽立坝头，责其便于催督。每次修复，众集坝首，合以考核。如有抗众故违，罚所不贷；即或应期复异议，亦从之自愿。□□以往各村乃心遵约趋事，合齐出力如议赴功。庶井里村古道之遗，而农田获□□之□□□□今将众议条约开列如左：

一、田亩以三十工该筑坝一人为约，但田工参差，岂能划一为准，以二十五工以上至三十工以下该人一名，三十五工以上，五十五工以下该人二名；则于外占田少者凑足其数，若一人占田五十五工以上，则应该人二名，余此类推。

二、当筑坝之期，坝长先一日鸣锣，使各村悉知。次早，各人不得复务己事，则早饮食，听锣一鸣，随赴坝所，锣二鸣须齐集，锣三鸣即行下水运石。否则每人罚钱一百文，存作众人理坝修沟茶水之需。不遵众议者，任由众人定罪。有□外除修城、凿池、冠婚、丧、祭数件，实系不得已之事，非规避者等不在议约内。此系众人公议，各人分内之事，非关一己之私，各宜踊跃遵守，可众姓一年胼手胝足之劳，不无少补者也。

三、众议，所得来往木筏、竹筏，若遇天旱水紧之时，毋得任意私开，倘有不遵，一经拿获，罚钱三千六百文，交坝长筑坝公用。船只视多少加倍议罚。

乾隆四十年岁次乙未仲夏月谷旦立。[①]

三、保护水堰制度

堰，是指修筑在内河上的既能蓄水又能排水的小型水利工程。它与坝的原理及功能有些相似。乾隆《石阡府志》记载了一篇《堰说》，介绍了堰的筑造方法和调节水利功能："平田作渠引水以资灌溉，非不善。而天时稍旱，水易竭，与无渠等。惟有堰始能常蓄涧流，作堰之法，略如作坝，但坝须留港，此则横截中流，较平田水低数寸，水大则直过其上，水

① 荔浦县地方志编纂委员会编：《荔浦县志》，三联书店 1996 年版，第 933 页。

小则停蓄不泄也。”[①] 徐郷《晋宁州水利论》对堰的修筑技术和预防旱涝的功能有更为深入的介绍：

> 其宜积之处不一，而大者莫过于盘龙溪之水堰，此水虽源近流微而昼夜可灌田地十余亩，所谓盘龙坝水是也。向来其水当冬春之交，则竟为灌泡。及秋冬之际，则任其归海。是以有用之水而置于无用之地，亦大可惜矣。若于应山之北龙马迹之南，形势可阻扼处，溪中造一石桥，孔广丈余，高亦如之，设闸口，桥上以及两旁采石堤南接应山，北接龙马迹，高与路平，堤两旁安石槽涵硐，春夏照前灌泡栽种，汹涌之水任纵桥下放出，及收获则闭孔塞涵硐上闸枋，积水平堤，于冬抄开放从前坝水，分数以存。昔年州守李公云龙均水利以作通学两试卷金碑示，次年头龙之后，陆续开堰灌泡栽种，是未雨已有栽插之水，至雷鸣雨集，则已栽之田其水又可分出，是既雨益多栽插之水矣。如此行之，则雨泽及时之年，其栽插必较常更早。即雨泽愆期之岁，其栽插亦较常颇多。……或曰：此堰一设，堰内之田必淹没难栽，此大非也。盖作堰所积之水，乃收获后无用之水，非栽插时有用之水，其所淹之田，乃收获后无谷之田，非栽插后有谷之田。以今冬无用之水，为来春有用之水，以今冬已收获之田，为来年早栽插之田，亦复何疑？……后之人诚因天时，相地势，尽人力，泄所当泄以除水之害，积所当积以广水之利，其泽虽不同于杭之白堤、苏堤，而有济于晋之社稷人民亦不浅矣。[②]

自清初至清末，政府也不断有在苗疆修堰的工程。如《广西通志》记载，灵川县带融南北二堰，康熙间知县黄士垄重修。[③] 乾隆《续编路南州志》有多处记载乾隆年间政府官员修筑水堰的事迹，如石牛堰：“乾隆

---

① （清）罗文思重修：（乾隆）《石阡府志》，卷 2，渠堰，页 47 下，故宫珍本丛刊第 222 册，海南出版社 2001 年版，第 316 页。

② （清）毛嶅、朱阳、冯杰英、刘揭纂修：（乾隆）《晋宁州志》，卷 27，艺文上，页 46—49，故宫珍本丛刊第 226 册，海南出版社 2001 年版，第 110—111 页。

③ （清）谢启昆、胡虔纂：《广西通志》，卷 117，山川略二十四 · 水利一 · 桂林府，广西师范大学历史系、中国历史文献研究室点校，广西人民出版社 1988 年版，第 3438 页。注引自《李志》。

十七年知州张日旻筑坝，二十一年知州史进爵增修告成，灌田七百余亩。”[①] 知州吴元孝曾撰《修浚黑龙潭水利记》，说明历任官员在当地黑龙潭修堰及良好的社会效益：“路南州界深阻，山泽未辟，水源出自黑龙潭而陂堰弗建，蓄泄无备，旱潦曾不得一勺之用。自赠中大夫大众鄒公莅兹土奉职……于水利尤加之意，爰筑堰束水势，凿渠数十里，通水道，繇潭口，抵大屯原，荫几千顷，皆为沃野，无凶年，州民粒食之休，贻于万世洋洋乎。……岁久陵谷迁徙，渠渐淤而野几涸，夫亦川泽在前，弗因之者之过也。公闻孙今宪台总滇，臬平反无冤世，德直兴于门，并称尤勤水道，遗迹以光大先泽。方元孝入境，贽谒首举以询，时固拙劣，未遑开浚，蒙臬宪授以方略，始知所向以从事，爰循故道阅视，实由谷口之冲水激沙，崩此塞彼必决，勿怪乎旋修而旋湮也。于是坚湫谷口，增枧横石，洒涴沙泥，使不堕塞沟渎中而后溃者；筑之淤者，疏之渠，复其故而沃野再现。”[②] 知州罗之熊还写《堰成偶赋》歌颂修堰的利益：“引水平山麓，分流逐甸斜。”[③]

清代苗疆对堰的保护是非常严格的，一般情况下，严禁拆毁水堰，尤其是古堰，往往受到特殊的保护。《清代巴县档案汇编·乾隆卷》记载的两起关于水堰的案件反映了清代对水堰的保护制度。一起为发生于乾隆二十四年（1759年）九月的“杨梅控周凤章掘挖古堰案”。案件由直里三甲乡约刘朝君等向官府呈递禀状：“杨梅所控之古堰一道，长二丈余，原系梅田过水之堰，但此堰源头就是梅田，其中才是凤业，其下又是梅产，从无紊争。祸因凤弟周国章田卖与梅，未曾经凤，以致凤挟仇忿，于本年四月二十三拆毁此堰。……沐批：准原差役协同尔等，查此处是否古堰。周凤章田如无阻塞水源之患，禀请修筑，以杜讼根。蒙恩票差王重文协蚁等临堰，查看实系石砌古堰，其挨堰处尽是梅田，即有水患，惟梅田遭没，不碍凤业。且不塞凤业水源，若有阻塞，古即应无此堰。”县正堂判词：“讯得杨梅□□质之中证喻凤祥等称系水沟，并无古堰，始行具控。

① （清）郭廷偀、吴之良、杨大鹏、萧世琬纂辑：（乾隆）《续编路南州志》，卷1，水利，页31，故宫珍本丛刊第226册，海南出版社2001年版，第274页。

② （清）郭廷偀、吴之良、杨大鹏、萧世琬纂辑：（乾隆）《续编路南州志》，卷4，艺文·记，页5—6，故宫珍本丛刊第226册，海南出版社2001年版，第304页。

③ （清）郭廷偀、吴之良、杨大鹏、萧世琬纂辑：（乾隆）《续编路南州志》，卷4，艺文·诗，页31，故宫珍本丛刊第226册，海南出版社2001年版，第316页。

将杨梅责嘴十五下。”[1] 从主审县官的态度来看，如果周凤章拆毁的是一道古堰，那么周即触犯了法律，要依法制裁。但经过衙役实地察看后，证实该处并非古堰，仅是一条普通的水沟，因此主审官员判决原告属于诬告，被判掌嘴。由此可见，清代对于水堰尤其是古堰是严格保护的，严禁随意拆毁。

另一案件则发生于乾隆三十一年七月初四日，正里三甲民杨肃云、王慎修禀状：“情张良佐、张绍禹地名高垠岩有古堰一道，以资灌溉，历年补修，计费百十余金，屡被良佐弟兄抄毁。乾隆二十七年二月内，蚁等十户议明，每年公出钱一千六百文，给良佐、绍禹弟兄照看，不许捕鱼抄毁。良佐弟兄出立认约炳据，每年照数楚给无异。殊伊弟兄违约，于前月二十九日，将堰抄毁捕鱼。蚁等知，本月初一经投邻李元丰等理论，讵伊弟兄反逞凶暴。且此古堰历有年，所灌溉田谷千百余石，遭伊弟兄抄毁，有误灌溉，理论凶辱，法纪奚容？”县正堂批：“准唤讯。”[2] 这一案件体现出，无论是普通百姓，还是政府官员都对古堰持坚定的保护态度。为了保护古堰，村民宁愿每年凑巨款收买奸徒以防止其破坏古堰，殊料奸徒却一再破坏古堰，村民无奈采取司法程序向官府控告。该档案虽然没有记录这一案件的处理结果，但从县正堂批“准唤讯”这一点来看，这一案件已被受理，且县官认为村民的起诉是有理的。

四、保护水闸制度

闸，是指修建在河道和渠道上，利用闸门控制流量和调节水位，泄水底板接近河床的低水头水工建筑物。闸与坝常常联系在一起，有坝必有闸以分水。通过修闸，可以调节水量，保证均衡供水。如林则徐在《广南府志》中称：“城南石闸：府治四周无泉，惟城南有八达小河，冬春不雨，则民食水涓滴维艰，采石建闸以时蓄泄，万家生齿于是平无渴竭之患矣！”[3]《续修昆明县志》在“政典志·水利章”中详细记载了该地区自

① 四川省档案馆编：《清代巴县档案汇编·乾隆卷》，档案出版社 1991 年版，第 305—306 页。

② 四川省档案馆编：《清代巴县档案汇编·乾隆卷》，档案出版社 1991 年版，第 306 页。

③（清）林则徐等修、李希玲纂：《广南府志》，卷 1，山川，页 13，清光绪三十一年重抄本，台北成文出版社 1967 年版，第 18 页。中国方志丛书第 27 号。

康熙至光绪年间兴建的各种水闸，有30余处之多，足见政府对这一水利设施的重视。从表5-1中，我们可以看出，修筑水闸的时间大多集中在雍正八年（1730年）和光绪年间，而且在修筑之后，政府还不断增修和续修。

表5-1　《续修昆明县志》中记载的清政府修筑当地水闸情况一览

闸名	修筑时间	修筑者及修筑方式	续修情况
永昌河闸	康熙二十三年	水利道孔兴诏重建	光绪八年增修石岸
新建闸	康熙二十七年	总督范承勋重建	
小坝闸	雍正八年	疏浚添修石岸	光绪七年重修
石坝闸	雍正八年	重修	
金梭闸	雍正八年	疏浚,添修石岸	
土桥闸	雍正八年	重修	
猪圈坝三闸	雍正八年	疏浚,增筑并建桥梁	同治十一年巡抚岑毓英檄水利同知朱百梅疏浚修筑,光绪七年重修杜家营小古城等村堤岸
燕尾闸	雍正八年	疏浚添修石岸	光绪五年,署布政使崔尊彝、署粮储道胡允林督同水利同知魏锡经委员陈勋、绅士张梦龄、张联森、汤壎等筹修石岸闸坝桥梁
秧草坝闸	雍正八年	疏浚增筑并建桥梁	
小西门闸	雍正八年	疏导深砌石岸坝闸,增开子河,新筑堤埂	光绪七年修浚
大闸	雍正八年	疏浚子河,引水入江,并于古堆童子桥增高石路堵御江水不使漫溢	
大韩冕闸	雍正八年	疏浚,添修石岸	乾隆四十九年奏准金汁河韩冕闸坝改建滚水石坝。同治十一年重修
广聚闸	清乾道间	兴修	
沈公闸	道光间	粮储道沈兰生建	光绪间粮储道崔尊彝、谭宗浚先后督同员绅发款重修闸坝堤岸。宣统元年重修
兜底闸	同治十一年	修浚	光绪七年粮储道崔尊彝重经修筑,又八年署粮储道崇缮改筑官渡尚义村石堤
采莲闸	同治间	粮储道张同寿率绅士刘珖、张梦龄新建	光绪十一年粮储道刘海鳌督同署水利同知赵之圻、绅士潘国元、张联森重经疏浚
新建闸	光绪三年	粮储道崔尊彝率水利同知魏锡经、绅士张梦龄、张联森新建	

续表

闸名	修筑时间	修筑者及修筑方式	续修情况
军民闸	光绪五年	署布政使崔尊彝、署粮储道胡允林督同水利同知魏锡经委员陈勋、绅士张梦龄、张联森、汤壎等筹修石岸闸坝桥梁	
拦沙闸	光绪七年	粮储道崔尊彝督同水利同知骆钫、绅士张梦龄、张联森等新建	
西坝闸	光绪七年	粮储道崔尊彝委员潘祖恩修浚	
新沟闸	光绪八年	署粮储道崇缮、水利同知魏锡经率绅民筹款修浚	
王公闸	光绪八年	重修瓦仓庄一带石堤	
四道坝闸	光绪九年	重修石岸涵洞	
香炉闸	光绪十年	粮储道刘海鳌重修，众开坝闸	
左闸、中闸、右闸	光绪十一年	疏浚右闸河道	
南坝闸	光绪三十二年	换修盘龙江分流南坝河南坝闸闸枋十四	

资料来源：董广布修，陈荣昌、顾视高纂：《续修昆明县志》，卷2，政典志九，水利，第31—37页，1939年排印本，桂林图书馆藏。

闸与坝相比，其最大的功能在于分水，即“设闸枋以定水之数”，[①]通过均匀地分配用水制止水纠纷，从而减少对水利的滥用和争夺，有效地保护了水资源。康熙《嵩明州志》就记载知府通过建闸长久性地解决了当地因水利分配不均而发生的纠纷：“小柳场龙潭：潭分三闸，知府马卿之新筑也。旧时任其出入，每多不均，知府周集增筑百尺，今则计

① （清）汪熙总修：（康熙）《嵩明州志》，卷8，艺文·记，页11—12，故宫珍本丛刊第226册，海南出版社2001年版，第405页。

田之多少，准乎闸之，浅深沿而不改，民其永利也哉。”[①]《续修昆明县志》则记载，当地由于闸久废弃而导致争水诉讼，地方政府通过统一闸坊规格，并由官方控制水闸的启闭而解决了争讼：“南坝闸：雍正八年疏浚深通，砌石岸坝闸，增开子河新筑堤埂。又沈公闸建后此闸遂废，光绪四年以争水致讼，详定准上闸坊三尺五寸，由官启闭，给示遵守。”[②]

清代苗疆的一些案件反映出清政府对水闸的保护。对于损害水闸的行为，政府勒令恢复原状，并具结存照。云南大理鹤庆市立于光绪二十七年（1901 年）的《羊龙潭水利碑》记载了一起因石闸引起的水利纠纷。碑文称：松树曲、邑头村、文笔村与西甸村、文明村、象眠村等六村同放羊龙潭水灌溉田亩，“照例分水，立有石闸”，但该年五月西甸三村“私撬石闸”，“凿挖水道，屡坏古规”，松树曲三村因此控告到府，知府“两次委员踏勘”后，“断令同照古规，修复石闸”，“照古灌溉”：

钦赐花翎，补用知府，即补直隶州，借报鹤庆州正堂，加三级记录六次，记大功十二次邓为水利垂碑事：照得松树曲、邑头村、文笔村与西甸村、文明村、象眠村同放羊龙潭水灌溉田亩。水由高处平流对绕，递文明村边过北，水往桥下过，复东流至西甸村背后，照例分水，立有石闸。本年六月，松树曲三村控西甸三村“凿挖水道，屡坏古规”等情到州内，并禀“前任王州主去任后，象眠村违断又改设新坝”等因。本州不胜慎重，曾经堂讯细审，又两次委员踏勘，确得情实。除责斥违式外，断令同照古规，修复石闸。其南安道田由此闸门内正路放水，并令拆去提经适通龙潭水之新坝，只准仍用私接箐水之与坝。此处乃格外私沟，本无放龙潭水例。总之，不准于别处设法盗龙潭水入箐坝内。断讫，俾两造书立合同，盖印存照，再取结存案，以息讼端。为此事由，批仰两造，即便照合同立碑，以永久各宜遵守！此谕。遵将合同开后：

① （清）邹启孟纂修：（康熙）《鹤庆府志》，卷 7，城池，页 53，故宫珍本丛刊第 232 册，海南出版社 2001 年版，第 169 页。

② 董广布修，陈荣昌、顾视高纂：《续修昆明县志》，卷 2，政典志九・水利，页 34 上，1939 年排印本。桂林图书馆藏。

立合同凭据文约书人：松树曲、邑头村、文笔村、西甸村、文明村、象眠村住。为因本年五月二十日西甸村私撬石闸，又象眠三村于箐底新筑水坝，偷放上大沟水。松树、邑头、文笔三村具控在案。蒙州主邓讯三次，饬令石闸六村平摊，照古镶还，将新坝拆去，照准旧坝。两造已遵断具结。奈象眠三村抗傲吱唔，索性偷沟水入箐，以充碾磨之用。松树曲三村沟田水竭，禾苗槁炕，无奈只得将伊象眠三村碾磨打坏，冀得龙潭之水，以润槁苗。象眠三村复控在案。蒙厅主刘亲临踏勘尽意。稻田无水栽，田有种干粮者；秧田有水漾淹者。回复州尊，复蒙堂讯。斥令将新坝拆去，其水碾仍准支三盘。由九月初十开碾，至二月初一日止。封其余水碾，永不准支。象眠三村视为具文，估抗仍不拆坝。松树曲三村只得自已去拆，被象眠三村人众用石从高处乱打下来，将松树曲人打伤，报明在案。蒙饬书差仵作验明。复蒙委大绅舒老太爷、杨山长、赵老太爷及绅耆查勘处理，劝令二比和息，以杜争端。查得南安道田之水系分在西甸村石闸内放。箐底之旧坝本在三水沟水尾口上北去三丈许，原只接箐内之浸水。今象眠村将三小水沟水尾口下之新坝拆去其石闸三口；西甸村放及南安道之石闸底宽裁去一尺零五分。其松树曲三村亦不准无故借端打碾。如违，禀官重治。其水班北流古闸二块，照古灌溉。二比遵大绅相劝，永息争端，以敦友好。欲后有凭，立此合同文约存照。

龙飞大清光绪二十七年八月十三日

象眠　赵广龄、潘祚发、李文彬、李正芳

西甸村

文明　施正甲、潘文魁、施连科、董德昌

邑头　李蔚然、李浚煊、赵士元、李衍祥　　　　公同立

文笔村　□□海、赵中立、张兆元、赵发瀛

松树曲　张有锡、张汝安、李鼎甲、李秀槐①

为了保护水闸，苗疆一些重要的水闸还专门设立闸丁看守，以防止破坏。据《续修昆明县志》记载，光绪十五年添设宣化闸闸丁一名。光绪

① 云南省编辑组编：《白族社会历史调查》（四），云南人民出版社 1991 年版，第 97—98 页。

三十一年添设海津河闸丁一名，玉龙闸闸丁一名，大沙河闸丁一名，永锡河闸丁一名。①

五、保护水堤制度

堤，是指在河、江、渠、湖、海等水体沿岸修筑的防御水向两岸漫溢的挡水建筑物。其功能在于抵御洪水泛滥，防止水土流失，保护水体。古人很早就懂得修堤以护水的原理。清代苗疆官员对堤的作用也有很深刻的认识。鄂尔泰《先农说》称："防，堤也，以蓄水亦以障水。"②

清政府在苗疆留下了许多名传千古的堤工程。许多是自康熙年间就开始修筑的，如南笼著名的招公堤，为游击招国遴在康熙三十三年（1694 年）修筑。后道光二十九年（1849 年），知府张瑛又筑高五尺。③《兴义府志》专门载《招公堤记》说明该堤修建的事实经过："南笼地处边陲，粤喉滇吭，实黔地之险。城北有水潆洄迤逦数十里，长如虹贯，浩瀚洸漾，其势不聚，夫水之积也不厚，则气之凝也不力。……惟我招公，风流儒将……甫任数月，即以创堤圩堰为己任。缩俸蠲缪，将近百镒，于是估价命工，斩山伐石，潴水筑堤，亲率各匠，挟备锸，埭之堰之，湫之砌之，省试勿替，共计长八十余丈，阔八尺许。肇工于甲戌孟冬，落成于丙子孟春。工竣而凡斜湍飙浪，亦不能有划激洗齿之患，而又渊然黛，泓然静，气象万千，泱泱乎大国之观矣。"④《广西通志》也记载，在南宁府宣化县天瀑江，康熙间知府赵良璧令民"筑堤蓄水灌田"。⑤

---

① 董广布修，陈荣昌、顾视高纂：《续修昆明县志》，卷 2，政典志九 · 水利，页 7 下—9 下，1939 年排印本。桂林图书馆藏。

② 王左创修：《息烽县志》，卷 33，献征志 · 说，页 22 上，民国二十九年成书，贵州省图书馆据息烽档案馆藏本 1965 年复制，桂林图书馆藏。

③ （清）张瑛纂修：《兴义府志》，卷 14，津渡，页 5 上，咸丰三年成书，贵州省图书馆，1982 年复制，桂林图书馆藏。

④ （清）张瑛纂修：《兴义府志》，卷 14，津渡，页 6 上、下，咸丰三年成书，贵州省图书馆，1982 年复制，桂林图书馆藏。

⑤ （清）谢启昆、胡虔纂：《广西通志》，卷 119，山川略二十六 · 水利三 · 平乐府，广西师范大学历史系、中国历史文献研究室点校，广西人民出版社 1988 年版，第 3477 页。注引自《府志》。

雍乾年间苗疆也兴建了许多堤工。如广西桂林附近的回龙堤，雍正庚戌（八年）（1730年）“创筑石堤，万亩田畴利赖。每水少则渡头江之水从海阳堤顺流而行，水泛则从回龙堤逆流而下”，起到了很好的调节水流的作用。海阳堤，雍正九年因海阳沙州建，较好地防护了河水的季节性暴涨：“石堤亘七十六丈，高六尺，阔倍之。又为外堤一道，叠石环抱，下丰上锐。其绵亘高广与内堤埒。向者，泛滥之水仍归故道。又开支河长七十二丈，阔三丈，深得阔之半，以泻暴涨。又于支河之下筑坝，长七十二丈，高阔均一丈有奇，以杀怒浪，而内外堤所永保无侵吃倾圮之虞矣。”① 雍正十二年修云南禄丰县石堤五十丈。② 乾隆《续编路南州志》记载雍乾两朝续修大河堤以防水泛滥的情况：“在城西北，民和乡、大赤江有土堤，久倾，遇水泛，田亩被淹，雍正十一年知府来谦鸣与宜良令朱干会商，协力重筑，开沟随堤环绕，均免冲没。又因原开涵洞湮塞，复捐资倡建石坝四座，涵洞六口，引灌高田，民力赖之。乾隆二十年水涌堤溃，二十一年知州史进爵重筑另建石桥一座，水闸门四扇，济水过枧，八村均沾惠泽。”③ 乾隆五年（1740年）修建云南省龙盘、金梭、银梭、海源、宝象、马料诸河桥闸涵洞堤岸，又昆阳海口改建石岸。④ 乾隆三十年六月修理贵州省古州厅属八匡冲护田石堤八十六丈五尺。⑤ 乾隆《永北府志》则记载，“陈广河：每遇秋霖，岸堤坍塌，乾隆十六年知府岳安捐修，二十七年知府马淇珣详请岁修”。⑥

即使在清末，苗疆政府对河堤的修筑也毫不松懈。《续修昆明县志》详细记载了光宣年间政府在当地坚持修筑河堤的地点和改建石堤加固情况，见表5-2。

---

① （清）谢启昆、胡虔纂：《广西通志》，卷117，山川略二十四·水利一·桂林府，广西师范大学历史系、中国历史文献研究室点校，广西人民出版社1988年版，第3438页。注引自《金志》、元展成《重修记》。

② 《清会典事例》第十册，卷930，工部69·水利·广西，中华书局1991年版，第687页。

③ （清）郭廷偰、吴之良、杨大鹏、萧世琬纂辑：（乾隆）《续编路南州志》，卷1，水利，页31，故宫珍本丛刊第226册，海南出版社2001年版，第274页。

④ 《清会典事例》第十册，卷930，工部69·水利·云南，中华书局1991年版，第687页。

⑤ 《清会典事例》第十册，卷930，工部69·水利·广西，中华书局1991年版，第688页。

⑥ （清）陈奇典纂修：（乾隆）《永北府志》，卷5，水利，页12，故宫珍本丛刊第229册，海南出版社2001年版，第20页。

表 5－2　《续修昆明县志》中记载的清政府修筑当地河堤情况一览

修筑时间	修堤河道	改建石岸河道
光绪八年	修盘龙江正河瓦仓庄后西岸左右堤	鱼翅河苏家村下南岸土堤改建石岸
	大马村前西岸古石堤	明通河五谷庙前东岸土堤改建石岸
	修金汁河下游五排饵砆营前西岸古石堤	清水河上苜蓿厂大过洞前东岸土堤改建石岸
	修宝象河分流旧门河李甘桥下南岸古石堤	官渡河二座石桥傍东岸土堤改建石岸
	修海源正河梨园村前东岸古石堤	
	团山村前东岸古石堤	
光绪十四年	杨家河头马桑营北岸古石堤	金汁河下头排麦地村后西岸土堤改建石岸
	三排南岳庙地方太乙桥南岸古石堤	宝象河分流倮罗河头鸡嘴石岸下土堤改建迎水石岸、送水石岸
	官渡河四甲螺峰村后北岸古石堤	
	官渡河锁水桥下南岸古石堤	
	西鸳鸯沟五马桥下南岸古石堤	
	西鸳鸯沟响水闸上北岸古石堤	
	修海源河分流右龙须河海潮庵地方十字闸前东岸古石堤	
	修马料河狗街子地方石桥上西岸古石堤	
光绪十五年	修盘龙江分流金家河头双凤桥傍南岸石堤	
	西坝河尾卢家营地方西岸古石堤	
	玉带河中沟马蹄闸下北岸古石堤	
	修金汁河下游三排地藏寺桥傍南岸古石堤	
	清水河海门寺面前西岸古石堤	
	明通河塘子巷太平桥下南岸古石堤	
	修宝象河正河锁水桥下官渡村后南岸	
	倮罗河永顺桥下南岸古石堤	
	广济河头西岸古石堤	
光绪十六年	修盘龙江正河三节桥大闸地方南岸古石堤、水南寺对岸东岸古石堤	麦地村后西岸土堤改修石堤
	修金汁河上游竹叶村前东岸古石堤	海源河正河梨园村前石桥下西岸土堤改建石岸
	松华坝滚龙坝下东岸古石堤	海源河分流右龙须河夏窑村地方南岸土堤改建石堤
	金汁河下游吴井桥下北岸古石堤	马料河正河新桥下北岸土堤改建石岸
	宝象河分流官渡河官渡村文庙后北岸古石堤	

续表

修筑时间	修堤河道	改建石岸河道
光绪十七年	盘龙江分流玉带河南询寺傍东岸古石堤	海源河分流右龙须河夏窑小村地方西岸土堤改建石岸
	太家河头西岸古石堤	
	金汁河上游老崔桥下东岸古石堤	
	金汁河下游三排地藏寺桥下大涵洞傍南岸古石堤	
	宝象河正河羊普头地方西岸古石堤	
	小板桥村外西岸古石堤	
	右龙须河梁家村头西岸古石堤	
	右龙须河班庄村下北岸古石堤	
光绪十八年	盘龙江分流玉带河鸡鸣桥下东岸石堤	海源河分流右龙须河夏窑小村地方西岸土堤改建石岸
	太家河头西岸古石堤	
	金汁河上游老崔桥下东岸古石堤	
	金汁河下游三排地藏寺桥下大涵洞傍南岸古石堤	
	宝象河正河羊普头地方西岸古石堤	
	小板桥村外西岸古石堤	
	右龙须河梁家村头西岸古石堤	
	右龙须河班庄村下北岸古石堤	
光绪十九年	修盘龙江分流玉带河土桥东岸石堤、柿花桥下西岸古石堤，金牛寺后堤岸	
光绪三十年	修盘龙江北风湾石岸一段	
光绪三十一年	修盘龙江分流采莲河三节桥地方南岸古石堤	
	土坝河南坝闸下东岸古石堤	
	盘龙江正河小东城外菜园寺上东岸古石堤	
	涌莲河大梵宫村前西岸古石堤	
	金汁河上游竹园村前北岸古石堤	
	瓦窑村下南岸古石堤	
光绪三十二年	修盘龙江正河南坝上水南寺西岸古石堤	换修盘龙江分流南坝河南坝闸闸枋十四

续表

修筑时间	修堤河道	改建石岸河道
光绪三十三年		金汁河新济桥摆渡河下西岸土堤改建石堤
		大波村、波罗村、涌莲河等处塘坝土堤改建石岸
		盘龙江支河严家堡地方东岸土堤改建石岸
光绪间	修宝象河小板桥上石岸一段	
	修石闸村下石堤	
	官渡尚义村南岸石堤小街子下兜肚塘石埂各一段	
	修小街子大桥南岸石堤	
	杨家河分水处石岸一段	
	金汁河任祺营村东岸石岸一段	
	高埂龙王庙上石岸一段	
	修沈公闸石岸	
	南坝村下东岸石堤一段	
	中营村北石堤一段	
宣统间	修上马村南岸土岸	
	金家河孙家湾石岸	
	陈家湾石岸	
	金太杨三河头朝阳桥西南岸石岸各一段	

资料来源：董广布修，陈荣昌、顾视高纂：《续修昆明县志》，卷2，政典志九，水利，第6—10页，1939年排印本，桂林图书馆藏。

清代对堤防的保护也是非常着力的，曾制定了较为详细严格的法规。康熙三十九年（1700年），湖广总督郭琇陛奏湖南三事，第一条就是“严定筑堤处分”。①雍正六年（1728年）正月，湖广总督迈柱奏湖南地区《堤工八事》，其中规定：（1）堤设有专门的水利官员管理，一旦水堤发生险情事故，州县官员不得以行政界限为由推诿责任，而应当协同作战，共同抢修维护，否则治罪：“州县虽各有疆界，田亩同一堤塍，岂分彼此，应定例同堤有险，无分隔属，水利各官业户，协力抢护，推诿抗阻者治罪。”（2）水利官员要督促河堤内的业户在旱季出工疏通修缮，维持蓄

① 赵尔巽等撰：《清史稿》，卷270，列传57·郭琇传，中华书局1977年版，第三十三册，第10005页。

泄有度，防止水涝灾害："支河曲港及堤内沟洫，应责成水利各官，于冬晴水涸时，督同业户尽力深浚，度其形势，或设木闸，或砌瓦筒，以时闭泄，庶旱涝无虞。"（3）在堤岸上按照规定行距种植护堤柳树和植物，如果执行不力，政府官员与工役同论罪："护堤插柳，以一弓一株为准，连种芦荻，如所司奉行不力，以设工论。"皇帝"嘉许之"。[①] 从上述规定可以看出，清代苗疆对堤坝的保护非常深入细致，从管理、维护到绿化，都作了严格的规定。

六、保护水塘制度

塘，是人工挖筑的池形小型蓄水工程。苗疆石灰岩遍布，难以蓄积水分，导致表层水土冲刷严重，通过修筑塘，可以有效蓄积天然水，减少水对地表的侵蚀。清代苗疆文献中多篇介绍塘的原理、功能及修筑地形和方法的文章，以乾隆时期为盛，说明当时的官员非常重视在苗疆筑塘，而且筑塘技术业已达到很高的水平。乾隆六年（1741 年）覆准云南省恩安县开塘四区，以便兵民汲饮。[②] 乾隆《石阡府志》记载有《塘说》《塘法》两篇。《塘说》着重介绍修筑塘的地形地势："两山夹送，其中稍平，开土成坵如阶而下者，为塝田，不赖旱。救之惟以塘。塘宜深作，塘之法，先度地势，于田头之上当众流所归处，随地宽广，开挖为塘。塘形多上高下低，其下即以塘土筑横堤。堤脚仍布木桥以防崩卸。中留水窦以备启放，此谓头塘。至田之中段亦有旁山归流处，照前作为腰塘，次第启放，间有开塘得泉因泉开塘者，大都借山泽雨流以为蓄。塘中储木草菱荷鱼虾之类，则水活亦可得利。"[③]《塘法》则注重介绍筑塘的技术和方法，并指出要种植适宜的植物及养殖鱼类，使塘、堤、植物和水生物形成完整的生态系统："筑塘者堤脚布木桥，弗若堤上植柳。枝叶可荫塘水，盘根可固堤脚。留水窦用新伐松树，存皮，剖为两半，挖空如竹之去丙节，然长短照堤脚厚薄，松头贯尺余，上下覆合，压堤下筑土，头入塘内，尾出堤

---

① （清）蒋良骐：《东华录》，卷 29，雍正五年七月至雍正六年十二月，中华书局 1980 年版，第 479 页。

② 《清会典事例》第十册，卷 930，工部 69 · 水利 · 广西，中华书局 1991 年版，第 687 页。

③ （清）罗文思重修：（乾隆）《石阡府志》，卷 2，渠堰，页 47 下，故宫珍本丛刊第 222 册，海南出版社 2001 年版，第 316 页。

外，凿头上半空处方寸作水眼。以木条削尖，竖塞水眼，启放时抽竖木条，水从眼流出，欲止则塞之。松树存皮，在水中经火不朽。塘水肥菱草，乃生鱼易长，种荷枝碍鱼游，藕穿堤身，塘不宜种荷。”① 乾隆《廉州府志》则记载了乾隆癸酉年（1753 年）所著的《陂塘》，此文系统介绍了塘的历史及高超的筑造方法，比上面两篇更为详细和具体：

《三国志》沛都郡太守郑浑兴陂开田，民赖其利，陂塘之制久矣。廉人不谙陂塘蓄水法，一病启闭不能自出也，一病水涨而冲决也，大约两山相峙，有水源而中平敞者，在在皆可陂塘。楚人曰塘基，粤人曰围基，皆所以障水即古陂塘法。惟土性夹砂石者不相宜，余无不可。基形外陡直而里坦坡，今拟以长五十丈、高一丈为率，按二八收分，如顶宽六尺者，坦坡便当宽二丈四尺，顶宽七尺者，坦坡当宽二丈八尺余，仿此为盈缩筑基厚薄，视基之长短高矮而加减之，筑宜坚，每虚土一尺，筑成实土六寸，层垒而上，迄顶而□（筑土非木夯不能坚实。余照式□十把置公所，俾民仿而为之）。至于启闭蓄泄必有塘喉。喉有高有低，低喉埋于基之中央，较塘底入土深一尺五六寸，乃放水以灌低田者。高喉则度基外两旁田亩随高就下以顺水势，俱窖入基内，筑之使固，因地制宜，多寡无定数也。喉者，出纳枢机之会，犹人之有咽喉。做法用径一尺四五寸松椎、铁刀等木分锯为两，剜空其中，仍合为一，两头中腰各加铁箍一度。喉之长短以基为准，惟向里一头加长二尺片板堵之，埋藏塘底，向外一头露明加长一尺，此所谓塘喉也。喉之款窍有箅，约长七八尺。高喉箅约长五六尺，用密节大竹为之。（靳竹不可用）箅头上留一节余节通而空之，安放塘喉，向里一头凿孔大如饭碗口，将箅插入，箅里一面每长五六寸凿一切口，用木刻银锭码横塞之，启则抽，闭则塞，塘水有浅深，放水有次第，启闭自如，以码子为关键也。如欲彻底全干，则撤去里头所堵之片板不移，时而倾泻立尽矣。防冲决则塘口必不可少。塘口无定向，要于围基尽头处择易于泻水而下有去路者开之，或阔七八尺或六七尺，深与塘底称，三方镶石块，平时以土掩筑。其半上编篱以

① （清）罗文思重修：（乾隆）《石阡府志》，卷 2，渠堰，页 47 下—48 上，故宫珍本丛刊第 222 册，海南出版社 2001 年版，第 316—317 页。

障塘鱼之逸，恐牲畜作践蔽以棘茨，俗又呼为茨口，水长立游之，无虞冲决矣。亦有新塘渗漏者，治法将水放干，驱牛驾铁耙于塘内耙之十余匝，倘不效再于基里坦坡尽处掘坑一路，约宽二三尺，深三四尺，拣细腻黄土逐层坚筑，一律平整，名曰铁门，限自无有渗漏者。设旧塘年久渗漏，于坦坡培土，以牛踹之，内以铁耙耙之，亦无渗漏。①

上述文献都显示出清代苗疆官员在兴修水利方面不是纸上谈兵，而是在进行了反复深入的实践后，将成功做法和经验进行记录、总结提炼，以供后人仿效构筑。嘉庆时期成书的《续黔书》中记有一篇《捍水议》，论述了在贵州玉屏筑塘的必要性及在沅江上筑塘的规划，虽然该工程因作者调任而未能付诸实施，却给未来的继任者提供了思路：

玉邑虽蕞尔邑，为黔门户，扼楚咽喉，形势据其冲要。而城滨大江每多水患，胜国天顺二年、隆庆三年、天启元年屡被冲决久。国朝康熙二十七年、五十九年，乾隆元年、二十一年、四十四年，历遭洪流，民居荡析。近者值雨泽浸多，水辄至中衢，余承乏之。五月阴雨日久，沅江暴涨，惊涛雷吼，水不入堙者仅尺许，心甚忧之。盖江流自清浪入熊溪，城西有狮子峰，雄踞江口，水无所泄其怒；北有镇平玉屏、两山做障，则水不得不折而东。而城当其衢下，流则尽岩莲峰，隔江夹峙，碕岸既狭，疏泻未易，势亦逾奋迅。倘山潦横溢则水必不能驱山以行，而与城为难矣。是吾无止水之防而非水自溃其防也。吾无容水之地而非水据吾之地也。移城以避之，则费巨，费巨则庸愚骇，委城以与之则殃民，民殃则苍旻怒，且如国家设有司之谓何？暇日步郊垌相地执思，有以捍之议。自北门至馆驿，取江中巨石砌之，为塘高一丈，仍于土石堆积之处，掘之以壮江身，俾廓而有容，用工不过百人，为期不过一月，则居民可免沦胥之患，阳侯不得凭泛滥之威矣。会余调署遵义不果行，姑存其议以俟后之克举者。②

① （清）何御主修：（乾隆）《廉州府志》，卷9，农桑，页1—3，故宫珍本丛刊第204册，海南出版社2001年版，第106—107页。

② （清）张澍：《续黔书》，卷1，页4上、下，台北成文出版社1967年版，第23—24页。中国方志丛书第160号。

而作为实践的典型例证，则是林则徐在《广南府志·堰闸》记载的嘉庆时期当地官员兴建的多个水塘工程：

承恩塘：在城内西北隅，时蓄水以备缓急，引流以资灌溉，嘉庆年建。

观音塘：在城内东北隅，旧建观音阁于内，故名。近年渐被于塞，嘉庆年知府宋湘率民拓之，仍复古制。

催耕塘：在城东一里，嘉庆二十年，知府宋湘悯东方水，率民开凿，汪洋可爱，灌溉实多，又名古劳塘。

洗马塘：在城西里许，嘉庆二十一年，知府宋湘开掘，清泉涌出，治西之田多受润焉，又名古蚌塘。[①]

对上文中屡次提到的宋湘，《广南府志·名宦》也详细介绍了其修塘蓄水的事迹："宋湘，号芷湾，广东嘉应州人，编修，嘉庆十九年由曲靖府署府事，公正廉明，政先教养，以莲城少水，于城东凿催耕塘，城西凿洗马城，潴水灌田，重浚观音塘，挑控深广，筑南外八达河堰以障水，又浚西北官井，二水源不竭，为至今利。"[②] 一位关心水利、为民谋利的廉吏形象跃然纸上。宋湘的职位虽不高，但他在苗疆多处任职，均留下了保护生态的佳话，是清嘉道时期保护苗疆生态的地方官员的典型代表。

对"塘"的保护主要体现在一些司法判例中。四川巴县清代档案中有一篇乾隆五十九年（1794年）九月六日的《犹吉章等供词》，反映了清政府对于和塘相似的水体"池"的保护，可以推断出其对塘也持相同的态度。据犹吉章供："天池寺有古遗官池一口积水，四邻分灌田亩。但南高北低，北边可以防水，南边尤需用车。若听北边掘挖安枧，池水干涸，南边没有水车，是以历来俱是均平车水。乾隆三年，遭李霖海独占天池，控经抚院批，前李府宪发王主讯详，给示刊碑可据。三十九年，又遭北边林庆堂掘水占池，小的哥子犹文宣具控。又经鲁主讯断，仍是

① （清）林则徐等修、李希玲纂：《广南府志》，卷1，山川，页13，清光绪三十一年重抄本，台北成文出版社1967年版，第18页。中国方志丛书第27号。

② （清）林则徐等修、李希玲纂：《广南府志》，卷3，名宦，页5，清光绪三十一年重抄本，台北成文出版社1967年版，第106页。中国方志丛书第27号。

车水。十多年来都是车水。今年四月间，林庆堂们在池脚底安砌石枧暗沟，使池水尽灌他田。又五月二十蒙恩讯断，四围只准车水，不许安枧挖放。随有乡约徐集安请示在案。"[①] 从案件的历次判决来看，主审官都禁止在池中"掘挖安枧"，破坏池身和泄漏池水，而只允许采用保水较好的方式——车水。这是体现清政府保护水利设施的又一例证。《兴义府志》记载的一起案件则正式表明了政府对"塘"的保护。该书称："培风堂在城东北，咸丰三年，副贡生张国华等筑，以培文风，禀请严禁决泄塘水，知府张瑛判准立碑。"为此专门立《禁决塘水示》，内容规定："为禁决塘水事，据副贡生张国华等禀称，捐金筑坝，召匠氏以鸠功伐石为基，呈联明之骈禀，深裨兴郡，意主培风，媲美招堤，形如偃月，指顾绿波蓄聚，宜判牍而奖辛劳，心虞黑夜私开，准立碑而申严禁。"[②] 虽然此塘的修筑主要是为了"培文风"，却在一定程度上保护了水资源。

七、保护沟渠制度

沟渠，为灌溉或排水而挖的水道的统称。我国民间很早就懂得修筑沟渠，将其作为一种重要的水利工程。清代苗疆官员也深谙此道，鄂尔泰曾言："庸，沟也，以受水亦以泄水，皆农事之备也。"[③] 金铁修《广西通志》载："尚书称禹浚畎浍距川，孔子赞禹尽力沟洫，水之为利大矣。"[④] 乾隆《晋宁州志》载："沟洫者，农田之本，蓄泄□□而后灌溉有资。"[⑤]

沟渠主要用于引导水源、划分水道、联通水体等。第一种如广西镇安府奉议州的张公沟，是康熙三十七年（1698 年）州判张昌吉修筑的："于州署东北三里许岭脚开沟一道，直至署后，灌溉田玮，民食其利，因名张

---

① 四川省档案馆编：《清代巴县档案汇编·乾隆卷》，档案出版社 1991 年版，第 307 页。

② （清）张瑛纂修：《兴义府志》，卷 14，津渡，第 7 页下，咸丰三年成书，贵州省图书馆，1982 年复制，桂林图书馆藏。

③ 王左创修：《息烽县志》，卷 33，献征志·说，页 22 上，民国二十九年成书，贵州省图书馆据息烽档案馆藏本 1965 年复制，桂林图书馆藏。

④ （清）金鉷修，钱元昌、陆纶纂：《广西通志》，卷 21，沟洫，页 1 上、下。桂林图书馆，1964 年抄本。

⑤ （清）毛嶅、朱阳、冯杰英、刘撝纂修：（乾隆）《晋宁州志》，卷 13，水利，页 70，故宫珍本丛刊第 226 册，海南出版社 2001 年版，第 40 页。

公沟。”[①] 这种沟渠主要用于引水。乾隆八年（1743 年）云南省安宁州开渠百六十里有奇，十二年安宁州葡萄桥、石龙坝等处开渠引水。[②] 乾隆《新兴州志》载州诸生王虎臣《新开永润沟碑记》也记载了当地政府修筑沟渠引水灌溉的惠政：“求之南田多亢水，乏活泉。每当俶载之期，群切沧凄之望，若乏雨之岁，举目赤地，一望荒莱，以致贡赋莫措，衣食无资，往往弃庐舍携妻子适他乡，不但民之流离堪恤，而正贡补欠抑且有累于官，予目击心伤……坝长曹大才、王锡名等相地形分引九龙池、玉溪河水灌其地，同绅士乡民公呈前任郡侯蔡公，临河踏看，计亩鸠工。旧有沟迹者修之，无者开之，有小河横阻者，为地道达之。沟首由左家屯玉皇阁起至白九甲田中为暗洞，过小河至独树屯冯家屯从沟首至沟尾约八里，所溉田二千余亩。……历今二十有余年，旧制不无湮缺，郡侯任公复加意督率立法修通，无失其润功，亦甚永矣。”[③] 还有一种沟渠则是连通河道的，类似于运河，如广西沟通柳江和漓江的临桂相思渠：“粤西天末远廛，宸依湘之北漓之南，注灵泽于海阳，又导南渠之旧达永福而为通津，万世因以利赖矣。石堤既坚，流泉斯畅，官夫粤者辟荒土而康农功，以为旱干水溢之备，可无接迹前贤仰副朝廷德意耶?”[④] 沟渠在水旱灾害频繁的苗疆所起的社会效能是非常大的，一些地区甚至主要依赖沟渠进行农业生产，如嘉庆《临桂县志》对兴安灵渠和临桂相思渠就给予高度评价：“于是近渠之田资灌溉者，不下数百顷，水旱无虞，前此荒塍，悉登膏沃若，乃舟楫之便利。……粤土虽瘠薄，得二渠以储民福泽，可俯视秦关郑白矣。”[⑤]

沟渠在法律上的一个重要功能就是分水以制止水利纠纷。康熙《鹤庆府志》载：“青龙潭：其水甚艰，每遇莳秧，多至交讼，知府马卿亲旨潭所，乃曰此地隙地颇多，曷为渠闸，遂令耆民杨寿延筑堤为潭，广二里许，仍分四渠，南为南利渠，阔三尺五寸，东为萦碧渠，阔八尺，北为采

① （清）谢启昆、胡虔纂：《广西通志》，卷 120，山川略二十七·水利四·太平府，广西师范大学历史系、中国历史文献研究室点校，广西人民出版社 1988 年版，第 3493 页。注引自《方府志》。

② 《清会典事例》第十册，卷 930，工部 69·水利·广西，中华书局 1991 年版，第 687 页。

③ （清）徐正恩纂修：（乾隆）《新兴州志》，卷 10，艺文，页 61—62，故宫珍本丛刊第 228 册，海南出版社 2001 年版，第 406 页。

④ （清）金鉷修，钱元昌、陆纶纂：《广西通志》，卷 21，沟洫，页 1 上、下。桂林图书馆，1964 年抄本。

⑤ （清）蔡呈韶等修、胡虔等纂：《临桂县志》，卷 11，页 13，台北成文出版社 1967 年版，第 171 页，中国方志丛书第 15 号。嘉庆七年修，光绪六年补刊本。

芹渠，阔五尺，西为北新渠，阔三尺，磐石为闸，旱则蓄之，涝则泄之，计亩均分，自是百民讼息矣。”[①]《贵定县志稿》记载了一个发生于康熙年间的有关沟渠的有趣案例，从中可看出清代苗疆官员治水的良苦用心。他们巧妙地运用司法程序，既成功地解决了一起水资源纠纷，又凿通沟渠保证了水利，令人不仅感慨古代官员的生态智慧和娴熟运用法律的能力：

徐张二公渠：在旧县城南门外，其地多屯田，平腴而乏水，遇旱公私皆困。徐公庆元，四川人，康熙中以进士授贵定县知县；张公必达，江南六安人，为贵定典史。先庆元三载至官，勤于民事，城东四里有龙里瓯脱地名小龙场，与城外田仅隔一小阜，必达与庆元议堵河水而高之，凿沟渠以溉外田，龙里近河居民皆不安欲事，遂止。未几，庆元请于藩司调署龙里，必达代理县事，生员徐国泰买其地约乡里开渠，龙里民诉于府，府檄两县会勘，必达曰：河虽在龙里，其源则发于贵定之溪涧，况其地已为徐生所买，即为贵定地，龙里何与焉。庆元故为不能答，龙里民亦词穷，乃得开渠。于是城外不苦旱矣。事已定，庆元卸龙里任归贵定，又数年，二人皆去，士民于南门外立恩官祠以祀之。[②]

雍正《呈贡县志》载刘世禩的《呈贡县申详分水文》详细记载了一起“沟渠借水”的案件，从中可以看出清政府对沟渠的保护。该案的缘起是呈贡县有东、中、西三道沟渠灌溉田亩，但灌溉范围有限，于是常有偷挖之事发生，甚至有无法被沟渠灌溉到的业主向官府请示，要求再从西沟开挖渠口借水灌溉。县官严词拒绝后，又将情况向上宪禀明，最终上级官员也判决禁止开挖沟渠，从而保护了水利设施：

呈贡县有黄黑白三龙潭之水，发源后汇为一小河，非汪洋巨津也。西流数里，分为东西中三河，名为河，实沟渠耳。东河之水，

① （清）邹启孟纂修：（康熙）《鹤庆府志》，卷7，城池，页53，故宫珍本丛刊第232册，海南出版社2001年版，第169页。

② 贵定县采访处呈稿：《贵定县志稿》，第一期呈稿，水道，第14页上、下，民国八年呈稿，贵州省图书馆据上海图书馆、中国科学院南京地理研究所藏本1964年复制，桂林图书馆藏。

龙街、石碑、可乐、乌龙等村用之。中河之水，江尾、上古、城下、古城、石坝等村用之。西河之水，县前、梅子、斗南等村用之，又分一股入城内，出西门灌溉城西之彩龙、炼朋、大溪波等村。尚有本县之王家营、狗街子、小古城、麻阿等村，同在城内之西北，余波弗及，只缘一车之水，不能救济无边之田耳。今连桂等所控者，西河之水也。三十年间，昆明曾有徐汝恩者，偷挖一番，前任鲁知县率众填平，形迹尚在，非历来之古迹也。今复以疏通水道上控宪台，蒙批到县，卑职亲临其地逐村验看，远近高卑之不等，水利固自难周彼，所谓无用之水流入大海者，冱寒之日也，岂惟此水处处归海矣。时当灌溉，一滴亦为有用，何能有余借？词“三冬余剩”而意实不在冬，得陇而蜀亦可望，原为春夏起谋，而如簧之巧言所自出也。呈贡之民视水为性命，一滴水不啻一粒珠，岂甘被人分去？若一设葛藤，彼此相争，将来之大案随之矣。恳乞宪台俯赐踏勘，观其水之大小可以足昆明数十村之用否？况各县有各县之界址，各村有各村之水分。据称曾分宝象三分之水为泥沙，阻断日久，无人开挖，不疏通本境之旧渠而乃肆为欺罔，妄冀台一笔定如山之案，而奸宄觊觎之心消矣。

蒙批：呈贡灌溉不足，岂可复启争端？如议销案，缴勒石以垂永久。①

八、保护陡门制度

陡，是指建在运河上的活动闸坝，用于调整不同位阶的水流。苗疆最著名的陡工程，当为桂林地区的“南北二陡”。“北陡”即指桂北地区兴安县境内著名秦代水利工程灵渠入口处，可谓是世界上最早的活动坝闸。而“南陡”则为唐代兴修的临桂相思埭陡河，联通柳江和漓江。这二陡是桂北地区最为重要的水利枢纽，但至清代时，已年久失修，多有倾颓，清政府官员积极组织重修和加固，保证了水流的畅通和水利工程的正常运

① （清）朱若功纂修：（雍正）《呈贡县志》，卷3，艺文，页38—39，故宫珍本丛刊第226册，海南出版社2001年版，第233页。

行。《临桂县志》中金铁的《临桂陡河碑记》和张钺的《重修兴安临桂二陡河记》说明了二陡兴修的情况。

1. 北陡

为了保护灵渠这一秦代遗留下来的伟大工程，清代广西官员进行了坚持不懈的维护活动。据《广西通志》及张钺《重修陡河记》载：兴安灵渠的陡门共有36个，最早的维修始自康熙五十三年（1714年）："自康熙甲午乙未间，大学士海宁陈公元龙抚莅粤西，奏捐通省俸工修筑。"陈元龙重修陡河、天平石、陡门告成后，还阅视作诗以纪之："年深石圮水跛扈，谁与蓄泄波流中。修废举坠乃余责，督率庇材鸠厥工。工成棹舟阅新陡，沿岸欢呼动童叟。"[①] 雍正八年（1730年）修兴安县至全州一带河道，并旧陡三十六处。[②] 后雍正九年，水突势冲，倾圮过半，总制鄂尔泰，大中丞金公鉷"聚工材，量形势，凡陡门十有八，蓄水之堰三十有七，颓者完之……今建石堤北陡口下，高广绵亘，冀以鱼鳞，外抱月堤，横栏水际，若辅车然。而又别开引河，筑子坝，以泻以御，使水得安流，而灵渠之为灵永宅矣"。[③] 鄂尔泰为此还专门撰写《重修桂林府东西二陡河记》以志之。雍正十年覆准，兴安县二十三陡，除旧设夫四十六名外，增设夫一名。[④]

乾隆年间，由地方官请示朝廷对兴安灵渠的陡门又有几次大修。乾隆五年（1740年）覆准兴安县马石桥设立闸版。十一年议准：筑复兴安县三里桥等处陡门四座，疏浚分水潭等处河道，并修砌陡埂。[⑤] 乾隆十一年，巡抚鄂昌、布政司唐绥祖饬知县杨仲兴重修。[⑥] 乾隆十九年十一月二十九日，两广总督杨应琚奏清重修南北二陡："粤西兴安县陡河，俗名

---

① （清）谢启昆、胡虔纂：《广西通志》，卷117，山川略二十四·水利一·桂林府，广西师范大学历史系、中国历史文献研究室点校，广西人民出版社1988年版，第3437页。

② 《清会典事例》第十册，卷930，工部69·水利·广西，中华书局1991年版，第685页。

③ （清）谢启昆、胡虔纂：《广西通志》，卷117，山川略二十四·水利一·桂林府，广西师范大学历史系、中国历史文献研究室点校，广西人民出版社1988年版，第3435页。注引自《兴安县志》。

④ 《清会典事例》第十册，卷930，工部69·水利·广西，中华书局1991年版，第685—686页。

⑤ （清）谢启昆、胡虔纂：《广西通志》，卷178，经政略二十八·陡河经费，广西师范大学历史系、中国历史文献研究室点校，广西人民出版社1988年版，第4861页。注引自《会典则例》。

⑥ （清）谢启昆、胡虔纂：《广西通志》，卷117，山川略二十四·水利一·桂林府，广西师范大学历史系、中国历史文献研究室点校，广西人民出版社1988年版，第3437页。注引自杨仲兴《陡河图说》。

‘北陡’，为转运楚米流通商货之要津。久未修浚，坝身坍损，河流渐致浅涸，舟楫难通。临桂县陡河，俗名‘南陡’，下达柳庆，溉田运铅，亦关紧要。近日陡坝倾颓，且有陡门相离太远并需酌添闸坝自处。均请动项兴修。”得旨：“如所议行。”[①] 查礼《复灵渠修记》记载了当时重修工程的浩大：“甲戌秋，制府杨公应琚闻之，急图修治。九月，方伯檄礼先期来此，穷江之源委，勘工之残缺，且计需用之数。十月，制军躬历灵渠，相度筹画，乃以礼董其役，请帑钱五百六十八万营作之。于是鸠工伐石，经始于甲戌之十一月，断手于乙亥之三月，不半载，而淤者浚之，缺者补之，毁败者重新之。旧日百夫牵挽一舟，月余而不得过者，今千航万航轻篙柔橹出灵渠矣。”[②] 乾隆二十九年七月二十九日，广西巡抚冯钤又奏请于新陡至竹头陡间添设三陡：“粤西陡河，自乾隆十九年修理后，堤岸沟渠不无坍淤，应行修补。查每陡相距半里至一二里不等，惟新陡至竹头陡中隔五里，路长水散，舟行多阻。此处有旧陡基三处，应仍添设三陡，以利行舟。”得旨：“如所议行。”[③] 乾隆三十年修复兴安县牛路、灵山、星桥三陡。并筑岔河石坝。[④] 嘉庆五年（1800年），广西巡抚谢启昆“仿浙江海塘竹篓囊石之法，修筑兴安陡河石堤，以除水患。河流深通”。[⑤]

为了保护兴安灵渠陡门，清政府还加强了对陡门的管理，并设置专门的兼管机构和维修人员，由官方配给待遇和报酬，以保证陡门的正常运行。乾隆五年覆准：兴安县马石桥设立闸版，并设陡军两名，专司启闭，每名岁给工食银六两，遇闰加增。十一年，议准筑复兴安县三里桥等处新增四陡，设陡夫八名，以司启闭，岁给工食银四十八两。乾隆三十年修复兴安县牛路、灵山、星桥三陡，每陡复设陡夫二名，共夫六名，专司启闭，每名岁给工食银六两，遇闰加增。又每陡每岁给塞水器具银一两，均

---

① 《清高宗实录》，卷477，页28—29，《清实录》（第十四册），《高宗实录六》，中华书局1985年版，第1169—1170页。

② （清）谢启昆、胡虔纂：《广西通志》，卷117，山川略二十四·水利一·桂林府，广西师范大学历史系、中国历史文献研究室点校，广西人民出版社1988年版，第3436页。注引自《县册》。

③ 《清高宗实录》，卷715，页21，《清实录》（第十七册），《高宗实录九》，中华书局1985年版，第983页。

④ 《清会典事例》第十册，卷930，工部69·水利·广西，中华书局1991年版，第686页。

⑤ 赵尔巽等撰：《清史稿》，卷359，列传146·谢启昆传，中华书局1977年版，第三十七册，第11358页。

在司库闲款内动支。[①] 嘉庆《广西通志》详细记载了兴安县兴安灵渠陡门的管理和维修人员岗位设置及工资待遇："北陡三十二陡。原设二十四陡，陡夫四十八名，又渠目二名，工食银年各六两，共三百两，遇闰各加银五钱，共二十五两。每陡器具银一两。共二十四两。龙神庙僧一名，每年银十四两四钱，遇闰加银一两二钱，续增八陡，陡夫十六名，工食银年各六两，共九十六两，遇闰加银八两；陡长两名，工食银各三两六钱，共七两二钱，遇闰加银六钱；每陡器具银一两，共八两。"[②] 可以看出，灵渠仅管理和维护人员就有陡夫、渠目、龙神庙僧、陡长等名目，而支出的款项除了上述人员的工食银，还有器具银，总计每年需拨付白银449.6两，而遇闰年则需485两，从人员和资金上都体现出政府对陡门异乎寻常的保护。

2. 南陡

清政府对广西南陡的重修工程主要集中在雍正年间。据金鉷修《广西通志》及嘉庆《广西通志》载，临桂陡河最早兴修于雍正七年（1729年）："陡河……旧时所建止鲢鱼一陡，奔流激湍，垒石多已颓圮，雍正七年累蒙皇仁轸念西南水利，发帑兴修，于兴安灵渠工役并举，于是建闸水之陡二十座，凿去碍船之石三百八十六处，开浚河流如石槽形，水得容蓄，长流不竭。又溯流而上，经怀远达古州，且为黔粤通津，农田商楫万世攸赖。"[③] 雍正八年修葺临桂县黄泥等十三陡，十年增修临桂县鲢鱼等七陡，并覆准临桂县修筑鲢鱼等二十陡。[④] 雍正十一年，采绅民公议，于临桂县六圈桥上陡水陡水浅处酌量建陡，遇旱得资灌溉。[⑤] 乾隆四年（1739年），覆准临桂县鲢鱼陡河上之门山湾、鲨鳅桥二处加筑两陡。[⑥]

---

① 《清会典事例》第十册，卷930，工部69·水利·广西，中华书局1991年版，第686页。

② （清）谢启昆、胡虔纂：《广西通志》，卷178，经政略二十八·陡河经费，广西师范大学历史系、中国历史文献研究室点校，广西人民出版社1988年版，第4861—4862页。注引自《会典则例》。

③ （清）金鉷修，钱元昌、陆纶纂：《广西通志》，卷21，沟洫，页2上、下。桂林图书馆，1964年抄本。（清）谢启昆、胡虔纂：《广西通志》，卷117，山川略二十四·水利一·桂林府，广西师范大学历史系、中国历史文献研究室点校，广西人民出版社1988年版，第3426页。注引自《金志》。

④ 《清会典事例》第十册，卷930，工部69·水利·广西，中华书局1991年版，第685页。

⑤ （清）金鉷修，钱元昌、陆纶纂：《广西通志》，卷21，沟洫，页4上。桂林图书馆，1964年抄本。

⑥ （清）谢启昆、胡虔纂：《广西通志》，卷178，经政略二十八·陡河经费，广西师范大学历史系、中国历史文献研究室点校，广西人民出版社1988年版，第4861页。注引自《会典则例》。

与北陡一样，为了保护南陡，清政府也设立了专门的维护和管理人员，其规模和待遇与北陡完全一样。雍正十年，覆准临桂县修凿鲢鱼等二十陡，每陡设夫两名，共设夫四十名。东西两陡各设渠目一名，每名岁给工食银六两。[①] 乾隆四年，覆准临桂县鲢鱼陡河上之门山湾、鲨鳅桥二处，每陡设夫二名，每名岁给工食银六两。乾隆十一年，临桂县南陡二十四陡，每陡设夫二名，共四十八名，又渠目二名，工食银年各六两，共三百两，遇闰各加银五钱，共二十五两。陡长二名，工食银年各三两六钱，共七两二钱，遇闰各加银三钱，共六钱。塘长一名，工食银六两，遇闰加银五钱。每陡器具银一两，共二十四两。龙神庙僧一名，每年银十四两四钱，遇闰加银一两二钱。[②] 从人员上看，南陡也设立了陡夫、陡长、渠目、龙神庙僧等，与北陡所不同的是，南陡多设立了一名塘长。而支出的款项包括工食银、器具银等与北陡完全相同。

清代中央政府非常重视桂林南北二陡的保护工作，在乾隆年间曾两次下令调整二陡的管理机构和归属部门，将南北二陡从事务殷烦的行政长官手中划分出来，专门由桂林府同知兼水利衔管理。乾隆二十三年九月二十一日甲辰，吏部议准广西巡抚鄂宝奏称："粤西桂林府属临桂、兴安二县，各有陡河一道，请将驿盐道及桂林府同知兼水利衔管理。其桂林府知府附居省会，事务殷繁，前督臣杨应琚奏准道、府轮查，并请停止。"从之。[③] 乾隆三十年九月二十九日壬寅，广西巡抚宋邦绥奏："粤西临桂、兴安所属南北二十八陡河，为通商利农之要津。今又修复星桥、灵山（今属兴安县）、牛路（今属临桂县）三陡，请每陡设夫二名，并给蓄水器具银两。再，向令临桂巡检、兴安典吏分管，该县按季亲查，但二县事繁，难于兼顾。查桂林府同知本兼水利衔，事务亦简，应责成稽查。"报闻。[④]

---

① 《清会典事例》第十册，卷930，工部69·水利·广西，中华书局1991年版，第685页。

② （清）谢启昆、胡虔纂：《广西通志》，卷178，经政略二十八·陡河经费，广西师范大学历史系、中国历史文献研究室点校，广西人民出版社1988年版，第4861—4862页。注引自《会典则例》。

③ 《清高宗实录》，卷571，页6，《清实录》（第十六册），《高宗实录八》，中华书局1985年版，第244页。

④ 《清高宗实录》，卷745，页24，《清实录》（第十八册），《高宗实录十》，中华书局1985年版，第205页。

经过清代历任官员的不懈努力，兴安灵渠这一古代水利史上最伟大的工程之一，历经两千年的风雨依然完好畅通。而修建于唐代的相思埭工程，至今依然在发挥着调节水资源的作用，由此可见，清政府对苗疆水利作出了卓越的贡献。

第五节　保障水利经费制度

“水利之兴，莫急于财力。”[①] 兴修水利是一项浩大的工程，需要耗费大量的人力、物力、财力，否则难以达到实效。鄂尔泰在《重修桂林府东西二陡河记》中曾阐述兴修水利耗资巨大之原因：“天平之石，分水之塘，赀费最繁而倾颓最易，非大加修筑，其何以经久远耶?”[②] 但令人欣喜的是，清政府能从民生角度出发，采取多种筹集渠道，通过财政拨款或官员个人捐俸方式，保证苗疆兴修水利的费用。乾隆二年上谕：“一切水旱事宜，悉心讲究，应行修举者，即行修举。或劝导百姓自为经理，如工程重大，应动用帑项者，即行奏闻，妥协办理，兴利去害，俾旱涝不侵。”[③] 并在同年指出，云南省水利“不可不急讲也。凡有关于民食者，皆当及时兴修，总期因地制宜，事可谋成，断不应惜费”。[④]

一、政府的直接财政拨款

“大凡运河官渎、通江大湖，以及闸坝陂堰、蓄泄利民者，其施工自在有司。”[⑤] 兴修水利的巨大费用，非政府的直接财政拨款难以为继。况且兴修水利本就是保国利民的事务，是政府的职责之一。从清政府对拨付

---

① （清）钱泳：《履园丛话》，卷4，水学，中华书局1997年版，第109页。

② （清）蔡呈韶等修、胡虔等纂：《临桂县志》，卷11，页12，台北成文出版社1967年版，第170页，中国方志丛书第15号。嘉庆七年修，光绪六年补刊本。

③ 《清会典事例》第二册，卷168，户部17·田赋·劝课农桑，中华书局1991年版，第1133页。

④ 《清会典事例》第十册，卷930，工部69·水利·广西，中华书局1991年版，第687页。

⑤ （清）钱泳：《履园丛话》，卷4，水学，中华书局1997年版，第108页。

水利款项的慷慨态度及资金保证来看，政府是相当重视水利及水资源的保护的。

1. 盐道库内羡余项拨付

清代前期，国库充裕，苗疆兴修水利的各项费用均由盐道库存公银支付。这在康熙、雍正、乾隆年间的文献都有记载。如《续修昆明县志》载："松华坝：康熙五年以来，巡抚袁懋功、李天浴题请岁支盐课银葺之，名曰岁修。"① 《鄂尔泰年谱》记载了鄂尔泰在苗疆任职时以"各项地土变价及盐斤余项"作为兴修水利储备资金的事迹："雍正九年十月，存贮余银，以充兴修水利诸大务永远岁修之费。公以各路兴修水利，可为万世永赖之计，每年必须岁修，方保勿坏。乃查各项地土变价及盐斤余项，皆在正项羡余之外，出之民者，应仍用之于民。于是尽以其余银交付清正属员，造册存贮，以备永远兴修，按年报销。"② 《清会典事例》记载了雍正十年（1732年）间议准云南水利"动支盐道衙门合秤银"的历史事实："议准昆明六河酌定岁修银八百两，昆阳海口酌定岁修银二百两，临安三河酌定岁修银三百两，动支盐道衙门合秤银给发兴修，用则报销，不用则存贮以备大修之需。"③ 《广西通志》也载："雍正十年，覆准临桂县修凿鲢鱼等二十陡照兴安县陡河之例，岁修银六十两，于存公银内动支，以备分修之用，年终造册核销。"④ 可以看出，水利费用拨付程序是：先由地方上报兴修水利项目，中央政府根据申报计划核准使用额度，并从盐道衙门合秤银中拨付该资金额，如按计划支出了水利费用则从该额度中实报实销，未使用则作为水利储备基金以备大修。由于清代实行铜盐国家专卖制度，因此盐库收入为国家常规性财政收入，也是资金最充裕、最有保障的收入部门，政府规定兴修水利经费从盐库从拨付，极大地保证了水利资金。

这一制度在乾隆时期得到了贯彻，兴修水利的费用仍从盐道库存公银内支给。但是对于一些需要长期维护的水利设施，则采取按年拨付定

---

① 董广布修，陈荣昌、顾视高纂：《续修昆明县志》，卷2，政典志九·水利，页30下—31上，1939年排印本。桂林图书馆藏。

② （清）鄂容安等撰、李致忠点校：《鄂尔泰年谱》，中华书局1993年版，第104页。

③ 《清会典事例》第十册，卷930，工部69·水利，广西，中华书局1991年版，第686页。

④ （清）谢启昆、胡虔纂：《广西通志》，卷178，经政略二十八·陡河经费，广西师范大学历史系、中国历史文献研究室点校，广西人民出版社1988年版，第4861页。注引自《会典则例》。

额经费的方式，维护水利设施人员的工资报酬也从财政中拨付。如乾隆四年（1739年），覆准临桂县鲢鱼陡河给岁修银六两，于盐道库存公银内支给，按年造报察核。每陡设夫二名，每名岁给工食银六两。五年，覆准兴安县马石桥闸版设陡军两名，每名岁给工食银六两，遇闰加增。又每年增设岁修银二两。十一年议准筑复兴安县三里桥等处陡门四座，设陡夫八名，岁给工食银四十八两。[①] 乾隆二十三年，吏部议准广西巡抚鄂宝奏，粤西桂林府属临桂、兴安二县陡河由“驿盐道及桂林府同知兼水利衔管理”。[②]

从这一时期的文献看，对于苗疆官员要求动用库银兴修水利的奏请，朝廷基本上是有求必应，在资金上给予大力的支持，表现出政府对苗疆水利的重视。如乾隆十九年十一月二十九日［甲辰］，两广总督杨应琚奏请“动库项兴修”重修桂林南北陡河，皇帝立即批复“如所议行”，并关照“但期帑归实用，永资保障可耳”。[③] 根据查礼《复灵渠修记》，此次修缮共获批“帑钱五百六十八万营作之”。[④] 乾隆二十九年七月二十九日己卯，广西巡抚冯玲奏请在灵渠陡河新陡至竹头陡间添设三陡：“估银三千三百余两，应于盐道库内羡余项下动支。”再次得到皇帝的迅速批准：“如所议行。但须细为查察，毋令冒销，工归实济可耳。”[⑤] 这两次修缮款项都不是小数目，且都只是大致估计，但从朝廷的态度来看，可谓毫不犹豫，爽快批准，既未要求核查，也未要求明细，足见中央政府对苗疆水利的关注。

嘉庆时期的制度与前期一脉相承，政府对苗疆水利的资金拨付都作了有保障的安排。据嘉庆《广西通志》的记载，桂林南北二陡工程维护人员的工食银从县仓和司库耗羡银内动支，而修缮水利设施的费用即岁修银

① （清）谢启昆、胡虔纂：《广西通志》，卷178，经政略二十八·陡河经费，广西师范大学历史系、中国历史文献研究室点校，广西人民出版社1988年版，第4861页。注引自《会典则例》

② 《清高宗实录》，卷571，页6，《清实录》（第十六册），《高宗实录八》，中华书局1985年版，第244页。

③ 《清高宗实录》，卷477，页29，《清实录》（第十四册），《高宗实录六》，中华书局1985年版，第1170页。

④ （清）谢启昆、胡虔纂：《广西通志》，卷117，山川略二十四·水利一·桂林府，广西师范大学历史系、中国历史文献研究室点校，广西人民出版社1988年版，第3436页。注引自《县册》。

⑤ 《清高宗实录》，卷715，页21，《清实录》（第十七册），《高宗实录九》，中华书局1985年版，第983页。

则在道库盐羡银内动支：

兴安县北陡三十二陡。原设二十四陡，陡夫四十八名，又渠目一名，工食银年各六两，共三百两，遇闰各加银五钱，共二十五两，除陡夫每年在县仓支米四十六石斗五升八合七勺零，折银三十七两四钱零七厘，余在司库耗羡银内动支。每陡器具银一两，亦在司库闲款银内动支。共二十四两。龙神庙僧一名，每年银十四两四钱，遇闰加银一两二钱，在司库闲款银内动支。岁修银六十六两，在道库盐羡银内动支。续增八陡，陡夫十六名，工食银年各六两，共九十六两，遇闰加银八两；陡长两名，工食银各三两六钱，共七两二钱，遇闰加银六钱；每陡器具银一两，共八两，在司库闲款银内动支。岁修银六十二两，在道库盐羡银内动支。

临桂县南陡二十四陡，每陡设夫二名，共四十八名，又渠目二名，工食银年各六两，共三百两，遇闰各加银五钱，共二十五两，在司库耗羡银内动支。陡长二名，工食银年各三两六钱，共七两二钱，遇闰各加银三钱，共六钱。塘长一名，工食银六两，遇闰加银五钱。每陡器具银一两，共二十四两。龙神庙僧一名，每年银十四两四钱，遇闰加银一两二钱。在司库闲款银内动支。岁修银六十六两，在道库盐羡银内动支。①

2. 粮贮道内拨付

清末国库空虚，国家财政极其困难，但政府仍想尽一切办法满足兴修水利的资金需要。如《续修昆明县志》载当地官员支持群众要求，拨款兴修河堰："苏家堰：光绪六年乡民苏楷请款疏浚。""转塘：为西南水程要津，壅塞已百余年，光绪六年由善后局发款疏浚。"根据该书的记载，光绪十四年（1888年）至三十三年修堤工料银暨督修员绅、书役薪工银共一万一千四百一十一两余，"皆官款修复"。② 见表5-3。

① （清）谢启昆、胡虔纂：《广西通志》，卷178，经政略二十八·陡河经费，广西师范大学历史系、中国历史文献研究室点校，广西人民出版社1988年版，第4861—4862页。注引自《会典则例》。

② 董广布修，陈荣昌、顾视高纂：《续修昆明县志》，卷2，政典志九·水利，页7上—9下、页38下—39上，1939年排印本。桂林图书馆藏。

表 5-3　《续修昆明县志》中记载的光绪年间官款修堤经费一览

时间	修堤工料银	督修员绅、书役、巡丁薪工银	备注
光绪十四年	921 两余	555 两余	
光绪十五年	905 两余	577 两余	
光绪十六年	879 两余	598 两余	
光绪十七年	885 两余	593 两余	
光绪十八年	908 两余	568 两余	
光绪十九年	未记	未记	
光绪三十一年	611 两余	613 两余	
光绪三十二年	1223 两余		包括裁减备赔洋款
光绪三十三年	1575 两余		包括裁减备赔洋款
总计	共 11411 两，平均每年 1426 两（未计光绪十九年）		

资料来源：董广布修，陈荣昌、顾视高纂：《续修昆明县志》，卷 2，政典志九，水利，第 7 页上—9 页下，1939 年排印本，桂林图书馆藏。

但是，经过鸦片战争和太平天国重创后的清政府，国库已近枯竭，无法再维持清代中前期规定从盐道库内支出水利经费的制度。但即使如此，政府为了保证苗疆水利经费，改为从粮库米折项下照数支给。粮库乃国家命脉所系，从粮库内支给水利经费，足见政府对水利的重视。《续修昆明县志》记载了自光绪八年开始该地区修缮水利设施经费由盐库拨付改为由粮库拨付的原因：“（修堤）通计工料银二千一十六两余，又督修员绅及管河书役巡丁薪工银共七百八两。向例此项岁修由水利同知估计工料详道会司于盐库公廉项下提银一千六百两，给领兴修，共工竣由该厅造具册结图说送道详请咨销。军兴后，各河停修二十余年，堤溃河壅，直无完区，一旦重修，事同创始，兼之地方甫靖，人工物料昂贵异常，每年疏筑所需动倍畴昔，又因盐库公廉无款，详明暂由粮库米折项下照数动支所有。光绪七年至十一年每年多支银两。于十二年奏奉部议，覆准免其追缴。自是年起，督修员绅合委一人，差役裁去二名，二（项）共核减银一百余两。”此后，修缮水利费用均从粮库余款拨付。如光绪十四年修堤费用共一千四百七十六两，“此项银两拨用奏部覆准。自十二年起按照向例开支银一千六百两，不得过浮干赔，既盐库公廉无款，暂由粮库坐平闲款拨用，一俟盐库公廉起征即按照旧章办理”。[①]

资金拨付来源的变化，导致了水利主管机构的变化。清代前期地方水利工程多由专门的水利道负责，如“永昌河闸：康熙二十三年水利道孔兴诏重建”。[②] 乾隆二十三年（1758 年）吏部议准广西巡抚鄂宝奏称：“粤西桂林府属临桂、兴安二县，各有陡河一道，请将驿盐道及桂林府同知兼水利衔管理。”从之。[③] 但从文献记载来看，自道光时期开始，苗疆地方水利事务由粮储道官员负责发款兴修。如《续修昆明县志》记载：“桃园大小二村堰：光绪十七年村人……请准重修，除木椿土工由二村自行按户摊派工作外，所有石岸石工需银三百六十三两余，由粮储道署发领修筑。小村堰次年工竣，大村堰将次竣工，被蛟放冲倒，又呈奉发银七十二两余以工代赈，越三年工竣，村人具结保固三十年。”[④] 该书还详细记载了自道光至宣统年间由粮储道官员发款兴修的各项水利工程，见表 5－4。

表 5－4　《续修昆明县志》中记载的清末由历任粮储道官员发款兴修水利一览

时间	水利工程	发款粮储道官员及兴修内容
道光十六年	海口堤岸闸坝河道	总督伊里布、巡抚颜伯焘、粮储道沈兰生率绅民大修
道光间	沈公闸	粮储道沈兰生建
同治三年	大水冲决各堤岸	巡抚徐之铭督同署粮储道张同寿、署水利同知文光暨绅士王焘等筹款修浚
同治间	采莲闸	粮储道张同寿率绅士刘珖、张梦龄新建
同治十一年	堤岸、闸坝、桥梁、河道	巡抚岑毓英檄粮储道韩锦云、水利同知朱百梅大修
同治十三年	海口堤岸、闸坝、河道	巡抚岑毓英檄粮储道韩锦云、水利同知朱百梅等大修
光绪三年	松华坝	粮储道崔尊彝督同水利同知魏锡经委员陈勋、绅士张梦龄、张联森筹款重修墩台闸坝河道

① 董广布修，陈荣昌、顾视高纂：《续修昆明县志》，卷 2，政典志九·水利，页 6 下—7 上，1939 年排印本。桂林图书馆藏。

② 董广布修，陈荣昌、顾视高纂：《续修昆明县志》，卷 2，政典志九·水利，页 33 上，1939 年排印本。桂林图书馆藏。

③《清高宗实录》，卷 571，页 6，《清实录》（第十六册），《高宗实录八》，中华书局 1985 年版，第 244 页。

④ 董广布修，陈荣昌、顾视高纂：《续修昆明县志》，卷 2，政典志九·水利，页 40 上，1939 年排印本。桂林图书馆藏。

续表

时间	水利工程	发款粮储道官员及兴修内容
光绪三年	新建闸	粮储道崔尊彝率水利同知魏锡经、绅士张梦龄、张联森新建
光绪六年	永定坝	粮储道崔尊彝重修
光绪七年	拦沙闸	粮储道崔尊彝督同水利同知骆钫、绅士张梦龄、张联森等新建
光绪七年	兜底闸	粮储道崔尊彝重经修筑
光绪七年	西坝闸	粮储道崔尊彝委员潘祖恩修浚
光绪间	明家地村兜底闸	粮储道崔尊彝发款兴修
	潘家湾白龙闸	粮储道崔尊彝发款兴修
	沈公闸	粮储道崔尊彝督同员绅发款重修闸坝堤岸
光绪五年	燕尾闸	署布政使崔尊彝、署粮储道胡允林督同水利同知魏锡经委员陈勋、绅士张梦龄、张联森、汤壎等筹修石岸闸坝桥梁
	军民闸	署布政使崔尊彝、署粮储道胡允林督同水利同知魏锡经委员陈勋、绅士张梦龄、张联森、汤壎等筹修石岸闸坝桥梁
光绪八年	兜底闸	署粮储道崇缮改筑官渡尚义村石堤
	新沟闸	署粮储道崇缮、水利同知魏锡经率绅民筹款修浚
光绪十年	香炉闸	粮储道刘海鳌重修众开坝闸
光绪十一年	采莲闸	粮储道刘海鳌督同署水利同知赵之圻、绅士潘国元、张联森重经疏浚
光绪间	宣化闸	粮储道刘海鳌发款兴修
	迎官闸	粮储道刘海鳌发款兴修
光绪间	修宝象河小板桥上石岸一段	粮储道苑文建发款
	燕尾闸	粮储道苑文达发款兴修
光绪间	沈公闸	粮储道谭宗浚督同员绅发款重修闸坝堤岸
	修石闸村下石堤，官渡尚义村南岸石堤小街子下兜肚塘石埂各一段，又石桥一座	均粮储道谭宗浚发款
	歌乐只堰	粮储道谭宗浚发款兴修

续表

时间	水利工程	发款粮储道官员及兴修内容
光绪间	修小街子大桥南岸石堤，杨家河分水处石岸，金汁河任祺营村东岸石岸各一段，又文明涵洞一座，又高埂龙王庙上石岸一段	均粮储道全懋绩发款
	宝象河、金汁河	发款兴修
	哈拉口堰	粮储道全懋绩发款兴修
	修宝象河、金汁河	发款兴修
光绪间	修沈公闸石岸、南坝村下东岸石堤，中营村北石堤各一段	均粮储道英奎发款
	海津闸	粮储道英奎发款兴修
	黄土坡村堰	粮储道英奎发款兴修
光绪间	玉龙闸	粮储道松林发款兴修
宣统间	修上马村南岸土岸，金家河孙家湾石岸，陈家湾石岸，金太杨三河头朝阳桥西南岸石岸各一段，又桥鸡嘴一个	均粮储道曾广铨发款
	青龙闸	村人呈准粮储道曾广铨补助款项兴修
	福保闸	粮储道曾广铨发款兴修
	广济闸	粮储道曾广铨发款兴修
	哑吧闸	粮储道曾广铨发款兴修
	南坝村大闸	粮储道曾广铨发款兴修

资料来源：董广布修，陈荣昌、顾视高纂：《续修昆明县志》，卷2，政典志九，水利，第6、10、27—39页，1939年排印本，桂林图书馆藏。

二、堤租及官仓谷拨付

苗疆地势复杂，所需水利甚众，要长期地修筑和维护水利，仅靠政府的财政拨款是远远不够的。为了保证苗疆兴修水利的费用，一些地方政府专门划出一部分田地作为堤田，堤田的收入主要作为兴修水利的费用，称为“堤租”。

康熙《平乐县志》最早记载堤租："附征小税项下修堤银一十八两，又县民开垦田五十工，每年收租禾二十桶，每桶定价一钱，共价二两，连前共银一十八两，分别年分贮库登报循环，专备修堤支用。"[①] 由于土地是不动产且有长期收益，因此以堤租作为水利经费来源也是一种较有保障的渠道。根据雍正《平乐府志》的记载，堤租的来源是前明清出的绝户田收入，"永安州修堤银十八两，此项即前明万历间张一栋清出绝户田二百六十工，又另垦田五十工，除纳地丁外，余银十八两为修理龙头矶堤工之用"，但令人遗憾的是，"康熙二年，里书误将此租造入奏销内，自此修筑无资而堤日就倾颓矣"。于是继任官员黄大成试图采取同样的方式，再清出部分绝户田作为兴修水利经费来源："因思前明设立堤租之始，原系清厘绝户之产以充之。今二百年来，平邑载经兵火，岂无逃绝之户，莫若师前人遗意，尽将本邑逃绝各户清而出之，衰多益寡，设为一甲，荒者捐俸垦之，熟者召佃耕之，悉照征收堤防之法，官为经理，除完正赋外，所余籽粒存为每岁修堤之用，撙筑之需，似亦一举两得，公私交利之事也。然须上宪主持而非下吏所敢擅专耳。"[②] 这一案例清楚地说明，清代苗疆确实存在着划拨堤田作为水利经费来源的情况。乾隆三十年（1738年）奏准："琼州府东门外有潘公河一道，灌溉田亩，最关紧要，拨归公铅价银五百两，置产生息，以作岁修之用。五十三年覆准，琼山县置乐会县田三十四亩六分二厘五毫，每年租息银两，除应完粮米外，以为岁修潘公河道之用。该督于年终将征收租息造册报部查核。"[③] 乾隆《蒙自县志》也记载乾隆年间知县李焜除率绅民修浚当地学海外，还"寻得官田数亩，发作陆续修补之资，以期永久"。[④] 可见，专门的堤田收入也是苗疆水利经费的官方来源之一。

根据一些文献的记载，兴修水利的费用还可从当地官仓谷中支出。如乾隆十九年五月三十日［戊申］，广西巡抚李锡秦奏请解决义宁县安

---

① （清）黄大成纂修：（康熙）《平乐县志》，卷4，赋役，页93，故宫珍本丛刊第199册，海南出版社2001年版，第134页。

② （清）胡醇仁重修：（雍正）《平乐府志》，卷11，赋役，页67，故宫珍本丛刊第200册，海南出版社2001年版，第341页。同书，卷12，堤防，页17—18，故宫珍本丛刊第200册，海南出版社2001年版，第352—353页。

③ 《清会典事例》第十册，卷930，工部69·水利·广东，中华书局1991年版，第685页。

④ （清）李焜续修：（乾隆）《蒙自县志》，卷1，山川，页4，故宫珍本丛刊第229册，海南出版社2001年版，第379页。

鉴等里水患，疏浚该地老河，“估计建筑决口堰坝，常五十二丈，宽一丈八尺，高五尺，水深处高八九尺，连挑浚老河，需人夫六千工，应动支仓谷碾给，每工给米一升，六千工，共给米六十石”。皇帝批复：“报闻。”[①] 可见支用官仓谷也是朝廷准许的一种解决水利经费的办法。乾隆《永北府志》则记载了众多利用官仓谷修筑水利工程的案例。如：“羊坪河：乾隆十六年知府岳安将海河谷详请移发三十石以为岁修之费，但随修随汜，不能成功，乾隆二十七年，知府马淇珣因光茅山石壁倒塌，壅塞水流入观音箐内，详请将海河谷三十石移作近屯上下川各河道岁修之需。”“沙河：乾隆二十七年，知府马淇珣详请于海河谷内分来分作二年岁修。”“详定（修堤）岁修需银五十九两，现止有海河谷石变价银十五两。”[②]

三、准许民借官本兴修水利

除了较大型的水利工程由政府发款兴修外，清政府还准许民间借贷官款兴修中小型水利工程，这也不失为解决水利经费的一种方法。这一办法在乾隆时期颇为兴盛。其贷款条件也非常优惠，不仅不计利息，而且允许竣工后分期还款。

乾隆二年，署云南总督张允随疏言：“有田用水者，按田定银数，借库帑兴工。工毕，分年还款。”[③] 乾隆五年十一月癸酉，大学士九卿会议贵州总督张广泗、将署贵州布政使陈德荣奏《黔省开垦田土、饲蚕纺织、栽植树木》一折时，考虑到“黔地多山，泉源皆由引注，必善为经理，斯沃壤不至坐弃”，修筑水利不易，酌定了贵州省修筑水利的四条制度：（1）“凡贫民不能修渠筑堰，及有渠堰而久废者，令各业主通力合作，计灌田之多寡，分别奖赏”；（2）“如渠堰甚大，准借司库银修筑”；（3）“其水源稍远，必由邻人及邻邑地内开渠者，官为断价置买，

① 《清高宗实录》，卷465，页23—24，《清实录》（第十四册），《高宗实录六》，中华书局1985年版，第1036—1037页。

② （清）陈奇典纂修：（乾隆）《永北府志》，卷5，水利，页10—12，故宫珍本丛刊第229册，海南出版社2001年版，第19—20页。

③ 赵尔巽等撰：《清史稿》，卷307，列传94·张允随传，中华书局1976年版，第三十五册，第10556页。

无许揹勒”；（4）“至访请仿江楚龙骨车灌田并雇工匠教造之处，应于借给工本款内另议”。[1] 乾隆六年七月癸酉，大学士议准上折，再次申明准许民借官本修筑水利：“黔中山稠岭复，绝少平原，凡有水道，亦皆涧泉山溪，并无广川巨浸可以灌溉，故各属田亩，导泉引水，备极人劳，其未开之田，多因泉源远隔，无力疏引之故，自官为督劝后，各属请借工本开修水田者。”[2] 乾隆三十一年《诏滇省开垦山头河尾永免升科》中也准许云南民众开垦荒地时借官本修筑水利设施：“至旧有水利，地方如有应行开渠筑坝之处，小民无力兴修及间旷地亩，难于开垦者，并令确切查明，酌借公项。”[3] 乾隆五十三年上谕：“各省修浚堤河等工，有里民借项自行经理，并不造册送部者，有借项官为经理，工竣造册送部备案者，亦有借项造册具题核销者，是各省民修之工，并非全行报部核销，章程本不划一，立法未为妥善……嗣后民修各工，除些小之工无关紧要者，仍任民间自行办理外，如系紧要处所，工程在五百两以上者，俱着一体报部查核，予以保固限期，兴修后再行酌令百姓出赀归款。”[4] 准许民借官本修筑水利，这项措施极大地调动了民间修筑水利的积极性，解决了苗疆筹集水利经费困难的问题。

四、官员个人捐俸兴修水利

在清政府关于苗疆水利经费的制度中，有一种非常令人感动的现象，即镇守当地的地方长官捐出个人俸禄修筑地方水利。这种“捐俸”行为不是个别和偶尔，而是存在于清代的各个时期，且苗疆处处皆有，因此，它已不再是衡量官员个人道德品质的一个标准，而成为清代苗疆官方解决水利经费的一种制度。

自康熙时期，就有大批的苗疆官员捐俸兴修水利。如康熙二十一年

---

① 《清高宗实录》，卷130，页16，《清实录》（第十册），《高宗实录二》，中华书局1985年版，第900页。

② 《清高宗实录》，卷147，页17，《清实录》（第十册），《高宗实录二》，中华书局1985年版，第1119页。

③ （清）王诵芬纂：（乾隆）《宜良县志》，卷3，艺文·王言，页98，故宫珍本丛刊第227册，海南出版社2001年版，第329页。

④ 《清会典事例》第十册，卷931，工部70·水利·各省江防，中华书局1991年版，第693页。

（1682 年），云南巡抚王继文与总督蔡毓荣强制当地官吏捐资修建水利："会城东南旧有金汁河，引盘龙江水如昆明池，旧存坝闸涵洞，积水溉田。世璠毁为壕堑，令官吏捐资修治。"下部议，捐银百，纪录一次。[①] 但大部分官吏捐资修建水利都是出于自觉自愿。《宜良县志》载："大城江：国朝康熙二十六年大水冲栅，知县高士朝捐俸开挖，广七尺，深一丈，水患永息，至今利赖。"[②] 贵州兴义著名的招公堤，为游击招国遴在康熙三十三年"缩俸蠲缪，将近百镒"修筑。[③]《赵州志》载："北门三天桥：本朝康熙五十一年，下天桥以叠安水椎屡次冲决，知州陈士昂捐俸，仍令按数输银修治，责成椎主防浚。""大河：江腹逼隘，易为淫潦崩决，本朝康熙五十八年知州陈士昂捐修。"[④]《广西通志》载："兴安县陡河……我朝康熙五十二、三、四年间，巡抚陈元龙捐通省俸工二万四千两有奇，委员修葺。"[⑤] 陈元龙为此特著《重修灵渠石堤陡门记》详细说明了捐俸修造的经过："甲午三月，予偕藩伯黄君国材，宪长年君希尧，参议张君维远亲履相度，见所谓天平石、飞来石诸险工倾决殆尽。旧设三十六陡，存其迹者仅十四陡，余皆荡然矣。乃令参议张君偕黄郡丞穷源溯委，丈量而估计之。予请捐一载俸工，择其危急险要者速治之，审察旧堤皆寻丈巨石灌铁瞀成。乃征集老成谙练之士，各司其事，盟之于神，共矢无欺。躬自督率，稽察一篑之土，一夫之力，一箪之食，无虚冒，无培克。勤者赏之，惰者惩之，劳且卒者，厚恤之。日集工匠数千人，欢呼子来，冒风露，经暑雨。始于甲午冬，初成于乙未仲冬。"[⑥] 云南省大理鹤庆县水峒寺内立于康熙五十六年的《重开水峒记》记载，漾河河道因泥沙淤积，"隐灭泄水石穴近百余孔"，当地官员"各捐俸"，"估余孔，泄

① 赵尔巽等撰：《清史稿》，卷 256，列传 43 · 继文传，中华书局 1977 年版，第三十二册，第 9802 页。

② （清）王诵芬纂：（乾隆）《宜良县志》，卷 1，山川，页 18—19，故宫珍本丛刊第 227 册，海南出版社 2001 年版，第 221—222 页。

③ （清）张瑛纂修：《兴义府志》，卷 14，津渡，页 6 上、下，咸丰三年成书，贵州省图书馆，1982 年复制，桂林图书馆藏。

④ （清）赵淳、杜唐纂修：（乾隆）《赵州志》，卷 2，水利，页 1—2，故宫珍本丛刊第 231 册，海南出版社 2001 年版，第 52 页。

⑤ （清）金鉷修，钱元昌、陆纶纂：《广西通志》，卷 21，沟洫，页 5 上、下。桂林图书馆，1964 年抄本。

⑥ （清）谢启昆、胡虔纂：《广西通志》，卷 117，山川略二十四 · 水利一 · 桂林府，广西师范大学历史系、中国历史文献研究室点校，广西人民出版社 1988 年版，第 3433—3434 页。

淫潦，伏流百二十里，入金沙，东注于海，而耕者、居者得免于沼”。碑文最后详细列举了捐俸兴修的各级官吏共59人的名字，上至鹤庆府知府，下至官衙捕役，都积极捐俸，谱写了一首可歌可泣的“捐俸修河”篇章，令后人肃然起敬。全文如下：

重开水峒记

天子置郡守，又设镇臣，操钥兹土，军储民食，皆仰给焉。而民多就湿为田，岁一淫雨，漾工河水，坪铺湮没，势拟怀□。虽军储亦将□诸水滨，又无问民之酌，清波而不饱也，予甚忧之！乃舍视事之暇，考图志，度地形，始知漾河源出雪山，积乃溢，溢则汛，驶奔注象眠山，是而导之尾闾，是为江尾而峒也。西有银河，势高下趋，下力尤猛，决而银河以上，如落钟桥、瓦窑头诸水往往乘山泉涨溢辄涌沙滚石，与漾河会。漾河既曲折缓激，而泉流复湍激，泥淤其中，沙渐噎此，郡所以多漂没也。……于是，商其事于总镇郝公。公善甚，乃各捐俸、募人寻当年故道，为之搜剔坊壤，剪焚树石，得石穴七十余所。而尤紧要者为四流峒，峒稍大，独受西北悍劲诸水。估余孔，泄淫潦，伏流百二十里，入金沙，东注于海，而耕者、居者得免于沼泽。今而后，庶可以安民供军储也哉！（略）

康熙五十六年丁酉岁仲吕月吉旦

中宪大夫知鹤庆府事孟以绚撰

镇守云南鹤庆丽江等处地方、控制汉土官兵总兵官　郝伟

督抚通判　佟镇

镇标三营游击　夏同唐、刘文耀

署镇标中军卯务提标后营游击　王之臣、杨勋

后补通判　刘富国、陈奇德

三营督工把总　何元、张大义

三营守备　尚振侯、姜忠臣、陈德明

三营千总　李君贤、王锡魁、李可林

把总　王朝美、高旭、杨建忠

传宣守备　刘学魁、蔺完璧、闵师骞、高岱

儒学教授　邹启孟　儒学训导　张宿焊

武举　李仪、洪路、付榜、杨怀晋

贡生　李芳、杨龙光、屠经历、□汝祥

在城驿之丞　田生惠、生员　段文蔚

乡官　杨光联、杨昭

举人　李云龙、杨万春、赵廷玺、寸心信

八图乡约　寸心信、杨申全、莫绍伦、赵部诸、张兴文、董增玉、寸魁甲、张鸿报

捕役　赵钟保、赵广受、张立根、张升发、施得全、王普玉、杨坚从、杨方庆[①]

雍正时期也倍有这样的事迹出现。由于各地捐俸兴修水利官员过多，以至于雍正元年（1723年）冬十月，皇帝甚至下令禁止官员为公事捐俸：“上命以后遇有公事，即奏请动用正项，俸以养廉，永停捐助。”[②] 但是，苗疆仍有大量官员捐俸兴修水利。雍正九年七月，鄂尔泰开古水硐贯通广西、云南水道时，“公乃捐赀，召工开挖”。[③]《续编路南州志》记载：“护城堤：雍正十二年知府来谦鸣知州于讷因土城单薄，雨潦水涨，街场可虞，捐资于城垣外加筑护堤。”[④] 雍正《呈贡县志》记载当地官员朱若功“捐金”命人修宝象河的事迹。[⑤]

乾隆时期官员捐俸修水利的事件更是层出不穷，可谓争先恐后，且有的数目非常巨大，超出常人所能。据《续编路南州志》载：“永济河：乾隆四年知府来谦鸣捐俸五十两，会同宜良县令张日旻倡士民开修，委学正刘士玉、吏目卢杰督修，十七年工竣，灌溉路宜陆所辖一十三村田三千余亩。”[⑥]《滇南新语》记载，乾隆十六年（1751年），云南剑川发生强烈地震后，当地的剑海因地陷而水泄，酿成严重的水灾，地方主管

---

① 云南省编辑组编：《白族社会历史调查》（四），云南人民出版社1991年版，第94—95页。

② （清）萧奭：《永宪录》，卷2下，中华书局1997年版，第151页。

③ （清）鄂容安等撰、李致忠点校：《鄂尔泰年谱》，中华书局1993年版，第101页。

④ （清）郭廷偰、吴之良、杨大鹏、萧世琬纂辑：（乾隆）《续编路南州志》，卷1，水利，页31，故宫珍本丛刊第226册，海南出版社2001年版，第274页。

⑤ （清）朱若功纂修：（雍正）《呈贡县志》，卷3，艺文，页51，故宫珍本丛刊第226册，海南出版社2001年版，第239页。

⑥ （清）郭廷偰、吴之良、杨大鹏、萧世琬纂辑：（乾隆）《续编路南州志》，卷1，水利，页31，故宫珍本丛刊第226册，海南出版社2001年版，第274页。

官员张泓“躬自节省，粝食典衣，捐养廉一千八百金”，历时三个月“筑坝开河”，最终平息了水患。[①] 乾隆四十七年，云南巡抚刘秉恬率领“绅民倡捐”疏通大理邓川州水道，得旨嘉奖。[②] 乾隆《蒙自县志》载：“学海：本朝乾隆五十四年（李）焜摄县事，捐廉俸七百金，率绅士、里民重修海身，淤塞尽去，波涛潆洄，较前深数尺。”[③]《续修昆明县志》载：“永定坝：乾隆间侍御钱丰捐资新筑。”[④] 乾隆《永北府志》载：“详定岁修需银五十九两，现止有海河谷石变价银十五两，余俱系知府每年捐垫。”[⑤] 乾隆《石阡府志》载郡守罗文思《上桂林陈中堂禀》中讲述了自己捐俸整修河道的事迹：“又西城近临大河沙岸，商贾多集，当夏秋雨久，市肆既在水中，思亦于上年十一月捐俸独修石堤，以防其患。长十余丈，高八尺，宽六尺，业于本年二月工竣。现水泽时行已截留远折，不复如前泛滥。”罗文思的这一行为给当地人民带来了巨大的实惠，社会影响非常深远。郡人徐士清特撰《罗公新筑石堤序》高度赞颂了这件事：“（罗公）乃捐俸砌石为堤，且曰：筑斯堤者，余之责也。凡我黎庶，毋许助一钱。不数月而堤成，阡民莫不翘首而颂曰：我罗公以圣贤利济为心，余小民幸逢其盛，今而后人无漂淹之害，宇有金汤之固，诚千秋难观之福星也。”龙泉县知县李合也撰写《罗郡尊修建石堤碑记》颂扬之。[⑥]

嘉庆、道光以降，政治日益腐化，但捐俸修水利的官员仍不乏其人。道光《广南府志·乡贤》记载：“陈龙章，郡举人，字鼎白……后官巩县，以廉静称，时河决黑堌口，各郡县多派累，公独无取于民，声已业以办公，挑挖引河，射宿水，次率丁后，为民先巡河，阿中堂亟奖

---

① （清）张泓：《滇南新语》，见劳亦安编《古今游记丛钞》（五），卷39，云南省，台湾中华书局1961年版，第17页。

② 赵尔巽等撰：《清史稿》，卷129，志140·河渠四·直省水利，中华书局1976年版，第十三册，第3834页。

③ （清）李焜续修：（乾隆）《蒙自县志》，卷1，山川，页4，故宫珍本丛刊第229册，海南出版社2001年版，第379页。

④ 董广布修，陈荣昌、顾视高纂：《续修昆明县志》，卷2，政典志九·水利，页31下，1939年排印本。桂林图书馆藏。

⑤ （清）陈奇典纂修：（乾隆）《永北府志》，卷5，水利，页12，故宫珍本丛刊第229册，海南出版社2001年版，第20页。

⑥ （清）罗文思重修：（乾隆）《石阡府志》，卷8，艺文，页196、206下—210，故宫珍本丛刊第222册，海南出版社2001年版，第390、395—397页。

之，以为急公爱民者。”①《施秉县志》载：“杨公堤：邑城北门外为西正三街，初大河由黄平街沿中寨门首而下，西正街后有菜园，广约数千亩，园外有校场坝，嘉庆道光以来，水势渐趋河内，知县杨书魁于道光中任斯土，深忧之，捐廉筑堤乃工未竣而瓜代，以致不数年而崩塌如故，今虽土石无存而西正街之未被水湮没者，实得杨公之堤有以致之也。”②

五、政府向社会募集资金

除政府拨款及个人捐俸外，向社会募集资金也是清政府解决水利经费的一条途径。此称为“协济”：“为民者，亦当思所以协济国家之要务，而后可以告厥成功。如帑藏之外，或动支衙门闲款，或量罚有罪之豪右，或激劝仗义之巨室，或举贤才，或起废员，或收投效，计工筹费，相为表里。盖费足则工举，工举而水利兴焉。”③ 据《兴安县志》载：“从唐、宋至民国，在水利建设上，都有国家投资，官、民捐献和群众自筹等形式进行水利工程的兴建和维修。”④ 这种方式体现出清政府在保护解决水利经费上的多元化思路。

尽管中央政府对于苗疆水利关切倍至，但仍有许多水利工程存在资金困难的问题，仅靠政府拨款或官员个人捐俸不能解决所有的水利资金缺口。雍正时期广西平乐府知府胡醇仁在《龙头矶竹络堤说》中就感于水利工程筹资困难，提出了就地取材解决水利经费的建议：“昔人立龙头矶石工功至大矣，及堤租入正供，而岁修缺费，一旦汹涌骤至，即束手无策，平日欲于石工量加高长而工费甚大，苦于清俸无几，是以来守令是土者，皆有爱民之心，以力薄中止，予因思石工固费重，若江中石子、山麓茅竹，皆本地所自有，以竹为络，用石子填之，所有一二人工而已，每年约成十丈，不三年而功毕，所谓百年之忧，三年而去，费少而功多者，其

① （清）林则徐等修、李希玲纂：《广南府志》，卷1，人物，页1，清光绪三十一年重抄本，台北成文出版社1967年版，第108页。中国方志丛书第27号。

② 朱嗣元修：《施秉县志》，卷2，古迹，页84上，民国九年撰，贵州省图书馆据施秉县档案馆藏本1965年复制，桂林图书馆藏。

③ （清）钱泳：《履园丛话》，卷4，水学，中华书局1997年版，第107页。

④ 兴安县地方志编纂委员会编：《兴安县志》，广西人民出版社2002年版，第289页。

斯之谓乎。”[①] 乾隆《宜良县志》也记载了当政者因试图改善当地水利状况而急需资金的忧虑：“宜良水利，惟文公堤为大。源本阳宗海，自西而东流出汤池一里许，南有河曰摆夷，自北而南汇入海水，合为一流。夏秋水涨，砂土随流壅滞海水汤池，田亩每有淹没之虞，阳宗亦多所滞，而江头村下流需水之区不敷灌溉，每年初春发夫开浚，但止救目前，随开随壅，工力费而非久远之图。余相度形势，广询人言，须将彝河开挖改流，从上里许至魁阁北畔而下，将随流砂土冲去海水四五里外，则不但阳宗畅达，而河身涸出之地，尽成膏腴之产。计买田为河，开浚工价，约需三千余金，所当从容筹划此举，一劳永逸，其利甚薄，诚宜良水利之要务也。”[②] 基于上述问题，清代苗疆向社会募集水利资金一般有两种方式，一是由政府出面向水利用户分摊，一是向社会各界募集资金。

1. 令水利用户分摊集资

一般来说，一项水利工程的受惠者范围是可以确定的。因此政府出面，谕令水利用户按照受惠利益的多寡出资，共同修建水利工程，是较为合理的一种筹资方式，群众也较乐于接受。由于水利用户基本都是社会中下层农民，因此这种出资根据百姓的情况，既包括钱币，也包括人工劳务，还包括工料、谷物等物资。从实际情况看，以人力方式出劳务的最多，而这也最符合水利用户的物质条件。

雍正十三年（1735 年）议准：湖南益阳、沅江二县“嗣后每年岁修，即令堤内业民计亩出夫，均力修理”。[③] 乾隆二年（1737 年），署云南总督张允随疏言：“臣令有司勘修，工小，令于农隙按田出夫，督率兴作；工稍大者，出夫外，应需工料，令集士民公议需费多寡。……工大非民力所胜，详情复勘，以官庄变价，留充工费。”乾隆八年，张允随又疏请浚大理洱海海口：“海口涸出田万余亩，令附近居民承垦，即责垦户五年一大修，按田出夫，合力疏浚。”[④] 乾隆十七年奏准：云南省金江下游米贴、

---

① （清）胡醇仁重修：（雍正）《平乐府志》，卷 19，艺文，页 7，故宫珍本丛刊第 200 册，海南出版社 2001 年版，第 575 页。

② （清）王诵芬纂：（乾隆）《宜良县志》，卷 1，山川，页 21—22，故宫珍本丛刊第 227 册，海南出版社 2001 年版，第 223 页。

③ 《清会典事例》第十册，卷 929，工部 69 · 水利 · 湖南，中华书局 1991 年版，第 677—678 页。

④ 赵尔巽等撰：《清史稿》，卷 307，列传 94 · 张允随传，中华书局 1976 年版，第三十五册，第 10556—10557 页。

小雾基、三堆石、大狮子、溜桶子、大猫等六滩，在厂民捐办铜价银内，每年酌留银一千两，为岁修之用。四十七年奏准，官民捐赀修浚邓州弥苴河身堤坝，嗣后每岁冬春水涸时，该管州府督率民夫兴修一次，以资蓄泄。[①] 据乾隆《永北府志》记载，为疏通当地因地震而形成的堰塞湖——西山草海，“乾隆十八年，知府汪笃详请岁修，议以耕种地亩各户出夫岁修”。[②] 这一规定为当地百姓欣然接受，不仅较好地维护了水利设施，且作为惠政录入地方志中。乾隆《庆远府志》记载的陈元珃《募修苏村二坝引》，记录了当地政府官员为了保护水资源和水利设施，出台了凡利用苏村二坝灌溉者，按所灌亩数出资修坝的规定：“苏村旧有二坝……今岁孟秋，霪雨大涨，冯□怒□，□□奔瀚，漂磐石如浮萍，摧陂梁如断梗，二坝尽塌，旧石飘没，其所灌田数百余亩高者为奥，低者为沙，使不刻为修葺，将来安获有秋楑，赔公赋为子孙累顾不重哉！敢现广长舌与诸君子约，凡有田系此坝水灌者，各照亩计赀，鸠工叠砌，以乘永久，以裕子孙，甚首务也。”[③]

文献显示，一些地方官员还通过向水利用户收取水费来维护水利设施。如乾隆《晋宁州志》中收录的知州李云龙所撰《岁科两试卷金水利碑文》，就记载了一起通过向水利用户收取水费以解决“卷金”的案例：“照得本州盘龙、达摩二坝，源出东北，其水甚小，田地颇多，屡屡争斗，截挖昔年。前任凿其弊端，立有成额，虽高低得以均匀，而水价安置尚属不妥，殊非长计。本州莅任之初，时遇送考，目击通学诸生卷金无措，已经捐俸买给，特一时之济，不能永久，次查二坝水价从前似属耗费，无济于公应，宜酌以为岁科两考卷金，倘或不足，诸生捐添，如或有余，以作科举卷价，且恐异日更易，合行立石以垂永久。其盘龙坝递年自十二月十五日始至次年三月头龙止，每昼夜水价银一钱。达摩坝自十二月十五日始至次年立夏止，每昼夜水价银五分，俱提坝长收计交库，试期支领买备试卷，各庙住持不得干与，仍禁生员不得克当

① 《清会典事例》第十册，卷 930，工部 69 · 水利 · 广西，中华书局 1991 年版，第 687—688 页。

② （清）陈奇典纂修：（乾隆）《永北府志》，卷 5，水利，页 12，故宫珍本丛刊第 229 册，海南出版社 2001 年版，第 20 页。

③ （清）李文琰总修：（乾隆）《庆远府志》，卷 9，艺文志上，页 63—64，故宫珍本丛刊第 196 册，海南出版社 2001 年版，第 347—348 页。

坝长，各宜遵守须至勒石者。”① 这可算是中国历史上政府向群众收取水费较早的例证。但是通过向水利用户收取水费，不但可以用于维护水利设施，保护有限的水资源，教育民众节约用水，珍惜用水，所取的经费还可用于公益、教育事业，可谓一举两得，不失为一种合理的筹集方法。

清中叶以后，这种政府倡导水利用户共同出资兴修水利的情况仍较为普遍。现存于广西全州县城郊乡大新村公所河口里村的《牧伯张公谕令石砌贡陂堰碑记》就记载了嘉庆二十二年（1817年）全州知县张堉春“谕令绅民，按照所管田亩，均匀捐赀”修建贡陂堰以决讼狱的事件，可算是这方面的一个典型例证：

牧伯张公谕令石砌贡陂堰碑记

（略）全州贡陂洞良田数千亩，前人立堰开沟，引长万二河之水以灌之，厥工甚伟。其堰半木半土，岁费修筑，黠者影射推委，狱讼繁兴，今岁洪水冲激，数百年之土堰忽遭崩决。适余权领此州。乃集诸堰长，倡议改修石堰。谕令绅民，按照所管田亩，均匀捐赀。诸绅民咸踊跃输将，公举首事，募工构石，凡五阅月而告成。石工坚固，堵蓄合宜，此全州亿万年无疆之休也。余忝司牧，念堰长首事任劳任怨，成此巨功；诸绅民俱聪听良言，欣然捐赀，成就其功，均不可泯灭。爰命一律镌名勒石，以示后人云。

署理全州乔州江西张堉春

（下略）

嘉庆二十二年（1817年）岁次丁丑季冬月中浣　立②

现存于广西大新县万承区的《万承土州修筑洫老水利碑》记载了万承土州州官为改善当地水利状况，颁布条约，谕令当地沿河灌溉群众“酌定章程，计谷出财，计名出力，将钱支赔田片”，共同捐资、出工修建水坝的事迹：

---

①（清）毛嶅、朱阳、冯杰英、刘擕纂修：（乾隆）《晋宁州志》，卷27，艺文上，页40—41，故宫珍本丛刊第226册，海南出版社2001年版，第107页。

② 全州县志编纂委员会编：《全州县志》，广西人民出版社1998年版，第1024页。

稽夫沟洫有经，圣继于治成之后，旱涝莫备，农人切于耕种之时，况当远历之水道，尤为边界之深忧，拆裂如龟，恨灌溉之无由，枯槁如黾，思栽培之末路，众等望切岁耕，情深利济，淤泥有滞，难言如带长流，壅塞不前，徒叹若绣横斜，溯源水自那粮塞坝，导开右流，经过那粮、匡峒，到那包，同那乡沟水合流至派匡。是坝古昔曾已造砌，尚未完密，故水流有阻，年中又多倒塌，更乏泥塞，若遇雨淋，可得长流，经旬不雨，每皆愁叹。所经过任重之田，是田计有六丈余，田膝太卑，多则滥溢，少则陋（漏）涉（泄），以致水流不均，耕稼不时。兹奉本州官颁发来臬司阜生戢匪条约，于是爰集父老子弟，邀合那包、弄堪、蒲倈、江弄、墰冷、格楮、那劝诸处里人等，酌定章程，计谷出财，计名出力，将钱支赔田片，用力疏开，肩石担泥修筑，庶水流不滞，灌溉时常，虽处始维艰，久享其利，以副上司教民之至意焉。（下略）①

立于宣统二年（1910年）的广西太平土州《以顺水道碑》记载了法官在处理了水道纠纷案件后，还规定各水利用户要按户出工、出牛、出工具负责修补水利设施："年中修崩补泄，修整沟边，凡有田亩，每家一名，照右例定，倘有违抗，禀堂治罪。""年中修整水道，每家出牛一只，犁耙各备。"②

2. 政府向社会公开集资

清末百姓生活日益困苦，筹集资金难上加难，向水利受益者摊派资金的方法已难以奏效，因此一些有心修治水利的官员开始采取向社会公开募集的方式筹措资金。道光二年（1822年）上谕："营田水利，为裨益民生之举，有可设法兴修之处，即应官为劝导，使小民乐于从事。"③《续修昆明县志》记载："道光十八年总督伊里布、巡抚颜伯焘筹款修浚六河。""同治三年大水冲决各堤岸，巡抚徐之铭督同署粮储道张同寿、署水利同知文光

① 广西民族研究所编：《广西少数民族地区石刻碑文集》，广西人民出版社1982年版，第103—104页。该碑碑文具体时间没有拓上，显然是残缺了的。

② 广西壮族自治区编辑组编：《广西少数民族地区碑刻、契约资料集》，广西民族出版社1987年版，第5页。

③《清会典事例》第二册，卷165，户部14·田赋，中华书局1991年版，第1098页。

暨绅士王焘等筹款修浚。”[①] 云南省鹤庆县立于光绪二十六年（1900 年）的《开漾弓新河记》记载了，为开辟漾河河道，当地历任官员冯公、杨公、朱公在嘉庆至光绪长达 80 多年的时间中，向社会各界广泛募集资金，最终疏通河道的感人事迹，读来让人对清政府保护水利的意识感叹不已：

> （略）我朝嘉庆丙子（1816 年），漾弓河涨发，淹损田庐，加以年谷不发，饥溺交警。幸遇丽江府冯公，悯赤子之颠连，筹请一万白金，议开明河于尾闾夹谷，即以工代赈，诚一举而两美。惜乎浚款不继，至令有初无终，自时厥浚。如清、姚二公，相继搜疏水洞，亦可补救一时，终非久安之策。越二十余载，杨武慤军务肃清，不忍八图子民屡遭漂溺，乃励其耆老，大声疾呼，经费一人筹捐，夫役地方承办。尚其同舟共济，以续公未了之心，自同治癸酉兴工，至光绪丙子，已用去万余金、六十余万夫役。猥以奉诏入觐，至功未半二事终止，有心人莫不为惋惜。丁丑之秋，楚南朱总戎膺简命来镇斯土。适值蛟川泛溢，波撼城之东门。朱公登隅四望，村墟汩没，禾稼漂流，岌岌乎有沧海桑田之变。不竟（禁）目击心伤，慨然以开河为己任，会同邑侯周公，申详上宪。随率水军百余并绿营弁兵数百、民夫千余，长驱漾水之滨，结庐华山之侧，锭岩凿壁，石破天惊；放坝推沙，山鸣谷应。大磐矗立而为柱；双峰夹护而为棚。掘开地泽千寻，奚啻五丁之辟；直达金沙万里，居然三峡之雄。先后五、六年中，行见岸为谷而谷为陵。后之览者，将谓人力不至于此矣。夫安知是役也，朱公一人之挡当，缵承冯、杨二公六十年未就之绪。既得都人士始终协力，左右赞襄，而冥冥中，复应以连番大雨，俾得顺水推沙，用力省而成功速。论者以为祖师之法力所继，亦朱公之忠诚所格。迄今登西山而览胜，见夫里沟外洫，井井有条；南亩东郊，芃芃其麦。乃叹牟伽陀首辟混沌，朱、杨两军门再辟混沌。上下千百年间，食德服畴，几忘其谁氏之力也。
>
> 乙卯科乡榜梅茨杨金和为之记撰
>
> 光绪二十六年（1900 年）庚子正月四日[②]

---

① 董广布修，陈荣昌、顾视高纂：《续修昆明县志》，卷 2，政典志九·水利，页 6 上，1939 年排印本。桂林图书馆藏。

② 云南省编辑组编：《白族社会历史调查》（四），云南人民出版社 1991 年版，第 96 页。

第六章　清政府对苗疆野生动植物资源的保护

第一节　清代以前西南地区的野生动植物贡赋

一、明代以前西南地区的动植物贡赋

苗疆气候丰富多样，地质结构复杂，孕育了丰富的野生动植物资源。这一地区物种的多样化在国内首屈一指，自古以来便有“动物乐园”和“植物王国”的美称。《后汉书》就有多处关于西南地区物种多样化的记载，如云南“多出鹦鹉、孔雀，有盐池田渔之饶，金银畜产之富”，哀牢地区出产“轲虫、蚌珠、孔雀、翡翠、犀、象、猩猩、貊兽，云南县有神鹿两头，能食毒草”，冉駹夷地区“有旄牛，无角，一名童牛，肉重千斤，毛可为毦。出名马。有灵羊，可疗毒。又有食药鹿，鹿麑有胎者，其肠中粪亦辽毒疾。又有五角羊、麝香、轻毛毼鸡”[①] 等等。《涪州志》载：“雍熙四年有犀自黔南入州。”[②]《云贵川蜀商务论》载云南“惟地居温带之下，所有

① （宋）范晔撰：《后汉书》，卷86，列传9·西南夷列传·冉（马龙）夷，（唐）李贤等注，中华书局1973年版，第十册，第2846、2849、2858页。

② （清）董维祺修、冯懋柱纂：（康熙）《涪州志》，卷3，祥异，书目文献出版社1992年版，第441页。日本藏中国罕见地方志丛刊。

植物出产丰盛，川云两省均同”。[①]

由于西南地区拥有许多其他地区所没有的独特物种，出于猎奇心理和占有欲望，自古以来中央政权就对这一地区的动植物资源进行征贡。这种贡赋自夏、商、周时代一直延续到明代。如《尚书·禹贡》就记载南方地区的荆州贡“羽、毛、齿、革惟金三品，杶、干、栝、柏，砺、砥、砮、丹惟箘簵、楛；三邦底贡，厥名包匦、菁茅；厥篚玄纁、玑组，九江纳锡大龟”，西南梁州地区贡“熊、罴、狐、狸、织皮”[②] 等。《滇绎》考证《周书·王会篇》及《吕氏春秋》的记载，认为商代通过对西南地区动植物资源的掠夺以确立统治权：“周书王会篇：伊尹定四方献令，正南瓯邓、桂国、损子、产里、百濮、九菌，请令以珠玑、毒瑁、象齿、文犀、翠羽、菌鹤、短狗为献。吕氏春秋略同，可为古时地兼滇桂交趾之证。”[③]《柳州府志》认为，当年秦始皇之所以攻占桂林等岭南地区，就是垂涎这一地区丰富的物种：“昔秦皇利粤之犀、象、珠玑，因略取陆梁地为桂林等郡。”[④]《古夫于亭杂录》记载：“汉元封二年，郁林郡贡珊瑚妇人，命植殿前，号曰女珊瑚。”[⑤]

随着东晋、宋、齐、梁、陈等一些南方政权的建立，中央政府对西南地区动植物资源的需求日益增加，而一些西南少数民族为了换取中央政权的保护和认可，不得不进献珍稀动植物作为代价。《后汉书·西南夷传·哀牢夷》载：“永初元年，徼外僬侥种夷陆类等三千余口举种内附，献象牙、水牛、封牛。”[⑥]《广西通志》载：“岭外酋帅，因生口、翡翠、明珠、犀、象之饶，雄于乡曲者，朝廷多因而署之，收其利，历宋、齐、梁、陈，皆因而不改。其军国所须杂物，随土所出，临时折课市取，乃无恒法定令。列州郡县，制其任土所出，以为

---

① 厥名：《云贵川蜀商务论》，载王锡祺编录《小方壶斋舆地丛钞三补编》（下），第七帙，第十一辑，辽海出版社2005年版，第572页。

② 《尚书·禹贡》，见陈戍国校注《尚书校注》，岳麓书社2004年版，第27页。

③ （清）袁嘉穀（袁树五、袁树圃）修：《滇绎》，卷1，濮，页3，清癸亥成书，昆明王燦民国十二年排印，桂林图书馆藏。

④ （清）王锦总修：（乾隆）《柳州府志》，卷12，物产，页1，故宫珍本丛刊第197册，海南出版社2001年版，第94页。

⑤ （清）王士禛撰：《古夫于亭杂录》，卷1，中华书局1997年版，第12页。

⑥ （宋）范晔撰：《后汉书》，卷86，列传9·西南夷列传·哀牢夷，（唐）李贤等注，中华书局1973年版，第十册，第2851页。

征赋。"[1] 而由于西南少数民族生产方式较为落后，大多以渔猎为生，缺乏粮食、金钱等固定收入来源，因此动植物资源也成了他们唯一可以向政府缴纳的"税课"："仡，盖僚之颇类人者也。……昔有蛮酋蒙密者，率数十巢山居……常令入山采鹤顶、象齿、犀角，皆如期而获，输其主，他姓夺之必不与。"[2]

唐、宋、元时期，中央政府对西南地区征收动植物品种和数量相对固定下来，主要是翠羽、珍珠、玳瑁、藤、高良姜、槟榔、巴豆等。《钦州志》载："唐宁越远郡贡金银、翠羽、高良姜。宋钦州贡高良姜、翡翠。"[3]《琼山县志》载："土贡：唐朝贡曰金、曰银、曰珠、曰玳瑁、曰高良姜、曰糖香，曰五色藤盘，曰班布食单。宋朝贡曰银、曰高良姜、曰槟榔、曰元丰银。元朝贡曰瑗踉子（永乐志作巴豆，外纪注为槟榔，谓顺土音怪字也，今城间讹语犹然）、曰干良姜。"[4]《宋史》载：乾德四年，"下溪州刺史田思迁亦以铜鼓、虎皮、麝脐来贡"。[5]

历代统治者对苗疆动植物资源的掠夺，令当地人民苦不堪言，为此，他们不得不想出各种办法来抵制官方的贪得无厌。《桂平县志》记载当地百姓为了免除历代政府对糖牛角的需求，编造其与蛇同穴的故事以获得豁免："又如糖牛，旧志载糖牛与蛇同穴，牛性嗜盐，俚人以皮裹手涂盐入穴，牛便牴之，取其角为器，又云其角如玉，俗呼为明角牛。今亦无有。或以为即白水牛，自浔至诸谿峒所在皆有，今之明角是也。所云与蛇同穴者，当时以之克贡厉民，求为蠲免，不得不危言动上耳，此说近是。"[6]《续修昆明县志》记载滇池附近的渔民为了防止政府官员对当地水产资源的苛索，往往在打捞到珍稀水产时私下秘密交易，以免被政府

① （清）谢启昆、胡虔纂：《广西通志》，卷161，经政略十一·榷税，广西师范大学历史系、中国历史文献研究室点校，广西人民出版社1988年版，第4495页。注引自《通考》。

② （清）谢启昆、胡虔纂：《广西通志》，卷279，列传二十四·诸蛮二，广西师范大学历史系、中国历史文献研究室点校，广西人民出版社1988年版，第6901页。注引自《金志》。

③ （清）董绍美、文若甫重修：（雍正）《钦州志》，卷4，户役志，页27—28，故宫珍本丛刊第203册，海南出版社2001年版，第203—204页。

④ （清）杨宗叶纂修：（乾隆）《琼山县志》，卷3，赋役·土贡，页44，故宫珍本丛刊第191册，海南出版社2001年版，第22页。

⑤ （元）脱脱等撰：《宋史》，卷493，列传第252·蛮夷一，中华书局1977年版，第四十册，第14173页。

⑥ （清）吴志绾主修：（乾隆）《桂平县志》，卷4，土产，页2，故宫珍本丛刊第202册，海南出版社2001年版，第470页。

知道："糠虾：滇池及河渠间产之……渔人匿之而私市，恐官之诛求也。""海参：滇池产之……每年水盛时渔人于得胜桥柱下得十数枚，长大白色味美，亦私市不令官知，恐诛求。"①

二、明代苗疆的野生动植物贡赋

明代时，苗疆的动植物资源依然非常丰富，各种野生鸟兽、中草药应有尽有。明钱古训《百夷传》载云南地区"境内所产珍物：雅琥、琥珀、犀、象、鹦鹉、孔雀、鳞蛇、脑、麝、阿魏、金、银、玻璨之类"。②《百粤风土记》也记载广西"土产异药有猪腰子、乜金藤、勾金皮、玄黄基，多治肿毒而桑寄生尤多。土人不知饲蚕桑，皆合抱枝叶无损，气溢而为寄生，功力倍于他处。其他鲭鱼胆、蚺蛇胆、蛇黄、三七、山豆根皆佳"。③这一时期编纂的志书"祥灾"篇中常有各种野生鸟兽出入城市的记载。万历《铜仁府志》就记载了嘉靖时期常有鹤、虎、豹、白燕出没的情况："嘉靖四年有鹤巢于文庙西兽吻，育二雏。七年复来巢育雏如之。十八年春有豹夜入城内。十九年元夕三虎喉于东山之椒地，地为之震，越四夕复吼如前。二十年夏有白燕巢于城北民舍，群燕随之。"④万历《贵州通志》也有同样的记载："铜仁府嘉靖己酉冬十月，演武亭操兵，群雀翔集于枪槊弗去，鹿入阵中。万历壬午六月有鸟文庙鸣，其声如雷，号曰梆鱼。"⑤《恭城县志》记载："隆庆四年庚午白昼，城中获鹿。"⑥

1. 野生动植物资源岁贡

从文献的记载来看，当时整个苗疆的动植物税课负担是较为沉重的。

① 董广布修，陈荣昌、顾视高纂：《续修昆明县志》，卷5，物产志一，页17上—18下，1939年排印本。桂林图书馆藏。

② （明）钱古训：《百夷传》，江应樑校注，云南人民出版社1980年版，第118页。

③ （明）谢肇淛：《百粤风土记》，卷1，页29上、下，《中国风土文献汇编》（一），全国图书馆文献缩微复制中心，2006，第117—118页。

④ （明）陈以跃纂修：（万历）《铜仁府志》，卷1，祥异，页50—51，书目文献出版社1992年版，第127—128页。日本藏中国罕见地方志丛刊。

⑤ （明）王耒贤、许一德纂修：（万历）《贵州通志》，卷17，石阡府·祥异，页52，书目文献出版社1991年版，第403页。日本藏中国罕见地方志丛刊。

⑥ （清）陶墫修、陆履中等纂：《恭城县志》，卷4，页41，光绪十五年刊本，台北成文出版社1968年影印，第507页，中国方志丛书·第122号。

各个地方盛产的鸟兽鱼类和中草药无一幸免，每年都必须按照规定的数额上交。“明初，令天下贡土所有，有常额。”① 鸟类主要通过“羽毛”“翠毛”“翎毛”等项目征收，兽类以“皮张”“杂皮”等项目征收，而鱼类主要征收“鱼鳔”“鱼油”“鱼腺膠”等项目。中草药和香料主要包括草果、草豆蔻、天竺黄、槟榔、大腹子、官桂、芽茶、叶茶、黄麻、红花、三藾、蕃香、苓苓香等，此外还有生漆、黄蜡等经济植物等。表 6－1 为明代广西钦州、宾州和海南琼山县的各类鸟、兽、鱼、草药及植物等岁贡项目一览表，从中可以看出剥削的沉重程度。

表 6－1　明代钦州、宾州和琼山县的各类鸟、兽、鱼、草药等岁贡项目一览

品种＼地区	钦州	宾州	琼山县
鸟类	翎毛五千六百八十二根	羽毛钞三锭四贯三百文	翎毛六千七百六十七根，闰加四百九十五根；翠毛三十六个，每个价一百钱
兽类	杂皮四百五十张（每张价银二钱二分二厘，岁办贡银九十九两九钱）	麖皮四十张，鹿皮四十一张，水獭皮四十一张	麖皮（本县派一百一十八张，每张价值二百钱）、杂皮（白真牛皮、水牛底皮及黄牛绵羊皮，各类折价不等，本县该一百张）
鱼类	鱼鳔一十二斤一两二钱，鱼油无考	解京鱼腺□拆收生铜一十七斤三钱七厘	鱼胶一十九斤一十一两五钱一分，闰加一斤一两九钱
草药及植物	草豆蔻二十八斤，草果子一百二十斤，天竺黄一两六钱	草果六斤，官桂五十斤，苓香三斤	槟榔及大腹子（本县派槟榔五十斤，大腹子一百五十斤，俱每斤价值银四分）、大腹皮（本县二十九斤，每斤价值二分）、生漆（本县七百二十斤，每斤价四十钱或银六分或银八分或不等）、黄蜡（本县二百二十四斤，每斤价银二分）、芽茶（本县一百二十八斤四两，每斤价银二分）、叶茶（本县三十六斤八分五厘）

① （清）张廷玉：《明史》，卷 78，志第 54・食货二，中华书局 1974 年版，第七册，第 1905 页。

续表

品种＼地区	钦州	宾州	琼山县
资料来源	(明)林希元纂修:《钦州志》(天一阁藏志书),陈秀南点校,中国人民政治协商会议灵山县委员会文史资料委员会1990年编印,第94—95页;(清)董绍美、文若甫重修:(雍正)《钦州志》,卷4,户役志,页27—28,故宫珍本丛刊第203册,海南出版社2001年版,第203—204页	(明)郭棐纂修:(万历)《宾州志》,卷4,课程,日本藏中国罕见地方志丛刊,书目文献出版社1990年版,第30页	(清)杨宗叶纂修:(隆)《琼山县志》,卷3,赋役,土贡,页44,故宫珍本丛刊第191册,海南出版社2001年版,第22页

表6－2为明代嘉靖时期广西南宁府及所辖各县的动植物资源岁贡数额一览表，品种也涉及兽类、鸟类、鱼类和草药等。其中兽类主要是征收皮张项目、鱼类则征收鱼腺麿，鸟类主要征收翠毛、翎毛，而草药则是黄麻和红花。

表6－2　明代嘉靖时期南宁地区的动植物岁贡数额一览

地区＼品种	皮张胖袄裤鞋	鱼腺麿	翠毛	翎毛	黄麻	红花
南宁府	一百四十五两七分三厘	一百八十二斤一两三钱三分四厘五毫	二百四十个	三万八千七百根	二百五十三斤	一十一斤一十三两五钱
宣化县	五十一副	一十八斤九两四钱六分	一百个	一万一百五十根	七十斤	一十一斤十两五钱
横　州	二十三副	四十九斤九两三钱二分五厘	六十个	一万一百五十根	七十斤	
武禄县	五十一副七分	四十斤六两九钱六分	六十个	九千二百根	五十七斤	
隆安县	十件		十个	三藾十斤,蕃香五斤,苓苓香	三两	
来淳县	二十二副	二十四斤三两六钱	二十个	九千二百根	五十六斤	

资料来源：（明）方瑜纂辑：（嘉靖）《南宁府志》，卷3·贡赋，日本藏中国罕见地方志丛刊，书目文献出版社1991年版，第380—382页。

实际上，除了正常的岁贡之外，明代中央政府还常常向苗疆额外征收、摊派动植物资源，正供之外的贡纳应接不暇。如万历《太平府志》就记载朝廷派宦官前来在正贡之外采买孔雀翎毛及虫鸟："太平府洪武年间岁办鱼鳔、翎毛各色课程钞共五百八十四锭一贯五十文。宣德五年，敕总兵官都督□□□□□□□□□司令使内使孟陶、张煎前来采买孔雀翎毛及虫鸟。敕至即照依开去各色采买，交付内使领回，毋得指此为由因而生事，扰害军民，违者一体治罪不恕故。"[①] 而据《钦州志》的记载，前表中提到的钦州除固定岁贡额数外往往有额外负担："钦州额办虽止此数，各年所需又有不止此者。检得一卷，缺少药味，安养军民，坐派草果一百六十斤，草豆蔻一百一十六斤，天竺黄一两，合银三十两。"[②] 明末顾炎武《天下郡国利病书》记载了明代云南等地的"象贡"之艰难："象只原系土司进贡。万历六年、二十六年节奉勘合于夷方买进，每次三十只，每只价银六十二两五钱，金之累在于本土，象之累在于客途。是役也，象人以为奇货，百相索也，百相应也，入其疆如芒刺之在背，出其疆如重负之息肩也。先期半载于永宁具册，盖此路平衍，舍此无他途，而今不敢言矣。即兵燹宁定，恐非岁月可以望坦探者。况驯象所尚未称之，或不遽倚办于厥贡乎。"[③] 万历时期云南巡抚陈用宝也称"取金则解，取石则解，取象则解"，"一切采石买象不急之需，俱难措处"。[④]

朝廷对野生动植物资源毫无节制的征收，也给地方政府带来了鱼肉百姓的机会，各级地方官员大开需索敲诈之门，额外的土贡负担甚至几倍于正常的赋税，正如《横州志》的感叹："初所定贡额，如药材、翎、鳔、铜、铁之属，皆古祀贡宾、贡物、贡服之遗意，非诸珍玩异物也。且其初名品甚少，至于中季，名数烦碎，增减无常。有司莫能详其来历，奸胥缘为利孔，侵欺逋负，多不可分。夫国家因地制贡，献土物以供上者，有艺

① （明）郭棐纂修：（万历）《太平府志》，卷1，进贡，日本藏中国罕见地方志丛刊，书目文献出版社1992年版，第186页。

② （明）林希元纂修：《钦州志》，陈秀南点校，中国人民政治协商会议灵山县委员会文史资料委员会1990年编印，第94—95页。

③ （明）顾炎武：《天下郡国利病书》（十二），卷31，云贵，页20下，台湾商务印书馆1966年版，上海涵芬楼影印自昆山图书馆藏稿本，四部丛刊续编081册。

④ 《陈用宝陈言开采疏（巡抚）》，见（明）顾炎武《天下郡国利病书》，卷32，云贵交趾，页46上、下，台湾商务印书馆1966年版，上海涵芬楼影印自昆山图书馆藏稿本，四部丛刊续编081册。

之征也，无艺则民病矣。原夫条编之法，会计万费之目，宽为之额，虽有贪掏，无所借口，盖使后人无可复加云尔。讵料明季加征之日，几等于四差之数乎？”①

明代统治者的横征暴敛激起了苗疆少数民族激烈的反抗，但朝廷在派大兵镇压之后，不顾百姓衣食无着、哀鸿遍野的惨状，仍照例征收各类土产，以致连大臣和外国使者都看不下去了。《黔书·止榷志上》记载：万历己亥，“上曰贵州税课并土产名马有裨国用，差内官监左监丞张庆率原奏官民往黔照例征收，旨下，八番士民謷謷一时，中外臣工咋舌错愕，谓黔方用兵，民坐万仞坑中，益以飞丸激矢令人脍截耳”。② 而苗疆的一些土司为了讨好、勾结政府官员，往往用珍稀动植物作为贿赂进献的筹码：“节录明户科给事中某奏事，云杨应龙（土司）负固不服，执政贪其重贿，与之交通，如近日綦江捕获奸人，得所投本兵及提督巡捕私书，其余四緘及黄金五百，白金千，虎豹皮数十。”③ 明政府对西南地区动植物资源的征收，给这一地区的物种繁衍生息造成了较大的危害。

2. 残酷的“采珠之祸”

苗疆南部的北部湾一带，盛产珍珠，即历史上赫赫有名的“南珠”。明代皇帝多次下达采珠的命令，大量掠夺这一地区的天然珍珠，给这一地区的人民造成了为害酷烈的“采珠之祸”。《钦州志》中就记载了自天顺至正德年间，皇帝不顾当地屡遭流寇蹂躏、饥荒、水灾等天灾人祸下诏采珠的情形：“己卯英宗皇帝天顺三年秋八月，流贼寇灵山。诏采珠。”“己未孝宗敬皇帝弘治十二年，诏采珠。”“武宗毅皇帝正德九年，诏采珠。乙亥十年，大饥。刺竹生花结实如麦，民多采而食之。十一年冬十月，交贼寇西盐场等处地方……灵山大水。十二年，交贼寇刀削岭，十三年，交贼寇如昔都，诏采珠。”④

其后的统治者变本加厉地采珠。一些苗疆官员目睹百姓被“采珠之

---

① （清）谢钟龄等修、朱秀等纂：《横州志》，清光绪二十五年刻本，横县文物管理所据该本1983年重印，第88页。桂林图书馆藏。

② （明）郭子章撰：《黔记》，卷13，止榷志上，页1，明万历三十六年撰，贵州省图书馆据上海图书馆、南京图书馆、贵州省博物馆藏本1965年复制，桂林图书馆藏。

③ （清）黄乐之等修：《遵义府志》，卷47，杂记，页12上，道光二十三年修，刻本，桂林图书馆藏。

④ （明）林希元纂修：《钦州志》，陈秀南点校，中国人民政治协商会议灵山县委员会文史资料委员会1990年编印，第301—305页。

祸”折磨得难以聊生的惨状，冒险上书请求罢免采珠。明嘉靖时期两广总督林富向朝廷上奏的《乞罢采珠疏》就是典型的例证，疏中所言沿海居民为采珠冒着风浪在海上漂泊、生死难测的情形令人怜悯：

嘉靖八年五月十八日，据广东布政司呈为急缺珍珠等事，钦遵转行掌印官会同该道分守、分巡、巡海等官，查照弘治十二年采珠旧例，合用人夫、船只、器具与供事官役、防护巡缉、守港官军于何处调取各项合用银两、于何项支给与夫一应未尽事宜，会议呈报定夺等……续准分守海北道参议王俊民咨称会同分巡副使范嵩、巡海道副使李傅择于八月二十八日开采，各兵夫佥称今次各池螺蚌稀少，且又嫩小，得珠不比往年，又访滨海父老众口同声，各夫船在海，忍饥饿，涉风涛，已经三月有余，寒苦殊堪悯恻，行据委官同知章诤等查勘过，病故军壮船夫三百余名，溺死军壮船夫二百八十余名，及风浪打坏船只大小七十六只，又飘流无着人船三十只，除将病故溺死量加抚恤外，相应亟请停止等情到司。伏查广东地方频年兵荒，人民穷困，今又值潮水泛涨，风汛不便，访得各处刷船之时，买免卖放，大开地方总甲需索之弊，富者既以货免，所刷多系小户船只，旧而且坏，所用撑驾人夫多雇无赖，滋扰更甚，且趁夜打劫商船，掳附近村乡，甚至污人妻女，为害不可胜言。沿海之民俱欲逃窜以外之变亦未敢言等情到臣。该臣看得惠潮等府碣石海丰等卫县，十分饥馑，高州等府去年无取，春夏以来，民皆穷饥，嗷嗷待哺，梧州等府五月以来西水泛涨，民庐漂泊，早稻淹没，秋成无望，臣日夜惶惧，窃以官何为？以此时而议，采珠也。何不以珠之不可采而告之陛下也。[①]

后林富之孙林兆珂任廉州知府，曾写《采珠行》颂扬祖父奏罢采珠的德政及自己愿秉承祖父遗志的决心：“先大父少司马公之总制两粤也。疏罢采珠递中官柄，廉人至今户祝之。兆珂来廉，是处技老犹谈采珠中官作威状，咸颂先大父贤不衰止。珂不敏不克，承先志，懼承平日久，未悉

① （清）何御主修：（乾隆）《廉州府志》，卷20上，艺文·奏疏，页3，故宫珍本丛刊第204册，海南出版社2001年版，第384页。

中官恶谈仍踵前辙为民害，爰系以词不计工拙也。”在其后的诗中，他再次揭露了无数沿海百姓为满足统治者的享乐而葬身鱼腹的惨状，可见其祖父的奏疏非但没有引起统治者的注意，反而加大了采珠的剥削程度：“太清明月薄蟾蜍，诏书南下大征珠。岁发金钱三百万，渤澥横天尾岫舻，倏忽狂风吹浪起，帆摧舵折舟欲塌，哀哀呼天天不闻，十万壮丁半生死。死者常葬鱼腹间，生者无语摧心肝。群趋争赴鼋鳌窟，那顾安流与急澜……九品奇珍供内府，共夸天宝与物华，环珮未动后宫色，千村万落尽伤嗟。”①

其他官员的诗文也印证了林富祖孙的描述。明参议顾梦圭所撰《珠池叹》的序言中认为，由于珍珠生长需要一定的周期，所以采珠必须间隔休养较长的年限，但明代统治者为了尽快尽多地掠夺珍珠，竟然不顾珍珠的生长周期，过度频繁地采珠，以致沿海珍珠资源枯竭，而百姓也苦不堪言：“廉州、平江、青莺、杨梅、乌泥、断网等池，雷州乐民池皆产珠也。先朝率十五六年或十年一采，间得美珠，迩者三年再采，所得者皆碎小，藩臬有司并受诘责，不知此物钟秀毓奇，生息甚难，冥冥中有鬼神呵护，不容以人力强求者。每次费舟筏兵夫以万计，死亡无算，而顽悍之民因缘为盗，沿海骚扰，今雷廉凋敝已极，将有他虞，大为寒心，余承乏摄此任，倘议复采，当效贾生痛哭，疏闻于朝，必不以无益害有益也。”其后的诗中用尖锐的笔触鞭挞了统治者为了自己的私欲而疯狂采珠，致使当地百姓衣不蔽体、食不果腹、居无片瓦的困苦情形：“昭阳新宠斗新妆，照乘之珠苦难得。孟尝美政龚黄班，今人反怨珠来还。玺书三年两次降，骊龙赤蚌皆愁颜。往时中官莅合浦，巧征横索如豺虎，中官肆虐去复来，谁诉边荒无限苦。野老村童不着裤，四山戎马夜纷纷，竹房无瓦缸无粟，犹折山花迓使者。”②

3. 对苗疆野生动物资源的滥捕滥杀

明代的统治者在苗疆一味穷兵黩武，毫无生态保护的观念。对于野生动物往往采取滥捕滥杀的手段，却不懂得采取合理的手段予以保护。如《上思州志》载，明洪武十八年（1385 年），大象群从十万大山出来，危

① （清）何御主修：（乾隆）《廉州府志》，卷 20 下，艺文・诗赋，页 43—44，故宫珍本丛刊第 204 册，海南出版社 2001 年版，第 459—460 页。

② （清）何御主修：（乾隆）《廉州府志》，卷 20 下，艺文・诗赋，页 42，故宫珍本丛刊第 204 册，海南出版社 2001 年版，第 459 页。

害庄稼，命南通侯率兵两万驱捕。[①] 现在广西十万大山的大象已经绝迹，与这一事件有较大关系。乾隆《庆远府志》抄录的明天启七年（1627年）邑人孟养心所书《德政驱虎碑》记载了当地政府官员捕杀老虎的情形："天启五年乙丑，朝命特简姑苏毛公来守，以冬十月至庆，至之日定所以恤患弭害之道，则榜发悬赏以买勇士，期羽连猎户，虎再月远近绝迹。"[②] 虽然象群和虎群出没会伤害百姓和庄稼，但完全可以采取更为合理的手段消除其危害，而不是杀之而后快。

第二节　清政府对苗疆野生动植物资源保护的指导思想

一、清代苗疆丰富的野生动植物资源

虽然前代对苗疆动植物资源进行了残酷掠夺，但鉴于这一地区物种本身的丰富性以及生产力水平的落后，至清代时，苗疆的动植物依然保持了生机勃勃的繁荣景象。雍正《平乐府志》载："产多零香、蜂蜜、蜂蜡、白藤、皮张。"[③] 乾隆《石阡府志》载："阡虽地处硗瘠，养食而外，物产繁多，取材者得以穷地利之不匮云。"[④] 乾隆《独山州志》载："独山水土丰厚，物产富有，不必有珍奇宝玉而服食器用可资生计者，罔弗具焉。"[⑤] 乾隆《晋宁州志》载唐尧官《晋宁州风土记》曰："滇故饶象、贝、纹、

---

① 广西壮族自治区地方志编纂委员会编：《广西通志·林业志》，广西人民出版社2001年版，第193页。

② （清）李文琰总修：（乾隆）《庆远府志》，卷9，艺文志上，页52—53，故宫珍本丛刊第196册，海南出版社2001年版，第342页。

③ （清）胡醇仁重修：（雍正）《平乐府志》，卷10，瑶僮，页49，故宫珍本丛刊第200册，海南出版社2001年版，第304页。

④ （清）罗文思重修：（乾隆）《石阡府志》，卷7，物产，页167，故宫珍本丛刊第222册，海南出版社2001年版，第376页。

⑤ （清）艾茂、谢庭熏纂修：（乾隆）《独山州志》，卷5，物产，页1，故宫珍本丛刊第225册，海南出版社2001年版，第275页。

犀、金宝诸珍奇之物……而每值春明景熙，花卉殷繁，绕郭而游者，粲若霞锦眩目。”[①] 乾隆《续编路南州志》载学正《滇南赋》云：“鱼鳖鳣虾之登俎兮，尚何冀乎？铜铁金银之献宝兮，复何羡乎？奇珍松瓜相聚之立生兮，判两迤而分路。槟榔芦茶之络绎兮，入五都而肃错。”[②] 《清稗类钞》载：“粤西土产，以药料为大宗。浔桂田三七，其最著也，余如桂枝、桑寄生之类。”[③]

二、清政府保护野生动植物资源的指导思想

中国古代很早就有保护野生动植物资源的生态观念。在《左传》《国语》等论述为政之道的典籍中，劝诫统治者注意保护野生动植物资源，尤其是在野生动植物繁殖、发育期间禁止伐猎的论述比比皆是。《左传·隐公五年》就认为狩猎鸟兽的行为必须遵守一定的时间规律，并称这是自古以来的法制：“故春蒐夏苗、秋猕冬狩，皆于农隙以讲事也。……鸟兽之肉，不登于俎，皮革齿牙、骨角毛羽不登于器，则君不射，古之制也。”[④]《国语·鲁语上》则系统论述鸟兽在怀孕和生长期间必须实行禁渔和禁猎，以给自然资源以休养生息的机会：“鸟兽孕，水虫成，兽虞于是乎禁罝罗，矠鱼鳖以为夏槁，助生阜也。鸟兽成，水虫孕，水虞于是乎禁罝䍡，设阱鄂，以实庙庖，畜功用也。且夫山不槎蘖，泽不伐夭，鱼禁鲲鲕，兽长麑（夭夭），鸟翼彀卵，虫舍蚳蝝，蕃庶物也，古之训也。”[⑤] 从上述段落中的“古之制”“古之训”来看，这些生态理念很早就已经成为人类所共同遵守的法律制度。它使人与自然之间呈现出一种友好共处的“契约”状态：“民入川泽山林，不逢不若。魑魅魍魉，莫能逢之，

---

① （清）毛嶅、朱阳、冯杰英、刘攜纂修：（乾隆）《晋宁州志》，卷27，艺文上，页26，故宫珍本丛刊第226册，海南出版社2001年版，第100页。

② （清）郭廷僎、吴之良、杨大鹏、萧世琬纂辑：（乾隆）《续编路南州志》，卷4，艺文·赋，页20，故宫珍本丛刊第226册，海南出版社2001年版，第311页。

③ （清）徐珂编撰：《清稗类钞》（第五册），中华书局1984年版，第2333页。

④ （春秋）左丘明：《左传·隐公五年·臧僖伯谏观鱼》，见柴剑虹、李肇翔主编《春秋左传》上，中国古典名著百部·史书类，九州出版社2001年版，第14页。

⑤ 《国语·鲁语上·里革断宣公罟而弃之》，卷4，见曹建国、张玖青注说《国语》，河南大学出版社2008年版，第168页。

用能协于上下，以承天休。”[①]《汉书》总结前人的观念，提出了“顺时而取物”的思想：“豺獭未祭，罝网不布于壄泽，鹰隼未击，矰弋不施于徯隧。既顺时而取物，然犹山不槎蘖，泽不伐夭，蝝鱼麛卵，咸有常禁。”[②]

对于全盘吸收汉族文化和儒家文明的清代统治者来说，上述生态保护思想对他们的影响是毋庸置疑的。有相当多的资料表明，清代统治者对苗疆野生动植物资源的保护是非常关注的。在中央政府，皇帝认为对苗疆少数民族最好以不需索、不扰累为上策，其中就包括不可向苗疆百姓索取过多珍稀生物。“今圣天子方抵玉沉珠，以节俭示先天下，虽使神马重生，白雉再献，犹将取而远之。”[③]乾隆七年（1742年）上谕：“《周礼·太宰》以九职任万民，一曰三农生九谷，二曰园圃毓草木，三曰虞衡作山泽之材，四曰薮牧养蕃鸟兽。其为天下万世筹赡足之计者，不独以农事为先务，而兼修园圃虞衡薮牧之政。故因地之利，任圃以树事，任牧以畜事，任衡以山事，任虞以泽事，使山林川泽丘陵之民，得享山林川泽丘陵之利，夫制田里，教树畜，岐周之善政。”[④]

在苗疆各地方志书的《物产》《课程》等篇章中，都有编纂者对保护当地自然资源的一些论述，考虑到当时编纂或主持编纂志书的均是地方长官，这些论述可以看作是官方的观点。雍正《呈贡县志》认为土产是有限的，告诫政府在正常的赋税范围之外不可多取地方土特产资源，以防厉民：“不知者，以为土产惟其所取，且为馈送。呜呼！养人也而厉人如此哉？须知官有常俸，民有常产，正供之外不得多取。”[⑤]乾隆《沾益州志》则认为对自然资源征税的范围和品种必须固定的，且要保持收支平衡，

---

① （春秋）左丘明：《左传·宣公三年·王孙满对楚子》，见柴剑虹、李肇翔主编《春秋左传》上，中国古典名著百部·史书类，九州出版社2001年版，第279页。

② （汉）班固撰：《汉书》，卷91，（唐）颜师古注，中华书局1979年版，第十一册，第3679页。

③ （清）卫既齐主修：《贵州通志》，卷12，物产，页1上，康熙三十一年撰，贵州省图书馆据上海图书馆、南京图书馆、贵州省博物馆藏本1965年复制，桂林图书馆藏。

④ 《清会典事例》第二册，卷168，户部17·田赋·劝课农桑，中华书局1991年版，第1132页。

⑤ （清）朱若功纂修：（雍正）《呈贡县志》，卷1，物产，页30—31，故宫珍本丛刊第226册，海南出版社2001年版，第174页。

除此而外不可多取："匪颁周秩，出有常经，树牧虞衡，事关国典。古人水草土木各设专官，朝野利用厚生之道于是乎。在沾地狭无产，不置北人，亦无斥地，而调济征输之法，具有成规，循而行之，美利薄于不言也。"① 乾隆时期云南总督尹继善在《戒饬州县檄》告诫下级州县官吏在征收自然资源方面要量民力而行："民力有限，何可重耗？以朘其脂膏，民命堪矜。何忍滥刑以残其肢体？害吾民者，奸匪亟宜严禁而辑弭；扰吾民者，胥吏亟宜稽查而防范也。他如盐政夫役之宜整理，河渠沟洫之宜疏通，水旱仓储如何预筹，风俗人心如何董正，为民父母均属责无可辞。"②

尽管中国古代的官员大多为无神论者，但"上天有好生之德"等带有自然神秘色彩的思想对清代官员的思想也有很大影响，这直接激发了他们对野生动植物的敬畏之心。《熙朝新语》记载的一个事例说明，一些本为无神论者的苗疆官员，被特殊的自然现象感化转而开始信奉神灵的存在，相信自然神圣不可侵犯，这也促进了他们保护野生动植物资源主观能动性的发挥："浙江金华吴紫廷凤来，乾隆庚辰进士，任广西象州知州。境内有山，山上有龙潭，旱时祈雨甚灵。吴不信，尝带从役数十人入山祈雨。初见潭水甚清，一无鳞介。俄顷忽见有红白鱼数头出没其间，从者罗拜曰：龙神见矣。吴不信，引弓射之，一鱼血淋漓带箭去。众惶懼不知所为。吴大言曰：果系龙神，当现真相。吾始信耳。言未毕，四山昏黑作云雾，对面不辨人。潭水决去数丈。龙头仰浮水面，其状如牛，双角有须，两眼若漆，而所射之鱼仍带箭游泳于龙之左右，若侍从然。吴始信服。再拜谢过，未几，大雨如注。"③

虽然上述思想都是从巩固统治的角度提出的，但从主观上来说，清代统治者认识到自然资源的有限性是非常难能可贵的；从客观上来说，不过度向苗疆少数民族群众索取、压榨自然资源，既可稳定人心，又保护了苗疆的生态环境，这是必须加以肯定的。

---

① （清）王秉韬纂订：（乾隆）《沾益州志》，卷 2，课程，页 17，故宫珍本丛刊第 227 册，海南出版社 2001 年版，第 123 页。

② （清）王秉韬纂订：（乾隆）《沾益州志》，卷 4，艺文下，页 3，故宫珍本丛刊第 227 册，海南出版社 2001 年版，第 168 页。

③ （清）余金辑：《熙朝新语》，卷 15，上海古籍书店 1983 年版，第 7 页上、下。

第三节　清政府免除对野生动植物资源直接征收的政策

一、中央政府免除对苗疆野生动植物资源直接征收的政策

清代中央政府直接免除了对苗疆许多动植物资源的征收，其最重要的政策就是罢土贡。如前所述，苗疆的名马、兽皮、鸟羽、珍珠、草药无一不成为历代统治者征收的对象，但清代中央政府自统治伊始，就不断裁革苗疆的各种土仪贡赋，逐步减轻了苗疆少数民族的生态负担。与明代的岁贡相比，是不小的进步。

1. 罢采珠

顺治时期，中央政府在这方面最重要的决策就是罢免了两广海疆的采珠负担。如前所述，明代在苗疆沿海一带残酷采珠给当地百姓带来了深重的灾难。清统治者吸取教训，罢免了采珠之役。顺治四年（1647年）十月二十五日壬辰，两广总督佟养甲疏言沿海百姓采珠之苦："粤东雷、廉二郡，素称产珠，仅有池九、廉八、雷一，皆在洪涛巨浸中。取珠之法，例用长绳数百丈，缒疍户入海底，每果鲸鳄之腹，而得珠多寡有无，尚未可知，是取珠甚艰也。前朝万历年间，宦者李敬开采，每年协助夫银，不下巨万，是所费又甚繁也。向在无事时，尚且得不偿失，况今蹂躏之余，岂堪重有此举。乞皇上俯念疮痍，缓其开采，宽一分之民力，即培一分之元气矣。"皇帝下旨曰："览奏始知采珠不便于民，差官着即撤回。"①

为此，乾隆皇帝还以身作则，禁止沿海地方进献珍珠之类珍奇特产，如经发现，立即发还："高宗屡降谕旨，不许购办珍奇，如郑大进贡物，金器甚多，粤海关节贡，有珍珠记念等项，粤抚王检贡物，有小珍珠一

① 《清世祖实录》，卷34，页12，《清实录》（第三册），中华书局1985年版，第283页。

项，均即发还，并令嗣后毋得进呈金珠。”[①] 除了直接免除对珍珠的征收外，清廷还禁止使用珍珠制品，这也对珍珠资源起了一定的保护作用。乾隆四十一年（1776 年），上谕：“昨偶阅熊学鹏（曾任广西巡抚）家入官物件内，有珠绣蟒袍，此必伊任巡抚时所办，或备而未进，或进而未收，俱未可定。此等费工价而不适于用，朕甚鄙之，因即以赏人，并未留御。犹忆皇考时，怡贤亲王曾进珠绣黄褥，当即谕其过当。朕遵守家法，宫中服御，从不用珠绣。”[②]《清会典事例》记载，乾隆四十七年奏准：“各省督抚备办珠玉宝玩，配入贡品者，治以违制之罪。”乾隆四十九年，免除了对两广地区珍珠的税课：“嗣后粤海关珍珠宝石，概不准征收税课，着为令。”[③] 这些措施对保护沿海有限的珍珠资源具有重要的意义。

2. 罢贡马

苗疆的贵州、四川、广西等地都出产名马，明宋濂《天马赞》云：“西南夷自昔出良马，而产于罗鬼国者尤良。”[④] 但顺治八年（1651 年），政府下令减少了苗疆等省份的骑兵编制，从而减少了对马的需求。顺治八年八月十七日壬戌，兵部奏言：“马步兵旧设经制，原定马三步八。……如江西、湖广、福建、广东、广西、四川，或系滨江沿海，或多崇山峻岭，以上六省应马二步八。……既可省购马之资，且可省措给草料之烦、官兵朋椿之费，而马步皆济实用矣。”从之。[⑤]《清会典事例》则记载，在康熙、雍正时期，政府一再减免西南地区贡马义务。康熙五十一年（1712 年）覆准，四川化林协属各土司，三年一次贡马，照例折价交收，减少了对马的直接征收。雍正时期改土归流后，免除了部分改流地区的贡马义务。雍正九年（1731 年）奏准，土司故绝及以罪削除者，开除岁贡马

---

① （清）徐珂编撰：《清稗类钞》（第一册），中华书局 1984 年版，第 417 页。

② 《清会典事例》第五册，卷 401，礼部 112 · 风教 · 禁止贡献，中华书局 1991 年版，第 482 页。

③ 《清会典事例》第五册，卷 401，礼部 112 · 风教 · 禁止贡献，中华书局 1991 年版，第 484 页。

④ （清）鄂尔泰等监修、靖道谟等编纂：《贵州通志》，卷 37，艺文志 · 赞，页 6，见（清）纪昀等总纂《文渊阁四库全书》第 572 册，史部 330 卷 · 地理类，台湾商务印书馆 1983 年版，第 286 页。

⑤ 《清世祖实录》，卷 59，页 9，《清实录》（第三册），中华书局 1985 年版，第 467 页。

匹。[①]《广西通志》载："原额恩城土州贡马二匹，雍正十一年改流后豁免。"[②] 乾隆时期的一项重要政策，就是进一步减少马贡折色银两，以减少对马匹的直接征收。乾隆元年（1736 年）十一月丙申减四川土司马价，谕曰："四川各土司向有贡马之例，其所贡本色，则添补各营倒毙之马，而折价之马，每匹纳银十二两，此旧例也。查通省营马近已改照驿马例，每匹给银八两，而土司贡马折价仍是十二两之数，蛮民未免多费，朕心轸念，着从乾隆二年为始，土司交纳马价，每匹裁减四两，只收银八两，永著为例。"[③] 乾隆二年七月初十日丙申减广西土司贡马折价，上谕"广西土司每三年贡马一次……着照四川折价之例，每马一匹，减银四两，定为八两，从乾隆三年为始，永著为令"。[④] 据《清会典事例》记载，乾嘉时期，政府多次规定西南地区贡马义务全部折算银两并予以减免。乾隆四年（1799 年）题准，四川建昌所属本里土司地方，深山穷谷，产马无多，每年所纳贡马照例折银。嘉庆四年题准，广西镇安府属湖润寨土巡检，乾隆十二年改土归流，三十一年改为巡检，相沿旧例三年额征贡马一匹，折银八两、运费三钱六分，永免行解。[⑤]

3. 罢土仪

历代苗疆各地官员都有向中央统治者进献当地土特产的惯例，称之为"进土仪"或"土贡"，这其中就包括许多珍稀动植物资源。但清代统治者莅临天下后，对苗疆"土仪"始终采取克制和罢免的政策，多次下令减免苗疆土仪。顺治八年八月己巳，谕户部："今四川进贡扇柄、湖广进贡鱼鲊，道经水陆，去京甚远，夫马船只，动支钱粮，苦累小民，朕甚悯之，以后永免着为令。"[⑥] 康熙年间，中央政府接受一些地方官的请求，罢免了苗疆部分地区的土贡分例。《广西通志》载："彭鹏：康熙三十九年巡抚广西。粤西……旧有鱼胶、铁叶之供，非本省所产，每岁赴粤东购运，鹏疏

① 《清会典事例》第二册，卷 165，户部 14 · 田赋，中华书局 1991 年版，第 1099 页。

② （清）谢启昆、胡虔纂：《广西通志》，卷 164，经政略十四 · 土贡，广西师范大学历史系、中国历史文献研究室点校，广西人民出版社 1988 年版，第 4581 页。

③ 《清高宗实录》，卷 30，页 8，《清实录》（第九册），《高宗实录一》，中华书局 1985 年版，第 617 页。

④ 《清高宗实录》，卷 46，页 11，《清实录》（第九册），《高宗实录一》，中华书局 1985 年版，第 798 页。

⑤ 《清会典事例》第二册，卷 165，户部 14 · 田赋，中华书局 1991 年版，第 1100 页。

⑥ 《清世祖实录》，卷 59，页 18，《清实录》（第三册），中华书局 1985 年版，第 471 页。

请免之。”[①]《续修河西县志》载，康熙五十年“罢一切土贡、商税、皮毛、料价银数千两，旷典之行，亘古所未有也”。[②] 康熙还严禁地方官员向少数民族需索野生动植物资源，一经发现即予以严处，而对怠于稽查此类行为的官员也给予降级处分。康熙三十九年十二月，刑科给事中汤右曾疏言：“有琼州文武官遣人往黎岗采取花梨、沉香，滋扰起衅多款，总督石琳、巡抚萧永藻、提督殷化行平时毫无觉察，恣其贪毒。且黎人拒斗事起于上年十二月，迟至一载，始行题报，其扶同掩饰，希图欺隐可知，请严加处分。”得旨：“令石琳、萧永藻、殷化行回奏，各自引罪，下部议降级有差。”[③]

雍正时期实行改土归流之后，苗疆各地都按照国家正常的赋税额度缴纳钱粮，取消了以前土司统治时期的各种土贡负担。为此，雍正屡次下旨停止苗疆进献方物。雍正五年十二月初九日，上谕户部驳回了地方官要求在已改土归流的地区征收土贡的请求：“泗城前系土府，是以有三年土贡之例。今既改土归流，自有应纳赋税。韩良辅何得复以三年土贡品物归于正项为请，殊属不合。嗣后悉照例征输钱粮，不许借土贡名色，重累小民，著将土贡等物豁免。”[④] 由此可见，改土归流对苗疆来说确是一次意义重大的运动，其在生态保护方面的价值也是需要肯定的。雍正对地方官员进贡土产非常反感，在其执政末期曾多次颁旨禁止。雍正十三年六月辛卯，上谕内阁：“可通行晓谕督抚等，自接奉此旨为始，着将从前贡物之数，再减一半。倘仍蹈旧辙，朕必将各省贡献之例，全行禁止。”[⑤] 同年九月，上谕各省督抚大臣：“其各省照例进朕之物，概行停止，虽食物果品，亦不许进，俟三年之后，候朕再降旨，著通行传谕各省督抚大臣一体遵行。”雍正还语重心长地阐述了自己禁止进贡方物的原因：“朕所

---

① （清）谢启昆、胡虔纂：《广西通志》，卷253，宦绩录十三·国朝，广西师范大学历史系、中国历史文献研究室点校，广西人民出版社1988年版，第6429页。

② （清）董枢、官学诗、罗云禧、杜国英纂修：（乾隆）《续修河西县志》，卷1，赋役，页35，故宫珍本丛刊第227册，海南出版社2001年版，第410页。

③ （清）蒋良骐：《东华录》，卷16，康熙三十年正月至康熙三十三年十二月，中华书局1980年版，第262页。

④ （清）谢启昆、胡虔纂：《广西通志》，卷1，训典一，广西师范大学历史系、中国历史文献研究室点校，广西人民出版社1988年版，第44页。

⑤《大清世宗宪（雍正）皇帝实录》（三），卷157，页19上，台湾华文书局1964年版，第2157页。

受一次贡献，即诸臣多费一次经营，诸臣多费一次经营，即百姓多费一次供应，朕实不忍以无益妨有益。”[①] 这虽然是针对全国的，但对物产丰富的苗疆来说，也是大有益处的。

乾隆时期政府的重要举措是明文废除了地方官员向朝廷、地方下级官员向上级进献土仪的惯例。地方向中央进贡土仪，是专制社会的陋弊，这一陋弊给地方带来了深重的生态灾难。但乾隆时期政府却自上而下地废除了这一流传千年的陋规。乾隆三年（1738 年）四月甲申，皇帝首先以身作则，停止了各省督抚向中央的贡献。谕曰：“各省督抚向来有进贡方物之例……朕现在谕令督抚等毋得收受属员土仪，诚以督抚取之属吏，属吏未必不取之民间。目前所受虽微，久之必滋流弊。若进贡方物，虽云督抚自行置办，而辗转购买，岂能无累闾阎。是所当行禁止者……其督抚等有牧民之责者，概行停止贡献。”[②] 这一谕旨解除了包括苗疆在内的地方的生态负担，也给苗疆地方官员奏请免除土仪贡献提供了激励机制。同年四月乙酉，吏部议准广西布政使杨锡绂疏称严厉禁止下级官员向上级官员进献土仪的惯例，违反者与受贿者同罪处理：“州、县养廉有限，浮费不除，断无不派累百姓之理。请严禁馈送上司土仪，违者与受同罪。”从之。[③] 所谓“上梁不正下梁歪”，只有上级风气正了，下级才能清廉。乾隆八年五月辛亥，广西巡抚杨锡绂实践了他所提议的上述法令。他参奏梧州府知府戴肇名“送到鹿茸。开匣除鹿茸外，另有小匣，书长生果，启视乃系人参。居心卑鄙，不堪膺郡守之任”。皇帝嘉奖曰：“汝可谓不愧四知矣。”[④] 据《清会典事例》记载，乾隆皇帝曾连续发布一系列诏令停止地方贡献土特产，并指出贡献不仅与官员升迁无关，相反官员还要承担法律责任。乾隆二十年，上谕“嗣后廷臣督抚，其毋有所献”。并指出：“督抚之优劣，自由功绩，于进献毫无干涉，此亦天下所共知者。”乾隆二十二年，上谕：“嗣后各省督抚，除食品外，概不得丝毫贡献，违者以

---

① 《清会典事例》第五册，卷 401，礼部 112・风教・禁止贡献，中华书局 1991 年版，第 477 页。

② 《清高宗实录》，卷 66，页 5—6，《清实录》（第十册），《高宗实录二》，中华书局 1985 年版，第 67—68 页。

③ 《清高宗实录》，卷 66，页 6，《清实录》（第十册），《高宗实录二》，中华书局 1985 年版，第 68 页。

④ 《清高宗实录》，卷 193，页 22，《清实录》（第十一册），《高宗实录三》，中华书局 1985 年版，第 485 页。

违制论。”对于已经进贡的特产则予以发还。乾隆四十四年，上谕：“向来端午节督抚等并无进贡之例……将山东、云南、贵州等省所进物件，概行发还，不准呈览。”政府还特别规定，禁止苗疆各省进贡不属于本地的土特产。乾隆四十九年，上谕：“嗣后止须将本处土宜，如广东之泡速香、湖广之葛麻、四川及广西之药材等类，入贡尚可，其非本省土产以及陈设等物，俱不得滥行呈进。”[①]

乾隆政府免土仪的举措在保护苗疆物种方面具有重要的意义，也为后世统治者提供了正面的榜样。此后的皇帝多有罢土仪的谕旨颁布。嘉庆四年（1799年）八月丙申，申严呈进贡物之禁。谕内阁：“各省呈进贡物节经降旨，严行饬禁。”[②] 同年，命停各省中秋节贡物。[③] 道光元年（1821年）六月己亥，命减各省方物例贡。上谕内阁：“嗣后应进方物之处，俱着遵照朱笔圈出之物件数目，照例呈进，毋得任意加增，设遇某件不敷采办，尽可缺而不贡，不准将别项数目加增，或以他物代进。其吉祥贡一端，着永行停止。”[④]

二、地方政府免除对苗疆动植物资源直接征收的政策

在中央政府的倡导下，苗疆地方政府也采取多种措施，禁止摊派、苛索动植物资源。从目前留存的一些文告、禁示来看，当时的地方官员具有较强的生态保护意识，所保护的野生动植物资源也非常广泛。

1. 禁革地方土特产陋规

在“天高皇帝远”的苗疆，一些地方恶势力，包括藩镇、土司、驻扎兵弁等往往向当地少数民族摊派野生动植物，并将其定为例规。在改土归流后，到苗疆任职的流官多能体恤民情，大刀阔斧地削减、废除这些陋规，以苏民困。为了防止流官离任后这些陋规出现反复，流官还将废除陋

---

① 《清会典事例》第五册，卷401，礼部112·风教·禁止贡献，中华书局1991年版，第478、482—483、485页。

② 《清仁宗实录》，卷50，页5—6，《清实录》（第二十八册），《仁宗实录一》，中华书局1985年版，第622—623页。

③ 赵尔巽等撰：《清史稿》，卷123，志九十八·食货四·盐法，中华书局1976年版，第十三册，第3615页。

④ 《清宣宗实录》，卷20，页11，《清实录》（第三十三册），《宣宗实录一》，中华书局1985年版，第364页。

规的内容立碑永示，苗疆因此产生了大量的废除陋规碑。这些碑文成为清政府保护苗疆环境的有力证据。早在康熙十九年（1680 年），左都御史徐元文请“革三藩虐政”，在粤省者五，其中之一为“鱼课”。[①] 广西灌阳县立于康熙四十年，并于乾隆十六年（1751 年）、道光二十九年（1849 年）、光绪元年（1875 年）三次重修的《灌阳县奉布政司禁革碑记》，就以逐一列举的方式规定了不得采摘、猎取的野生植物和动物：“禁不许科取枪竿、箭竿、旗竿、轿扛、黄心板、木瓢盆、木耳、香菌、干笋、茶叶、竹箪、蜜糖、黄腊、茶油等物，如违告究。禁民瑶赶猎，势棍抢夺，假冒、包索取虎皮、鹿、山獐、马鹿、熊掌、狐皮、寒鸡、锦鸡、禽兽，如违许瑶告究。”[②] 这份文献涉及的野生动植物达 20 多种，包括各种植物、野兽、鸟类等等，其中不乏现代的国家级保护动物，它是研究清代维护苗疆生物多样性的重要史料。广西大新县恩城公社，即旧恩城土州境内立于雍正八年（1730 年）的《恩城土州革除蠹目及禁各项陋规碑》记载，“因前蠹目人众势恣，专权横派横敛，需索年例谷石鸡鸭，种种加派，不独民财遭其嚼吞，而且年中四季棉花、麻、豆、麦□头、竹笋，小节各项物件，被各蠹目大管小管横征收敛”，因此规定，“除革牌役，不许下乡横收下民三年大朝、麻斤，蒙恩准革准免”。[③]

清代中叶之后此类禁革陋规碑的数量大大增加，包括的动植物品种也有所增加，这应当是改土归流政策逐步深入后的产物。广西大新县太平公社安平大队，即旧安平土州治所境内立于乾隆二年（1737 年）的《安平土州永定规例碑》规定：“瓦草银永革”，“鱼花银永革”。[④] 广西大新县全茗公社立于乾隆二十一年（1756 年）的《详奉宪批勒石永远碑记》规定：“免两化□□□□竹筒、竹笋”，“免黄蜂、芋头”，“免竹箪”。[⑤] 广

① 赵尔巽等撰：《清史稿》，卷 250，列传 37 · 徐元文传，中华书局 1977 年版，第三十二册，第 9706—9707 页。

② 广西民族研究所编：《广西少数民族地区石刻碑文集》，广西人民出版社 1982 年版，第 132—133 页。

③ 广西民族研究所编：《广西少数民族地区石刻碑文集》，广西人民出版社 1982 年版，第 17—18 页。

④ 广西民族研究所编：《广西少数民族地区石刻碑文集》，广西人民出版社 1982 年版，第 19 页。

⑤ 广西民族研究所编：《广西少数民族地区石刻碑文集》，广西人民出版社 1982 年版，第 23 页。

西恭城县西岭瑶族乡新合村发现的嘉庆四年（1799年）《恭城县正堂给照碑记》和《棉花地雷王庙碑记》内容相同，都记载了历代流官废止土特产陋规的情形："迨至康熙五十年（1711年）及雍正六年（1728年）、乾隆十九年（1754年）、二十六年（1761年），荷蒙前任张、谢、郑、徐四县，节次给发已照。嗣后如有采买谷担、舡料、香菌，以及一切杂项夫役，暨行豁免，永无苛派。"当时的主管官员在前任官员发照禁规的基础上再次判决："嗣后采买谷石及香菌并一切杂项夫役等事，概行豁免，永无苛派。其瑶山土岭，尔等仍照旧在于四至界内，永远耕营，不得侵越他人地土，以靖瑶疆。尚有附近强族及不法乡保人等，借端私派苛索或冒充山主，将尔等山场私批异民，许即指名具禀，以凭以重严究。"[①] 从文中来看，自康熙至嘉庆年间，当地历任官员都发给瑶族百姓牌照，豁免其在野生自然资源方面的负担。

2. 对特有动植物品种的保护

苗疆有一些特有物种，例如黄蜡、白蜡就是一例。蜡虫是生长在我国西南地区的珍贵物种，当地百姓很早就懂得饲养蜡虫来获取白蜡、黄蜡。清政府对这一物种的保护措施是直接免除对白蜡、黄蜡的征收，以防止对蜡虫的涸泽而渔。乾隆《续增城步县志》记载了一份当地官员发布的罢免征收当地虫蜡的法令。从文中看，由于当地盛产白蜡，一些政府官员乘机敲诈勒索，按户摊派重额蜡税，使得当地百姓背上了沉重的负担，主管官员及时发现问题，下令制止了这种行为。这份《免派办蜡》体现出湘西官员体恤民情保护野生动植物资源的良苦用心：

免派办蜡

城步县办蜡向例于下六都蜡户按数承缴，原无派及八里粮户分办。乾隆三十年，署主许因是年雨水冲泛，蜡虫受伤，缴办维艰，暂令八里保正按数分派，于他乡埠口购买帮办，苦累难堪，幸逢青宪石太老爷来镇兹土，阖邑保正遂以俯电舆情请详免累等情具呈，蒙批：六都既出白蜡，自应发价，蜡户办缴未便，派令阖邑分办，致滋扰累，前署县因蜡欠收，不过权为酌办，未可援为定例，来年办蜡仍照旧例可也。嗣于三十一年分奉上檄办。我宪照依成例，仍归下六都产

① 黄钰辑点：《瑶族石刻录》，云南民族出版社1993年版，第38—43页。

蜡之乡领价承缴。而蜡户杨拔远、杨清臣等欲援许主帮办为例奔越上控，希图卸责，蒙潘宪亲提蜡户当堂谕令，嗣后奉买部蜡自遵例向有蜡之家取买，不得派累粮民以致滋扰，从此办蜡一事凡我八里粮民得免派累，此皆我宪体恤穷黎之至意也。①

在乾隆《续增城步县志》中，还记载了一份由同一官员发布的免收獭皮的法令。水獭是一种对山区溪涧生态系统有较大作用的动物。该文声情并茂地指出，当地水獭本就已濒临灭绝，再加之官府的科派，使得水獭资源几乎绝迹，而猎户也背上了沉重的负担，因此言辞恳切地下令罢免政府对獭皮的征收：

免取獭皮教文

湖南宝庆府城步县正堂为晓谕事，照得楚南各山邑向产獭皮，各地方有司衙门每岁需用，或奉上宪谕办以及同寅托购，皆在本地价买，亦有因一时难于收集发价交乡保办缴，原无苦累之处。然他邑地界较城步则广，出獭皮较城步则多，本不难于采购，今本县查城邑重岩叠嶂，境内仅有一线溪河，从前出獭亦属稀少，迨经捕年久，近日已绝种类。凡莅斯土者，自当加意体察，岂可犹依昔时陋弊，量发价值，派令猎民苦累倾家，致有流离迁徙？忽视民瘼，于心安乎？城邑旧有猎民十余户，因历年承办獭皮，本处无獭可捕，不得已赴粤西捕觅，幸而有获，依数呈缴，而出经日久，既费日食，复旷生计，已属得不偿失，况不幸无获，即所获不能如数而差票难销，则惟有添价买交，穷民家资几何，年复一年，焉有不倾荡之理者乎？是以数年来猎民十余户流离迁徙者殆半。人念及此，殊堪悯恻，今本县深悉此情，决不效尤累尔猎民。但恐本衙门从前经办各役或指称本县需买名色，希图诈索，亦可未定，合行出示晓谕，为此示仰本乡保猎户人等知悉，嗣后本县衙门永禁发买獭皮，以免尔等受累，倘有差役人等假冒诈索情事，许尔指名禀报以凭严究不恕。②

① （清）贾构修、易文炳、向宗乾纂：（乾隆）《续增城步县志》，附石牍，页150，书目文献出版社1992年版，第427页。日本藏中国罕见地方志丛刊。

② （清）贾构修、易文炳、向宗乾纂：（乾隆）《续增城步县志》，附石牍，页141—142，书目文献出版社1992年版，第422—423页。日本藏中国罕见地方志丛刊。

第四节　清政府准予苗疆野生动植物贡赋折色免解政策

除了减少直接征收外，清政府对于保护苗疆野生动植物资源所作出的一项重要措施，就是将以往历代征收的各种鸟类、兽类、鱼类、草药课程，折变成银两，变直接征收为间接赋税，这对于苗疆珍稀的野生动植物资源来说，不啻是一种解放和赦免。同时，政府还免除民间将贡赋解送部院之役，改成官收官解或就地充作兵饷，就此，苗疆的百姓也不必再承担捕捉和采摘野生动植物的苦役，更不必承担运输和解送野生动植物的艰难，无疑是一种很大的解脱，正如《横州志》所赞叹："初所定贡额，如药材、翎、鳔、铜、铁之属，皆古祀贡宾、贡物、贡服之遗意，非诸珍玩异物也。且其初名品甚少，至于中季，名数烦碎，增减无常。有司莫能详其来历，奸胥缘为利孔，侵欺逋负，多不可分。夫国家因地制贡，献土物以供上者，有艺之征也，无艺则民病矣。原夫条编之法，会计万费之目，宽为之额，虽有贪掏，无所借口，盖使后人无可复加云尔。讵料明季加征之日，几等于四差之数乎？国初以来，始捐无名之征者数条，且改折色，且免解部，盖已惠矣。斯民脱汤火而丐甘霖，山海清宴，耕凿含哺，其此日欤。"①

将各类土贡折色银两并免解送，从顺治时期就开始了，当时主要是针对颜料、药材和翠毛："顺治九年议将各省应交颜料、药材折银起解。次年以民间办解物料，解户赔累难堪，定为官收官解。"②《平乐府志》载："御用监翠毛，顺治十八年每个折四钱二分九厘，有水脚。"③ 至康熙时期，折色免解的范围进一步扩大到鱼胶、翎毛、白蜡、黄麻、姜黄等各类香料、药材等三十余种物资。以广西平乐府和横州为例，康熙元年（1662年），准许鱼胶、翎毛、翠毛等项全部折色；康熙七年，准许陵苓香、蓬

---

① （清）谢钟龄等修、朱秀等纂：《横州志》，清光绪二十五年刻本，横县文物管理所据该本1983年重印，第88页。桂林图书馆藏。

② （清）王庆云：《石渠余纪》，卷4，纪采办，北京古籍出版社1985年版，第166页。

③ （清）胡醇仁重修：（雍正）《平乐府志》，卷11，赋役，页11—12，故宫珍本丛刊第200册，海南出版社2001年版，第314页。

术、草果、砂仁、滑石、官桂、姜黄、雄黄、山豆根、丁香、乳香、沉香、没药、犀角、片脑等十二味药材三分折二；康熙十年，准许上述药材全部折免。康熙二十年之后，准许上述物资的折色银两免其解部，贮拨兵饷；三十二年，折色银又奉文归入地丁起运项下，逐步解除了对苗疆野生动植物资源的直接征收和掠夺。下面以雍正《平乐府志》和光绪《横州志》等地方志的记载来分析。

《平乐府志》列举了康熙元年至康熙十年准许全部折色的鱼胶、翎毛、香料和药材种类："工部项下鱼胶线，康熙元年每斤折六钱，有铺垫……丁字库翎毛，康熙元年每百根折四分六厘五毫九丝，有水脚。黄麻，康熙元年每斤一分八厘九毫，有水脚。""礼部项下药材：陵苓香每斤银四分，蓬术每斤银三分五厘，草果每斤银六分有水脚。砂仁、滑石、官桂、姜黄、雄黄、山豆根、丁香、乳香、沉香、没药、犀角、片脑十二味，康熙七年三分折二。砂仁一斤九分六厘，滑石一斤三分三毫，官桂一斤七分五厘，姜黄一斤一钱，雄黄一斤一两流钱，山豆根一斤五分，丁香一斤六分，乳香一斤八钱，沉香一斤九两，没药一斤三两，犀角一斤五角，片脑一斤十六两有水脚，本色一分有铺垫，每两三分，于康熙十年全折。"[①]《横州志》的记载与《平乐府志》记载略同，但该书同时还记载了准许上述物资折银免解部的情况："鱼胶线，于康熙元年每斤定价银一钱二分。""翠毛、翎毛、黄麻，俱于康熙元年，奉文折解。""砂仁、滑石、宫桂、姜黄、雄黄、山豆根、丁香、乳香、沉香、没药、犀角、片脑共计一十二味，于康熙七年，奉文三分改折二分。二十五年五月改征折色解部。三十一年正月，奉文免其解部，贮拨兵饷。三十二年九月，奉文归入地丁起运项下。陵苓香、蓬术、草果三味，于康熙七年，奉文折解；三十二年九月，奉文归入地丁起运项下。"[②] 这些和《广西通志》的记载完全吻合："康熙三十二年奉文：姜黄、鱼胶等既已停解，价值银两归入起运项下，造报其本色。"[③]

雍正时期，进一步扩大对野生动植物资源折色的范围，并减少了折

① （清）胡醇仁重修：（雍正）《平乐府志》，卷11，赋役，页11—12，故宫珍本丛刊第200册，海南出版社2001年版，第314页。

② （清）谢钟龄等修、朱秀等纂：《横州志》，清光绪二十五年刻本，横县文物管理所据该本1983年重印，第88页。桂林图书馆藏。

③ （清）谢启昆、胡虔纂：《广西通志》，卷164，经政略十四·土贡，广西师范大学历史系、中国历史文献研究室点校，广西人民出版社1988年版，第4578页。

色的额度。雍正《平乐府志》记载，继康熙元年准许鱼胶线折色“每斤定价银一钱二分”后，“今奉文核减，每斤价银六分五厘”。而其他的翎毛、黄麻及各种药材也在原来折色的基础上再次折减：“礼部项下药材银折色三味银，三分折二十二味银，一分本色银。”府辖各个县折免的额度基本相同：“富川县礼部项下药材银折免三味银。”“贺县礼部项下药材银折色三味银。”“修仁县礼部项下药材折色三味。”“荔浦县礼部项下药材折色三味。三分折二十二味，一分本色。御用监项下翠毛水脚。”“恭城县黄麻、熟铁、翎毛二两四钱七分，鱼胶线、生铜三十一两一钱八分，水脚铺垫四两二钱一分。”[①] 对于一些苗疆特有的物种，均不再直接征收，改为解送折银。如乾隆十二年（1747 年）覆准，四川松潘厅属番民，轮年贡纳贝母，年久苗稀，照例令其纳营，交营折给兵米。[②] 对于苗疆珍贵的白蜡、黄蜡，也允许将征赋折合成银两解送中央，并逐步减少折色银两的金额，而免除对白蜡、黄蜡的直接征收。《石渠余纪》载：“康熙二十七年以四川白蜡道远运难，令折色发充兵饷。”[③] 雍正七年（1729 年）允许湖南黄蜡、白蜡折价解部。[④] 乾隆二十九年减解湖南黄蜡一千三百三十七斤八两。三十四年复停解本色，四十五年起减解白蜡三千八百斤。[⑤]

第五节　清政府减免苗疆与野生动植物资源有关税收的政策

清政府多次减免了苗疆与野生动植物资源有关的各种税收，如山场杂

---

① （清）胡醇仁重修：（雍正）《平乐府志》，卷 11，赋役，页 21、26、35、41、48、52，故宫珍本丛刊第 200 册，海南出版社 2001 年版，第 319、321、325、328、332、334 页。

② 《清会典事例》第二册，卷 165，户部 14 · 田赋，中华书局 1991 年版，第 1100 页。

③ （清）王庆云：《石渠余纪》，卷 4，纪采办，北京古籍出版社 1985 年版，第 166 页。

④ （清）卞宝第、李瀚章等修，曾国荃、郭嵩焘等纂：（光绪）《湖南通志》，卷 58，食货志四 · 矿厂，见《续修四库全书》编纂委员会编《续修四库全书》第 662 册，史部 · 地理类，上海古籍出版社 1995 年版，第 690 页。

⑤ （清）卞宝第、李瀚章等修，曾国荃、郭嵩焘等纂：（光绪）《湖南通志》，卷 58，食货志四 · 矿厂，见《续修四库全书》编纂委员会编《续修四库全书》第 662 册，史部 · 地理类，上海古籍出版社 1995 年版，第 690 页。

税、圩税、土税、小税、鱼税、油税等。这些税收的免除，也间接免除了对苗疆野生动植物资源的征收，使百姓不必为了交纳税收而过度地滥捕滥杀野生动植物，对生态的保护有重要的作用。

康熙七年（1668年）八月二十二日戊子，户部议覆广西巡抚金光祖疏言，桂林等府康熙六年分杂税较康熙五年分所收数少，恐有侵隐，驳令严核。得旨："悬揣驳查，致令累民，其即如该抚所题核销完结。"① 康熙十一年，免各山场杂税二十七处。② 康熙二十八年四月初二日戊辰，上谕定沿海税例："采捕鱼虾船只，及民间日用之物，并糊口贸易，俱免其收税。"③《石渠余纪》载："雍正时，免黔省遵义各山场小税。"④

乾隆时期中央政府在这方面的重要决策就是罢免了各种对苗疆土特产及野生动植物征收的杂税。乾隆元年（1736年），上命除落地税（水陆之珍自远至者有落地税），署两广总督杨永斌请求一并免除了两广地区的渔课。⑤ 乾隆二年中央政府连续下令，免除了广西十五个州县的三十多种杂税。该年三月戊戌户部议覆广西巡抚金鉷疏请："革桂林厂杂税项下食物、草蒜、灰面并牛只等一十四条，北流县临江厂地豆、西瓜、茭笋、菱角、冬瓜、笔、墨、砚、石灰等九条。应如所请。"从之。⑥ 同年六月壬戌户部又议准："广西巡抚杨超曾疏报遵旨裁革杂税，申造清册。桂林府厂鱼税，临桂县墟税，灵川县及永宁州小税，平乐府厂、糖、油、鱼苗、鸬鹚等税，永安州陆路峡口塘盐、木商税，梧州府厂、鱼课、鱼苗、灰饷、渡饷、地租各税，怀集县墟各圩生牛、猪苗小税，直隶郁林州属博白县沙河蕉麻及阴桥、鸦山、詹村各墟小税，柳州府属来宾县小税，庆远府

---

① 《清圣祖实录》，卷26，页24，《清实录》（第四册），《圣祖实录一》，中华书局1985年版，第369页。

② （清）张广泗纂修：《贵州通志》，卷15，食货·蠲恤，页1下，乾隆六年版，桂林图书馆藏。

③ 《清圣祖实录》，卷140，页19，《清实录》（第五册），《圣祖实录二》，中华书局1985年版，第537页。

④ （清）王庆云：《石渠余纪》，卷6，纪杂税，北京古籍出版社1985年版，第278页。

⑤ 赵尔巽等撰：《清史稿》，卷292，列传79·杨永斌传，中华书局1977年版，第三十四册，第10319页。

⑥ 《清高宗实录》，卷38，页18，《清实录》（第九册），《高宗实录一》，中华书局1985年版，第693页。

广南关杂税，思恩府属武缘县各墟小税，并系乡镇村落，离城遥远，难于稽查。又贺县额征花麻地税，并认增杂税，有额无征，概请全行裁革。”从之。[①] 乾隆三年十月壬午，户部议准贵州总督兼管巡抚事张广泗报免征黔省零星土产事宜：“查册开土产，应裁税八十二条，内如櫌锄、箕帚、鱼虾、蔬果等三十余条，系小民日用零星，自应裁革。”[②]《乾隆会典·户部·杂赋》规定：“凡泽国多鱼，其渔者有税，曰鱼课，明代多设河泊所大使以几其征。国朝弛泽梁之禁，惟留江西二所、广东三所，余皆裁革。”[③] 乾隆《白盐井志》也载，乾隆二年上谕事案内禁革集货土税，只收牲税。[④]

第六节　清政府禁止滥捕滥采苗疆动植物资源的政策

一、对老虎的保护

虎曾是广泛分布于我国境内的大型野生动物，有东北虎和华南虎之分。苗疆自古以来就生活着大量的华南虎。历代的观点认为，虎对农业生产具有极大的危害，所以基本上都是以剿杀为主。从孔子“苛政猛于虎”[⑤] 的感叹，我们可以感受到儒家对老虎的否定态度。《庄子·应帝王》

---

① 《清高宗实录》，卷44，页8—9，《清实录》（第九册），《高宗实录一》，中华书局1985年版，第775页。

② 《清高宗实录》，卷78，页6—7，《清实录》（第十册），《高宗实录二》，中华书局1985年版，第225—226页。

③ （清）乾隆二十九年钦定：《钦定大清会典》，卷17，页5上，见（清）纪昀编《四库全书荟要》（乾隆御览本，史部，第三十三册），吉林人民出版社2009年版，第158页。

④ （清）郭存庄纂修：（乾隆）《白盐井志》，卷2，盐赋，页26，故宫珍本丛刊第228册，海南出版社2001年版，第116页。

⑤ 《礼记·檀弓下第四》，见张树国点注《礼记》，中华传世经典阅读丛书，青岛出版社2009年版，第49页。

也有“虎豹之文来田”[①] 的说法，《汉书》《华阳国志》都记载了战国时期秦昭襄王招募勇士灭巴地虎患的故事。[②] 而《水浒传》中武松打虎的英雄故事已在中国家喻户晓。

清代苗疆也多有虎患，但特别需要指出的是，清代统治者并不鼓励杀虎。乾隆三年（1738 年）七月庚辰，湖广总督宗室德沛奏：“楚地多山，猛虎为害，兵役因捕虎损伤者，请照阵亡例赏恤。”遭到乾隆皇帝的驳斥：“此奏迂阔不通之处，难以批谕。”他指出：“虎虽为害，亦应设法除之，即偶被伤损，汝可以酌量优恤，岂有与阵亡一例定赏恤之理？是驱兵丁与猛虎拼命也。若据此识见，何以为封疆大吏。此奏大非。”[③] 乾隆的这一批复，体现出其科学对待虎害的态度。这种富有生态意味的高瞻远瞩的见识，对于抑制苗疆滥捕滥杀老虎起了至关重要的作用，对苗疆官员保护老虎也起了一定的影响作用。想起新中国成立初期，西南许多地方奖励杀虎打虎的规定，让人不禁感慨清政府的先进生态意识。清代的苗疆官员也能颠覆既定的粗浅观念，认识到老虎是对农业有益的野兽。如苗疆重臣鄂尔泰在《先农说》中就认为：“猫食田鼠，虎食田豕，皆有功于稼者也。”[④] 而另外一些文献则反映出部分苗疆官员对虎具有崇拜心理。贵州省榕江县寨蒿区高表寨至色同寨途中的相见坡坳石壁上，刻有一高 1 米的草书“虎”字，落款为“大清光绪己卯年冬月吉日武功将军陈定魁书”，据民国《郎洞分县志》载：“陈定魁，武庠，兰翎都司衔，署郎洞营左军守备。”[⑤] 基于上述认识，清代苗疆的官员对老虎都采取保护的态度，即使遭遇到严重威胁百姓生命财产安全的虎患，也能采取温和的、尽可能无伤害的手段驱逐老虎，而不是一味地赶尽杀绝。

云南省富源县《邑侯任公去思碑记》载：康熙戊寅秋，任公（中宜）来莅，“往者虎出入村郭，残人噬畜，居民恐怖，公手为疏牒，申三日而

① 《庄子·应帝王》，见（战国）庄周《庄子全鉴》，中国纺织出版社 2010 年版，第 70 页。

② （晋）常璩：《华阳国志》（一），中华书局 1985 年版，第 3 页。

③ 《清高宗实录》，卷 73，页 19—20，《清实录》（第十册），《高宗实录二》，中华书局 1985 年版，第 170 页。

④ 王左创修：《息烽县志》，卷 33，献征志·说，页 22 上，民国二十九年成书，贵州省图书馆据息烽档案馆藏本 1965 年复制，桂林图书馆藏。

⑤ 黔东南苗族侗族自治州地方志编纂委员会编：《黔东南苗族侗族自治州志·文物志》，贵州人民出版社 1992 年版，第 82—83 页。

虎屏迹”。[①]《独山县志》记载康熙时期的官员曾作檄告神驱虎：“邵弘堂：康熙五十五年晋独山州刺史，境有虎患，尝作檄告神而农即毙虎于野。”[②]虽然老虎被百姓杀死，但政府官员本身并未直接采取残酷和极端的手段杀害老虎，而是用向上天祈祷的方式驱除虎患，这种做法对保护苗疆的野生老虎种群具有巨大的意义。文献中类似的记载比比皆是。乾隆《玉屏县志》记载了两件当地官员采用温和或神祝方式驱逐老虎的事迹：“枢部万年策晚居碧土寨，足迹罕履城市，一日野服立门外，突有虎从门过，公执芭蕉扇挥之曰：畜生速远徙，勿为此方害，虎睨视公若挽首状，遂摇尾而去。……又总制郑逢元居茂龙塘时，虎大出为患，公家牛豕已被攫食一日，一黑羊乃畜以俟小祥祭母夫人供太牢之选者，虎亦攫去，公自为文诘责土神，言甚痛切，夜忽梦一老人逡巡言曰：理数有定，仁爱无穷，谨如所言，已遣之矣。然此孽畜时亦宜出，止以邻国为壑耳。自是茂龙塘一村无虎患，盖一感于万之盛德，一感于郑一念之孝也。”[③] 文献的记述虽带有强烈的迷信色彩，但当地官员对老虎的爱护与珍惜之心跃然纸上。乾隆《平远州志》记载的当地知州邱国卜的《逐虎文》是地方以祈神方式驱虎的代表作：

逐虎文

乙丑之秋七月，既望平远刺史邱国卜敢昭告于本州城隍神位前，曰维神位正阴府职司，民物有觉，必先无微弗烛卜奉……卜乃莅任未几，叠闻虎入城中，心窃为民忧，额实为民蹙，谓神无灵耶？则卜受天子令以抚寻此民，有利必与，有害必除，神亦受上帝命以默相此邦，宜其俾尔单，厚绥以多福，何突令猛虎越我城屋，谓神有灵耶？卜与神分虽隔乎幽明，心同保乎黎庶，曷不怜我居民率彼旷野而任其食彼牲畜？岂官吏多愆欤？抑州牧不德欤？官吏多愆，则应咎官吏，州牧不德，则应咎州牧，于百姓乎何尤？况郡民灾沴屡见，或以盗报，或以旱呈，又何堪此虎狼之

---

① 富源县志编纂委员会编：《富源县志》，上海古籍出版社1993年版，第750页。

② 王华裔创修：《独山县志》，卷22，宦绩，页3下，民国三年成书，贵州省图书馆据独山县档案馆藏本1965年复制，桂林图书馆藏。

③ （清）赵沁修、田榕纂：《玉屏县志》，卷9，杂记，页22上—23上，乾隆二十年撰，贵州省图书馆据本馆及北京图书馆藏本1965年复制，桂林图书馆藏。

滋毒？然国以民为本，民以畜为命，虎而食畜是食民脂与血矣。食民脂不如啖吾脂，食民血不如啖吾血。神果有灵鉴我心曲直，且龙可屠，蛟可伐，麟可狩，鳄可遣，岂虎甚于蛟龙麟鳄之族，伏祈驱此丑类远涉深谷，毋仍逼我城隅，食民牲物，本州惟兹式凭黎民赖以戬榖，若乃冥顽无知不速徙去，则是明与朝廷命吏抗衡，实民之殃而国之蠹。（公莅任之初，群虎出没不常，乃牒祷城隍，虎群潜遁，地方安堵。）①

这篇《逐虎文》最令人感动的地方在于，当地方发生虎患时，地方官员首先反省自身是否有过错，有没有贪赃枉法，有没有做过对不起百姓的事情，并以一个父母官应有的担当说出"食民脂不如啖吾脂，食民血不如啖吾血"的无私言语。从中可以看出，中国古代的"天道""天谴"等思想对生态保护具有重要的意义。浸淫在"敬天保民"思想中接受教育的清代官员，在遇到野生动物出没的情况时，他们不是把其当作孤立的、偶然的事件来对待，而是认为这一定和人类社会的行为有着某种必然联系。飞鸟、野兽突然降临人间，意味着上天对人类恶行的警示和惩罚，所以，人类尤其是政府官员必须先修正自身，才能消除自然的愤怒，收回惩罚。而虎则是天谴的最主要代表，文献中有关动物出没的事迹都记载于《祥灾》篇中就是明显的证据。正是这种对自然的敬畏，使得政府官员采用神祝方式而不是杀戮方式驱逐老虎。而政府的做法也影响了士族阶层和百姓对虎患的看法和处理方式。《遵义府志》就记载了当地一名世族子弟遭受老虎侵犯后，在剿杀行动失败后，转而开始反省自身、祈祷祖先以消除虎患的故事：

遵义之仁怀多崇山峻岭，茂林深箐，虎惯为之藏焉。强食弱肉，饕餮无厌，以肆其荼毒，以延其种类，以肥其子孙，居民屡被其害而莫可如何。有世家庄春元，智足而谋深，往往预防之，高其干闳，厚其墙垣，密其藩篱，勤其牧养，其虎虽窥伺日久而无隙可入。一日偶乘其疏潜闯其栏，尽损其畜，计值约百金。春元遂鸣之

① （清）刘再向、张大成、谢赐錥纂修：（乾隆）《平远州志》，卷16，艺文·文，页29，故宫珍本丛刊第224册，海南出版社2001年版，第225页。

县官，请健壮兵民操强弓毒矢以与之从事，必歼渠魁庶警余孽，捕之数月，卒莫敢近巢穴。……夫乃悔冥弄巧之成拙，自揣生平殊为寡愆，自怨自艾，焚香以告天而默为之祝曰：春元之祖义胆忠肝，流香史册，奕世共传，春元之父含英咀华，骄吝悉化，后学争夸，春元之身茹蘖饮冰，葆真自守，先绪思承，春元之家和顺满庭，长幼尊卑各敦彝行，昊天曰：明及尔出王，岂容恶兽丧心病狂；昊天曰：旦及尔游衍，无乃苍苍，居高昧远，衣冠瞻礼。毕复诣祖父之神主而泣告曰：不孝子孙小忿累亲，乃父乃宗魄怖魂惊，群邪高张，势莫与争，惟念今之计，忍气吞声，祸淫福善，听诸冥冥哀祷之暇，沐惕惟厉，夜寐夙兴，思征思迈，日积月累，如是三年，仁孝之忱，诚敬之心格于天帝，乃命谢仙为之前驱，祝融为之树帜，统领神将共相诛殛，渠魁碎尸，余孽敛迹，然后知正之所以胜邪在德而不在力。[①]

此外，儒家的“仁”与佛教的“慈悲为怀”等思想对清代官员的影响也较大，他们把这种思想扩展到动物身上，从而对保护物种的多样性起了关键性的作用。对老虎的仁慈态度，使得清代中期以前，苗疆的老虎保持着较多的数量，甚至出现与人类社会和谐共处的情景，这从许多记载都可以看出。《粤行纪事》载，顺治七年（1650 年），“益苍梧之西北，万山攒峙，僮瑶错处，深篁绝嶂，虎狼常出没林谷间”。[②] 康熙时期在广西任学政的陆祚蕃在《粤西偶记》中曰：“陆行竟百里无人烟，出入于茂草丛篁中，路止一线，前后不相顾，脱熊虎蹲其旁伺人肉。”[③]《粤西琐记》载：“粤山多虎，阳朔亦时有之。”[④]《独山县志》载：“康熙三十七年戊寅虎入城。康熙六十一年壬寅七月一虎一豹入城。”[⑤]《平远州志》记载：

---

① （清）黄乐之等修：《遵义府志》，卷 44，艺文三，页 18 下—20 下，道光二十三年修，刻本，桂林图书馆藏。

② （清）瞿昌文：《粤行纪事》，中华书局 1985 年版，第 19 页。

③ （清）陆祚蕃：《粤西偶记》，中华书局 1985 年版，第 2 页。

④ （清）沈日霖：《粤西琐记》，见劳亦安编《古今游记丛钞》（四），卷 36，广西省，台湾中华书局 1961 年版，第 92 页。

⑤ 王华裔创修：《独山县志》，卷 14，祥异，页 1 下—4 上，民国三年成书，贵州省图书馆据独山县档案馆藏本 1965 年复制，桂林图书馆藏。

“康熙四十年始建府堂，是夜两虎入卧，天明不知所去。”[①] 康熙时任平远通判的黄元治著《平远风土记》曰：“虎豹麋鹿亦时时游城中。”[②] 黄元治的《抵平远有感》亦云：“城中虎豹游，堂上鸡豚宿。”[③] 老虎在人类社会中如同普通家畜一样来往自如，这种景象的确非常罕见。《来宾县志》载：“乾隆十二年丁卯岁夏五月，有虎入县城。”[④] 据《黔南州志·林业志》载，乾隆十三年（1748 年），一虎一豹入独山县城。《独山县志·山川》载，寿星山，面临大壑，林密箐深，为虎豹麋鹿蔽。[⑤] 乾隆《沾益州志》载公孙辅《入沾益感怀》也描述了相同的景象：“郡县生荆棘，芋莱翳田畴。夜听虎豹号，昼顾麋鹿游。”[⑥]

二、对大象的保护

苗疆靠近热带的云南、广西都曾生活着大象。清代还出现了一些罕见的保护大象的司法判例和政府公文，反映出地方政府对野生动物的保护。顺治十六年，“吴三桂贡象五，世祖命免送京，云贵总督赵廷臣因乞概停边贡，允之”。[⑦]《广阳杂记》记载了一个非常离奇的“义象之案”，从中可以看出清代政府官员对大象的保护及仁恻之心：

> 吴三桂之来湖南，有象军焉，有四十五只，曾一用之，故长沙人多曾见之。象各有一奴守之，与奴最有情……凡象之于奴皆然也。有

---

① （清）刘再向、张大成、谢赐鋗纂修：（乾隆）《平远州志》，卷 15，灾祥，页 1，故宫珍本丛刊第 224 册，海南出版社 2001 年版，第 209 页。

② （清）刘再向、张大成、谢赐鋗纂修：（乾隆）《平远州志》，卷 16，艺文，页 11，故宫珍本丛刊第 224 册，海南出版社 2001 年版，第 216 页。

③ （清）刘再向修，张大成、谢赐鋗纂：《平远州志》，卷 16，艺文·诗，页 36 下，乾隆二十一年撰，贵州省图书馆据北京图书馆藏本 1964 年复制，桂林图书馆藏。

④ 宾上武修、翟富文纂修：《来宾县志》（一），卷上，页 245，台北成文出版社 1975 年版，第 299 页，中国方志丛书第 201 号。

⑤ 黔南布依族苗族自治州史志编纂委员会编：《黔南州志·林业志》，贵州人民出版社 1999 年版，第 8 页。

⑥ （清）王秉韬纂订：（乾隆）《沾益州志》，卷 4，艺文下，页 40，故宫珍本丛刊第 227 册，海南出版社 2001 年版，第 186 页。

⑦ 赵尔巽等撰：《清史稿》，卷 273，列传 60·赵廷臣传，中华书局 1977 年版，第三十三册，第 10031 页。

一奴牧象，私与一妇戏，偕入草屋中。象见之怒，以鼻扃其门，奴恐，逾垣而出。象以鼻卷奴掷之，颠扑而下，复以牙触奴，糜烂而死。象忽自杀其奴，乃从来未有之事。官司拘象而问之。象忽奔逸而去，人皆披靡，以为其逃也。少焉，卷一妇人来，置之官前，而自跪其官，以鼻触妇人使言，妇人战悸失言，久之始吐其实。官义之，贷其罪，别选奴以牧之。①

有资料显示，清廷尤其是最高统治者还拒绝使用象牙制品，这对大象也是一种非常有利的保护措施。乾隆四十一年（1776年），上谕："象牙织簟，工巧近俗，又不平滑便用，远不及寻常茵席之安适，因亦摒而不用，久有旨毋许再进，此亦可知朕之好尚矣。嗣后各省督抚，除土贡外，毋得复有进献。"② 清廷对象牙制品的拒绝态度，抑制了对大象的滥捕滥杀。贵州省黄平县谷陇乡岩英村立于嘉庆二十三年（1818年）的《例碑》明确规定运送大象时沿途下级地方官吏应尽的保护措施："里司应役遇有象差，起象棚、割象草，过象之后自行拆回（毁），不准书差包懒（揽）。"③ 同治十三年（1874年）十一月，岑毓英所奏《缅甸国王呈进驯象片》中提到，缅甸国王呈进两头驯象，因天气寒冷，不利运送，请到明年春天再送京的要求："至到驯象二只，适值隆冬，沿途霜雪，行走维艰，拟于同治十四年正月天气融和，即委员管解送京，交銮仪卫验收当差。"④ 大象是热带动物，在隆冬季节运送京城，显然对大象生长不利。政府官员能照顾动物的生活习性以利其生命，是非常可贵的。广西太平乡立于光绪十二年（1886年）的《广西布政司札发太平府饲养俘象事项晓谕碑》则记录了官府对一头在战争中俘获的大象的保护。当地政府不仅指派专人喂养，还为大象拨出专门的口粮、钱款，并严禁任何人挪用克扣："兹经酌定札发太平府妥为喂养，每月宽筹口粮以及象奴等工食银

① （清）刘献廷：《广阳杂记》，卷2，中华书局1997年版，第80页。

② 《清会典事例》第五册，卷401，礼部112·风教·禁止贡献，中华书局1991年版，第482页。

③ 黔东南苗族侗族自治州地方志编纂委员会编：《黔东南苗族侗族自治州志·文物志》，贵州人民出版社1992年版，第88页。

④ 广西民族学院广西古籍研究所：《岑毓英奏稿》（上），黄盛陆等点标，广西人民出版社1989年版，第372页。

两，俾资足用。并饬遴派妥员专司其事，随时稽查，不得任听经手随人稍有克扣……其象奴草夫等项工食，如有差役克扣，亦准禀请惩办，决不姑宽，凛遵毋违。"①

三、对其他野生动植物资源的保护

对野生动植物资源危害最大的是渔猎活动，而苗疆许多少数民族在清代时还以渔猎为主要生活方式。为了保护野生动植物资源，苗疆的政府官员严格规范渔猎活动，使其在时间和方式上更趋理性化，符合自然规律的要求，并严禁采取非法手段对动物滥捕滥杀。广西大新县立于雍正八年（1730年）的《恩城土州革除蠹目及禁各项陋规碑》规定不许官吏逼迫百姓从事毒鱼、砍竹等破坏生态资源的行为："除革管鱼蠹役不用，并禁逼民采药闹害河鱼，准免。""除革禁止番人，不许下乡横砍取民簕竹。"② 一些政府还针对以狩猎为生的少数民族规定了狩猎的法定时间、次数和人数，以减少对动物的掠夺性猎杀。乾隆年间，太子少保、川陕总督庆复令贫番"岁五六月许出猎，限一次，寨限十五人"。③ 据《黔南州志·林业志》载，宣统二年（1910年），龙里正堂廖基本在城东1.5公里处龙家坡半腰立一防火碑，上书："时值春令，草木发荣；虫物蛰动，同系生灵；放火烧山，忍付一烬；出示禁止，违拿责惩。"④ 苗疆少数民族有刀耕火种的习俗，这对野生动植物资源破坏很大，从这份防火碑，可以看出苗疆官员对野生动植物资源的爱护。苗疆的土官在野生动植物保护方面也发挥了一定的作用。他们在各自辖区内发布的各种条规、禁令，属于官方的法律文件。在这些文件中，也常常涉及生态保护的内容。《广西少数民族地区碑刻、契约资料集》记载的两份南宁地区天等县结土官文稿，内容包括严禁

---

① 广西民族研究所编：《广西少数民族地区石刻碑文集》，广西人民出版社1982年版，第132—133页。

② 广西民族研究所编：《广西少数民族地区石刻碑文集》，广西人民出版社1982年版，第17—18页。

③ 赵尔巽等撰：《清史稿》，卷297，列传84·庆复传，中华书局1977年版，第三十四册，第10396页。

④ 黔南布依族苗族自治州史志编纂委员会编：《黔南州志·林业志》，贵州人民出版社1999年版，第8页。

滥采野生植物、滥捕鱼类资源等，体现出土官较强的生态保护意识和对生态破坏行为的严格治理：

严禁偷摘扁桃果签示

州正堂签示。照得本州原有〇村扁桃果，现届就将成熟，合行签示该村头人看守，不许闲杂人等私行偷摘。倘有何人偷摘者，仰尔头人，立即拿获，赴衙门重究不贷。各宜凛遵，毋违特示。[①]

严禁鳊鱼会聚众借端滋事传票

为缉拿匪事，照得现届仲春鳊鱼之会聚，常有匪徒迹借端滋事，合行票仰，为此票差该役，即便协同圩长□□，前去巡查。遇有渔户□□，查明各船户系本境或外来，其中有无口数，逐一细查列单呈报。倘有不法之徒，许即锁拿赴衙门法究。至鳊鱼朝会向有定例，税鱼八十口。毋得借端滋事，致干未便，究治不贷，火速须票。[②]

由于苗疆官员的悉心治理，苗疆的野生动植物资源包括鸟、兽、虫、鱼等都呈现出一派生机勃勃的情景。清代苗疆文献中有许多关于政府官署中常有野生动物出没的记载。如《黔记》记载遵义县府署有巨蟒和青蛙生活的情景："遵义县府署有方池，池水绿色，其旁石穴中有巨蟒，时或见之，府署有绿蛙长二尺大如斗。"[③]《黔记》后序也有诗歌曰："钓双明之鲤，澄潭忽青，喧官廨之蛙，方池自碧。"[④] 野生动物在政府官衙中恣意生长而没有遭到驱逐和消灭，这在现代看来是不可想象的事情。笔者不禁想起关于美国总统府白宫草坪上有松鼠等小动物活动的报道。如果政府首先能做到和野生动物和谐共处，那么整个社会形成保护动物的风尚也就不待言了。乾隆《平远州志》记载："康熙十九年麃鹿

---

① 广西壮族自治区编辑组编：《广西少数民族地区碑刻、契约资料集》，广西民族出版社1987年版，第134页。

② 广西壮族自治区编辑组编：《广西少数民族地区碑刻、契约资料集》，广西民族出版社1987年版，第134页。

③ （清）李宗昉撰：《黔记》，卷2，页12下，嘉庆十八年撰，线装一册四卷，桂林图书馆藏。

④ （清）李宗昉撰：《黔记》，跋，页2上，嘉庆十八年撰，线装一册四卷，桂林图书馆藏。

进城。"[1] 乾隆《南笼府志》记载："兽则豹、麂、獐、兔、野狗、野羊之属见于山箐，至于虎、豕、鹿则际太平久，间有之，非常物也。"[2]《熙朝新语》载："嘉庆辛酉，郫县天后宫紫擅花盛开，花类牵牛，有小鸟翔鸣其间，丹喙金距。文彩遍体，形似凤而小，群鸟随之不可胜数。"[3] 民国《独山县志》的记载则反映出，直至清末，当地物种的多样性仍然保存完好：

> 雍正八年庚戌三月十八日东岳圣诞，黎明方叩祝，白鹤数十来翔殿内，有顷集于殿前三官楼顶。
>
> 乾隆五十八年壬子龙德桥下潭大鱼见，鱼长丈许，大数十围，色红光射百步。
>
> 同治十年辛未多豺夜入城伤人。
>
> 光绪三十三年丁未鸡场硝洞出蛟。
>
> 光绪三十四年戊申上司有蝴蝶翅大若扇。[4]

---

① （清）刘再向、张大成、谢赐鋗纂修：（乾隆）《平远州志》，卷 15，灾祥，页 2，故宫珍本丛刊第 224 册，海南出版社 2001 年版，第 210 页。

② （清）李连溪辑：（乾隆）《南笼府志》，卷 2，地理·土产，页 14—15，故宫珍本丛刊第 223 册，海南出版社 2001 年版，第 23—24 页。

③ （清）余金辑：《熙朝新语》，卷 16，上海古籍书店 1983 年版，第 3 页上。

④ 王华裔创修：《独山县志》，卷 14，祥异，页 1 下—4 上，民国三年成书，贵州省图书馆据独山县档案馆藏本 1965 年复制，桂林图书馆藏。

结束语

治国莫重于治边。但历代以来，中央政府治理的重点都放在内地，边疆地区措意甚浅，“嬴秦以来，以守令为治，台省铨除，莫不以内地为重，以边远为轻”，[①] 但事实证明，边疆地区的治理同样重要甚至更为重要。边疆地区的生态环境保护具有深远的政治意义与国防意义，因为其牵涉民族、人权等多个层面的问题。如果我们能治理好边疆民族地区的生态环境，就为能解决多个层面的问题提供一个良好的平台。清代，尤其是中前期的政府，在这方面提供了一些可资借鉴的制度，我们不可一概予以摒弃，而是应该采取辩证的态度，对其进行批判的吸收。

在清代以前，华夏历史上曾出现过不少少数民族入主中原的事例，但几乎都逃脱不了“其兴也勃，其亡也忽”的短命结局。有人总结，这是因为双方“有法”与“无法”的差异造成的：“夫蛮夷而用中国之法，岂能尽如中国哉！苟不能尽如中国而杂用其法，则是佩王服韨冕垂旒而欲骑射也。”“其心固安于无法也，而束缚于中国之法。”[②] 相较之下，清代在少数民族政权中的统治时间是最长的。这其中最主要的原因，一是其对中原传统文化不遗余力的吸收与融合，二是其不仅全盘接受了明代遗留下来的中华法律体系，而且还针对不同民族区域适用不同的法律制度，从而完成了“无法”到“有法”的华丽转身。因此说，清代的民族法律体制是历代成就最高者，恐怕连汉、唐都不能出其右，因为后二者没有制定出专门针对民族地区的立法。虽然许多人对清这一朝代的存在颇有非议，认为它只不过把早已腐朽的专制制度又拉长了二百多年而已。但从某些方面来说，

---

① （明）顾炎武：《天下郡国利病书》（十一），卷27，广东上，页1上，台湾商务印书馆1966年版，上海涵芬楼影印自昆山图书馆藏稿本，四部丛刊续编080册。

② 《策断三首》，见（明）冯琦编纂《经济类编》（十四），卷69，边塞类二·御夷二，页54下—55上，台北成文出版社1968年版，第7895页。

这一朝代的统治者为自己政权存在的合理性确实作了一定的努力。明末兵败如山倒的惨痛教训及清代在较短的时期内赢得中原士大夫和普通民众认可的现象是值得我们深思的。笔者最初对清代并无特殊的偏好，但在收集资料的过程中，逐渐从中立转向肯定甚至“惊艳”。抛开其末期给中华民族带来的耻辱历史不说，单从清代历任政府对苗疆生态保护政策这一领域看，这一政权还是不能被全面否定的。从整体上说，清政府对苗疆生态环境采取了多项保护措施，比明代有一定的进步，有些制度还颇为先进。这些制度、政策、措施对促进苗疆生态环境的保护所起的作用是必须加以肯定的。笔者希望通过对清政府保护苗疆生态环境治理政策的整理，促进西南少数民族地区的生态制度建设，并期待这一地区的相关施政能有所借鉴和考虑。

笔者的博士论文是《石缝中的生态法文明：中国西南亚热带岩溶地区少数民族生态保护习惯研究》，在查询文献资料的过程中，笔者发现了大量清政府保护苗疆生态环境的资料。由于博士论文是从纯民间的视角写作的，所以这些官方的材料无法应用，但笔者还是一一摘录下来，并打算在博士论文完成后，将这些资料整理，写成一部《清政府对苗疆生态环境的保护》的著作。因此，在笔者 2010 年博士毕业后，就将此课题作为博士后研究项目。经过两年多的认真写作，如今这部著作已全部完成。所以，这部著作可以看作是博士论文的姊妹篇。二者之间的联系是显而易见的，在研究地域上、研究主题上，二者都有一定的重合性。但必须强调的是二者之间的区别。第一，研究的视角不同。《石缝中的生态法文明：中国西南亚热带岩溶地区少数民族生态保护习惯研究》是从民间法文化的角度对西南少数民族进行的研究，而《清政府对苗疆生态环境的保护》则是从纯官方的角度进行的研究。第二，研究的时间序列不同。《石缝中的生态法文明：中国西南亚热带岩溶地区少数民族生态保护习惯研究》的时间跨度较大，几乎从西南少数民族开天辟地一直至当代，而《清政府对苗疆生态环境的保护》则是断代史的研究。第三，研究方法不同。《石缝中的生态法文明：中国西南亚热带岩溶地区少数民族生态保护习惯研究》注重实践材料的分析，包含大量的田野调查，而《清政府对苗疆生态环境的保护》则注重对历史文献的分析。正因为如此，二者所使用的材料是截然不同的，而且研究领域绝不可混为一谈。当然，二者之间也存在一定范围的互动关系，如在森林资源和水资源的保护中，官方司法对民间习惯某种程度的认可等，这在有关章节都已论述。

参考文献

一、古籍类

1.《清实录》，中华书局 1985 年版。

2.《大清十朝圣训》，台北文海出版社 1965 年版。

3.（清）蒋良骐：《东华录》，中华书局 1980 年版。

4.《清会典》，中华书局 1991 年版。

5.《钦定大清会典》，台北新文丰出版公司 1976 年版。

6.《清会典事例》，中华书局 1991 年版。

7.（清）席裕福、沈师徐辑：《皇朝政典类纂》，台北文海出版社 1982 年版。

8.《清朝文献通考》，清高宗敕撰殿本，台北新兴书局 1965 年版。

9. 故宫博物院编：《大清律例》，海南出版社 2000 年版。

10.《大清律例》，张荣铮等点校，天津古籍出版社 1995 年版。

11.（清）沈之奇撰：《大清律辑注》，怀效锋、李俊点校，法律出版社 2000 年版。

12. 故宫博物院编：《钦定户部鼓铸则例》影印本，海南出版社 2000 年版。

13. 故宫博物院编：《钦定户部则例》，影印本，海南出版社 2000 年版。

14. 赵尔巽等撰：《清史稿》，中华书局 1977 年版。

15.（清）纪昀等总纂：《文渊阁四库全书》，台湾商务印书馆 1983 年版。

16.《续修四库全书》编纂委员会编：《续修四库全书》，上海古籍出版社 1995 年版。

17. 陈戍国校注：《尚书校注》，岳麓书社 2004 年版。
18. （春秋）左丘明：《左传》，柴剑虹、李肇翔主编《春秋左传》，中国古典名著百部·史书类，九州出版社 2001 年版。
19. （战国）庄周：《庄子全鉴》，中国纺织出版社 2010 年版。
20. （汉）司马迁撰：《史记》，中华书局 1959 年版。
21. （汉）班固撰：《汉书》，（唐）颜师古注，中华书局 1962 年版。
22. （晋）常璩：《华阳国志》，中华书局 1985 年版。
23. （唐）刘恂：《岭表录异》，鲁迅校勘，广东人民出版社 1983 年版。
24. （宋）范晔撰：《后汉书》，（唐）李贤等注，中华书局 1973 版。
25. （元）脱脱等撰：《宋史》，中华书局 1977 年版。
26. （清）张廷玉：《明史》，海南国际新闻出版中心 1996 年版。
27.《明实录》，李晋华等校，上海古籍书店 1983 年版。
28. （清）夏燮：《明通鉴》，沈仲九标点，中华书局 1980 年版。
29. （明）朱孟震：《西南夷风土记》，台湾广文书局 1979 年版。
30. （明）田汝成：《炎徼纪闻》，商务印书馆 1936 年版。
31. （明）王士性：《广志绎》，中华书局 1981 年版。
32. （明）刘锡玄撰：《黔牍偶存》，贵州省图书馆据北京图书馆藏本 1965 年复制，桂林图书馆藏。
33. （明）钱古训：《百夷传》，江应樑校注，云南人民出版社 1980 年版。
34. （明）谢肇淛：《百粤风土记》，《中国风土文献汇编》（一），全国图书馆文献缩微复制中心 2006 年版。
35. （明）郭子章撰：《黔记》，明万历三十六年撰，贵州省图书馆据上海图书馆、南京图书馆、贵州省博物馆藏本 1965 年复制，桂林图书馆藏。
36. （明）王耒贤、许一德纂修：（万历）《贵州通志》，书目文献出版社 1991 年版。日本藏中国罕见地方志丛刊。
37. （明）陈以跃纂修：（万历）《铜仁府志》，书目文献出版社 1992 年版。日本藏中国罕见地方志丛刊。
38. （明）徐栻修、张泽等纂：（隆庆）《楚雄府志》，书目文献出版社 1992 年版。日本藏中国罕见地方志丛刊。
39. （明）方瑜纂辑：（嘉靖）《南宁府志》，书目文献出版社 1991 年版。日本藏中国罕见地方志丛刊。

40. （明）郭棐纂修：（万历）《太平府志》，书目文献出版社 1992 年版。日本藏中国罕见地方志丛刊。
41. （明）钟添等修：《嘉靖思南府志》，明嘉靖间成书，上海古籍书店据宁波天一阁藏明嘉靖刻本 1962 年影印，桂林图书馆藏。
42. （明）林希元纂修：《钦州志》，陈秀南点校，中国人民政治协商会议灵山县委员会文史资料委员会 1990 年编印。
43. （清）屈大均：《广东新语》，中华书局 2006 年版。
44. （清）刘献廷：《广阳杂记》，中华书局 1997 年版。
45. （清）萧奭：《永宪录》，中华书局 1997 年版。
46. （清）王庆云：《石渠余纪》，北京古籍出版社 1985 年版。
47. （清）余金辑：《熙朝新语》，上海古籍书店 1983 年版。
48. （清）王士禛：《池北偶谈》，中华书局 1984 年版。
49. （清）钱泳：《履园丛话》，中华书局 1997 年版。
50. （清）王士禛撰：《古夫于亭杂录》，中华书局 1997 年版。
51. （清）赵翼：《簷曝杂记》，中华书局 1982 年版。
52. （清）陈康祺：《郎潜纪闻四笔》，中华书局 1997 年版。
53. （清）梁章钜撰：《浪迹丛谈》，中华书局 1997 年版。
54. （清）梁章钜：《归田琐记》，于亦时校点，中华书局 1981 年版。
55. （清）王培荀：《乡园忆旧》（道光刊本），齐鲁书社 1993 年版。
56. （清）俞正燮：《癸巳存稿》，中华书局 1985 年版。
57. （清）魏源撰：《圣武记》（上、下），中华书局 1984 年版。
58. （清）徐家干：《苗疆闻见录》，吴一文校注，贵州人民出版社 1997 年版。
59. （清）但湘良纂：《湖南苗防屯政考》，台北成文出版社 1968 年版。中国方略丛书第一辑第 23 号。
60. （清）周存义：《平瑶述略》，上卷，道光十三年刻本。
61. （清）徐珂编撰：《清稗类钞》，中华书局 1984 年版。
62. （清）陆次云：《峒谿纤志》，中华书局 1985 年版。
63. （清）鄂容安等撰、李致忠点校：《鄂尔泰年谱》，中华书局 1993 年版。
64. （清）林则徐：《林文忠公政书》，商务印书馆 1936 年版。国学基本丛书。

65. （清）王锡祺编：《小方壶斋舆地丛钞》，上海著易堂光绪十七年印行。
66. （清）王锡祺编录：《小方壶斋舆地丛钞三补编》，辽海出版社2005年版。
67. （清）王先谦：《荀子集解》，中华书局1988年版。
68. （清）卫既齐主修：《贵州通志》，康熙三十一年撰，贵州省图书馆据上海图书馆、南京图书馆、贵州省博物馆藏本1965年复制，桂林图书馆藏。
69. （清）潘文芮撰：《贵州志稿》，乾隆初年撰，贵州省图书馆据北京图书馆藏紫江存宿堂钞本1965年复制，桂林图书馆藏。
70. （清）张广泗纂修：《贵州通志》，乾隆六年版，桂林图书馆藏。
71. （清）李宗昉撰：《黔记》，嘉庆十八年撰，线装一册四卷，桂林图书馆藏。
72. （清）吴振棫：《黔语》，上海书店1994年影印本。
73. （清）张澍：《续黔书》，台北成文出版社1967年版，中国方志丛书第160号。
74. （清）爱必达：《黔南识略》，台北成文出版社1968年版，中国方志丛书第151号。
75. （清）罗绕典辑：《黔南职方纪略》，台北成文出版社1974年版，中国方志丛书第277号。道光二十七年刊本。
76. （清）张其文纂修：《龙泉县志》，康熙四十八年撰，贵州省图书馆据浙江图书馆藏本1965年复制，桂林图书馆藏。
77. （清）夏文炳纂：《定番州志》，贵州惠水县长陈惠夫民国三十三年据康熙五十七年本校印，桂林图书馆藏。
78. （清）罗文思重修：（乾隆）《石阡府志》，故宫珍本丛刊第222册，海南出版社2001年版。
79. （清）蔡宗建主修，龚传绅、尹大璋纂辑：（乾隆）《镇远府志》，故宫珍本丛刊第224册，海南出版社2001年版。
80. （清）郝大成纂修：（乾隆）《开泰县志》，故宫珍本丛刊第225册，海南出版社2001年版。
81. （清）艾茂、谢庭熏纂修：（乾隆）《独山州志》，故宫珍本丛刊第225册，海南出版社2001年版。

82. （清）毛嶅、朱阳、冯杰英、刘擕纂修：（乾隆）《晋宁州志》，故宫珍本丛刊第226册，海南出版社2001年版。
83. （清）董枢、官学诗、罗云禧、杜国英纂修：（乾隆）《续修河西县志》，故宫珍本丛刊第227册，海南出版社2001年版。
84. （清）李连溪辑：（乾隆）《南笼府志》，故宫珍本丛刊第223册，海南出版社2001年版。
85. （清）董朱英重修：（乾隆）《毕节县志》，故宫珍本丛刊第223册，海南出版社2001年版。
86. （清）王粤麟主修，曹维祺、曹达纂修：（乾隆）《普安州志》，故宫珍本丛刊第223册，海南出版社2001年版。
87. （清）赵沁修、田榕纂：《玉屏县志》，乾隆二十年撰，贵州省图书馆据本馆及北京图书馆藏本1965年复制，桂林图书馆藏。
88. （清）刘再向修，张大成、谢赐錩纂：《平远州志》，乾隆二十一年撰，贵州省图书馆据北京图书馆藏本1964年复制，桂林图书馆藏。
89. （清）陈世盛修：《绥阳志》，乾隆二十四年撰，贵州省图书馆据北京图书馆藏本1964年复制，桂林图书馆藏。
90. （清）李其昌纂修：《南笼府志》，乾隆二十九年修，刻本，贵州省图书馆据湖北省图书馆藏本1965年复制，桂林图书馆藏。
91. （清）刘永安、李秉炎、和隆武重修：（嘉庆）《黔西州志》，故宫珍本丛刊第224册，海南出版社2001年版。
92. （清）敬文等修、徐如澍纂：《铜仁府志》，道光四年成书，贵州省图书馆据该馆、中国科学院南京地理研究所、南京图书馆藏本1965年复制，桂林图书馆藏。
93. （清）夏修恕等修：《思南府续志》，道光二十年成书，贵州省图书馆据四川省图书馆藏刻本1966年复制，桂林图书馆藏。
94. （清）黄乐之等修：《遵义府志》，道光二十三年修，刻本，桂林图书馆藏。
95. （清）张瑛纂修：《兴义府志》，咸丰三年成书，贵州省图书馆1982年复制，桂林图书馆藏。
96. （清）修武谟辑：《永宁州志补遗》，咸丰四年撰，贵州省图书馆据四川省图书馆藏本1964年复制，桂林图书馆藏。
97. （清）王正玺纂修：《毕节县志稿》，同治十年撰，贵州省图书馆据南京大学图书馆藏本 1965 年复制，桂林图书馆藏。
98. （清）金鉷修，钱元昌、陆纶纂：《广西通志》，桂林图书馆 1964 年抄本。
99. （清）谢启昆、胡虔纂：《广西通志》，广西师范大学历史系、中国历史文献研究室点校，广西人民出版社 1988 年版。
100. （清）张心泰：《粤游小志》，1884 年清光绪年间排印本，桂林图书馆藏。
101. （清）瞿昌文：《粤行纪事》，中华书局 1985 年版。
102. （清）陆祚蕃：《粤西偶记》，中华书局 1985 年版。
103. （清）汪森编辑：《粤西文载》黄盛陆等校点，广西人民出版社 1990 年版。
104. （清）张邵振、杨齐敬纂修：（康熙）《上林县志》，故宫珍本丛刊第 195 册，海南出版社 2001 年版。
105. （清）单此藩总修：（康熙）《灌阳县志》，故宫珍本丛刊第 198 册，海南出版社 2001 年版。
106. （清）黄大成纂修：（康熙）《平乐县志》，故宫珍本丛刊第 199 册，海南出版社 2001 年版。
107. （清）董绍美、文若甫重修：（雍正）《钦州志》，故宫珍本丛刊第 203 册，海南出版社 2001 年版。
108. （清）甘汝来纂修：（雍正）《太平府志》，故宫珍本丛刊第 195 册，海南出版社 2001 年版。
109. （清）胡醇仁重修：（雍正）《平乐府志》，故宫珍本丛刊第 200 册，海南出版社 2001 年版。
110. （清）李文琰总修：（乾隆）《庆远府志》，故宫珍本丛刊第 196 册，海南出版社 2001 年版。
111. （清）王锦总修：（乾隆）《柳州府志》，故宫珍本丛刊第 197 册，海南出版社 2001 年版。
112. （清）吴九龄、史鸣皋纂修：（乾隆）《梧州府志》，故宫珍本丛刊第 201 册，海南出版社 2001 年版。
113. （清）王巡泰修：（乾隆）《兴业县志》，故宫珍本丛刊第 202 册，海南出版社 2001 年版。
114. （清）吴志绾主修：（乾隆）《桂平县志》，故宫珍本丛刊第 202 册，海南出版社 2001 年版。
115. （清）叶承立纂辑：（乾隆）《富川县志》，故宫珍本丛刊第 202 册，海南出版社 2001 年版。
116. （清）何御主修：（乾隆）《廉州府志》，故宫珍本丛刊第 204 册，海南出版社 2001 年版。
117. （清）李炘重修：（嘉庆）《永安州志》，故宫珍本丛刊第 199 册，海南出版社 2001 年版。
118. （清）蔡呈韶等修、胡虔等纂：《临桂县志》，台北成文出版社 1967 年版，中国方志丛书第 15 号。嘉庆七年修，光绪六年补刊本。
119. （清）陶壿修、陆履中等纂：《恭城县志》，光绪十五年刊本，台北成文出版社 1968 年影印，中国方志丛书第 122 号。
120. （清）羊复礼修、梁年等纂：《镇安府志》，台北成文出版社 1967 年版，中国方志丛书第 14 号。据光绪十八年刻本复制。
121. （清）冯德材等修、文德馨等纂：《郁林州志》，台北成文出版社 1967 年版，中国方志丛书第 23 号。光绪二十年刊本。
122. （清）谢钟龄等修、朱秀等纂：《横州志》，清光绪二十五年刻本，横县文物管理所据该本 1983 年重印。桂林图书馆藏。
123. （清）徐作梅修、李士琨纂：《北流县志》，台北成文出版社 1975 年版。中国方志丛书第 198 号。
124. （清）袁嘉谷修：《滇绎》，清光绪癸亥年（1903 年）成书，昆明王燦民国十二年排印，桂林图书馆藏。
125. （清）谢圣纶辑：《滇黔志略》，古水继点校，贵州人民出版社 2008 年版。
126. 佚名撰：《铜政便览》，见刘兆祐主编《中国史学丛书三编》第一辑，台湾学生书局 1986 年版。
127. （清）汪熙总修：（康熙）《嵩明州志》，故宫珍本丛刊第 226 册，海南出版社 2001 年版。
128. （清）李月枝纂修：（康熙）《寻甸州志》，故宫珍本丛刊第 227 册，海南出版社 2001 年版。
129. （清）张伦至纂修：（康熙）《安南州志》，故宫珍本丛刊第 229 册，海南出版社 2001 年版。
130. （清）邹启孟纂修：（康熙）《鹤庆府志》，故宫珍本丛刊第 232 册，海南出版社 2001 年版。
131. (清) 朱若功纂修:(雍正)《呈贡县志》,故宫珍本丛刊第 226 册,海南出版社 2001 年版。
132. (清) 郭廷偿、吴之良、杨大鹏、萧世琬纂辑:(乾隆)《续编路南州志》,故宫珍本丛刊第 226 册,海南出版社 2001 年版。
133. (清) 王秉韬纂订:(乾隆)《沾益州志》,故宫珍本丛刊第 227 册,海南出版社 2001 年版。
134. (清) 王诵芬纂:(乾隆)《宜良县志》,故宫珍本丛刊第 227 册,海南出版社 2001 年版。
135. (清) 郭存庄纂修:(乾隆)《白盐井志》,故宫珍本丛刊第 228 册,海南出版社 2001 年版。
136. (清) 徐正恩纂修:(乾隆)《新兴州志》,故宫珍本丛刊第 228 册,海南出版社 2001 年版。
137. (清) 陈奇典纂修:(乾隆)《永北府志》,故宫珍本丛刊第 229 册,海南出版社 2001 年版。
138. (清) 秦仁、王纬纂辑:(乾隆)《弥勒州志》,故宫珍本丛刊第 229 册,海南出版社 2001 年版。
139. (清) 黄元治、张泰豪纂修:(乾隆)《大理府志》,故宫珍本丛刊第 230 册,海南出版社 2001 年版。
140. (清) 李焜续修:(乾隆)《蒙自县志》,故宫珍本丛刊第 230 册,海南出版社 2001 年版。
141. (清) 赵淳、杜唐纂修:(乾隆)《赵州志》,故宫珍本丛刊第 231 册,海南出版社 2001 年版。
142. (清) 由云龙修:《高峣志》,清光绪癸亥年(1903 年)成书,昆明王燦民国十二年年排印,桂林图书馆藏。
143. (清) 林则徐等修、李希玲纂:《广南府志》,清光绪三十一年重抄本,台北成文出版社 1967 年版。中国方志丛书第 27 号。
144. (清) 贾构修、易文炳、向宗乾纂:(乾隆)《续增城步县志》,书目文献出版社 1992 年版。日本藏中国罕见地方志丛刊。
145. (清) 刘道著修、钱邦已纂:(康熙)《永州府志》,书目文献出版社 1992 年版,日本藏中国罕见地方志丛刊。
146. (清) 黄志璋纂修:(康熙)《麻阳县志》,书目文献出版社 1992 年版。日本藏中国罕见地方志丛刊。
147. （清）吕宣会纂修：（乾隆）《直隶靖州志》，故宫珍本丛刊第162册，海南出版社2001年版。
148. （清）瑭珠纂修：（乾隆）《芷江县志》，故宫珍本丛刊第162册，海南出版社2001年版。
149. （清）潘曙、杨盛芳纂修：（乾隆）《凤凰厅志》，故宫珍本丛刊第164册，海南出版社2001年版。
150. （清）高自立、蔡如杞主修：（乾隆）《益阳县志》，故宫珍本丛刊第164册，海南出版社2001年版。
151. （清）张家鼎、陶成怀纂修：（嘉庆）《恩施县志》，故宫珍本丛刊第143册，海南出版社2001年版。
152. （清）李来章：《连阳八排风土记》，台北成文出版社1967年版，中国方志丛书第118号。
153. （清）杨楚枝、谭有德重修：（乾隆）《连州志》，故宫珍本丛刊第171册，海南出版社2001年版。
154. （清）万光谦重修：（乾隆）《阳山县志》，故宫珍本丛刊第171册，海南出版社2001年版。
155. （清）箫应植主修：（乾隆）《琼州府志》，故宫珍本丛刊第189册，海南出版社2001年版。
156. （清）杨宗叶纂修：（乾隆）《琼山县志》，故宫珍本丛刊第191册，海南出版社2001年版。
157. （清）董维祺修、冯懋柱纂：（康熙）《涪州志》，书目文献出版社1992年版。日本藏中国罕见地方志丛刊。
158. （清）顾奎光总裁、李湧编纂：（乾隆）《泸溪县志》，故宫珍本丛刊第163册，海南出版社2001年版。
159. 王华裔创修：《独山县志》，民国三年成书，贵州省图书馆据独山县档案馆藏本1965年复制，桂林图书馆藏。
160. 贵定县采访处呈稿：《贵定县志稿》，第一期呈稿，民国八年呈稿，贵州省图书馆据上海图书馆、中国科学院南京地理研究所藏本1964年复制，桂林图书馆藏。
161. 朱嗣元修：《施秉县志》，民国九年撰，贵州省图书馆据施秉县档案馆藏本1965年复制，桂林图书馆藏。

162. 宋绍锡纂修：《南笼续志》，民国十年稿本，贵州省安龙档案馆据1921年稿本1986年复制，桂林图书馆藏。
163. 陈昭令等修：《黄平县志》，民国十年成书，贵州省图书馆据黄平县档案馆藏本1965年复制，桂林图书馆藏。
164. 婺川县修志局汇辑纂：《婺川县备志》，民国十一年撰，贵州省图书馆据上海图书馆藏本1965年复制，桂林图书馆藏。
165. 阮略纂修：《剑河县志》，民国三十三年修，贵州省图书馆据光绪戊戌程番傅氏家藏刻本1963年复制，桂林图书馆藏。
166. 王左创修：《息烽县志》，民国二十九年成书，贵州省图书馆据息烽档案馆藏本1965年复制，桂林图书馆藏。
167. 潘宝疆修、卢钞标纂：《钟山县志》，台北学生书局1968年版，民国二十二年铅印本。
168. 佚名：《贺县志》，台北成文出版社1967年版，中国方志丛书第20号，民国二十三年铅印本。
169. 佚名纂：《岑溪县志》，台北成文出版社1967年版。中国方志丛书第133号。民国二十三年本。
170. 玉昆山纂：《信都县志》，台北成文出版社1967年版，中国方志丛书第132号。民国二十五年刊本。
171. 黎启勋、张岳霖等修：《阳朔县志》，民国二十五年石印本。台北成文出版社1968年版，中国方志丛书·华南地方·第二〇四号。
172. 何其英等修、谢嗣农纂：《柳城县志》，台北成文出版社1967年版。中国方志丛书第127号。
173. （民国）柳江县政府修：《柳江县志》，刘汉忠、罗方贵点校，广西人民出版社1998年版。
174. 黄旭初等修、刘宗尧纂：《迁江县志》，台北成文出版社1967年版，中国方志丛书第136号。
175. 黄旭初修、岑启沃纂：《田西县志》，台北成文出版社1975年版。中国方志丛书第199号。
176. 宾上武修、翟富文纂修：《来宾县志》，台北成文出版社1975年版，中国方志丛书第201号。
177. 何景熙修、罗增麟纂：《凌云县志》，台北成文出版社1974年版，中国方志丛书第202号。

178. 黄旭初修、吴龙辉纂：《崇善县志》，台北成文出版社 1975 年版，中国方志丛书第 203 号。
179. 梁杓修、吴瑜等纂：《思恩县志》，台北成文出版社 1975 年版，中国方志丛书第 216 号。
180. 董广布修，陈荣昌、顾视高纂：《续修昆明县志》，1939 年排印本。桂林图书馆藏。

二、今人著作

1. ［英］S. 斯普林克尔：《清代法制导论——从社会学角度加以分析》，张守东译，中国政法大学出版社 2000 年版。
2. ［美］瞿同祖：《清代地方政府》，范忠信、晏锋译，法律出版社 2003 年版。
3. ［美］黄宗智：《法典、习俗与司法实践：清代与民国的比较》，上海书店出版社 2003 年版。
4. ［日］织田万：《清国行政法》，李秀清、王沛点校，中国政法大学出版社 2003 年版。
5. 苏亦工：《明清律典与条例》，中国政法大学出版社 2000 年版。
6. 刘广安：《清代民族立法研究》，中国政法大学出版社 1993 年版。
7. 杜文忠：《边疆的法律：对清代治边法制的历史考察》，人民出版社 2004 年版。
8. 张晋藩：《清律研究》，法律出版社 1992 年版。
9. 张晋藩主编：《清朝法制史》，法律出版社 1994 年版。
10. 张晋藩：《清代民法综论》，中国政法大学出版社 1998 年版。
11. 梁治平：《清代习惯法：社会与国家》，中国政法大学出版社 1996 年版。
12. 郑秦：《清代法律制度研究》，中国政法大学出版社 2000 年版。
13. 郭松义等：《清朝典制》，吉林文史出版社 1993 年版。
14. 怀效锋：《明清法制初探》，法律出版社 1998 年版。
15. 王志强：《法律多元视角下的清代国家法》，北京大学出版社 2003 年版。
16. 徐晓光：《中国少数民族法制史》，贵州民族出版社 2002 年版。

17. 方慧主编：《云南法制史》，中国社会科学出版社 2005 年版。
18. 严足仁编：《中国历代环境保护法制》，中国环境科学出版社 1990 年版。
19. 蒲坚主编：《中国历代土地资源法制研究》，北京大学出版社 2006 年版。
20. 田东奎：《中国近代水权纠纷解决机制研究》，中国政法大学出版社 2006 年版。
21. ［日］佐藤楚材编辑：《清朝史略》，石印书局，清光绪二十八年版。
22. 萧一山：《清代通史》，中华书局 1986 年版。
23. 朱诚如主编：《清史论集》，紫禁城出版社 2003 年版。
24. 杨学琛：《清代民族关系史》，吉林文史出版社 1991 年版。
25. 庞毅：《中国清代经济史》，人民出版社 1994 年版。
26. 李向军：《清代荒政研究》，中国农业出版社 1995 年版。
27. 马汝珩、马大正主编：《清代边疆开发研究》，中国社会科学出版社 1990 年版。
28. 马汝珩、马大正主编：《清代的边疆政策》，中国社会科学出版社 1994 年版。
29. 马汝珩、成崇德主编：《清代边疆开发史》，山西人民出版社 1998 年版。
30. 王戎笙主编：《清代的边疆开发》，西南师范大学出版社 1993 年版。
31. 郑维宽：《清代广西生态变迁研究》，广西师范大学出版社 2011 年版。
32. 刘子扬：《清代地方官制考》，紫禁城出版社 1988 年版。
33. 钱实甫编：《清代职官年表》，中华书局 1980 年版。
34. 唐志敬编著：《清代广西历史纪事》，广西人民出版社 1999 年版。
35. 清史编委会编：《清代人物传稿》（上、下编），辽宁人民出版社 1984 年版。
36. 季达麟、郭志高编校：《清代名人手札选》，漓江出版社 1999 年版。
37. 广西民族学院广西古籍研究所：《岑毓英奏稿》（上），黄盛陆等点标，广西人民出版社 1989 年版。
38. 马建石、杨育棠主编：《大清律例通考校注》，中国政法大学出版社 1992 年版。
39. 田涛、郑秦点校：《大清律例》，法律出版社 1999 年版。

40. 刘海年、杨一凡总主编：《中国珍稀法律典籍集成（丙编）第一册：大清律例》，郑秦、田涛点校，科学出版社 1994 年版。
41. 刘海年、杨一凡总主编：《中国珍稀法律典籍集成（丙编）第二册：盛京满文档案中的律令及少数民族法律》，张锐智、徐立志册主编，科学出版社 1994 年版。
42. 杨一凡、田涛主编：《中国珍稀法律典籍续编（第 10 册）：少数民族法典法规与习惯法》，张冠梓点校，黑龙江人民出版社 2002 年版。
43. 田涛主编：《清朝条约全集》，影印本，黑龙江人民出版 1999 年版。
44. 广东省立中山图书馆、中山大学图书馆编：《清代稿钞本》（第 1—50 册），广东人民出版社 2007 年版。
45. 中国社会科学院中国边疆史地研究中心编：《清代理藩院资料辑录》，全国图书馆文献缩微复制中心 1988 年版。
46. 故宫博物院明清档案部编：《清代档案史料丛编》，中华书局 1979 年版。
47. 中国社会科学院历史研究所清史研究室编：《清史资料》（一至七辑），中华书局 1982 年。
48. 中国第一历史档案馆编：《清代档案史料丛编》，中华书局 1990 年版。
49. 中国科学院地理科学与资源研究所、中国第一历史档案馆编：《清代奏折汇编》（农业、环境），商务印书馆 2005 年版。
50. 中国人民大学清史研究所、档案系中国政治制度史教研室合编：《清代的矿业》（上下册），中华书局 1983 年版。
51. 熊敬笃编纂：《清代地契史料：嘉庆至宣统》，四川省新都县档案局 1985 年版。
52. 四川省民族研究所、《清末川滇边务档案史料》编辑组编：《清末川滇边务档案史料》（上、中、下册），中华书局 1989 年版。
53. 四川省档案馆编：《清代巴县档案汇编·乾隆卷》，档案出版社 1991 年版。
54. 四川省编辑组编：《四川彝族历史调查资料、档案资料选编》，四川省社会科学院出版社 1987 年版。
55. 广西壮族自治区编辑组编：《广西少数民族地区碑刻、契约资料集》，广西民族出版社 1987 年版。
56. 广西民族研究所编：《广西少数民族地区石刻碑文集》，广西人民出版社 1982 年版。
57. 黄钰辑点：《瑶族石刻录》，云南民族出版社 1993 年版。
58. 乔新朝、李文彬、贺明辉搜集整理：《融水苗族埋岩古规》，广西民族出版社 1994 年版。
59. 桂林市文物管理委员会编：《桂林石刻》（中），1977 年编印，内部资料。
60. 黄南津、黄流镇主编：《永福石刻》，广西人民出版社 2008 年版。
61. 陈秀南、苏馨主编：《灵阳石刻选注》，灵山县政协文史资料委员会、县志编写委员会办公室 1989 年编印。
62. 陈澔注：《礼记集说》，上海古籍出版社 1987 年版。
63. 张树国点注：《礼记》，中华传世经典阅读丛书，青岛出版社 2009 年版。
64. 曹建国、张玖青注说：《国语》，河南大学出版社 2008 年版。
65. 南炳文：《清代苗民起义：1795—1806》，中华书局 1979 年版。
66. 李廷贵等：《苗族历史与文化》，中央民族大学出版社 1996 年版。
67. 云南省编辑组编：《白族社会历史调查》（一至四册），云南人民出版社 1991 年版。
68. 《民族问题五种丛书》云南省编辑委员会编：《哈尼族社会历史调查》，云南民族出版社 1982 年版。
69. 黔东南苗族侗族自治州地方志编纂委员会编：《黔东南苗族侗族自治州志·文物志》，贵州人民出版社 1992 年版。
70. 贵州省黔西南自治州史志征集编纂委员会编：《黔西南布依族苗族自治州志·文物志》，贵州民族出版社 1987 年版。
71. 黔南布依族苗族自治州史志编纂委员会编：《黔南州志·林业志》，贵州人民出版社 1999 年版。
72. 铜仁地区文管会、铜仁地区文化局编：《铜仁地区文物志》第一辑，铜仁地区印刷厂 1985 年印。
73. 广西壮族自治区地方志编纂委员会编：《广西通志·地质矿产志》，广西人民出版社 1992 年版。
74. 广西壮族自治区地方志编纂委员会编：《广西通志·林业志》，广西人民出版社 2001 年版。
75. 广西壮族自治区地方志编纂委员会编：《广西通志·土地志》，广西人民出版社 2002 年版。
76. 贺州地方志编纂委员会编：《贺州市志》（上卷），广西人民出版社 2001 年版。
77. 岑溪市志编纂委员会编：《岑溪市志》，广西人民出版社 1996 年版。
78. 东兰县志编纂委员会编：《东兰县志》，广西人民出版社 1994 年版。
79. 象州县志编纂委员会编：《象州县志》，知识出版社 1994 年版。
80. 钟山县志编纂委员会编：《钟山县志》，广西人民出版社 1995 年版。
81. 荔浦县地方志编纂委员会编：《荔浦县志》，三联书店 1996 年版。
82. 全州县志编纂委员会室编：《全州县志》，广西人民出版社 1998 年版。
83. 兴安县地方志编纂委员会编：《兴安县志》，广西人民出版社 2002 年版。
84. 隆林各族自治县地方志编纂委员会编：《隆林各族自治县志》，广西人民出版社 2002 年版。
85. 凌云县志编纂委员会编：《凌云县志》，广西人民出版社 2007 年版。
86. 蒙山县国土资源局编《蒙山县土地志》，广西人民出版社 2008 年版。
87. 云南省地方志编纂委员会编：《云南省志·文物志》，云南人民出版社 2004 年版。
88. 云南省地方志编纂委员会总纂、云南省林业厅编撰：《云南省志·林业志》，云南人民出版社 2003 年版。
89. 云南省地方志编纂委员会总纂、云南省水电厅编撰：《云南省志·水利志》，云南人民出版社 1998 年版。
90. 元江哈尼族彝族傣族自治县志编纂委员会编：《元江哈尼族彝族傣族自治县志》，中华书局 1993 年版。
91. 富源县志编纂委员会编：《富源县志》，上海古籍出版社 1993 年版。
92. 云南省麻栗坡县地方志编纂委员会编：《麻栗坡县志》，云南民族出版社 2000 年版。
93. 宜良县志编纂委员会编：《宜良县志》，中华书局 1998 年版。

三、论文类

1. 汤祥占：《清代乾嘉以前治理苗疆政策之研究》，《边铎》1934 年 1 卷 4 期。

2. 余贻泽：《清代之土司制度》，《禹贡半月刊》1936 年第 5 卷第 5 期。
3. 郑鹤声：《清代对于西南宗族之抚绥》，《边政公论》1942 年第 2 卷 6—8 期合刊。
4. 吴国强：《清代广西职官表》，《广西地方志通讯》1985 年第 1 期，第 57—68 页。
5. ［日］寺田浩明：《日本对清代土地契约文书的整理与研究》，《中国法律史国际学术讨论会论文集》，陕西人民出版社 1990 年版。
6. 许直：《清代广西土州县监狱制度》，《学术论坛》1990 年第 3 期。
7. 苏钦：《试论清朝在“贵州苗疆”因俗而治的法制建设》，《中央民族学院学报》1991 年第 3 期。
8. 苏钦：《清代四大民族法规概观》，《法学杂志》1991 年第 4 期。
9. 徐晓光：《清朝民族立法原则初探》，《民族研究》1992 年第 1 期。
10. 吴兴南：《清代农业立法及其影响》，《云南学术探索》1996 年第 1 期。
11. 王侃、吕丽：《明清例辨析》，《法学研究》1996 年第 2 期。
12. 张世明、龚胜泉：《正统的解构与法统的重建：对清代边疆民族问题研究的理性思考》，《中国边疆史地研究》2001 年第 4 期。
13. 吕丽：《清会典辨析》，《法制与社会发展》2001 年第 6 期。
14. 袁自永：《试论清代民族法制的特点》，《贵州民族学院学报》2002 年第 2 期。
15. 徐晓光：《清政府对苗疆的法律调整及其历史意义》，《清史研究》2002 年第 3 期。
16. 龚荫：《清代民族法制概说》，《西南民族学院学报》2002 年第 7 期。
17. 孙月红、吴兴南：《清代农业立法与农本经济的回光》，《上海经济研究》2002 年第 9 期。
18. 李雪梅：《明清碑刻中的“乡约”》，《法律史论集》（第五卷），法律出版社 2003 年版。
19. 金笛：《清代西南地区少数民族法制研究》，《民族法学评论》2003 年第 2 期。
20. 周相卿：《清代黔东南新辟苗疆六厅地区的法律控制》，《法学研究》2003 年第 6 期。
21. 樊宝敏、董源、李智勇：《试论清代前期的林业政策和法规》，《中国农史》2004 年第 1 期。
22. 李力：《清代法律制度中的民事习惯法》，《法商研究》2004 年第 2 期。
23. 胡兴东：《清代民族法中“苗例”之考释》，《思想战线》2004 年第 6 期。
24. 焦利：《经略边疆：清代治边之法的得失》，《北京行政学院学报》2005 年第 1 期。
25. 余梓东：《论清朝的民族政策》，《满族研究》2005 年第 3 期。
26. 林乾：《清朝以法治边的经验得失》，《中国边疆史地研究》2005 年第 3 期。
27. 高鹏：《清代民族律法的特色》，《内蒙古社会科学》（汉文版）2006 年第 3 期。
28. 潘志成：《道光朝清廷在贵州苗疆的治理和法律控制》，《贵州民族学院学报》（哲学社会科学版）2008 年第 2 期。

主题词索引

S

X

Z

致　谢

经过三年苦读获到博士学位后，我选择继续攻读博士后。这并非出于对名利地位待遇的追求，而是我已然沉浸于研究课题和查阅资料的乐趣不能自拔。设定一个目标，然后全力以赴地去完成，这种“痛并快乐着”的在路上的感觉，相信许多学人都能体会到。在攻读博士后的两年中，我的大部分时间都是在图书馆度过的。寒冷的冬天，炎热的酷暑，往往使人想要逃离，需求安逸舒适的所在，然而一旦沉浸在那些浩如烟海的古籍典章中，外界的烦扰统统可以忽略不计。在无数个寂寞的清晨和午后，整个资料室里静如空山，只有自己和图书馆管理员“相看两不厌”，泛黄的古籍经过长期的存放，已经脆弱不堪，稍微用力，就会扯破。我小心翼翼地翻阅着这些饱蘸着前人智慧的书页，从字里行间去体会古人的奇思妙想。清风从窗外拂过，防虫剂和发霉的气味不停地刺激着我的鼻腔，然而找到自己需要的片言只字的欣喜压过了所有的不快。当我把相关的文献一字一句录入手提电脑，在日复一日的查阅整理中，一部著作逐步成型的时候，那种愉悦感是其他肤浅的快乐所无法比拟的。回想起这两年来，似乎时光过得飞快，而脑中一片空白，唯一留下的可视痕迹便是几十万字的摘录和读书笔记，而对比自己以前的拙劣论著，自觉能力、水平、思维都得到了很大的提升，这也许是唯一可以慰然于心的。

能够完成这部著作，我首先要感谢我的博士后合作导师曾代伟教授。曾老师一直致力于民族法律史的研究，其学术造诣可谓高山仰止。他治学严谨，为人诚挚正直，且对学生关怀备至。从课题题目的拟定，到资料的查阅，从课题的申报，到生活琐事，无不一一尽心。最令人叹服之处，乃其思维之敏捷，学识之渊博，寥寥数语即点中要害，令愚钝如我者往往茅塞顿开、醍醐灌顶。而其毫无居高临下之威，一派谦和慈祥之君子风度，谈经论道则如清风皓月，春风沐人。投身于这样的导师，晚生何其幸也！这部著作的题目是曾老师字字推敲而来，内容则是其反复删改而成，著结付梓，心血其半，虽千言万语不能表达学生之感恩戴德之情。

其次，我还要感谢我的博士生导师苏亦工教授。虽然我博士学业已完成，他仍然关心着学生的成长和进步，这部著作也多得益于他的指导和提点。此外，我还要感谢西南政法大学行政法学院的诸位法律史导师，如俞荣根、龙大轩等教授，他们在课题的入站答辩和中期考核中都发挥了重要作用，为著作的完善提出了宝贵的意见，在此予以深深的敬意和谢意。